기초
회로실험

회로 이론 및 실험 중심

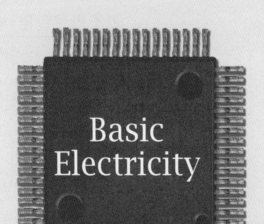

Basic
Electricity

A *Division of The McGraw-Hill* Companies

Basic Electricity, 7th Edition

Korean Language Edition Copyright © 2001 by McGraw-Hill Korea, Inc.

All right reserved. No part of this publication may be reproduced or distributed in any form or by any means, or stored in a database or retrieval system, without prior written permission of the publisher.

1 2 3 4 5 6 7 8 9 0 MH-KOREA 20

Original: Basic Electricity, 7/e
By P.B. Zbar
ISBN 0-07-821275-8

Korean ISBN 978-89-5685-360-2

Printed in Korea

기초회로실험 회로이론 및 실험중심

2000년 11월 30일 초판1쇄 발행
2016년 1월 20일 개정1쇄 발행
2019년 2월 20일 개정3쇄 발행
2021년 2월 10일 개정4쇄 발행
2023년 2월 10일 개정5쇄 발행

저 자 P.B. Zbar
역 자 정학기 · 신경욱
펴낸이 임순재
펴낸곳 주식회사 **한올출판사**
등록 제11-403호
주   소 서울시 마포구 모래내로 83 한올빌딩 3층
전   화 (02)376-4298(대표)
팩   스 (02)302-8073
홈 페 이 지 www.hanol.co.kr
e-메   일 hanol@hanol.co.kr
정   가 23,800원

■ ISBN 979-11-5685-360-2

역자 서문

이 책은 Zbar의 6판 "Basic Electricity : A Text-Lab Manual"의 번역판인 "기초전기회로실험"에 대하여 최신 실험 및 이론을 첨가한 7판을 번역한 책으로서 전기·전자공학을 전공하고자 하는 공학도들에게 기초가 되는 회로의 동작원리 및 장비의 사용방법을 익히도록 구성되어 있다. 전기·전자공학에서 회로해석은 첨단학문을 수학하는 공학도에게 가장 기초가 되는 분야로서 모든 시스템의 개발 및 설계에 기틀이 될 것이다. 이 책에서는 저항, 캐패시터, 인덕터 등 기본 수동소자의 배선실험 및 주파수응답특성 등을 실험하며 서미스터, 바리스터 등의 특수소자에 관한 실험도 다루었다. 즉, 향후 다이오드 및 트랜지스터 등의 능동소자 실험을 위한 수동소자의 특성에 대하여 집중적으로 실험할 수 있도록 구성하였다. 실험을 하기 전에 학생들은 충분한 사전준비를 하여야 한다. 실험목적 및 관련이론을 집중적으로 분석하여 실험함으로써 실험을 마친 후, 이론과 실험을 비교분석하여야 할 것이다.

7판에서는 최신 기자재의 사진 등이 첨부되었으며 6판에서 이용한 회로를 가능하면 변경시키지 않고 이용하였다. 오실로스코우프의 사용을 상세히 다루어 부분적으로 보강하였으며 일부분은 시대의 흐름에 따라 변경 또는 삭제되었다. 실험은 1단계에서 58단계까지 단계적으로 이루어지며 부록에서 소자값 표기법 및 납땜방법 등을 기술하였다. 이 책의 구성은 6판에서와 마찬가지로 실험목적, 이론적 배경, 요약, 예비 점검, 실험 준비물, 실험과정 등의 순서로 기술하였다. "이론적 배경"절에서는 실험에 대한 이론적 배경이 상세히 설명되어 있어 회로이론에서 배운 내용을 정리하였으며 "예비 점검" 및 "요약" 부분을 첨가하여 주요부분을 다시 정리하였다. 실험과정은 순차적으로 기술하였으므로 번호순서대로 실험하면 원하는 결과를 얻을 수 있을 것이다. 또한 실험결과를 정리하는 결과보고서를 별도의 페이지에 첨가하여 실험 후, 보고서 제출을 손쉽게 하였다.

마지막으로 이 책을 출판하기까지 노력해 주신 McGraw-Hill 출판사 관계자 여러분께 감사드리며 이 책을 이용하여 실험하는 학생들에게 조금이나마 전기·전자공학을 이해하는데 도움이 되었으면 한다.

역자 씀

SERIES PREFACE

Electronics is at the core of a wide variety of specialized technologies that have been developing over several decades. Challenged by rapidly expanding technology and the need for increasing numbers of technicians, the Consumer Electronics Group Technical Education and Services Committee of the Consumer Electronics Manufacturers Association (CEMA) along with the Electronic Industries Alliance (EIA) and various publishers have been active in creating and developing educational materials to meet these challenges.

In recent years, a great many consumer electronic products have been introduced and the traditional radio and television receivers have become more complex. As a result, the pressing need for training programs to permit students of various backgrounds and abilities to enter this growing industry has induced EIA to sponsor the preparation of an expanding range of materials. Three branches of study have developed in two specific formats. The tables list the books in each category; the paragraphs following them explain these materials and suggest how best use them to achieve the desired results.

THE BASIC ELECTRICITY–ELECTRONICS SERIES

Title	Author
Electricity-Electronics Fundamentals	Zabar
Basic Electricity	Zbar/Rockmaker/Bates
Basic Electronics	Zbar/Malvino/Miller

The laboratory text-manuals in the Basic Electricity-Electronics Series provide in-depth, detailed, completely up-to-date technical material by combining a comprehensive discussion of the objectives, theory and underlying principles with a closly coordinated program of experiments. *Electricity-Electronics Fundamentals* provides materials for an introductory course especially suitable for preparing service technicians; it can also be used for other broad-base courses. *Basic Electricity* and *Basic Electronics* are planned for 270-hour courses, one follow the other, providing a more thorough background for all levels of technician training. A related instructor's guide is available for each course.

Title	Author
Audio Servicing—Theory and Practice	Wells
Audio Servicing—Text-Lab Manual	Wells
Basic Television: Theory and Servicing	Zbar/Orne
Cable Television Technology	Deschler

The Television-Audio Servicing Series includes materials in two categories: those designed to prepare appentice technicians to perform in-home servicing and other apprenticeship functions, and those designed to prepare technician to perform more sophisticated and complicated servicing such bench-type servicing in the shop

Audio Servicing(theory and practice, text-lab manual, and instructor's guide)covers each component of a modern home stereo with an easy-to follow block diagram and a diagnosis approach consistent with the latest industry techniques.

Basic Television: Theory and Servicing provides a series of experiments, with preparatory theory, designed to provide the in-depth, detailed training necessary to produce skilled television service technicians for both home and bench servicing of all types of television. A related instructor's guide is also available.

Cable Television Technology (text, instructor's guide) covers all aspects of cable television operation, from the traditional "Lineman"-oriented topics to the high Technology subjects that come into play with satellite antennas and fiber-optics links.

Basic laboratory courses in industrial control and computer circuits and laboratory standard measuring equipment are covered by the Industrial Electronics Series and their related instructor's guides. *Industrial Electronics* is concerned with the fundamental building blocks in industrial electronics technology, giving the student an understanding of the basic circuits and their application.

Electronic Instruments and Measurements fills the need for basic training material in the complex field of industrial instrumentation. Prerequisites for both course are *Basic Electricity* and *Basic Electronics*.

The foreword to the first edition of the EIA-cosponsored series states: "The aim of this basic instructional series is to supply schools with a well-integrated, standardized training program, fashioned to produce a technician tailored to industry's needs." This is still the objective of the varied training program that has been developed through joint industry-educator-publisher cooperation.

Gary Shapiro, President
Electronic Industries Alliance

Title	Author
Industrial Electronics	Zbar/Koelker
Electronic Instruments and Measurements	Zbar

PREFACE

Basic Electricity: A Text-Lab Manual, seventh Edition is an introductory textbook in electrical technology for students of electricity and electronics. It provides a comprehensive laboratory program in basic electrical theory, electric circuits, and passive devices in both direct and alternating current. As in previous editions, the focus is on practical and analytical techniques essential to the modern technician. By emphasizing hands-on activities, the text helps students develop their troubleshooting and circuit-design skill in a systematic fashion.

For this edition, we have expanded the coverage of oscilloscope measurement techniques. Use of the function generator has been increased in many of the ac experiments in ttis seventh edition. Also we recognize the emergence of circuit simulation software by incorporation optional activities using this equipment into many of the experiments.

The fifty-eight experiments are presented so that each new concept builds on the previous one. Topics range from an introduction to experimental methods, basic components, instruments and measurements, simple series, parallel, and series-parallel circuits to the more advanced circuit theorems, troubleshooting, and circuit design.

Comments and suggestions from students and instructors who have used previous editions of *Basic Electricity: A Text-Lab Manual* have contributed to fine-tuning this seventh edition. The format and content of this edition carefully address the needs of today's students as well as those of the industries that will employ them. Topics no longer pertinent to a modern electronics curriculum have been discarded and new topics have been added in their place. However, the basic strengths of the previous editions remain.

The organization of each experiment consists of the following:

Objectives. Each experiment opens with a concise statement of the goals of the experiment. Thus, from the very biginning of the experiment, the direction and purpose of the laboratory procedures are made clear to the students as well as the instructor.

Basic Information. Before performing an experiment, the student must understand the underlying principles as will as the practical aspects of the concepts being investigated. This section focuses on the theory and concept essentials to successfully completing the experimental assignments.

Summary. The purpose of the summary is to highlight the key elements of the basic information for quick reference.

Self-Test. Following the summary is a self-test designed to measure the student's understanding of the basic theory and practices involved in the experiment and to reinforce the student's knowledge of certain concepts. Students are expected to understand the correct answers to all the questions before proceeding to the experiment. Answers to the self-tests are given at the end of the procedure section.

Materials Required. As the initial step in the experiment, the students is provided with a list of the power supplies, instruments, and components necessary to conduct the experiment.

Procedure. Step-by step instructions are giver for each part of the experiment. During the experiment, the student is expected to wire circuits according to schematic diagrams, make electrical measurements using meters and instruments similar to those used in industry, tabulate data, and use formulas to calculate unknown quantities. By following the sequence of steps given in the procedure, the students will develop practical, hands-on experience, learn safe laboratory practices, and apply analytical skills to the solution of practical problems. In selected experiments, this section ends with a new optional activity, which utilizes circuit simulation software. Circuit simulation is gaining popularity in classrooms as well as in industry.

Performance sheets are provided at the end of each experiment with tables to be completed and space for calculations. The performance sheets also contain questions and problems directly related to the student's experimental results. On these sheets, the student will report on the theoretical and practical aspects underlying the experiment in addition to the tabulated results. In some cases students are required to plot graphs based on their experimental data. Through this, students learn to demonstrate technical communication ant analytical skills directly on the performance sheets. The sheets are perforated so that they can be readily removed from the manual and submitted to the instructor. The rest of the manual will remain intact for review and possible reworking of the experiment.

As in previous editions, the text is fully illustrated with circuit diagrams, tables, and graphs designed to supplement and support the basic information. Detailed circuit diagrams are provided as required for performing the experiments. Sample problems and their step-by-step solutions are included in the basic information sections wherever appropriate.

The authors would like to acknowledge the cooperation and support this text has received form the electronics industry. The preceding Series Preface details the long-standing close working relationship with CEMA and the EIA that this series of text-lab manuals enjoys. Special thanks go to the members of the CEMA education subcommittee, who reviewed this manuscript: Mike Begala (Thompson Consumer Electronics), Marcel Rialland (Toshiba America Consumer Products), and Brian Ott(CEMA). Thanks to their guidance, this text combines the ltest industry practices with sound educational and training principles.

Last but not least, the authors would like to thank their wives, May Zbar, Ellen Rockmaker, and Jackie Bates, for their patience, encouragement, and inspiration.

Paul B. Zbar

Gordon Rockmaker

David J. Bates

안전을 위한 사항들

전자 기술자들은 전기, 전자소자, 모터, 그리고 여러 가지 회전기계들을 다루며, 새로운 소자의 원형을 제작하거나 실험 준비를 위해 손과 전동 도구들을 사용해야 한다. 기술자들은 부품 및 소자, 전자 시스템 등의 전기적 특성을 측정하기 위해 계측기들을 사용하며, 다양한 작업들에 관계된다.

이와 같은 기술자들의 업무는 흥미 있고 도전적인 면이 있으나, 작업 습관상 부주의한 경우 위험을 수반할 수 있다. 따라서, 기술자가 되기 위한 준비과정에 있는 학생들이 안전의 원리를 습득하고 이를 훈련하는 것이 매우 중요하다.

작업의 안전성을 위해서는 각 작업에 대한 주의 깊고 신중한 접근이 요구된다. 작업에 착수하기 전에, 무엇을 해야 하는지와 어떻게 해야 하는지를 이해하고 있어야 한다. 작업에 대한 계획을 세우고, 공구와 장비, 계측기들을 작업대에 잘 정리해 놓아야 한다. 불필요한 것들을 치우고, 케이블은 안전하게 단단히 조인다.

회전기계를 사용하거나 또는 근처에서 작업하는 경우, 느슨한 옷가지는 고정시키고 넥타이는 옷 속으로 집어넣는다.

송전선 전압은 절연 변압기에 의해 접지와 절연되어야 한다. 송전선 전압은 치명적이므로 인체나 손에 직접 접촉되어서는 안 된다. 전선 코드는 사용 전에 점검해야 한다. 만약 전선의 절연이 부서졌거나 금이 가 있으면 사용하지 말아야 한다. **학생들에 대한 주의 사항** : 어떤 전압원이든 직접 접촉하지 않는다. 한 손을 주머니에 넣은 상태로 전압을 측정한다. 실험대에서 작업할 때에는 바닥이 고무로 된 신발을 신거나 고무 매트 위에서 한다. 동작중인 회로를 측정하거나 테스트하는 경우, 손에 습기나 물기가 없는지 그리고 젖은 바닥에 서 있지 않은 가를 확인한다. 동작중인 회로에 계기를 연결하기 전에 전원을 끈다.

전동 도구의 전원코드와 절연되지 않은 장비에는 안전 플러그(polarized 3-post plug)가 사용되어야 한다. 접지되지 않은 어댑터의 사용에 의해 이들 플러그의 안전 특성이 손상되지 않도록 한다. 휴즈나 회로차단기 등과 같은 안전장치들을 단락시키거나 제조회사에서 명시한 규격보다 높은 용량의 휴즈를 사용함으로써 이들 안전장치의 목적을 손상시키지 않는다. 안전장치들은 여러분과 여러분의 실험장비들을 보호하기 위한 것이다.

도구들을 취급할 때에는 무리하지 말고 조심성 있게 다룬다. 실험실에서 장난을 하거나 잡담을 하지 말아야 한다. 전동 도구를 다룰 때에는 지그(jig) 또는 바이스(vise)를 사용하여 안전하게 작업한다. 필요하다면, 장갑을 끼거나 보호안경을 착용한다.

올바른 판단과 상식을 갖도록 훈련하면 실험실에서의 모든 작업이 안전하고 흥미로우며 보람될 것이다.

응급 조치

만약 사고가 발생하면, 전원을 즉시 차단하고, 담당교수에게 사고를 즉시 보고한다. 의사가 도착하기 전에 자신이 응급처리 하는 것이 필요할 수도 있으며, 따라서 응급조치 방법에 대해 알아야 한다. 적십자의 응급조치 과정을 이수하면 응급조치에 관한 기본적인 내용들을 배울 수 있다.

간단한 응급조치 지침은 다음과 같다. 구급대가 도착하기까지 부상자를 눕혀 놓고, 충격방지를 위해 몸을 따뜻하게 해준다. 의식이 없는 사람에게 물이나 다른 음료수를 먹이려고 시도하지 않는다. 더 이상의 부상이 유발되지 않도록 하며, 구급대가 도착하기까지 부상자를 편안한 상태로 유지시킨다.

인공 호흡

심한 전기적 충격은 호흡장애를 유발할 수 있다. 일단 호흡이 멈추면, 인공호흡을 시작할 준비를 한다. 인공호흡을 위한 두 가지 방법은 다음과 같다.

1. 입에다 입을 대고 호흡하기 - 보다 효과적인 방법으로 인식되고 있음
2. Schaeffer 방법

이들 인공호흡 방법은 응급조치에 관한 책에 잘 설명되어 있다. 응급상황 발생 시, 생명을 구할 수 있기 위해서는 이들 중의 하나를 잘 익혀놓아야 한다.

이상과 같은 안전을 위한 지침들은 여러분들을 두렵게 하는 것이 아니라, 작업 중 많은 위험들이 존재하고 있다는 경각심을 깨우쳐주기 위한 것이다. 따라서, 다른 모든 작업에서와 같이 상식과 올바른 판단을 갖도록 늘 훈련하고, 아울러 안전하게 작업하는 습관을 유지해야 한다.

차 례

실험내용의 구성

이 책의 실험은 다음과 같이 구성된다.

실험목적 실험목적들이 열거되고 명백하게 언급된다.

이론적 배경 실험에 관계된 이론과 기본 원리들이 명백하게 언급된다.

요약 실험에 관계된 요점들이 정리된다.

예비 점검 이론적 배경에 포함된 내용에 기초한 자기 진단을 통해 실험에서 다루어지는 원리들에 대한 자신
의 이해를 평가하도록 한다. 예비 점검은 실험 전에 이루어져야 한다. 예비 점검에 대한 해답은
실험과정 뒤에 제시되어 있다.

실험 준비물 실험 장비, 부품 등 실험에 필요한 모든 준비물들이 나열된다.

실험과정 실험을 진행하기 위한 단계별 과정이 상세히 주어진다.

예비점검의 해답

실험 결과표 실험 데이터를 기록하기 위한 표와 실험결과에 대한 일련의 질문들로 구성되며, 해당 쪽은 찢
어 보고서로 제출할 수 있도록 되어 있다.

실험 차례

EXPERIMENT 1

실험을 위한 기본 사항

01 실험목적

(1) 기본적인 실험장비와 부품들을 익힌다.
(2) 전기·전자 회로도에 사용되는 기호들을 익힌다.
(3) 실험 데이터를 정리하고 표로 만드는 방법을 익힌다.

02 이론적 배경

전기·전자관련 실험실은 그곳이 산업체 현장이든 학교 실험실이든 일종의 학습장소이다. 이 책의 실험은 학생들이 아래의 두 가지 사항을 익힐 수 있도록 전반적인 학습 과정을 제공한다.

(1) 각종 실험에 사용되는 전원장치, 측정계기 및 부품들을 실제적으로 능숙하게 사용할 수 있도록 한다.
(2) 정확한 실험결과를 얻어 이를 표로 정리하고 보고서를 작성하여 다른 사람에게 제공할 수 있는 방법을 익히도록 한다.

물론, 이 책에 포함된 실험들은 나름대로의 실험목적이 있지만, 위의 두 가지 사항은 모든 실험의 기본이 된다. 회로를 구성하고 실험을 진행하여 정확한 데이터를 얻고, 이를 분석하여 실험에 대한 결론을 얻기 위해서는 다음과 같은 기본 장비 및 도구, 전기·전자 실험의 기법들을 잘 익혀야 한다.

(1) 회로도와 기호
(2) 전원과 전원장치
(3) 측정계기
(4) 실험 결과표와 보고서 작성

1. 회로도와 기호

회로도는 회로의 전기적인 동작 관계를 표현하기 위한 일종의 언어이다. 회로도는 부품의 실제 크기나 위치, 실제적인 연결점 등을 나타내지는 않는다(일부 도면작성 관례에서는 부품의 실제 크기나 위치를 단순화시킨 형태로 표현하기도 한다). 회로도에 사용되는 기호들은 회로를 구성하는 부품들과 연결 도선을 나타내며, 실제 부품의 크기나 모양을 나타내지는 않는다. 회로 기호들은 부품이 갖는 특징을 일부 나타내기도 한다.

그림 1-1은 이 책에서 사용될 기호들이다. 만약, 회로도에 특수한 기호가 사용될 때에는 별도의 표시와 설명이 뒤따른다.

2. 전원과 전원장치

직류 이 책의 실험에서 사용하게될 두 가지의 기본적인 전원

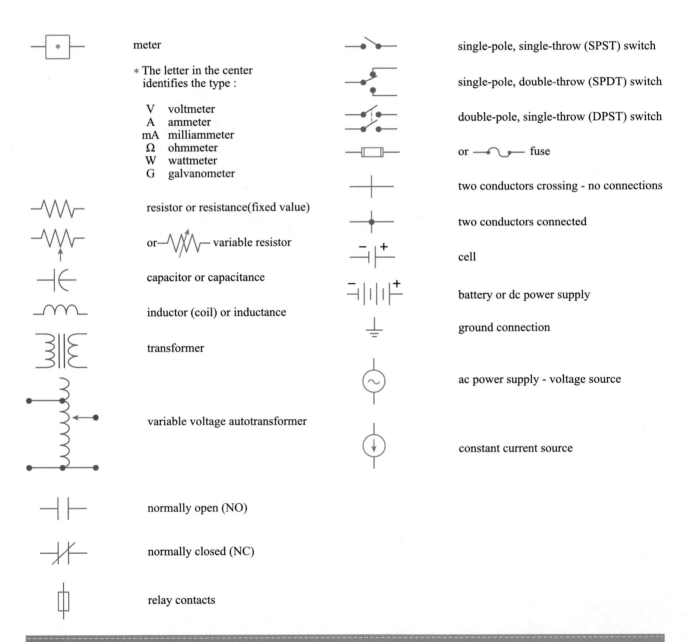

그림 1-1 이 책에서 사용되는 부품, 소자 및 도선의 일반적인 기호

은 직류와 교류이다. 직류는 전지로부터 얻을 수 있으며, 휴대형 전자기기에 많이 사용되는 D형, C형 및 AA형 등이 있다. 배터리는 단일 전지 셀로 얻을 수 없는 보다 큰 전압을 얻기 위해 다수의 전지 셀을 조합하여 만들어진다. 자동차용 배터리와 휴대형 라디오, 무선 경보 시스템 등에서 사용되는 소형 9V 전지는 실제로 전지 셀의 조합으로 구성된다. 전지와 배터리는 사용이 편리하여 휴대형 측정기기의 전원공급용으로 많이 사용되고 있지만, 일정한 정전압을 공급하지 못하며 또한 넓은 전압범위에 걸쳐 사용하기가 쉽지 않다는 단점이 있다. 일반적으로, 이와 같은 경우에는 가변형 전압안정(variable voltage-regulated) 전원장치가 많이 사용된다. 가변형 전압안정 전원장치는 동작범위 내에서 전압을 수동으로 조정하여 원하는 전압을 얻을 수 있는 전원장치이다. 전압안정이 의미하는 바는 공급기의 출력전압이 부하전류의 변화(단, 지정된 범위 이내)에 영향을 받지 않고 일정한 값을 유지함을 의미한다. 독립된 출력단자 및 조정 단자를 가지며 두개 이상의 독립된 직류전압을 공급할 수 있도록 설계된 전원장치도 있다.

전원장치의 직류단자의 극성은 일반적으로 '−', '+' 또는 'GND', 'V+'로 표시된다. 관례상, 전원장치의 '+'단자에는 적색 잭을 사용하고, '−' 단자에는 흑색 잭을 사용한다.

교류 교류전원은 보통의 220V 전압을 공급하는 콘센트뿐만 아니라 직류전원과 유사한 가변 전압안정 전원장치도 포함된다. 단일전압 교류전원은 전화기의 자동 응답기와 비디오 게임기와 같이 특정한 전력요구를 갖는 경우에 일반적으로 사용된다. 가변전압형 자동변압기도 폭넓게 사용된다. 이들 전원장치는 일반적으로 안정화되지 않은 출력전압을 갖지만, 대부분의 실험에서 사용할 수 있을 정도로 안정하다.

전원장치의 사용 전원장치의 사용에 있어서 주의할 점은 다음과 같다.

(1) 전원장치를 처음 켜기 전에 사용 설명서를 주의 깊게 읽고 사용 방법을 확실히 익힌다.

(2) 출력단자에 연결된 선들이 서로 닿지 않도록 하며, 출력단자가 합선되지 않도록 한다. 단락회로가 형성되면 전원장치가 심한 충격을 받게 된다.

(3) 전원이 인가된 후에 실험회로내의 부품에서 과도한 열이 발생하면, 즉시 전원을 차단하고 원인을 찾는다.

(4) 전원장치에 가해질 수 있는 충격을 방지하기 위해 과도한 on/off 동작을 삼가 한다. 전원을 빈번하게 on/off 해야하는 실험의 경우에는 실험기판에 별도의 스위치를 만들어 사용한다.

(5) 전원장치의 지정된 정격전류를 초과하지 않도록 한다. 만약, 실험도중에 전류계에 나타난 전류가 전원장치의 정격을 초과하는

경우가 발생하면 즉시 전원을 차단하고 원인을 규명한다.

(6) 항상 충격위험을 경계해야 한다. 특정 상황에서 치명적인 전류는 아니더라도 비교적 안전하게 보이는 전압에 의해서 위험한 경우가 발생될 수 있다.

3. 계측기

전기·전자 계측기는 전기적인 양의 측정, 회로에 대한 신호의 인가 및 회로동작 파형의 관찰 등에 사용된다.

측정계기 측정계기는 보통 아날로그형과 디지털형 두 가지 종류가 있다. 아날로그형 계기는 전자식 계기와 전기기계식 계기로 구분된다. 아날로그형 계기(전자식과 전기기계식 모두)는 바늘이 가리키는 눈금에 의해 측정된 값을 표시하며, 따라서 바늘이 가리키는 눈금의 정확한 위치를 정밀하게 읽는 것이 필요하다. 반면에, 디지털 계기는 측정된 값을 3~4자리의 숫자로 표시하므로 측정된 값을 읽는 과정에서의 오차가 없다. 전압은 주로 전압계(voltmeter)를 사용하여 측정되며, 오실로스코프와 같은 다른 계기를 이용하여 측정할 수 도 있으나, 전압계 이외의 다른 측정기들은 전압측정이 주된 기능은 아니다.

전류는 전류계(ammeter)로 측정된다. 매우 작은 전류를 측정할 수 있도록 만들어진 전류계를 밀리암미터(milliammeter) 또는 마이크로암미터(microammeter) 라고 한다.

저항은 저항계(ohmmeter)로 측정된다. 전압계나 전류계는 항상 전원이 인가된 회로에서 사용되는 반면에, 저항계는 전원이 인가되지 않은 회로에서 사용된다. 저항계는 하나 또는 두개의 1.5V 전지를 자체전원으로 사용한다. 전력을 측정하기 위한 전력계(wattmeter)도 실험에 자주 사용된다.

측정계기는 전압계와 같이 단지 전압만 측정할 수 있는 단일기능 계기와 멀티미터와 같이 전압, 전류, 저항 등 여러 가지 전기적인 양을 측정할 수 있는 다기능 계기로 구분된다. 그림 1-2의 DMM(digital multimeter)과 VOM(volt-ohm-milliam meter)은 다기능 계기의 일종이다.

신호 발생기 60 Hz 주파수 이외의 전압이나 정현파 이외의 교류 신호 파형을 필요로 하는 실험이 많이 있다. 신호발생기나 함수발생기는 정현파, 톱니파, 구형파 등의 다양한 파형들을 가변 주파수로 출력하도록 만들어진 장비이다. 이들 신호발생기의 전압출력은 지속적인 전원으로 사용하기 위한 것이 아니라, 회로의 동작을 관찰하기 위한 신호입력으로 사용된다. 예를 들어, 신호발생기는 고주파 수신기에서 수신되는 것과 같은 변조된 고주파를 출력할 수 있으므로 다양한 고주파 회로의 고장진단에 이용될 수 있다. 신호

(a)

(b)

그림 1-2 다기능 계기(a) DMM;(b) 아날로그 VOM

발생기는 정밀하고 안정된 신호를 발생할 수 있지만, 전압이나 주파수 측정에 사용되지는 않는다.

오실로스코프   오실로스코프는 음극선 관(cathode-ray tube; CRT)의 스크린 위에 전압 파형을 표시하여 회로의 동작을 관찰하는 데 사용된다. 오실로스코프는 파형 모양의 관찰 이외에도 파형의 전압과 주파수 측정 그리고, 여러 파형 사이의 위상변이 측정 등에 사용되기도 한다. 2채널 오실로스코프는 두개의 파형을 동일 스크린에 동시에 표시하여 관찰할 수 있다.

4. 인터넷

전자공학관련 기술자가 업무를 원활히 수행하기 위해서는 전문지식 및 의사소통 능력과 함께 다양한 정보가 필요하다. 신제품 정보, 서비스 게시판, 부품 명세, 연수 및 단기강좌, 전문기관 등을 포함하는 각종 정보는 최신 기술 습득을 위해 반드시 필요하다. 엄청난 양의 온라인 정보를 가진 인터넷은 필요한 기술자료를 얻기 위해 유용하게 이용될 수 있다.

전문기관과 전자공학 전문가들에 관련된 정보는 전자공학에 입문한 여러분들에게 매우 유용할 것이다. 몇몇 유용한 인터넷 주소는 다음과 같다.

http://www.iee.org
http://www.eia.org
http://www.eia.org/cema
http://www.iscet.org
http://stats.bls.gov/ocohome.htm

5. 실험결과 표와 보고서 작성

모든 실험의 목적은 회로동작을 관찰하고, 데이터를 측정하여 기록하고, 이를 분석하여 실험에 대한 어떤 가능한 결론을 유도해내는 것이다. 보다 효율적인 실험을 위해서는 아래의 사항들을 명심해야 한다.

(1) 실험 데이터의 측정은 실험에서 중요한 과정이므로 체계적이고도 주의 깊게 이루어져야 한다.
(2) 측정된 데이터는 논리 정연한 형태의 표로 정리되어야 한다. 데이터 표는 읽기 쉽도록 명료해야하고 단위가 표시되어야하며, 측정된 값의 정확도 수준에 일관성이 유지되어야 한다.

(3) 측정된 데이터가 신뢰성을 갖으려면 전원장치의 전압 조정이나 측정기를 읽는 과정에 있어서의 정확도가 매우 중요하다. 만약, 특수한 조건이 발생하거나 특정 결과에 이상이 발생하면 이를 데이터 표에 명시해야 한다.

(4) 일부 표에서는 회로 해석과 측정된 데이터를 이용한 계산이 필요한 경우도 있으며, 이 경우에 계산된 값을 표로 작성함에 있어서 유효숫자의 일관성이 유지되어야 한다.

(5) 일부 회로는 실험 전에 회로분석을 통한 값을 계산해야 하며, 이를 통해 측정값과 계산 값을 비교하고 그 차이에 대한 관찰 및 토론이 이루어져야 한다.

(6) 실험 데이터를 그래프로 그리는 경우에는 실험결과가 함축하고 있는 특성과 경향을 잘 나타낼 수 있는 그래프 형태 및 단위가 사용되어야 한다.

(7) 데이터 표, 그래프, 계산결과 등은 실험의 핵심 개념과 원리에 대한 결론들을 유도할 수 있어야 한다.

(8) 실험에 대한 결론은 간단하고 명료해야 하며, 실험 데이터와 고찰을 뒷받침할 수 있어야 한다.

(9) 보고서는 실험주제에 적합한 용어를 사용해서 상세히 작성되어야 한다.

03 요약

(1) 전기·전자실험에 필요한 기본적인 장비, 도구 및 기법들은 회로도, 기호, 전원 및 전원장치, 측정계기, 실험 결과표 및 보고서 작성 등이다.

(2) 회로도와 기호는 전기·전자회로를 표현하기 위한 일종의 언어이다.

(3) 회로도는 회로를 구성하는 부품과 도선들의 전기적인 연결관계를 나타낸다.

(4) 회로도는 부품의 실제 크기나 위치, 실제적인 연결점 등을 나타내지는 않는다. 또한, 기호들은 실제 부품의 크기나 모양을 나타내지는 않는다.

(5) 전원은 직류전원과 교류전원 두 가지가 사용된다.

(6) 전지(D, C 및 AA형 등)는 휴대형 기기의 직류전원 공급에 많이 사용된다.

(7) 실험실용 직류전원은 가변 전압안정 전원장치가 사용된다.

(8) 가장 일반적인 교류전원은 가정용 220V 전압이다.

(9) 교류전원은 가변 전압안정 전원장치나 단일전압 전원장치에서 얻어진다.

(10) 실험실에서 사용되는 일반적인 교류전원은 가변전압 자동변압기이며, 이는 통상 안정화되지 않은 전압출력을 갖는다.

(11) 전압안정이란 지정된 범위 이내의 부하전류 변화에 무관하게 일정한 전압이 유지됨을 의미한다.

(12) 전기·전자실험에서 데이터 측정, 회로에 대한 신호공급, 회로동작에 대한 관찰 등을 위해 여러 가지 계측장비가 사용된다.

(13) 전압계, 전류계, 저항계는 아날로그형과 디지털형으로 구분된다.

(14) 아날로그 계기는 전자식과 전기기계식으로 구분된다.

(15) 계기는 전압계, 전류계 등의 단일기능형과 전압계, 전류계, 저항계 등의 기능을 모두 갖는 다기능 계기로 구분된다.

(16) 신호발생기는 1 Hz부터 수백 MHz까지의 가변 주파수 신호를 발생하는 장비이며, 한정된 주파수 범위를 갖는다.

(17) 신호발생기는 일반적으로 정현파를 발생하는 장비이며, 일부는 구형파를 발생하는 것도 있다.

(18) 함수발생기는 다양한 주파수와 진폭의 정현파, 톱니파, 구형파를 발생하는 장비이다.

(19) 오실로스코프는 파형의 모양, 진폭, 주파수 등을 관찰하기 위해 사용된다. 파형 관찰 이외에 교류 파형의 전압과 주파수 측정, 그리고 파형 간의 위상 변위 측정에 사용되기도 한다. 2채널 오실로스코프는 두개의 파형을 동일 스크린에 동시에 표시할 수 있다.

(20) 데이터 측정과 데이터 표의 작성은 실험의 핵심 부분은 이다.

(21) 데이터 표, 그래프, 계산 값, 실험과정에서 얻어진 관찰 등은 실험의 핵심 개념과 원리에 대한 결론들을 유도할 수 있어야 한다.

(22) 작성된 실험 보고서는 데이터, 고찰 및 실험자의 결론 등에 대해 다른 사람과 의사소통하기 위한 수단으로 사용된다.

(23) 인터넷은 전자공학 기술자들에게 유용하고 풍부한 정보를 제공하는 정보원이다.

아래의 질문에 답하여 여러분의 이해도를 점검하시오.

(1) _____는 전기·전자회로를 표현하기 위한 일종의 언어이다.

(2) 전기·전자 회로도에 사용되는 기호는 통상 부품의 크기와 모양을 닮도록 그린다.
_____(맞음/틀림)

(3) 실험에 사용되는 두 가지 형태의 전원은 _____와 _____ 이다.

(4) 부하전류의 변화에 무관하게 일정한 전압이 출력되는 전원장치는 _____이다.

(5) 관례상, 직류전원 공급기의 '+'단자는 _____색으로 표시하고, '-'단자(또는 접지단자)는 _____색으로 표시한다.

(6) 측정계기중 바늘과 _____을 사용하는 계기를 _____형이라고 하며, 숫자를 사용하여 표시하는 계기를 _____형이라고 한다.

(7) _____는 전원이 인가된 회로에 절대로 사용하지 않는다.

(8) 신호발생기는 비교적 낮은 전압의 가변 _____ 신호를 발생시킨다.

(9) 일반적인 함수발생기는 정현파, 삼각파, _____파를 발생시킨다.

(10) _____ 오실로스코프는 두개의 파형을 동시에 스크린에 표시할 수 있다.

(11) 계산 값을 표로 작성할 때 동일한 유효 자릿수를 사용하지 않아도 된다. _____(맞음/틀림)

전원장치
- 가변 교류전원
- 가변 전압안정 0-15V 직류전원
- 가변전압 자동변압기(Variac 또는 대체품)

측정계기
- DMM
- 아날로그 전압계(측정범위는 중요치 않음)
- VOM
- 아날로그 전류계(측정범위는 중요치 않음)

기타
- 실험조교가 제공하는 기타 부품들
- 실험장비의 사용설명서

A. 회로도와 기호

A1. 그림 1-3의 회로도에 포함된 부품들을 준비한다. 표 1-1에서 이들 부품 번호의 해당 빈칸에 부품의 이름과 실제의 모양을 스케치한다.

B. 전원과 전원장치

B1. 실험실에서 사용하게 될 전원장치의 사용자 설명서를 받는다.

B2. 사용자 설명서를 주의 깊게 읽고 전원장치 전면의 조정단자와 출력단자들을 익힌다. 이 단계에서는 전원장치의 실제적인 사용법을 익힐 필요는 없다.

B3. 조정단자와 기능을 파악하여 표 1-2를 완성한다.

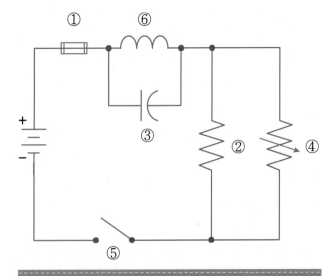

그림 1-3　실험과정 A1의 회로

C. 측정계기

C1. 실험실에서 자주 사용하게 될 두 가지 측정계기의 사용자 설명서를 받는다.

C2. 사용자 설명서를 주의 깊게 읽고 계기 전면의 단자와 스위치들을 익힌다.

C3. 각각의 계기에 대해 기능과 특징을 파악하여 표 1-3(a), (b)를 완성한다.

D. 실험결과 표와 보고서

D1. 자신이 소유하고 있는 전자기기(라디오, 전자게임기, 휴대형 CD 플레이어, TV 등) 몇 종류를 선택한다. 16 절지 용지에 이들 기기의 기본적인 사용방법을 정리한다. 만약, 특수한 사용방법이 필요한 기기의 경우에는 상세한 사용방법을 표로 작성한다. 작성되는 사용설명서는 기기에 대한 사용경험이 없고, 기기와 관련된 기술용어에 익숙하지 않은 사람들에게 도움을 주기 위한 것이라고 가정한다.

선택 사항

인터넷을 이용하여 전자공학 기술자 대상의 구직 정보를 조사해 본다.

07 예비 점검의 해답

(1) 회로도

(2) 틀림

(3) 직류; 교류

(4) 전압안정

(5) 적색; 흑색

(6) 눈금; 아날로그; 디지털

(7) 저항계

(8) 주파수

(9) 톱니파

(10) 2채널

(11) 틀림

표 1-1 회로도 기호

부품번호 (그림 1-3)	부품 이름	부품의 실제 모양	부품번호 (그림 1-3)	부품 이름	부품의 실제 모양
1			4		
2			5		
3			6		

표 1-2 전원장치의 단자와 특징

Manufacturer _____

Model no. _____

Type of Power Supply

_____ DC   _____ Regulated

_____ AC   _____ Unregulated

_____ Single voltage (_____ V)

_____ Multiple voltage (Voltages: _____)

_____ Variable voltage (range: _____)

No. of output terminals _____

Controls and Switches	*Function*
_____	_____
_____	_____
_____	_____
_____	_____
_____	_____

표 1-3(a) 계기 1의 기능과 특징

Manufacturer _____

Model no. _____

Type of Power Supply _____

_____ DC   _____ Regulated   _____ Battery operated

_____ AC   _____ Unregulated   _____ Line operated

_____ DC/AC   _____ Unregulated   _____ Battery/line operation

_____ Single meter

_____ Multimeter

Switches, Ranges, Terminals, Special Features	Function
_____	_____
_____	_____
_____	_____
_____	_____
	_____

표 1-3(b) 계기 2의 기능과 특징

Manufacturer _____

Model no. _____

Type of Power Supply _____

_____ DC   _____ Regulated   _____ Battery operated

_____ AC   _____ Unregulated   _____ Line operated

_____ DC/AC   _____ Unregulated   _____ Battery/line operation

_____ Single meter

_____ Multimeter

Switches, Ranges, Terminals, Special Features	Function
_____	_____
_____	_____
_____	_____
_____	_____
	_____

실험 고찰

1. 전압계의 3V 범위와 300V 범위에 대해 동일한 눈금단위를 사용하는 것이 가능한지 설명하시오.

_____

_____

_____

_____

2. 아날로그 저항계의 눈금간격이 선형인지 비선형인지 예를 들어 설명하시오.

_____

_____

_____

_____

3. 600V 이하의 어떤 미지의 직류전압을 전압범위가 600; 300; 60; 15; 3인 직류전압계로 측정하고자 한다. 이 전압을 어떻게 측정할 수 있을 지 설명하시오.

_____

_____

_____

_____

4. 저항계의 영점조정이란 무엇이며, 그리고 어떻게 하는지 설명하시오.

_____

_____

_____

_____

5. 아날로그 전자식 전압계와 디지털 전압계의 읽는 방법의 차이점을 설명하시오.

_____

_____

_____

_____

6. 가변 전압안정 직류전원장치가 전지나 배터리에 비해 갖는 장점을 열거하시오.

_____

_____

_____

_____

7. 표 1-2에서 언급된 전원장치의 장점 두 가지를 쓰고, 이들 장점이 실험실에서 사용하기에 적합한 이유를 설명하시오.

_____

_____

_____

_____

8. 표 1-3(a), (b)에서 언급된 계기의 장점 두 가지를 쓰고, 이들 장점이 실험실에서 사용하기에 적합한 이유를 설명하시오.

_____

_____

_____

_____

EXPERIMENT 2

저항기 색 코드와
저항값 측정

01 실험목적

(1) 색 코드로 표시된 저항값을 결정한다.
(2) 여러 가지 저항기의 저항값을 측정한다.
(3) 저항계의 여러 가지 저항범위를 이용하여 저항기의 값
   을 측정한다.
(4) 분압기(potentiometer; 통상적으로 가변저항기라고 함)
   의 세 단자 중 두 단자 사이의 저항을 측정하고, 분압
   기의 축을 회전시키면서 저항값의 변화를 관찰한다.

02 이론적 배경

1. 색 코드(color code)

옴(ohm)은 저항의 단위이며, 기호 Ω(그리스문자 오메
가)로 표시한다. 저항값은 제조회사가 채택한 표준 색 코
드로 나타내며, 저항기의 몸체에 색 띠(color bands) 형태
로 표시된다. 표 2-1은 색 코드에 사용되는 색과 해당 값
을 나타내고 있다. 이 코드는 $\frac{1}{8}$-W, $\frac{1}{4}$-W, $\frac{1}{2}$-W, 1-W,
2-W의 저항기들에 사용된다.

그림 2-1은 기본적인 저항기를 보이고 있다. 표준 색 코
드 표시는 저항기 몸체에 표시되는 4개의 색 띠로 구성된
다. 첫째 띠는 저항값의 첫째자리 숫자를 나타내며, 두 번
째 띠는 둘째 자리 숫자를 나타낸다. 세 번째 띠는 앞의
두 숫자 뒤에 붙는 0의 갯수(즉, 10의 지수)를 나타낸다.

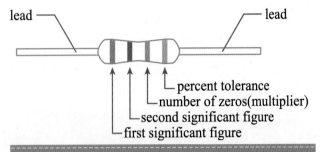

percent tolerance
number of zeros(multiplier)
second significant figure
first significant figure

그림 2-1 저항기 색 코드

세 번째 띠가 금색 또는 은색이면, 10 Ω 이하의 저항값을 나타낸다. 즉, 10 Ω 이하의 저항에 대해서 세 번째 띠는 다음과 같은 의미를 갖는다.

■ 금색 띠는 앞의 두 숫자가 나타내는 값의 1/10을 의미한다.
■ 은색 띠는 앞의 두 숫자가 나타내는 값의 1/100을 의미한다.

네 번째 띠는 저항값의 퍼센트 허용오차를 나타낸다. 퍼센트 허용오차는 색 코드로 표시된 값으로부터 변할 수 있는 저항값 차이를 의미하며, 이는 저항기가 대량 생산되므로 재료나 제조공정상의 변화에 의해 실제 저항값에 차이

가 있을 수 있음을 고려한 것이다. 그러나, 대부분의 회로는 저항값이 정밀하지 않더라도 설계된 대로 정상 동작된다. 일반적으로, 허용오차는 색 코드로 표시된 값으로부터 + 또는 -로 주어진다.

고정밀 저항기는 5개의 색 띠를 갖는다. 처음 세 개의 띠는 저항값의 처음 세 자리 숫자를 나타내고, 네 번째 띠는 앞의 세 숫자 뒤에 붙는 0의 개수(즉, 10의 지수)를 나타내며, 다섯 번째 띠는 허용오차를 나타낸다. 정밀저항기의 허용오차는 다음과 같이 나타낸다.

· 갈색(Brown) : ±1%
· 적색(Red) : ±2%
· 녹색(Green) : ±0.5%
· 청색(Blue) : ±0.25%
· 보라(Violet) : ±0.1%

군사용 사양(MILSTD)으로 제작된 저항기들도 5개의 색 띠를 갖는다. 이 경우에 다섯 번째 띠는 신뢰도를 나타내며, 이 띠가 나타내는 숫자는 1000시간 동작에서 발생할 수 있는 불량의 퍼센트를 나타낸다.

표 2-1 저항기 색 코드

Color	Significant Figure* (Frist and Second Bands)	No. of Zeros (Multiplier) (Third Band)	% Tolerance (Fourth Band)	% Reliability* (Fifth Band)
Black	0	0	–	–
Brown	1	$1(10^1)$	–	1
Red	2	$2(10^2)$	–	0.1
Orange	3	$3(10^3)$	–	0.01
Yellow	4	$4(10^4)$	–	0.001
Green	5	$5(10^5)$	–	–
Blue	6	$6(10^6)$	–	–
Violet	7	$7(10^7)$	–	–
Gray	8	$8(10^8)$	–	–
White	9	$9(10^9)$	–	–
Gold	–	$(0.1 \text{ or } 10^{-1})$	5	–
Silver	–	$(0.01 \text{ or } 10^{-2})$	10	–
No color	–	–	20	–

표 2-2 코드로 표시된 저항값의 예

First Band	Second Band	Third Band	Fourth Band	Resistor Value		Resistance Range, Ω
				Ω	% Tolerance	
Orange	Orange	Brown	No color	330	20	264-396
Gray	Red	Gold	Silver	8.2	10	7.4-9.0
Yellow	Violet	Green	Gold	4.7 M	5	4.465 M-4.935 M
Orange	White	Orange	Gold	39 k	5	37.1 k-41 k
Green	Blue	Brown	No color	560	20	448-672
Red	Red	Yellow	Silver	220 k	10	198 k-242 k
Brown	Green	Gold	Gold	1.5	5	1.43-1.58
Blue	Gray	Green	No color	6.8 M	20	5.44 M-8.16 M
Green	Black	Silver	Gold	0.5	5	0.475-0.525

표 2-2는 색 코드로 표시된 저항값의 예를 보인 것이다. 고 전력용 저항기는 색 코드 표시를 갖지 않으며, 저항값과 정격전력을 저항기의 몸체에 표시한다.

큰 저항값의 경우에 0을 모두 표시하기 곤란하므로, 미터법의 약자를 사용하여 1,000을 k(Kilo)로, 1,000,000을 M(Mega)으로 표시한다. 예를 들어,

- 33,000 Ω은 33 kΩ으로 표시하고, 33 케이 또는 킬로 옴으로 읽는다.
- 1,200,000 Ω은 1.2 MΩ으로 표시하고, 1.2 메가 또는 1.2 메가 옴으로 읽는다.

최근의 전자회로 보드에는 칩 저항기가 많이 사용된다. 일반적인 칩 저항기는 그림 2-2와 같다. 이들 칩 저항기는 표면실장 부품이며, 기판의 구멍에 단자를 끼우는 고전적인 형태와 대비된다. 칩 저항기의 저항값은 표면에 세 자리 또는 네 자리 숫자로 표기된다.

2. 가변 저항기

고정 저항값 저항기 외에 가변 저항기도 회로구성에 폭넓게 사용된다. 가변 저항기는 가감저항기(rheostat)와 분압기(potentiometer) 등 두 가지로 구분된다. 라디오의 음량 조절, 스테레오 수신기의 음정 및 음색 조절 등이 분압기를 사용하는 대표적인 예이다.

2단자 소자인 가감저항기의 회로 기호는 그림 2-3과 같으며, 그림에서 A점과 B점이 회로에 연결되는 단자이다. 가감저항기는 0 Ω의 최소 저항값과 제조회사에서 지정된 최대 저항값을 갖는다. 그림 2-3에서 화살표는 가감저항기의 저항값을 조정하는 기계적인 수단을 나타낸 것이며, 이에 의해 A점과 B점 사이의 저항값이 조정된다.

3단자 소자인 분압기는 그림 2-4(a)와 같은 기호로 표시된다. 단자 A와 단자 B 사이의 저항은 고정되어 있으며, 단자 C는 분압기의 가변 팔이다. 가변 팔은 저항체의 절연되지 않은 표면을 따라 움직이는 금속 접촉체이다. 가변

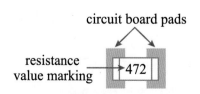

그림 2-2 숫자 코드를 갖는 칩 저항기

그림 2-3 가감저항기는 두개의 단자를 갖는 가변 저항기이다.

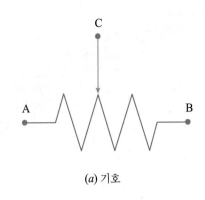

(a) 기호

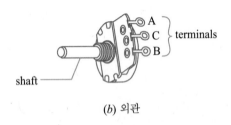

(b) 외관

그림 2-4 분압기는 3단자 가변 저항기이다.

팔의 접촉점과 한쪽단자 사이의 저항체 길이에 의해 두 점 사이의 저항값이 결정되므로, 단자 A와 단자 C 사이의 표면이 길수록 두 점 사이의 저항값이 커진다. 즉, 단자 A와 단자 C 사이의 저항값은 두 점 사이의 저항체의 길이에 의해 결정된다. 단자 B와 단자 C 사이도 동일하다.

단자 A에서 단자 C 사이의 저항 R_{AC}와 단자 C에서 단자 B 사이의 저항 R_{CB}를 합하면 분압기의 고정저항 R_{AB}가 된다. 분압기의 가변 팔을 움직임에 따라 단자 C와 한쪽단자 사이의 저항값은 증가하며, 반대로 단자 C와 다른 한쪽단자 사이의 저항값은 감소한다. 이때, R_{AC}와 R_{CB}의 합은 일정하다.

분압기의 중앙 단자와 양끝 단자중의 하나를 회로에 연결하고 나머지 한 단자는 연결하지 않은 상태로 두면 분압기를 가감저항기로 사용할 수 있다. 또 다른 방법은 가변 팔과 양끝 단자중의 하나를 연결하는 방법이다. 예를 들어, 단자 C를 단자 A에 연결하면 단자 B와 단자 C는 가감 저항기의 두 단자 역할을 한다.(회로내의 두 점이 도선으로 연결되면, 이들 두 점은 단락되었다고 한다.)

3. 저항값 측정

멀티미터(volt-ohm-milliammeter; VOM)는 여러 가지 전기적인 양을 측정할 수 있는 계기이다. 저항값을 측정하는 계기를 저항계(ohmmeter) 라고 한다. 일반적으로 거의 모든 저항계들은 공통된 기능과 조작법을 갖지만 사용법에 완전히 익숙하지 않다면 제조회사에서 제공하는 사용자 설명서를 참조하는 것이 좋다.

저항값을 측정하기 위해서는 멀티미터의 기능스위치를 저항계로 맞추어야하며, 측정을 시작하기 전에 사용자 설명서에 제시된 방법에 따라 영점조정을 해야한다. 이 상태가 되면 저항값 측정 또는 단락 확인을 위한 준비가 완료된 것이다. A점과 B점 사이의 저항값을 측정하기 위해서는 저항계의 한쪽 단자를 A점에 연결하고 다른 단자를 B점에 연결한다. 그러면, 계기의 바늘이 두 점 사이의 저항값을 가리킬 것이다. 만약, 계기가 0 Ω을 가리키면 A점과 B점 사이가 단락 되었음을 의미한다. 한편, 저항계의 바늘이 움직이지 않으면(즉, 저항눈금의 무한대를 가리키는 경우), 두 점 사이가 개방되었음을 나타내며, 이는 두 점 사이의 저항값이 무한대임을 의미한다.

전자식 아날로그형 저항계는 계기상에서 직접 값을 읽는 기본 저항눈금인 $R \times 1$ 범위를 포함하고 있다. 그림 2-5는 저항계의 저항눈금이 비선형임을 보이고 있다. 즉, 눈금의 세부 분할이 등간격이 아님을 알 수 있다. 따라서, 동일한 1 Ω의 변화를 나타낼지라도 0과 1 사이의 간격이 9와 10 사이의 간격보다 훨씬 크다. 숫자로 표시되지 않은 눈금에 대해서는 측정자가 숫자를 읽어야한다. 예를 들어, 그림 2-5와 같이 바늘이 3과 4 사이에서 3의 오른쪽 두 번째 눈금 위에 있다면, $R \times 1$ 범위에서 해당 저항값은 3.4 Ω 이다.

100 Ω 영역의 오른쪽은 저항눈금이 조밀하게 밀집되어 있다. 100 Ω 이상의 저항값을 정확하게 측정하기 위해서는 측정되는 저항값에 따라 저항계의 범위를 $R \times 10$, $R \times 100$, $R \times 1000$ 등으로 조정하여야 한다. 저항계에 이들 저항값 범위가 표시되어 있다. $R \times 10$ 범위에서는 기본 눈금으로 읽은 값에 10을 곱하고, $R \times 100$ 범위에서는 읽은 값에 100을 곱하며, 마찬가지로 $R \times 1000$ 범위에서는 기본눈금으로 읽은 값에 1,000을 곱해야 한다. 저항계의 저항범위를 변경한 후에는 영점 조정을 확인하고, 필요한 경우 영점조정을 해야 한다.

디지털 저항계는 저항값을 직접 숫자로 표시한다. 디지

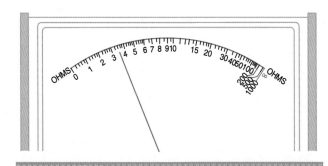

그림 2-5 아날로그 저항계의 눈금. $R \times 1$ 범위에 맞추어진 경우, 바늘은 3.4 Ω 을 나타내고 있다.

털 저항계는 저항범위 뿐만 아니라 "Low Ohm", "High Ohm" 지정이 가능하며, 또한 측정 범위가 초과되는 경우에는 최대값이 깜박거리는 범위초과 지시 기능도 갖는다. 예를 들어, $3\frac{1}{2}$-digit 계기는 최대 1999까지 표현 가능한 4자리 숫자를 표시한다. 계기가 초기화 설정되면, 범위초과를 나타내는 1999가 깜박거린다(즉, 무한대 저항값을 나타냄). 계기의 두 단자를 서로 맞대면 000을 나타낸다. 이는 DMM의 종류에 따라 다르며, 어떤 DMM은 표시부의 왼쪽 옆에 단일 숫자 1 또는 O.L.이 표시된다. 아날로그 저항계와 마찬가지로 사용자 설명서에 제시된 방법에 따른 영점 조정이 필요하다.

03 요약

(1) 저항의 단위는 옴이다.
(2) 고정 탄소 저항기의 몸체에는 저항값, 허용오차, 신뢰도 등을 나타내는 색 코드가 표시되어 있다.
(3) 색 코드는 12가지색으로 구성되며, 이들은 저항값, 허용오차, 신뢰도 값을 나타낸다. 색 코드는 표 2-1과 같다.
(4) 저항기의 색 코드는 4개 또는 5개의 색 띠로 구성된다.

four-band 색 코드
▪ 첫 번째 띠는 저항값의 첫째자리 숫자를 나타낸다.
▪ 두 번째 띠는 저항값의 둘째 자리 숫자를 나타낸다.
▪ 세 번째 띠는 앞의 두 숫자 뒤에 붙는 0의 갯수(즉, 10

의 지수)를 나타낸다.
▪ 네 번째 띠는 퍼센트 허용오차를 나타낸다.

고정밀 저항기에 사용되는 five-band 색 코드
▪ 첫 번째 띠는 저항값의 첫째자리 숫자를 나타낸다.
▪ 두 번째 띠는 저항값의 둘째자리 숫자를 나타낸다.
▪ 세 번째 띠는 저항값의 셋째자리 숫자를 나타낸다.
▪ 네 번째 띠는 앞의 숫자 뒤에 붙는 0의 갯수(즉, 10의 지수)를 나타낸다.
▪ 다섯 번째 띠는 퍼센트 허용오차를 나타낸다.

군사용에 사용되는 five-band 색 코드(MILSTD)
▪ 첫 번째 띠는 저항값의 첫째자리 숫자를 나타낸다.
▪ 두 번째 띠는 저항값의 둘째자리 숫자를 나타낸다.
▪ 세 번째 띠는 앞의 두 숫자 뒤에 붙는 0의 갯수(즉, 10의 지수)를 나타낸다.
▪ 네 번째 띠는 퍼센트 허용오차를 나타낸다.
▪ 다섯 번째 띠는 1000개당 결함 수를 표시하는 퍼센트 신뢰도를 나타낸다.

(5) 고 전력용 저항기는 색 코드를 사용하지 않으며, 저항값과 정격전력을 저항기의 몸체에 표시한다.
(6) 가변 저항기는 가감저항기와 분압기 두 가지 종류가 있다.
(7) 가감저항기는 두 단자 사이의 저항값을 가변시킬 수 있는 2단자 소자이다.
(8) 분압기는 3단자 소자이며, 양 끝단자 사이의 저항값은 고정되어 있다. 중앙단자와 양 끝단자 사이의 저항값을 가변시킬 수 있다.
(9) 저항계, VOM의 저항계 기능, 전자식 멀티미터 등은 저항값 측정과 회로의 단락 여부를 확인하기 위해 사용된다.
(10) 아날로그 저항계의 눈금은 비선형이다.
(11) 저항계, VOM 또는 EVM의 저항계 기능 등은 여러 가지 저항범위를 갖는다.($R \times 1$, $R \times 10$, $R \times 100$ 등)
(12) 디지털 저항계는 저항값을 숫자로 직접 표시하며, 깜박거림 또는 다른 방법으로 측정범위 초과를 표시한다.

아래의 질문에 답하여 여러분의 이해도를 점검하시오.

(1) 색 코드는 탄소 저항기의 _____을 나타내기 위해 사용된다.

(2) 저항기에 표시된 첫 번째 또는 두 번째 색 띠가 적색이면 숫자 _____를 나타낸다.

(3) 4개의 띠를 사용하는 저항기에서 세 번째 띠가 황색이면 ____개의 0을 나타낸다.

(4) 4개의 띠를 사용하는 저항기에서 네 번째 띠가 _____색이면 10%의 허용오차를 나타낸다.

(5) 색 코드가 갈색, 흑색, 흑색, 금색이면, _____ Ω, ____ %의 저항기이다.

(6) 고 전력용 저항기는 저 전력용 저항기와 동일한 색 코드를 사용한다. _____(맞음/틀림)

(7) 분압기는 ____개의 단자를 갖는다.

(8) 군사용 저항기의 다섯 번째 띠가 적색이면 _____이 0.1%임을 나타낸다.

(9) 저항값이 120 Ω이고, 허용오차가 20%인 저항기를 4개의 띠를 갖는 색 코드로 표시하면 _____이다.

(10) 저항기가 무한대의 저항값을 갖으면, 이 저항기는 _____회로이다.

측정계기

- digital multimeter(DMM), volt-ohm-milliammeter(VOM)

저항기

- 서로 다른 저항값과 허용오차를 갖는 저항기 10개; $\frac{1}{2}$-W(색 코드를 갖는 것)
- 10 kΩ 분압기

기타

- 12인치 길이의 연결 도선
- 도선 절단기(wire cutter)

 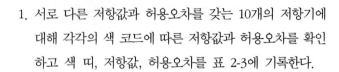
1. 서로 다른 저항값과 허용오차를 갖는 10개의 저항기에 대해 각각의 색 코드에 따른 저항값과 허용오차를 확인하고 색 띠, 저항값, 허용오차를 표 2-3에 기록한다.

2. 저항값 측정을 위해 실험 1과 디지털 멀티미터 및 VOM의 사용자 설명서를 참조한다. 저항계의 영점을 조정한다. 색 코드로 표시된 값을 이용하여 저항계의 적당한 저항범위를 선택한 후, 저항기 10개의 저항값을 측정하여 표 2-3의 "Measured value" 항에 기록한다.

3. 과정 2에서 측정된 각 저항값에 대해 다음 식을 이용하여 퍼센트 정밀도를 계산하여 표 2-3에 기록한다.

$$\%정밀도 = \frac{코드값 - 측정값}{코드값} \times 100$$

4. (a) 짧은 도선의 저항을 측정한다. $R =$ _____ Ω.
   (b) 과정 1에서 사용된 저항기 중 하나를 선택하여 그림 2-6과 같이 도선으로 연결한다. 저항기의 양 단자 사이에 도선을 연결함으로써 저항기는 단락회로가 된다. 이때의 저항값을 측정한다. $R =$ _____ Ω.

5. 저항계의 양 단자 사이에 도선을 연결하고, 저항값을 읽는다(값을 기록할 필요는 없다). 도선 절단기를 사용하여 도선을 반으로 자르면 개방회로가 된다. 도선을 자른 후에 저항계의 변화를 관찰한다.

6. (a) 분압기를 그림 2-4(b)와 같이 실험대 위에 놓는다. 분압기의 세 단자를 그림과 같이 A, B, C라고 하자. 분압기의 축을 반시계 방향으로 완전히 돌린다. 저항계를 단자 A와 B 사이에 연결하고 저항값 R_{AB}를 측정하여 표 2-4에 기록한다.
   (b) 단자 A와 C 사이의 저항값 R_{AC}를 측정하여 표 2-4에 기록한다.
   (c) 단자 B와 C 사이의 저항값 R_{BC}를 측정하여 표 2-4에 기록한다.

7. (a) 단자 B와 C에 저항계를 연결하고, 분압기의 축을 시계방향으로 완전히 회전시킨다. 축이 회전함에 따라 저항계의 변화를 관찰한다. 단자 B와 C 사이의 저항을 측정하여 표 2-4에 기록한다.

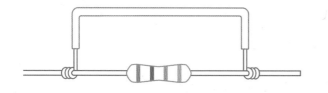

그림 2-6 도선에 의해 단락된 저항기

(b) 단자 A와 C에 저항계를 연결하고, 저항을 측정하여 표 2-4에 기록한다.

(c) 단자 A와 B에 저항계를 연결하고, 저항을 측정하여 표 2-4에 기록한다.

8. 과정 6, 7에 대하여 $R_{AC} + R_{BC}$를 계산하여 표 2-4에 기록한다.

9. 도선을 단자 B에서 단자 C까지 연결한 후, 단자 A와 C 사이의 저항을 측정한다. R_{AC} = _____ Ω. 도선을 끊는다.

10. 도선을 단자 A에서 단자 C까지 연결한 후, 단자 B와 C 사이의 저항을 측정한다. R_{BC} = _____ Ω. 도선을 끊는다.

선택 사항

인터넷을 이용하여 저항기 구매를 위한 정보를 찾아보시오. 필요하다면, 실험조교로부터 인터넷 주소 목록을 받아 활용한다.

07 예비 점검의 해답

(1) 저항값

(2) 2

(3) 4

(4) 은색

(5) 10; 5

(6) 틀림

(7) 3

(8) 신뢰도

(9) 갈색, 적색, 갈색, no color

(10) 개방

성 명 _____   일 시 _____

표 2-3 저항기 측정값과 색 코드 값

	Resistor									
	1	*2*	*3*	*4*	*5*	*6*	*7*	*8*	*9*	*10*
Frist color band										
Second color band										
Third color band										
Fourth color band										
Coded value, Ω										
Tolerance, %										
Measured value, Ω										
Accuracy (%)										

표 2-4 분압기 측정

Step	Setting of Potentiometer Control	R_{AB} Ω	R_{AC} Ω	R_{BC} Ω	$R_{AC}+R_{BC}$ Calculated Value
6	Completely CCW				
7	Completely CW				

실험 고찰

1. 아날로그 VOM 사용 시, 저항계의 눈금을 0 근처에서 읽은 값과 무한대 근처에서 읽은 값 중, 어느 것이 더 신뢰성이 있는 지 설명하시오.

_____

_____

_____

_____

2. 아래의 탄소 저항기의 색 코드를 표시하시오.

(a) 0.27 Ω, $\frac{1}{2}$ W, 5% _____

(b) 2.2 Ω, $\frac{1}{4}$ W, 10% _____

(c) 39 Ω, $\frac{1}{8}$ W, 10% _____

(d) 560 Ω, $\frac{1}{2}$ W, 5% _____

(e) 33 kΩ, 1 W, 20% _____

3. 회로 내에 저항기를 삽입함으로써 단락회로와 유사한 효과를 얻을 수 있는가?

_____

_____

_____

_____

4. 회로 내에 저항기를 삽입함으로써 개방회로와 유사한 효과를 얻을 수 있는가?

_____

_____

_____

_____

5. 실험과정 6(a)에서 언급된 반응의 중요성에 대해 설명하시오.

_____

_____

_____

_____

6. 저항계가 $R \times 1$, $R \times 10$, $R \times 100$, $R \times 1k$ 의 범위를 갖는다. $R \times 10$ 범위에서 바늘이 1500 Ω을 가리키고 있다. 범위가 $R \times 1$ 로 바뀌었다면, 바늘은 0과 무한대 중 어느 쪽으로 움직이는지 설명하시오. 그리고, 이때의 측정결과가 $R \times 10$ 범위에서 측정된 결과와 비교하여 더 정확한지 아니면 더 부정확한지 설명하시오.

_____

_____

_____

_____

7. DMM으로 저항을 측정할 때 디스플레이의 깜박거림은 무엇을 의미하는가?

_____

_____

_____

_____

EXPERIMENT 3

직류전압의 측정

01 실험목적

(1) 회로의 직류전압을 측정한다.
(2) 직류 전원공급기의 사용법을 익힌다.
(3) 전원공급기의 출력전압 범위를 측정한다.

02 이론적 배경

실험 1에서 가변 전압안정 직류 전원공급기의 특징, 스위치 및 단자 등에 대해 익혔다. 또한, 직류 전압계의 특징과 사용법에 대해서도 배웠다. 실험 2에서는 저항기와 저항계에 대해서 배웠다. 본 실험에서는 저항기를 이용해서 간단한 회로를 구성하고 직류전원을 인가하여 회로에 나타나는 전압을 측정한다.

1. 전압측정

실험 1에서 배운 바와 같이 전압계는 디지털형과 아날로그형 두 가지로 구분되며, 본 실험에서는 두 가지의 전압계를 모두 사용한다.

아날로그형 계기는 트랜지스터로 만들어진 전자식 다목적 계기이며, 전압측정은 이 계기의 여러 가지 기능 중의 하나이다. VOM(volt-ohm-milliammeter)은 직류 및 교류전압, 직류 및 교류전류, 그리고 저항 등을 측정할 수 있다. (대부분의 상용 전기-기계식 VOM은 교류전류는 측정할 수 없다.) DMM(digital multimeter)으로 불리는 디지털형 계기도 다목적 측정계기이며, VOM과 동일한 측정기능을 갖으나 측정범위가 더 넓다. DMM은 트랜지스터와 다이오드의 시험에도 이용될 수 있다. 최신형 DMM은 다양한 특수 기능을 포함하고 있으며, 주파수, 정전용량, 온도 등의 측정이 가능한 것도 있다. 또한, 다이오드와 트랜지스터의 테스트를 위한 소켓이 포함되어 있는 경우도 있다.

전자식 VOM과 DMM들은 작은 전력소모와 가볍고 작은 크기의 필요성에 의해 배터리로 동작하는 휴대형으로 제작된다. 진공관형 계기는 220V 교류전원으로 동작하며, 반도체 소자로 구성된 계기는 교류 또는 직류전원으로 동작 가능하다.

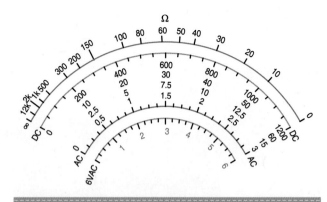

계기의 조정단자 아날로그 계기는 움직이는 지시자(바늘)와 눈금을 사용하여 측정된 양을 나타낸다. 계기의 스위치와 조정단자들은 전면의 아래쪽 또는 좌측이나 우측에 위치해 있다. 조정단자는 on-off 스위치, 기능 스위치, 그리고 범위 스위치 등을 포함한다. 대부분의 경우에, on-off 스위치는 기능 스위치에 포함되며 회전식 선택 스위치가 사용된다. 범위 스위치는 일반적으로 회전식 선택 스위치가 사용되며, 기능 스위치의 선택에 따라 해당되는 범위가 선택된다. 예를 들어, 범위 스위치를 특정 범위에 고정시키면 10V/10mA/$R \times$ 10k의 범위가 선택된다. 이 경우에, 기능 스위치가 저항에 고정되면(R, Ω, 또는 OHMS로 표시됨) 저항의 측정범위는 $R \times$ 10k가 된다. 기능 스위치가 전압에 고정되면 10V의 측정범위를 나타낸다. 역극성(reverse polarity) 스위치를 갖는 아날로그 계기들도 있으며, 이 경우에는 측정전압의 극성이 계기의 '+' 단자와 '−' 단자에 올바로 연결되지 않은 경우에도 바늘이 눈금을 가리키도록 해준다. 전자식 계기는 통상 두개의 출력단자를 갖는다. 대부분의 계기에서, 바나나 플러그를 갖는 테스트 단자들은 계기의 잭과 함께 사용된다.

디지털 계기도 아날로그 계기와 유사한 기능과 단자들을 가지며, 측정값을 직접 숫자로 표시한다. 일부 DMM은 별도의 범위 선택 스위치가 필요 없는 자동 범위조정 기능이 있다(대부분의 DMM들은 자동 범위 조정 기능과 함께 하나의 범위 선택 스위치를 가짐).

디지털 계기의 또 다른 특징은 자동 극성 기능이다. 만약, '+' 단자가 음의 전압에 연결되면 음의 전압을 나타내는 마이너스 기호(또는 유사한 기호)가 표시된다. 디지털 계기는 표시되는 숫자의 갯수에 의해 정밀도가 결정된다. $3\frac{1}{2}$ digit 계기는 4개의 숫자를 표시하지만 첫째 자리는 1을 넘지 않는다. 예를 들어, $3\frac{1}{2}$ digit 계기는 최대 1999 까지 표시할 수 있다. 만약, 측정값이 1999 보다 크면 1999가 깜박거리거나 또는 빈칸이 나타난다. 만약 값이 19.99 보다 약간 큰 경우,(예를 들어, 20 이라고 하면) 20,000이 표시되는

것이 아니라 세자리만 표시되며 첫째 자리는 빈칸으로 표시된다. 측정값이 선택된 범위의 최대값을 초과하면 O.L.이 표시, 1999가 깜박거림, 빈칸이 표시, 또는 첫째자리에 1이 표시된다. 숫자 표시장치는 7 segment LED 또는 LCD가 사용된다. LCD 표시장치는 어둡거나 희미한 불빛에서는 숫자가 잘 보이지 않는 단점이 있으나, 전력소모가 작다는 장점을 갖는다.

눈금 아날로그 계기는 교정된 눈금을 사용하므로 눈금을 읽기 위한 지식이 필요하다. 그림 3-1은 VOM의 일반적인 눈금을 나타낸 것이다.

눈금이 표시된 4개의 호는 각기 다른 양을 나타낸다. 외곽의 호는 0 에서부터 ∞(무한대)까지의 숫자가 표시되어 있으며, 이는 저항값 측정에 사용되는 저항눈금 이다. 그 다음 안쪽의 호는 DC로 표시되어 있으며, 눈금의 세부 구분은 등 간격으로 이루어져 있다. 그 다음 안쪽의 두개의 호는 AC로 표시되어 있으며, 가장 작은 눈금이 AC 6V로 표시되어 있다. 위의 4가지 눈금으로 이 계기가 측정할 수 있는 모든 기능과 범위를 나타낼 수 있다.

저항눈금은 명확하다. 기능 스위치가 저항계에 고정되어있고 범위 스위치가 특정값에 맞추어져 있을 때, 단락회로를 측정하면 바늘은 0으로 표시된 오른쪽 끝으로 움직일 것이다. 반대로, 개방회로를 측정하면 바늘은 왼쪽 끝에서 움직이지 않아 ∞를 나타낼 것이다.

직류전압을 측정하는 경우, 눈금 밑의 숫자들은 선택된 범위스위치 각각에 해당된다. 이 계기의 최대 직류전압 범위는 1200V/600V; 300V, 60V, 15V, 3V이다. 눈금의 끝에 300V 표시는 없으며, 1200, 60, 15, 3V 표시만 있음을 주목해야한다. 만약, 범위 스위치가 300V에 맞추어져 있고 측정되는 전압이 175V이면, 바늘은 1200V 눈금에 대해서는 700을, 60V 눈금에 대해서는 35를, 15V 눈금에 대해서는 8.75를 그리고 3V 눈금에 대해서는 1.75를 동시에 가리킬 것이다. 각각의 눈금에 대해 $\frac{1}{4}$, 5, 20, 100을 곱하여 실

제 전압값을 결정할 수 있다.

만약, 기능스위치가 60-μA 직류전류 범위에 고정되어 있고 측정전류가 25μA 이면, 바늘은 1200 눈금에 대해서는 500을, 60 눈금에 대해서는 25를, 15 눈금에 대해서는 6.25를 그리고 3 눈금에 대해서는 1.25를 동시에 가리킬 것이다. 각각의 눈금에 대해 1/20, 1, 4, 20을 곱하여 실제 전류값을 결정할 수 있다.

마찬가지로, AC 눈금 위의 전압도 동일한 수를 곱하여 측정할 수 있으며, 단지 6V 눈금의 전압은 측정값을 직접 읽는다.

2. 직류 전원장치

본 실험에서는 0~15V 범위의 저전압을 갖는 가변 전압 안정 직류 전원장치를 사용한다. 일반적으로 사용되는 전원장치는 다음과 같은 특징을 갖는다(기종에 따라 세부 내용은 차이가 있을 수 있음).

전면의 조정 패널에는 on-off 스위치(대부분 표시등이 부착되어 있음), 출력전압 조정을 위한 회전식 다이얼, 두 개 또는 세 개의 출력 단자 등이 있다. 두개의 출력 단자가 있는 경우에 하나는 +로 다른 하나는 −로 표시되어 있다. 세 개의 출력 단자가 있는 경우에 각각의 잭은 +, −, GND로 표시되어 있다. 출력전압은 + 단자와 - 단자 사이에서 얻어지며, GND는 계기의 접지이다. 정상적으로, GND 단자와 + 단자 또는 − 단자 사이에는 전압이 나타나지 않는다. 별도의 +, − 조정단자를 가진 전원공급기도 있으며 이 경우, + 출력은 + 단자와 GND 단자 사이에서 그리고 − 출력은 − 단자와 GND 사이에서 얻어지며, 전체 출력은 + 단자와 − 단자 사이에서 얻어진다. 이와 같은 전원장치는 ±15V 출력으로 명시된다.

또 다른 조정단자로는 'current'라고 표시된 회전식 다이얼이 있으며, 이 단자는 전원장치의 전류출력을 제한하기 위해 사용된다. 전원장치는 1A 정격출력을 가질 수 있지만, 전류 조정단자에 의해 0.5A 또는 0~1A 범위의 임의의 전류로 제한될 수 있다. 이와 같은 전류 제한은 실험회로에 과도한 전류가 흐르는 것을 방지하는데 유용하다.

통상, 실험실용 전원장치에는 전면에 전압계가 포함되어 있어 출력되는 전압을 표시하며, 220V 전원으로 동작하도록 코드와 플러그가 구비되어 있다.

직류 전원장치를 회로에 연결할 때는 회로의 극성 조건을 먼저 확인하고 이를 따라야 한다. 전원의 연결로 인해 회로가 변경되지 않도록 해야한다. 실험과정 중에 빈번한 회로 변경이 필요한 경우에는 전원장치와 회로를 분리시킬 수 있는 외부 스위치를 사용한다.

일반적으로, 전체 전압을 갑자기 연결하기보다는 전원장치의 전압을 서서히 증가시켜 필요한 전압에 도달하는 것이 바람직하다. 이렇게 함으로써 회로 내에서 발생할 수 있는 문제를 조기에 발견할 수 있고, 부품이나 계기에 가해질 수 있는 손상을 방지할 수 있다.

 03 요약

(1) 전자식 또는 전기기계식 아날로그 계기는 바늘과 교정된 눈금을 사용한다.

(2) 눈금은 작은 영역으로 구분되어 있다. 직류값을 측정하기 위한 눈금은 등간격으로 이루어져 있으며, 이를 선형눈금이라고 한다.

(3) 동일한 눈금으로 다른 범위(예를 들어, 300V, 60V, 15V, 3V, 60 μA, 3 mA, 30 mA, 300 mA) 내의 여러 가지 값(예를 들어, 전압, 전류)을 측정할 수 있다. 바늘이 가리키는 눈금에 적당한 수를 곱하여 최종 측정값을 얻을 수 있다.

(4) 디지털 계기는 자동 범위조정 기능이 있으며, 따라서 측정 전에 범위조정 스위치를 조정할 필요가 없다. 아날로그 계기는 역극성 스위치가 있어 계기단자의 극성이 반대로 연결된 경우에도 눈금 위의 측정값을 읽을 수 있다. 디지털 계기는 자동 극성기능이 있어 단자의 극성이 반대로 연결된 경우는 마이너스 기호가 표시된다.

(5) 전원장치는 최대 전압과 전류에 대한 정격이 있다.

(6) 전압안정 전원장치는 정격이내의 부하전류나 전원전압이 변동하는 경우에도 지정된 전압값을 유지한다.

(7) 독립된 +전압과 −전압을 출력하는 전원장치는 +, −, GND 세 개의 출력 잭을 갖는다. 전체 전압출력은 + 단자와 −단자 사이에서 얻어진다.

(8) 전원장치의 전류조정단자는 회로에 과도한 전류가 흐르는 것을 방지하기 위해 사용된다.

아래의 질문에 답하여 여러분의 이해도를 점검하시오.

(1) 실험실에서 사용되는 직류 전원장치의 출력전압은 _____ 이며, 여러 전압범위를 공급할 수 있다.

(2) 부하전류나 전원전압이 변동하는 경우에도 지정된 전압값을 유지하는 전원장치를 전압_____ 전원장치라고 한다.

(3) 아날로그 VOM은 여러 개의 _____가 있으며, 바늘이 그 위를 움직여서 전기적인 양을 나타낸다.

(4) $3\frac{1}{2}$ digit를 갖는 디지털 계기는 최대로 1999 까지 표현할 수 있다. _____(맞음/틀림)

(5) 아날로그 전압계의 범위 스위치가 60V에 고정되어 있다. 바늘이 0 - 100 눈금사이의 75를 가리키고 있다면 측정된 실제 전압은 _____ V 이다.

(6) 일반적인 전기기계식 저항계의 눈금에서 0의 위치는 오른쪽 끝이고, ∞의 위치는 왼쪽 끝이다. _____(맞음/틀림)

(7) 전자식 전압계의 눈금 구분은 등 간격이며, 따라서 눈금이 _____이다.

(8) 대부분의 전기기계식 멀티미터는 교류 _____는 측정할 수 없다.

전원장치
- 가변 0 - 15V 직류 전원, 전압 안정형

측정계기
- DMM
- VOM(전자식 아날로그형)

저항기
- 220Ω, 20-W 2개

기타
- SPST 스위치 2개

전원장치의 특징과 단자는 제조회사에 따라 다를 수 있다. 실험에 사용될 전원장치의 사용자 설명서를 주의 깊게 읽고 사용법을 숙지한다. 실험과정에서 지시가 있기 전에는 전원장치에 전원을 인가하지 않는다.

A. 전압측정

A1. 전원장치의 전원 스위치가 'off'된 상태에서 전원 플러그를 220V 교류원에 꽂는다. 전압조정 스위치를 완전히 반시계 방향으로(즉, 0V 위치로) 돌린다. 전류조정 스위치가 있는 경우에는 역시 0A 위치로 돌린다.

A2. 전원장치의 출력단자에 VOM을 연결한다. VOM의 + 단자는 전원장치의 + 단자에 그리고 VOM의 − 단자(통상, COM으로 표시되어 있음)는 전원장치의 − 단자에 각각 연결한다. VOM을 최대 전압범위로 맞춘다.

A3. 전원장치의 전원스위치를 'on' 시킨 후, 전압을 서서히 증가시켜 출력전압이 15V가 되도록 한다. 실험과정 A를 진행하는 동안에 이 전압을 유지한다. 전원장치의 출력전압을 수시로 점검하여 필요하다면 15V로 조정한다. VOM의 전압범위와 VOM으로 측정된 전압을 표 3-1에 기록한다. 바늘이 가리키는 값이 측정가능하지 않으면 표 3-1에 "no indication"라고 기록한다.

A4. VOM의 전압범위가 15V 보다 큰 범위에 있으면, 한 단계 작은 전압범위로 맞춘다. VOM의 전압범위와 VOM으로 측정된 전압을 표 3-1에 기록한다. 바늘이 가리키는 값이 측정가능하지 않으면 표 3-1에 "no indication"라고 기록한다.

A5. VOM의 전압범위가 15V 보다 큰 범위에 있으면, 한 단계 작은 전압범위로 맞춘다. VOM의 전압범위와 VOM으로 측정된 전압을 표 3-1에 기록한다. 바늘이 가리키는 값이 측정가능하지 않으면 표 3-1에 "no indication"라고 기록한다.

A6. 15V와 같거나 큰 모든 전압범위에 대해 위의 과정을 반복한다. 전원장치의 전원스위치를 'off'상태로 하고 전압출력을 0V로 만든다.

A7. 전원장치의 출력에 DMM을 연결하고, 과정 A3 - A6을 반복하여 표 3-1에 기록한다.

B. 가변 전압안정 전원장치의 동작

B1. 전원장치의 전원스위치를 'off'로 하고 스위치 S_1 , S_2 를 개방한 상태에서 그림 3-2의 회로를 구성한다.

B2. 전원장치의 전원스위치를 'on'시킨 후, 전압을 서서히 증가시켜 VOM으로 측정된 출력전압이 15V가 되도록 한다. 전류조정 스위치가 있는 경우에는 최대값으로 맞춘다. VOM으로 측정된 전압을 표 3-2의 첫째 행에 기록한다.

B3. 스위치 S_1 을 닫는다. 전원장치의 어떤 조정단자도 변경시키지 않는다. VOM으로 측정된 전압을 표 3-2의 둘째 행에 기록한다.

B4. 스위치 S_1 이 닫힌 상태에서 스위치 S_2 를 닫는다. 전원장치의 어떤 조정단자도 변경시키지 않는다. VOM으로 측정된 전압을 표 3-2의 셋째 행에 기록한다.

B5. 스위치 S_1 , S_2 를 모두 닫은 상태에서 VOM으로 측정된 전원장치의 출력전압이 10V가 되도록 한다. VOM으로 측정된 전압을 표 3-2의 넷째 행에 기록한다.

B6. 스위치 S_1 , S_2 를 모두 개방한다. 전원장치의 어떤 조정단자도 변경시키지 않는다. VOM으로 측정된 전압을 표 3-2의 다섯째 행에 기록한다.

B7. 스위치 S_1 , S_2 를 모두 개방한 상태에서 VOM으로 측정된 전원장치의 출력전압이 1V가 되도록 한다. VOM으로 측정된 전압을 표 3-2의 여섯째 행에 기록한다.

B8. 스위치 S_1 , S_2 를 모두 닫는다. 전원장치의 어떤 조정단자도 변경시키지 않는다. VOM으로 측정된 전압을 표 3-2의 일곱째 행에 기록한다. 이 과정이 완료되면 전원장치의 전원스위치를 'off'로 하고 스위치 S_1 , S_2 를 개방한 후, VOM을 분리시킨다.

B9. VOM 대신에 DMM을 연결하고 과정 B2 - B8을 반복한다. 모든 과정이 완료되면 전원장치의 전원스위치를 'off'로 하고 스위치 S_1 , S_2 를 개방한다.

07 예비 점검의 해답

(1) 가변
(2) 안정
(3) 눈금
(4) 맞음
(5) 45
(6) 맞음
(7) 선형
(8) 전류

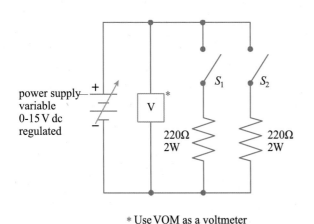

* Use VOM as a voltmeter

그림 3-2 과정 B1의 회로

표 3-1 전압 측정

Power-Supply Voltmeter Reading, V	VOM		DMM	
	Voltage Range, V	Measured Voltage, V	Voltage Range, V	Measured Voltage, V
15				

표 3-2 전원장치 동작

Row	Switch S_1	Switch S_2	VOM Voltage V	DMM Voltage V
1	Open	Open		
2	Closed	Open		
3	Closed	Closed		
4	Closed	Closed		
5	Open	Open		
6	Open	Open		
7	Closed	Closed		

실험 고찰

1. 직류 전압을 측정할 때 지켜야할 주의사항 4가지를 설명하시오.

_____
_____
_____
_____
_____
_____
_____
_____
_____

2. 전기기계식 멀티미터는 일반적으로 교류전압, 직류전압, 저항 등을 측정할 수 있다. 이 계기로 다른 어떤 측정을 할 수 있는가? 또한, 이 계기로 측정할 수 없는 전기적인 양은 어떤 것인가?

_____
_____
_____
_____
_____

3. 지금 사용하고 있는 DMM의 전압범위는 얼마인가? 또한, 디지털 정격과 표시할 수 있는 최대 자릿수는 얼마인가?

_____

_____

_____

_____

_____

4. 전원장치에 전류 조정단자가 있는 경우에 단락회로가 발생할 가능성을 최소화하기 위해 이 단자를 어떻게 사용하는 지 설명하시오.

_____

_____

_____

_____

_____

_____

5. 극성연결이 반대로 되면 아날로그 계기는 어떤 충격을 받을 수 있는가?

_____

_____

_____

_____

_____

6. 실험실에서의 전압과 전류측정에 있어서 디지털 계기에 비해 아날로그 계기가 갖는 장점은 어떤 것들이 있는가?

_____

_____

_____

_____

_____

EXPERIMENT
4

도체와 절연체

(1) 도체와 절연체를 구분한다.
(2) 여러 종류의 도체와 절연체의 저항을 측정한다.

02 이론적 배경

1. 도체와 절연체

전기는 회로내의 전하 이동으로부터 얻어지며, 이와 같은 전하 이동을 전류라고 한다. 전하가 잘 이동할 수 있는 물질을 도체(conductor)라고 하며, 전하가 이동하지 못하는 물질을 절연체(insulator)라고 한다. 즉, 도체는 작은 전기적 압력(전압)에 의해서도 전류가 잘 흐르는 물질이며, 반면에 절연체는 매우 작은 전류가 흐르거나 또는 전류가 거의 흐르지 못하는 물질이다. 도체의 대표적인 예는 구리이며, 고무는 절연체의 대표적인 예이다.

직류에 대한 폐회로(closed circuit)는 그림 4-1에서 보는 바와 같이 전원(배터리 또는 전원 공급기), 부하(전기램프), 그리고 연결 도체(구리선) 등으로 구성된다. 이와 같은 폐회로에는 전류가 흐르게 되고, 충분한 전류가 흐르면 램프에 불이 켜질 것이다. 배터리와 램프 사이에 구리선 대신에 고무줄을 연결하면, 절연체인 고무줄에는 전류가 흐르지 못하므로 램프에 불이 켜지지 않을 것이다.

전기램프의 텅스텐 필라멘트는 도체의 일종이지만 구리

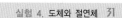

선과 같이 좋은 도체는 아니다. 텅스텐은 전류에 의해 가열되면 방전하여 빛을 내는 성질이 있으므로 필라멘트로 이용된다.

이 사실로부터 모든 도체는 전기적으로 동일한 도전성을 갖지 않음을 알 수 있다. 특정 물질은 그 자체의 독특한 도체 또는 절연체 특성을 이용하여 전기 부품으로 사용된다.

2. 도선(wire conductor)

도체가 전류를 잘 흐르게 하는 정도를 컨덕턴스(conductance)라고 하며, 기호 G로 표시한다. 컨덕턴스의 단위로는 지멘(siemen)을 사용한다. 전류가 흐르지 못하게 하는 정도를 저항(resistance)이라고 하며, 기호 R로 표시한다. 저항의 단위는 옴(ohm)을 사용한다.

물질이 갖는 저항의 정도를 고유저항(resistivity)이라고 하며, 물질의 분자구조에 따라 고유저항이 달라진다.

물질의 저항은 고유저항과 온도 및 크기에 따라 달라진다. 예를 들어, 원형 구리선의 지름과 길이가 주어지면 저항이 결정되며, 도선의 길이를 두 배로 길게 하면 저항도 두 배가 된다. 온도가 변하지 않는 한 고유저항은 변하지 않는다. 저항은 도체의 단면적에 따라 달라진다. 즉, 구리선의 길이는 일정하게 하고 단면적을 두 배로 하면 저항은 반으로 감소한다. 이상을 종합하면, 도체의 단면적이 증가함에 따라 저항은 감소하고, 길이가 증가함에 따라 저항은 증가한다.

도체의 길이와 지름이 일정한 경우, 고유저항이 클수록 저항이 커진다. 즉, 좋은 도체는 작은 고유저항을 갖는다. 도체의 길이, 단면적, 고유저항과 저항 사이의 관계는 다음과 같이 표현된다.

$$R = \frac{\rho l}{A} \qquad (4\text{-}1)$$

단, R : 저항(ohm)

l : 길이(feet)

A : 단면적(circular mils)

ρ : 주어진 온도에서의 고유저항

구리의 고유저항은 20℃(보통 상온)에서 10.37 이다. 일반적으로, 도체로 사용되는 물질 등은 은, 금, 알루미늄 등이 있다. 은의 고유저항은 9.85이고 알루미늄의 고유저항은 17.0이다. 특수한 경우에 높은 저항을 갖는 도체가 필요한 경우도 있으며, 이러한 물질로는 니켈, 철, 텅스텐, 니크롬(니켈과 크롬의 합금), 탄소 등이 있다.

저항 수식이 사용되는 예는 다음과 같다.

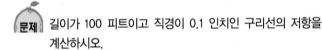 길이가 100 피트이고 직경이 0.1 인치인 구리선의 저항을 계산하시오.

풀이 0.1 인치의 직경은 100 mil(1 mil = 0.001 인치)이므로, 단면적 d^2은 10,000 circular mils 이다. 식 (4-1)에 이 값을 대입하면 저항은 다음과 같이 된다.

$$R = \frac{\rho l}{A}$$

$$R = \frac{10.37 \times 100}{10,000}$$

$$R = 0.1037 \ \Omega$$

3. 도선의 크기

전기적인 도체로 사용되는 원형 도선은 표준 치수로 정해진다. 미국에서는 American Wire Gage(AWG)를 표준으로 사용하며, AWG 번호가 클수록 도선의 직경이 작음을 의미한다. 예를 들어, 가정용 배선에 일반적으로 사용되는 12번 구리 도선은 전자회로 구성에 사용되는 22번 도선 보다 직경이 훨씬 크다. 가장 큰 치수는 0000(또는 4/0으로 표시함) 이다. 4/0 보다 큰 도선의 경우에는 단면적을 circular mill 단위로 표시한다.

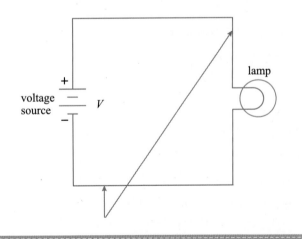

그림 4-1 전원 V, 연결 도선, 램프(전기적 부하)로 구성되는 폐회로

전기기준 규정집에는 도선의 크기와 특성에 관한 표가 포함되어 있으며, AWG 크기, 직경, 단면적, 그리고 1000 피트 당 저항 등이 명시되어 있다.

장비나 사람의 안전을 위해 도체의 허용전류를 법으로 제한하고 있으며, 이는 도체의 최대 허용전류 보다 훨씬 작은 양으로 규정되어 있다. 예를 들어 미국의 National Electrical Code®는 플라스틱 절연된 12번 구리선이 건물의 배선으로 사용될 때의 허용전류를 20 A로 제한하고 있다. 반면에, 절연되지 않은 동일한 12번 구리선이 실험실의 회로구성에 사용되는 경우에는 20 A 이상의 전류가 흘러도 녹거나 안전에 문제가 없다.

4. 도선 부품

일정 길이의 도선을 어떤 형체에 감아서 만들어지는 부품도 있다. 예를 들어, 세라믹 고전력용 저항은 세라믹 코어에 도선을 감아서 만들어진다. 철심 인덕터(choke)는 철심이 들어간 형체에 도선을 감아서 만들어진다. 변압기는 특수한 코어에 도선을 여러 번 감아서 만들어진다. 감긴 도선이 중간에 끊어졌는지를 알아보기 위해서는 양 끝단자 사이의 저항을 측정해보면 된다. 정상 저항값은 제조회사에 의해 표시된다. 감긴 도선의 저항이 무한대이면 끊어진 것이다. 연결성 시험의 기본 개념은 저항을 측정하는 것이 아니라 전기적인 폐회로가 형성되어 있는 지를 알아보는 것이다. 저항계의 바늘이 많이 움직이거나 DMM에서 저항값이 매우 작으면 전기적인 폐회로가 형성되어 있음을 의미한다.

5. 도체로서의 탄소 저항기

앞에서 색 코드를 이용한 탄소 저항기의 저항값 결정 방법을 배웠다. 탄소는 전기적인 도체로 취급되기도 한다. 그림 4-2와 같이 직류전원, 저항기, 연결 도선으로 구성되는 회로에는 전류가 흐른다. 저항기의 물리적인 구조에 의해서 흐르는 전류량이 결정된다. 저항기를 원형 도선으로 볼 때, 저항기의 저항은 내부 탄소성분의 단면적에 반비례하며, 길이에 비례한다. 내부 탄소성분의 직경과 길이를 조정하여 저항값 R을 조정할 수 있다.

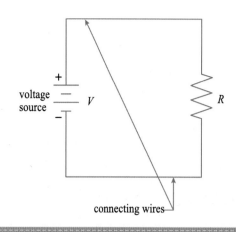

그림 4-2 직류전원 V, 연결 도선, 저항기 R로 구성되는 폐회로

구리 도선과 비교해 볼 때, 저항기의 저항값이 길이 전체에 분포되어 있음을 알 수 있다. 작은 탄소 저항기에서는 양끝 단자 사이에 저항이 몰려있다.

그림 4-2의 회로에서 R의 값을 조정하여 전류를 제어할 수 있다. 전압 V가 일정한 상태에서 R이 클수록 흐르는 전류는 작아진다.

6. 절연체

고유저항이 매우 커서 전류가 거의 흐르지 못하는 물질을 절연체 또는 부도체라고 한다. 구리, 나무, 유리, 플라스틱, 운모, 공기 등은 절연체이다.

고무줄과 같은 절연체에 저항계를 연결하면 무한대 저항값을 나타낼 것이다. 무한대 저항에는 직류가 흐르지 못하며, 따라서 그림 4-3의 회로는 전류가 흐르지 못하는 개방회로가 된다.

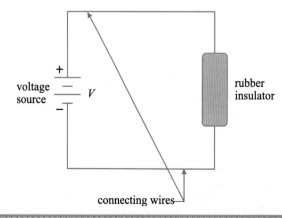

그림 4-3 개방회로. 고무는 회로에 전류가 흐르지 못하게 하는 절연체이다.

절연물은 전기·전자회로에 사용되는 구리 도선을 감싸서 절연시키는데 사용되며, 이는 다른 도선이나 부품과의 전기적으로 접촉을 방지하기 위한 것이다. 절연물이 녹거나 파괴된 도선은 위험을 초래할 수 있으므로 사용하지 말아야한다.

절연물은 충분히 큰 전압이 인가되면 파괴되거나 도체로 변할 수 있다. 대기 중에서 1 cm 떨어진 두 전압 단자에 30,000V 이상의 전압이 인가되면 절연이 파괴되며, 이와 같은 현상을 호락(arc-over)이라 한다.

7. 반도체

실리콘과 게르마늄은 전자부품을 만드는 중요한 기초물질이다. 이들 물질은 순수한 상태로는 절연물이지만, 갈륨, 인과 같은 특정 불순물을 첨가하면 어느 정도의 도전성을 갖게 되며 이를 반도체(semiconductor)라고 한다. 반도체의 고유저항은 첨가된 불순물의 양과 특성에 의해 결정된다. 일반적으로 반도체의 고유저항은 도체와 절연체의 중간이다. 반도체 소자를 고체소자(solid-state device)라고 부르기도 한다.

8. 도체로서의 인체

전원의 '+' 단자와 '−' 단자를 만졌을 때 전기적인 충격을 느끼는 것으로 보아 알 수 있듯이 사람의 인체는 전기적인 도체이다. 인체에 전류가 흐를 수 있으며, 전압이 클수록 큰 전류가 흐른다. 전기적 충격은 위험하며 치명적일 수 있으므로, 전기·전자관련 실험을 진행하는 학생들은 특히 안전규칙을 잘 지켜야 한다.

인체의 저항값은 일정하지 않으나, 특정 시점의 저항값을 저항계로 측정할 수 있다. 측정방법은 실험과정에서 설명한다.

03 요약

(1) 도체는 전류가 잘 흐르는 물질이며, 은, 구리, 알루미늄 등은 좋은 도체들이다.
(2) 절연체는 전류가 흐르지 못하는 물질이며, 고무, 유리, 플라스틱, 운모 등은 절연체의 예이다.
(3) 도체의 도전성은 물질의 종류에 따라 다르며, 구리는

알루미늄 보다 좋은 도체이다.
(4) 도선의 저항은 길이에 비례하고 단면적에 반비례하며, 도체가 만들어지는 물질에 따라 달라진다.
(5) 도선의 크기는 American Wire Gage(AWG)로 표시된다.
(6) 도선 표에는 AWG 크기, 단면적, 1000 ft 길이 도선의 저항값, 그 밖의 전기적 및 물리적 특징 등이 나열되어 있다.
(7) 절연체는 특정 임계전압 이하에서만 절연이 유지된다. 임계전압 이상의 전압이 인가되면 절연이 파괴되어 전류가 흐르게 된다.
(8) 절연체의 파괴전압은 절연체의 물질에 따라 달라진다.
(9) 좋은 도체의 고유저항이 매우 작으며, 절연체의 고유저항은 매우 크다.
(10) 반도체는 도체와 절연체 중간 정도의 고유저항을 갖는 물질이다. 실리콘이나 게르마늄에 불순물을 주입하면 반도체가 된다.
(11) 인체는 전기적인 도체이다. 전기적인 충격을 방지하기 위해서 인체가 전기 줄에 닿지 않도록 해야한다.

04 예비점검

아래의 질문에 답하여 여러분의 이해도를 점검하시오.

(1) 양질의 도체 5가지를 나열하시오.
 _____
(2) 절연체 5가지를 나열하시오.
 _____
(3) 회로에 전류가 흐르기 위한 조건 3가지를 나열하시오.
 _____
(4) 전류가 흐르는 회로를 _____회로라고 한다.
(5) 전류가 흐르지 않는 회로를 _____회로라고 한다.
(6) AWG #22 원형 구리선은 #12 도선 보다 직경이 _____다.
(7) #10 도선은 #12 도선 보다 저항이 _____.
(8) #22 도선의 50-ft 길이의 저항값은 100-ft 길이의 저항값의 _____ 이다.
(9) 절연체에 특정 임계전압 이상의 전압이 인가되면 절연이 _____된다.

(10) 반도체는 적당한 조건에서 전류가 흐른다.(맞음/틀림)
_____

(11) 원형 구리선의 직경이 0.025인치이다. 이 도선의 circular mill 단위 단면적은 얼마인가? _____

(12) 원형 구리선의 직경은 45mill이고 고유저항은 10.37 이다. 길이가 1000ft인 이 도선의 저항값은 얼마인가?
_____

05 실험 준비물

측정계기

■ DMM 또는 아날로그 VOM

저항기

■ 탄소 저항기 1개(저항값은 중요하지 않음)

커패시터

■ 0.01-μF, 25V dc 1개

반도체 소자

■ 실리콘 정류기 1N4001 또는 등가품 1개

기타

■ AWG #40, 길이 12-in 구리선
■ AWG #40, 길이 6-in 니크롬선
■ AWG #40, 길이 12-in 니크롬선
■ 두께 $\frac{1}{4}$-in, 2-in 정사각형 고무
■ 두께 $\frac{1}{4}$-in, 2-in 정사각형 나무
■ 두께 $\frac{1}{4}$-in, 2-in 정사각형 아크릴 플라스틱
■ 도선 코일

06 실험과정

주의 저항값 측정 시에 저항계의 프로브를 절연시킨 상태로 잡아야 한다. 이는 저항계의 높은 범위를 사용할 때 특히 중요하다. 저항계의 프로브를 절연시키지 않은 상태로 잡으면 자신의 몸의 저항값이 측정되기 때문이다. 측정 대상의 저항값이 매우 큰 경우에는 몸체의 저항값이 측정 대상의 저항값에 영향을 미치게 된다.

1. 표 4-1에 나열된 10가지 물체의 저항값을 측정하는 실험이다. 먼저, 저항계의 영점조정을 확인한다. 저항계의 공통 단자는 흑색으로, +단자는 적색으로 표시되어 있어야 한다.

2. 저항계의 적색단자를 저항기의 한쪽 끝에, 흑색단자를 다른 한쪽 끝에 연결하고 저항값을 측정하여 표 4-1의 A항의 첫째 줄에 기록한다.

3. 저항계의 적색단자와 흑색단자를 서로 바꾼 후, 저항값을 측정하여 표 4-1의 B항의 첫째 줄에 기록한다.

4. 저항기가 도체의 성질을 갖는 지 아니면, 절연체의 성질을 갖는 지를 C항의 첫째 줄에 기록한다.

5. 커패시터에 대해 과정 2~4를 반복하고, 그 결과를 표 4-1의 둘째 줄에 기록한다.

6. 다른 8개의 물체에 대해서 동일한 과정을 반복하고, 결과를 표 4-1에 기록한다.

참고 나무, 고무, 아크릴 플라스틱에 대해서는 2-in 양단의 저항값을 측정한다.

인체의 저항

7. 저항계의 범위를 2 MΩ 또는 $R \times 10{,}000$ 에 맞추고, 영점조정을 확인한다.

8. 한 손으로 저항계의 흑색 프로브의 금속 끝을 잡고, 다른 한 손으로 적색 프로브의 금속 끝을 잡아 몸체의 저항값을 측정한다. 자신의 몸체의 저항값을 기록한다.
몸체 저항값 = _____ Ω

07 예비 점검의 해답

(1) 은, 구리, 금, 알루미늄, 텅스텐

(2) 나무, 유리, 고무, 종이, 플라스틱

(3) 전원, 연결 도선, 도전성 부하

(4) 폐   (5) 개방

(6) 작   (7) 작다

(8) 반(1/2)   (9) 파괴

(10) 맞음   (11) 625

(12) 5.12 Ω

성 명 _____   일 시 _____

표 4-1 도체와 절연체의 저항값

Object	Resistance, Ω		Insulator or Conductor	Object	Resistance, Ω		Insulator or Conductor
	A	B	C		A	B	C
1. Resistor				6. Coil			
2. Capacitor				7. Wood			
3. 12-in. length #40 copper wire				8. Plastic			
4. 12-in. length #40 nichrome wire				9. Rubber			
5. 6-in. length #40 nichrome wire				10. Silicon rectifier 1N4001			

실험 고찰

1. 어떤 물질이 도체인지 아닌지를 확인하는 방법을 실제 실험결과를 인용하여 설명하시오.

_____

_____

_____

_____

2. 표 4-1에서 A항과 B항을 비교하고, 시험단자의 극성이 물질의 저항값 측정에 어떤 영향을 미치는 지를 실험결과를 인용하여 설명하시오.

_____

_____

_____

_____

3. 실리콘 정류기는 좋은 도체인가? 아니면 좋은 절연체인가? 실험결과로부터 어떻게 확인할 수 있는가?

_____

_____

_____

_____

_____

_____

4. 식(4-1)은 도선의 단면적이 일정할 때 도선의 저항값은 길이에 비례함을 의미한다. 실험결과로부터 이 사실을 확인하시오.

5. 식(4-1)과 표 4-1의 측정결과를 이용하여 니크롬선의 고유저항을 계산하시오. AWG #40 니크롬선의 단면적은 표준 도선 표를 이용하여 결정한다. 계산된 고유저항값을 공학 표준집의 값과 비교하여 보고, 차이가 있으면 그 이유를 설명하시오.

6. 아날로그 저항계의 영점조정 방법을 설명하시오.

7. 실험에 사용된 저항계로 절연체의 저항값을 정확하게 측정할 수 있는 지를 표 4-1의 실험결과로부터 설명하시오.

8. 자신의 몸이 주위의 대기보다 저항이 큰 지, 아니면 작은 지를 실험결과로부터 설명하시오.

9. 구리선을 납땜하거나 회로연결에 사용하기 전에 양끝을 사포(sandpaper) 또는 칼로 문지르는 이유를 설명하시오.

스위치와 스위치 회로

01 실험목적

(1) 스위치의 일반적인 유형을 확인하고 시험한다.
(2) 스위치 회로를 구성한다.

02 이론적 배경

실험 4에서 여러 가지 도체와 부도체의 저항을 실험하고 측정해 보았다. 도체는 전압원과 부하의 연결을 위해 사용되었으며, 회로에 전류가 흐르도록 하였다. 도체의 낮은 저항 때문에 전하가 도체를 통해 쉽게 흐른다. 반면에, 절연체는 미량의 전류가 흐르거나 전류를 전혀 흐르지 않게 하였다.

스위치는 전류 경로를 제어하기 위해 사용되는 부품이다. 스위치가 '닫혔다'는 것은 회로가 연결되어 전류가 흐를 수 있게 됨을 말하며, 스위치가 '열렸다'는 것은 회로가 끊어져 전류가 흐를 수 없게 되었음을 말한다. 스위치는 기계적 또는 전기적으로 작동한다. 이번 실험에서는 기계적 스위치에 대해서 실험한다.

기계적 스위치가 닫히면, 스위치의 두 접점은 매우 낮은 저항을 갖는 전류 경로를 형성하면서 물리적으로 연결된다. 반대로 스위치가 열리면, 두 접점이 떨어져 그 사이에 매우 큰 저항을 형성한다.

그림 5-1에서 보는 바와 같이, 스위치가 닫히면 전류가 흐르고 전체 전압원은 부하에 걸린다. 반대로 스위치가 열

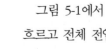

리면, 전류는 흐르지 않고 모든 전압원은 열린 스위치 양단에 걸린다.

단일 스위치는 회로 내에서 하나 이상의 전류 경로를 제어하는 데 사용될 수 있다. 그림 5-2의 스위치에서 접점 1이 닫히면 전류는 부하 A로는 흐르나, 부하 B로는 전류가 흐르지 않는다. 반대로, 접점 2가 닫히면 전류는 부하 B로는 흐르지만 부하 A로는 흐르지 않는다. 이와 같은 방법으로 스위치는 세 개 또는 그 이상의 전류 경로를 제어할 수 있다.

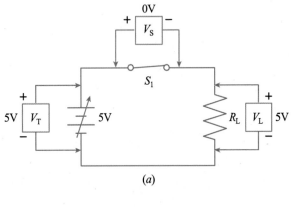

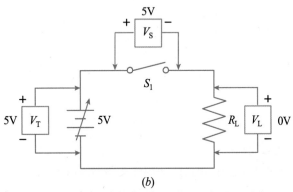

그림 5-1 (a) 닫힌 상태의 스위치 S_1; (b) 열린 상태의 스위치 S_1

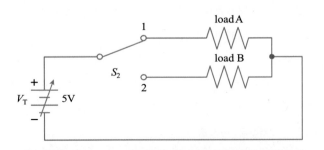

그림 5-2 회로의 한 쪽 부분에 폐 전류경로의 형성을 제어하도록 사용된 스위치

1. 스위치의 유형

스위치는 주로 pole과 throw로 명시된다. pole은 회로 내의 제어점에 연결되는 스위치 단자를 말하며, 종종 공통 단자라고도 부른다. throw는 스위치가 회로의 다른 부분으로 연결될 수 있는 가지 수이다. 예를 들어 그림 5-2를 보면, 전원 쪽의 연결은 단지 하나뿐이며, 따라서 이 스위치는 single pole이라 부른다. 한편, 이 스위치는 접점 1이나 접점 2로 연결될 수 있으므로, 이 스위치는 double throw라 한다. 따라서, 이 스위치는 single-pole double-throw라 한다. 그림 5-3은 일반적인 스위치의 유형을 보이고 있다. 이들 스위치의 유형을 나타내기 위해 주로 약자가 사용되며, 그림 5-2의 스위치는 SPDT로 표기된다.

앞에서 설명된 스위치들은 한번 작동하면 그 상태를 계속 유지한다. 즉, 열린 스위치는 물리적으로 닫히기 전까지는 열린 상태로 남아 있게 된다. 또 다른 유형의 스위치로는 순간 접촉 스위치가 있다. 이런 유형의 스위치는 그림 5-4에서 보듯이 일반적으로 누름 버튼(push button)으로 동작된다. 스위치의 정상상태가 열림(normally-open 또는 NO)이면, 버튼을 누르면 스위치가 닫혔다가 버튼을 놓으면 다시 열린 상태로 돌아간다. 동일한 방식으로, 스위치의 정상 상태가 닫힘(normally-closed 또는 NC)이면, 버튼을 누르면 스위치가 열렸다가 버튼을 놓으면 다시 닫힌 상태로 돌아간다.

앞에서 설명된 스위치들은 핸들, 누름 버튼, 회전 다이얼 등 매우 다양한 방법으로 제조되지만, 기본적인 동작 원리는 같다.

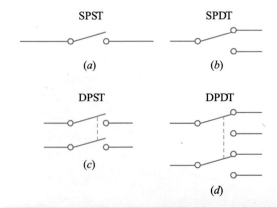

그림 5-3 스위치의 유형 (a) single-pole single-throw; (b) single-pole double-throw; (c) double-pole single-throw; (d) double-pole double-throw.

PBNO
(a)

PBNC
(b)

그림 5-4 누름버튼 스위치의 유형 (a) 정상상태닫힘; (b) 정상상태열림

2. 스위치의 정격

스위치에는 정격 전류와 정격 전압이 명시되어 있다. 정격 전류는 일정 시간동안 스위치가 수용할 수 있는 최대 안전 전류이다. 스위치의 접점은 정격 전류 이상의 전류를 통할 수 있지만 과도 전류로 인해 스위치에 열이 발생하여 손상을 입게 된다. 열은 전자 기기의 정격 전류를 제한하는 주요 요소 중의 하나이다. 정격 전압은 스위치를 열었을 때 스위치 양단에 인가될 수 있는 최대 안전 전압이다. 열린 스위치에 인가 전압이 너무 높으면, 전류가 스위치 양단을 뛰어 넘어 흐를 수 있다. 즉, 아크(arcing)가 발생한다. 아크는 스위치 접점의 금속을 파손시킬 수 있다.

이외의 다른 요소들은 사용되는 시스템이나 구동하는 부하의 유형 등을 고려하여 명시된다. 이들은 뒤의 실험에서 다루어질 예정이다.

3. 스위치 테스트

전기·전자회로에는 많은 스위치들이 사용되므로, 전자 기술자는 이들 부품의 고장진단을 할 수 있어야 한다. 대부분의 스위치 단자에는 특별한 표시가 되어있지 않으며, 특히 전기·전자 제품에 사용되는 소형 스위치들은 더욱 그렇다. 이들 스위치의 테스트를 위해서는 먼저 저항계를 이용하여 스위치의 pole과 throw를 확인한다. pole과 throw의 대략적인 윤곽은 후속 테스트에 도움이 된다. 그림 5-5에서 보듯이, 닫힌 스위치 양단의 저항은 거의 0 Ω에 가깝다. 반면, 열린 스위치 양단의 저항은 거의 무한대이다. 전원이 공급되고 있는 회로 내에서는 저항계를 사용하지 말아야 한다. 이와 같은 회로내의 스위치를 테스트하기 위해서는 전압계가 사용될 수 있다. 스위치 양단에 걸리는 전압이 거의 0에 가까우면 스위치는 닫힌 것이다. 스위치 양단에 전압이 나타나면 스위치가 열렸거나 또는 결함이

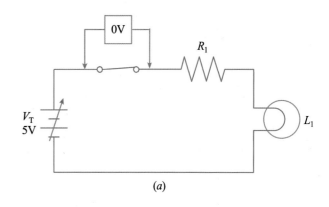

(a)

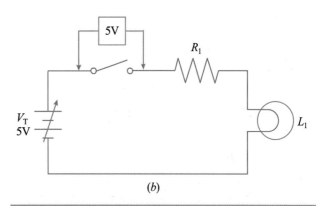

(b)

그림 5-5 전압이 인가된 회로를 테스트하는 경우, 스위치 단자 사이의 전압을 읽는다. (a) 스위치가 닫힌 경우, 스위치 단자 사이의 전압 감소는 0에 가깝다. (b) 스위치가 개방된 경우, 전압계에는 인가된 전원전압이 나타난다.

있는 경우이다. 또한, 회로의 다른 부분이 전압을 읽는 데 영향을 미칠 수 있다.

03 요약

(1) 스위치는 전류 경로를 제어하기 위해 사용된다.
(2) 닫힌 스위치 양단에 걸리는 저항값은 거의 0 Ω에 가깝다.
(3) 열린 스위치 양단에 걸리는 저항값은 거의 무한대에 가깝다.
(4) 스위치는 pole과 throw의 갯수에 따라 분류된다.
(5) 순간 접촉 스위치는 정상 상태 열림(NO)과 정상 상태 닫힘(NC)으로 구분된다.
(6) 스위치는 정격 전류와 정격 전압을 갖는다.
(7) 저항계를 사용하여 스위치의 pole과 throw를 확인할 수 있다.
(8) 닫힌 스위치의 양단의 전압은 0V이다.

아래의 질문에 답하여 여러분의 이해도를 점검하시오.

(1) 스위치가 닫히면, 두 접점 사이의 저항은 근사적으로 _____Ω이다.

(2) 스위치가 닫히면, 모든 전압은 스위치의 양단에 걸린다. (맞음/틀림) _____

(3) 스위치는 종종 _____와 _____의 갯수에 따라 구분된다.

(4) DPST 스위치는 _____개의 단자를 갖는다.

(5) 스위치에는 보통 _____와 _____의 정격이 명시되어 있다.

(6) _____는 스위치의 단자를 결정하는 데 사용될 수 있다.

(7) 전압이 공급되고 있는 회로내의 닫힌 SPST 스위치 양단에 걸리는 전압은 _____V이다.

05 실험 준비물

전원장치

■ 0~15V 가변 직류전원 2개 (regulated)

측정계기

■ VOM 또는 DMM

저항기

■ 1 kΩ 1/2-W 1개

기타

■ SPST, SPDT, DPST, DPDT, PBNO, PBNC 스위치 각각 1개
■ 12V 백열 전구 2개

06 실험과정

A. 스위치의 구분 및 시험(모든 결과는 표 5-1에 기록)

A1. SPST 스위치를 시험한 후 모든 단자를 스케치하고 각

단자의 이름과 번호를 기입한다.

A2. 스위치의 기호를 그리고 과정 A1에서 사용된 단자 번호를 기입한다.

A3. 스위치는 a와 b 두 개의 동작 위치를 가지고 있다. 스위치를 a 위치에 놓고 저항계를 사용하여 스위치 단자 사이의 연결 상태를 점검한다. 표에 스위치의 연결 상태를 기록한다.

A4. 스위치를 다른 동작 위치에 놓고 과정 A3을 반복하여 결과를 표에 기록한다.

A5. single-pole double-throw(SPDT), double-pole single-throw(DPST), double-pole double-throw(DPDT) 등의 스위치에 대해 위의 A1~A4 과정을 반복한다.

A6. 누름 단추 정상 상태 열림(push-button normally-open; PBNO) 스위치는 순간 접촉 스위치이다. 스위치를 간략하게 스케치하고 각각의 단자이름과 번호를 붙인다.

A7. 스위치 기호를 그리고 과정 A6에서 사용된 단자의 번호를 기입한다.

A8. 저항계를 사용하여 정상 상태의 스위치 단자사이의 연결상태를 점검한다. 표에 스위치의 연결상태를 기록한다.

A9. 스위치를 눌렀을 때 스위치 단자사이의 연결 상태를 점검한다. 표에 스위치의 연결 상태를 기록한다.

A10. 스위치를 놓았을 때 스위치 단자사이의 연결 상태를 점검한다. 표에 스위치의 연결 상태를 기록한다.

A11. 누름 단추 정상 상태 닫힘(push-button normally-closed; PBNC) 스위치에 대해서 위의 A6~A10의 과정을 반복한다.

A12. SPST 스위치를 이용하여 각 동작 위치에 따른 두 단자사이의 저항값을 측정하여 기록한다.

B. 스위치 회로 구성하기

위의 과정 A에서 사용한 스위치를 이용하여 그림 5-6의 (a)에서 (f)까지의 회로들을 차례로 구성한다. 한 회로가 완성되면 실험 조교로부터 확인 받은 후 다음 회로를 구성한다.

C. 회로 시험

C1. 전원을 끈 상태에서 그림 5-7의 회로를 구성한다. 전원을 켜기 전에 실험 조교에게 확인 받는다.

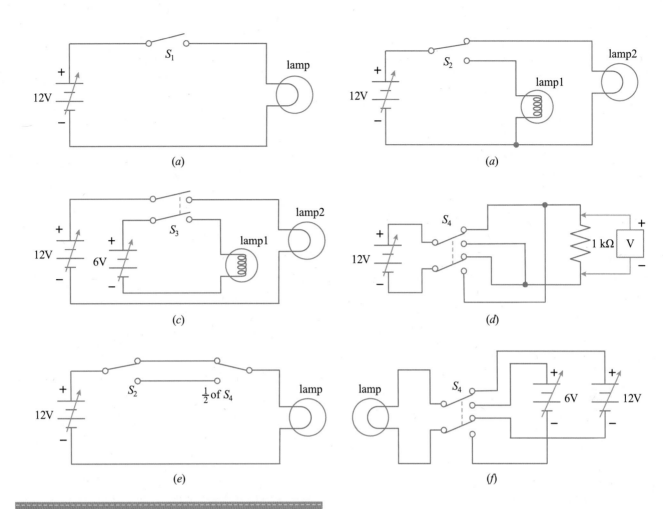

(a)　(a)

(c)　(d)

(e)　(f)

그림 5-6　과정 B를 위한 회로도

C2. 스위치 S_1 이 개방된 상태로 전원장치를 켜고 공급 전압을 12V로 맞춘다.

C3. 스위치 양 단자와 전구에 걸리는 전압을 측정하여 표 5-2에 기록한다.

C4. 스위치 S_1 을 닫고 과정 C3을 반복한다.

C5. SPST 스위치를 PBNO 스위치로 바꾼다. 전원을 켜기 전에 실험 조교에게 확인 받는다.

C6. 전원장치를 켜고 공급 전압을 12V로 맞춘다. 스위치와 전구 각각에 걸리는 전압을 측정하여 표에 기록한다.

C7. 누름 단추를 누른 상태에서 스위치와 전구 걸리는 전압을 측정하여 표에 기록한다.

C8. 누름 단추를 놓고 과정 C6에서와 같이 전압을 측정하여 표에 기록한다.

C9. PBNO 스위치를 PBNC 스위치로 바꾼다. 전원을 켜기 전에 실험 조교에게 회로를 확인 받는다. C6~C8의 과정을 반복한다.

07　예비 점검의 해답

(1) 0

(2) 틀림

(3) pole; throw

(4) 4

(5) 전압; 전류

(6) 저항계

(7) 0

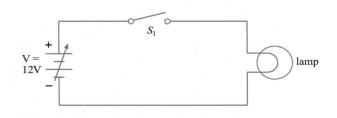

그림 5-7　과정 C를 위한 회로도

성 명 _____   일 시 _____

표 5-1 스위치의 구분 및 시험

Switch Type	Sketch	Schematic Symbol	Continuity Test		Resistance	
			a	b	a	b
Single-pole single-throw (SPST)						
Single-pole double-throw (SPDT)						
Double-pole single-throw (DPST)						
Double-pole double-throw (DPDT)						

Momentary Contact		Continuity Test		
		PB Normal	PB Pressed	PB Released
Push-button normally-open (PBNO)				
Push-button normally-colsed (PBNC)				

표 5-2 회로 시험

Switch S1	Position	Supply Voltage V_A	Voltage Across Switch S1	Voltage Across Lamp V_L
SPST	Open			
	Closed			
PBNO	Normal			
	Push button pressed			
	Push button released			
PBNC	Normal			
	Push button pressed			
	Push button released			

실험 고찰

1. 스위치의 throw의 의미를 설명하시오. 실험 과정 B에서 double throw의 동작에 대하여 기술하시오.

_____

_____

_____

2. 스위치의 어느 부분을 공통 단자라고 하는가? 그 공통 단자는 회로에 어떻게 연결되는 지 설명하시오?

_____

_____

_____

3. 과정 C3과 C4의 데이터를 점검하시오. 스위치의 개·폐에 따라 스위치와 전구에 걸린 전압은 어떤 차이가 있는지 설명
하시오.

_____

_____

_____

4. 동일 회로에 대해 C3과 C4의 SPST 스위치를 사용하는 경우와 C6~C8의 PBNO 스위치를 사용하는 경우의 회로동작의
차이를 비교하시오.

_____

_____

_____

EXPERIMENT
6

직류의 측정

 실험목적

(1) 회로의 전류를 측정한다.
(2) 저항에 의한 전류조정을 측정한다.
(3) 전압에 의한 전류조정을 측정한다.

 이론적 배경

1. 저항, 전압, 그리고 전류

앞의 실험에서는 저항기가 회로 부품으로 사용되었으며, 저항값을 저항계를 사용하여 직접 측정할 수 있었다. 저항기의 저항값은 그것이 연결되는 회로에 의존하지 않으며, 허용오차 범위 내에서 정해진 값을 갖는다.

마찬가지로, 배터리나 전원 공급기와 같은 전압원의 전압도 회로에 독립적이며, 그 값은 전압계로 측정할 수 있다.

반면에, 전류는 단독으로 존재할 수 없다. 전류는 전하의 이동으로 정의되며, 전하가 이동하기 위해서는 전압과 전하가 이동할 수 있는 경로가 존재해야 한다. 전압원은 단독으로 전류를 생성할 수 없다. 전류는 그림 6-1과 같은 폐회로에서만 흐를 수 있다.

회로에 흐르는 전류의 양은 전원에 의해 인가된 전압과 회로를 구성하는 도전경로의 특성에 의해 결정된다. 전류에 대한 도전경로의 저항이 작을수록 많은 전류가 흐른다.

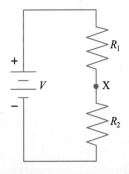

그림 6-1 전류는 폐회로 내에서만 흐를 수 있다.

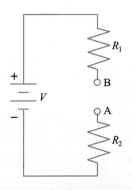

그림 6-2 회로의 A점과 B점 사이를 개방한다.

직류에 대한 방해를 저항(단위는 Ω)이라고 하며, 따라서 회로내의 저항의 크기에 의해 전류가 조정될 수 있다.

2. 직류의 측정

회로에 흐르는 직류는 직류 전류계로 측정할 수 있다. 전류를 측정하기 위해서는 회로를 개방시키고 전류계를 회로에 직렬로 삽입해야 한다. 예를 들어 그림 6-1의 회로에 흐르는 전류를 측정하고자 한다면, 그림 6-1의 X 점을 개방하고, 개방된 두 단자 A, B 사이에 직렬로 전류계를 연결한다.(그림 6-2, 6-3 참조)

아날로그 전류계를 사용하는 경우에는 전류계 단자의 극성이 맞아야 한다. 전류계의 공통(COM) 또는 '-'단자는 낮은 전위 점에 연결되어야 하고, '+'단자(hot 단자라고도 함)는 높은 전위 점에 연결해야 한다. 극성이 올바로 연결되면 전류계의 바늘이 시계방향으로 (왼쪽→오른쪽) 움직일 것이다. 만약, 극성이 잘못 연결되면 전류계의 바늘이 전류계 눈금의 왼쪽 밖으로 빠르게 움직일 것이며, 계기가 심한 손상을 입을 수도 있다.

디지털 전류계도 단자에 극성표시를 가질 수 있다. 그러나, 극성이 올바로 연결되지 않은 경우의 충격은 아날로그 전류계 보다 심각하지 않다. 대부분의 디지털 전류계는 극성이 반대로 연결되는 경우에도 '-'기호 또는 적당한 기호와 함께 정확한 값을 표시한다.

작은 전류를 정확하게 측정할 수 있도록 만들어진 전류계도 있으며, 이런 계기는 그 계기가 측정할 수 있는 전류 범위를 이름에 표시한다. 밀리암미터(milliammeter)는 밀리(milli는 1000분의 1을 의미) 암페어 범위의 전류를 측정

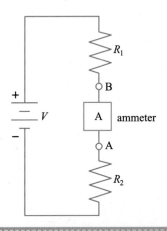

그림 6-3 전류측정을 위해 A점과 B점 사이에 전류계를 직렬로 삽입한다.

하기 위해 사용되며, 마이크로암미터(microammeter)는 마이크로(micro는 백만분의 1을 의미) 암페어 범위의 전류를 측정하기 위해 사용된다.

 전류계를 측정되는 부품에 병렬로 연결하지 말아야 한다. 어떤 부품에 흐르는 전류를 측정하기 위해서는 그 부품에 직렬로 전류계를 연결해야 한다. 이 규칙을 따르지 않으면 전류계가 심각한 손상을 입을 수 있다.

 요약

(1) 저항기는 전류에 대한 저항 역할을 하며, 저항은 단독으로 존재할 수 있다.

(2) 전압은 기전력(electromotive force; emf)이며 단독으로 존재할 수 있다.

(3) 전류는 단독으로 존재할 수 없으며, 전류가 존재하기 위해서는 전압원과 폐회로가 필요하다.

(4) 전류를 측정하기 위해서는 회로를 개방시키고 전류계를 회로에 직렬로 삽입한다.

(5) 회로에 전류계를 연결할 때는 계기 단자의 극성을 확인해야 한다.

(6) 아날로그 전류계를 회로에 연결했을 때 계기의 바늘이 눈금의 왼쪽에서 오른쪽으로 움직이면 극성이 올바로 연결된 것이다. 만약, 극성이 반대로 연결되면 계기가 심각한 손상을 받을 수 있다.

(7) 디지털 전류계를 회로에 연결할 때에도 극성을 올바로 연결해야 한다. 그러나, 극성이 반대로 연결되는 경우의 충격이 아날로그 전류계 보다 심각하지 않다. 대부분의 디지털 전류계는 극성이 반대로 연결되는 경우에도 '−' 기호 또는 적당한 기호와 함께 정확한 값이 표시된다.

(8) 회로에 흐르는 전류의 양은 인가되는 전압과 저항값에 의해 조정될 수 있다.

04 예비점검

아래의 질문에 답하여 여러분의 이해도를 점검하시오.
(1) 회로에 흐르는 전류를 측정하기 위해서는 먼저 회로를 _____시켜야 한다.
(2) 그 다음, 전류계를 회로에 _____로 연결한다.
(3) 전류는 단지 ___회로에만 흐를 수 있다.
(4) 회로에 전류계를 연결할 때는 전류계 단자의 _____을 맞추어야 한다.
(5) 전류계의 _____단자는 공통단자, _____단자는 'hot'단자라고 한다.
(6) 전류계는 회로 부품에 _____로 연결되어서는 안되며, 반드시 _____로 연결되어야 한다.
(7) 회로에 흐르는 전류는 (a)_____과 (b)_____에 의해 조정된다.

05 실험 준비물

전원장치
- 0~15V 가변 직류전원 (regulated)

측정계기
- 0~10-mA 밀리암미터
- VOM 또는 DMM

저항기(5%, ½−W)
- 1 kΩ 3개

기타
- SPST 스위치

06 실험과정

1. 이 실험에서는 저항이 회로의 전류에 미치는 영향을 관찰한다. 먼저, 저항값을 측정한 후, 회로에 저항기를 연결하고 전류를 측정한다.

참고 부품이 회로에 연결된 상태, 특히 회로에 전류가 흐르는 상태에서는 부품의 저항값을 측정하지 말아야 한다.

2. 1kΩ 저항기의 실제 저항값을 측정하여 표 6-1에 기록한다.
3. 스위치가 꺼진 상태의 전원 공급기를 연결하고, 계기, 스위치 S_1, 1kΩ 저항기 (R_1으로 표시됨)를 그림 6-4와 같이 연결한다. 스위치는 개방상태를 유지해야 한다. 전원 공급기의 '−'단자가 전류계의 '−'단자에 연결되었는지 주의 깊게 확인하고, 실험 조교에게 회로를 확인받는다.

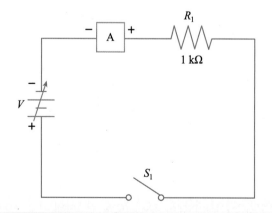

그림 6-4 과정 3의 회로

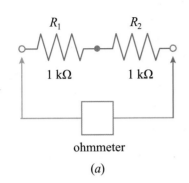

R_1 R_2

1 kΩ   1 kΩ

ohmmeter

(a)

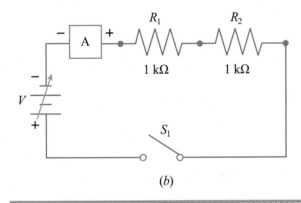

A R_1 R_2

1 kΩ   1 kΩ

V

S_1

(b)

그림 6-5 (a) 직렬 연결된 저항기 두개의 저항값 측정. (b) 과정 7의 회로

4. 회로에 대한 확인이 끝나면, 전원 공급기를 켜고 출력을 6V로 맞춘다.

5. 스위치 S_1을 닫고, 계기에 나타난 전류를 표 6-1에 기록한다.

6. 스위치와 전류계의 상태를 유지하면서 저항기를 회로에서 분리시킨다. 계기에 어떤 영향이 나타나는지 관찰하고, 전류계에 나타난 전류를 표 6-1에 기록한다. 스위치를 개방한다.

7. 1kΩ 저항기 두개를 직렬로 연결한 후, 그림 6-5(a)와 같이 전체 저항을 측정하여 표 6-1에 기록한다.

8. 직렬 연결된 저항기(R_1, R_2로 표시됨), 전류계, 스위치, 그리고 전원 공급기를 연결하여 그림 6-5(b)의 회로를 완성한다. 스위치를 닫고 전류를 측정하여 표 6-1에 기록한다. 스위치를 개방하고 R_1, R_2를 회로에서 분리한다.

9. R_1, R_2에 1kΩ 저항기 R_3를 추가하여 그림 6-6(a)와 같이 직렬로 연결한 후, 전체 저항을 측정하여 표 6-1에 기록한다.

10. 직렬 연결된 저항 R_1, R_2, R_3를 연결하여 그림 6-6(b)의 회로를 완성한다. 스위치를 닫고 전류를 측정하여

표 6-1에 기록한다. 스위치를 개방한다.

직렬회로의 전류

직렬회로는 전원과 모든 저항기들이 그림 6-6(b)와 같이 단일 도전경로를 통해 연결된 회로이다.

11. 밀리암미터를 회로에서 분리하여 그림 6-6(c)와 같이 R_1과 R_2 사이에 연결한다. 전원 공급기의 단자에서부터 경로를 추적하여 계기의 극성이 올바로 연결되었는지 확인한다. 스위치를 닫고 전류를 측정하여 표 6-1에 기록한다. 스위치를 개방한다.

12. 밀리암미터를 회로에서 분리하여 그림 6-6(d)와 같이 R_2와 R_3 사이에 연결한다. 계기의 극성을 다시 확인한다. 스위치를 닫고 전류를 측정하여 표 6-1에 기록한다. 스위치를 개방한다.

13. 밀리암미터를 회로에서 분리하여 그림 6-6(e)와 같이 R_3와 스위치 사이에 연결한다. 계기의 극성을 다시 확인한다. 스위치를 닫고 전류를 측정하여 표 6-1에 기록한다. 스위치를 개방한다.

전압에 의한 전류조정

14. 저항기들을 과정 B의 회로에서 제거한 후, 저항기 하나를 그림 6-4와 같이 회로에 연결한다. 전원 공급기의 출력을 8V로 맞춘다.

15. 스위치를 닫고 전류를 측정하여 표 6-2에 기록한다. 스위치를 개방한다.

16. 전원 공급기의 출력을 6V로 맞춘다.

17. 스위치를 닫고 전류를 측정하여 표 6-2에 기록한다. 스위치를 개방한다.

18. 전원 공급기의 출력을 4V로 맞춘다.

19. 스위치를 닫고 전류를 측정하여 표 6-2에 기록한다. 스위치를 개방한다.

20. 전원 공급기의 출력을 2V로 맞춘다.

21. 스위치를 닫고 전류를 측정하여 표 6-2에 기록한다. 스위치를 개방한다.

22. 전원 공급기의 출력을 0V로 맞춘다.

23. 스위치를 닫고 전류를 측정하여 표 6-2에 기록한다. 스위치를 개방하고 모든 부품을 제거한다.

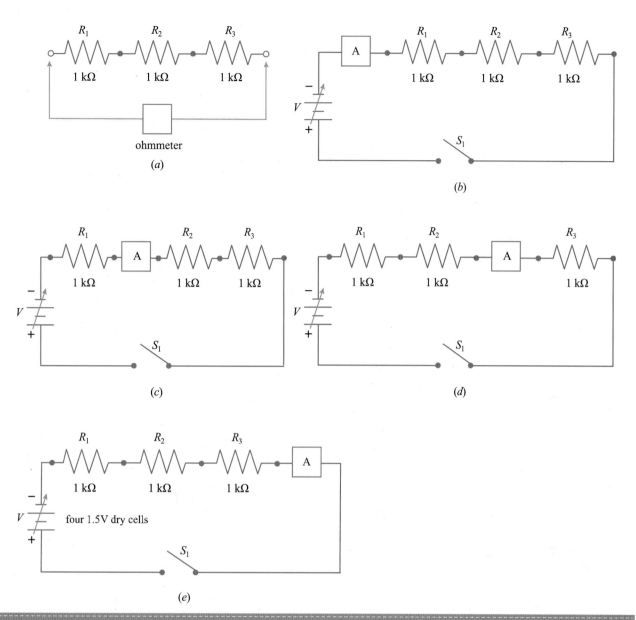

그림 6-6 (a) 직렬 연결된 저항기 3개의 저항값 측정. (b) 과정 10의 회로. (c) – (e) 직렬 회로 내에서 전류계의 위치 변경

선택 사항

본 실험에서는 전자회로 시뮬레이션 소프트웨어가 필요하다. 소프트웨어를 사용하여 그림 6-5(b)의 회로도를 입력한다. 스위치는 회로도에 포함시킬 필요가 없다. 전원 공급기의 전압을 12V에 맞추고 실험과정동안 유지한다. 저항값을 1 kΩ에서 100 Ω씩 5 단계 증가시키면서 각 저항값에 대한 전류를 측정하여 기록한다.

다음엔 저항값을 1 kΩ에서 100 Ω씩 5 단계 감소시키면서 위의 과정을 반복한다.

결과를 기록하고 분석하여 간략한 보고서를 작성한다.

07 예비 점검의 해답

(1) 개방
(2) 직렬
(3) 폐
(4) 극성
(5) '–'; '+'
(6) 병렬; 직렬
(7) (a) 인가 전압   (b) 저항

성 명 _____   일 시 _____

표 6-1   저항에 의한 전류조정. 전압원은 일정하게 유지

Step	Resistance, Ω	Circuit Condition	Current, mA	Meter Location
2, 5		Closed		Between R_1 and V
6		Open		Between R_1 and V
7		Open		
8		Closed		Between R_1 and V
9		Open		
10		Closed		Between R_1 and V
11		Closed		Between R_1 and R_2
12		Closed		Between R_2 and R_3
13		Closed		Between R_3 and V

표 6-2   전압에 의한 전류조정. 저항은 일정하게 유지

Steps	Voltage of Source, V	Current, mA
14, 15	8 V	
16, 17	6 V	
18, 19	4 V	
20, 21	2 V	
22, 23	0 V	

실험 고찰

1. 회로에 전류가 흐르기 위한 조건은 무엇인가? 표 6-1에 기록된 실험결과를 인용하여 설명하시오.

_____

_____

_____

_____

2. 실험회로에 밀리암미터를 연결할 때 지켜야할 주의사항은 무엇인가?

_____

_____

_____

_____

3. 과정 1에서의 주의사항은 부품이 회로에 연결된 상태, 특히 회로에 전류가 흐르고 있는 상태에서는 저항값 측정을 하지 말 것을 언급하고 있다. 이 사실의 중요성을 설명하시오.

_____
_____
_____
_____
_____
_____

4. 과정 10~13의 결과로부터 어떤 결론을 얻을 수 있는가?

_____
_____
_____
_____
_____
_____
_____

5. 표 6-1에 기록된 과정 5, 8, 10의 결과를 고찰하시오. 회로에 인가된 전압이 일정한 상태에서 전류 I와 저항 R 사이의 관계에 대해 어떤 결론을 내릴 수 있는가? 전압 V, 전류 I, 저항 R을 사용하여 이들간의 관계식을 표현하시오.

_____
_____
_____
_____
_____
_____

6. 표 6-1에 기록된 과정 14~21의 결과를 고찰하시오. 저항이 일정한 상태에서 회로에 인가된 전압 V와 전류 I 사이의 관계에 어떤 결론을 내릴 수 있는가? 전압 V, 전류 I, 저항 R을 사용하여 이들간의 관계식을 표현하시오.

_____
_____
_____
_____
_____

EXPERIMENT 7

옴의 법칙

01 실험목적

(1) 회로내의 전류, 전압, 저항 사이의 관계를 실험적으로 확인한다.

(2) 옴의 법칙을 입증한다.

(3) 측정오차의 원인을 규명한다.

02 이론적 배경

실험 6을 통해서 회로내의 전류, 전압, 저항 사이에 명확한 관계가 존재하며, 전압 V와 저항 R을 갖는 폐회로에 흐르는 전류는 I가 됨을 확인하였다. 또한, 전압이 일정하게 유지되면 저항이 커질수록 전류가 작아지며, 저항이 일정하면 전압이 증가할수록 전류가 증가함을 알았다. 이는 전압, 전류, 저항 사이의 관계를 단지 서술적으로 나타낸 것이다. 회로 취급 시 회로 응답의 변화뿐만 아니라 변화의 정도를 예측하기 위해서는 이들 사이의 관계를 수식으로 정확하게 표현할 필요가 있다.

실험 6의 방법을 이용하여 I, V, 그리고 R 사이의 관계를 수식으로 나타낼 수 있다. 이를 위해서는 회로내의 V와 R에 대한 여러 번의 정확한 측정이 필요하다. 측정 결과에 수학적 방법을 적용함으로써 측정값에 적합한 수식을 유도할 수 있다. 경우에 따라서는, 수식의 입증 또는 변경을 위해 여러 번의 측정이 필요할 수도 있다.

예를 들어, 저항 R이 일정한 경우에 I와 V의 관계를

표 7-1 R = 10 Ω인 경우의 I 와 V 의 관계

R	$10Ω$				
V (volts)	10	20	30	40	50
I (amperes)	1	2	3	4	5

찾기 위해 그림 7-1의 회로를 사용하였다. 회로의 전압을 측정하기 위해 전압계가 사용되었고, 전류를 측정하기 위해 전류계가 사용되었다. 회로에 10Ω 저항기가 사용하였으며, 전압을 dc 10V 에서 50V 까지 10V 간격으로 증가시키며 측정한 결과는 표 7-1과 같다.

표 7-1의 데이터를 관찰하여 보면, 각각의 전압에서 V/I 가 10이 되어 I 와 V 사이의 정확한 관계를 알 수 있으며, 이는 다음과 같은 수식으로 표현될 수 있다.

$$\frac{V}{I} = 10 , \quad 또는 \frac{V}{10} = I$$

저항 값이 10Ω이므로 V/I 는 항상 R 이 된다는 결론을 얻을 수 있다. 즉,

$$\frac{V}{I} = R \tag{7-1}$$

또는

$$\frac{V}{R} = I \tag{7-2}$$

물론, 일반적인 경우에 대해 위의 식이 성립하는지 확인하기 위해서는 여러 가지 전압과 저항 값에 대해 실험을 반복해야 하며, 각각의 결과에 의해 식 $V/R = I$ 이 정확하게 입증되어야 한다.

앞의 실험은 이상적인 조건을 사용한 것임을 알아야 한다. 즉, 계기의 저항을 무시하고, 회로의 모든 저항이 10Ω 저항기에 집중되었다고 가정하였다. 정확한 측정을 위해서는 실제 실험에서 계기와 회로의 저항이 고려되어야 한다.

1. 옴의 법칙

앞의 실험에서 언급된 가정과 실험 6의 측정결과를 사용하여 I, V, 그리고 R 사이의 관계를 설명할 수 있다. 식 (7-2)는 전류는 전압에 비례하고 저항에 반비례함을 나타내고 있다. 이를 다르게 표현하면, R 이 일정하면 V 가 증가할수록 I 도 증가하며, V 가 일정하면 R 이 증가할수록 I 는 감소한다. 여기서 I 의 단위는 암페어, V 의 단위는 볼트, R 의 단위는 옴이다.

식 (7-2)는 이 식을 처음으로 만든 사람 George Simon Ohm의 이름을 따서 옴의 법칙(Ohm's law)이라고 한다. 이 법칙은 전기·전자 분야에서 사용되는 가장 기본적인 관계식 중의 하나이다.

옴의 법칙은 다음과 같이 표현되기도 한다.

$$V = I \times R$$

옴의 법칙에 대한 세 가지 표현은 모두 동일한 의미를 가지며, I, V, R 중에서 알고 있는 값과 구하고자 하는 값에 따라 적합한 식을 선택하여 사용하면 된다.

2. 측정 오차

지금까지의 논의에서 실험에 의한 모든 측정이 100% 정확하다고 가정했다. 그러나, 실제의 경우는 결코 그렇지 않으며, 여러 가지 원인에 의해 오차가 발생된다. 오차의 원인 중 하나는 아날로그 계기의 눈금을 읽는 과정의 부정확성이다. 이 오차는 눈금을 좀더 주의 깊게 읽거나 동일한 측정을 여러 번 반복함으로써 발생 가능성을 줄일 수 있다. 계기눈금 사이의 부정확한 보간도 오차의 원인이 되

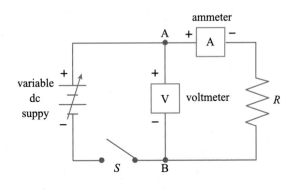

그림 7-1 옴의 법칙을 입증하기 위한 회로

며, 이는 디지털 계기의 사용으로 제거할 수 있다.

또 다른 오차의 원인으로서는 시차(視差)를 생각할 수 있다. 이는 계기의 눈금을 중앙에서 읽지 않을 때 즉, 측정자와 계기의 바늘이 눈금에 수직이 되지 않을 때 발생되며, 이는 쉽게 교정될 수 있다. 그림 7-2는 시차(視差)에 의한 오차를 나타내고 있다. 측정자가 P_1 위치에 있을 때, 측정자의 눈과 계기의 바늘 A 사이의 직선은 계기눈금에 수직이다. 그러나, 측정자가 P_2 위치에 있을 때에는 시차(視差)에 의한 오차의 영향으로 읽혀지는 값이 7이 될 것이다. 시차(視差)에 의한 오차를 없애기 위해서는 계기눈금 바로 밑에 거울을 놓고, 거울에 반사된 상의 바로 위에 계기 바늘이 위치하도록 읽으면 정확하게 눈금을 읽을 수 있다. 측정치가 숫자로 표시되는 디지털 계기를 사용하면 계기를 읽는 과정에서 발생되는 오차를 없앨 수 있다.

원인이 명확하지 않으며, 쉽게 교정될 수 없는 오차들도 있다. 예를 들어, 사용되는 계기의 고유 오차가 이에 속하며, 일반적으로 계기 제조회사는 계기 오차의 백분율을 제시한다. 보다 정밀한 측정을 위해서는 1% 미만의 오차를 갖는 정밀 계측기를 사용해야 한다.

또 다른 오차의 원인으로는 측정을 위해 회로에 계기를 삽입하는 과정에서 발생한다. 측정에 의해 회로의 조건이 어떤 형태로든 영향을 받아 변하면 오차를 유발하게 된다. 계기 부하효과라고 불리는 삽입 오차에 대한 자세한 논의는 추후의 실험에서 취급될 예정이다.

오차 발생에 대해 언급하는 이유는 본 실험의 목적이 실험 데이터로부터 옴의 법칙을 유도하는 것이기 때문이다. 자신이 얻은 측정 데이터에 측정 오차가 포함되어 있을 수도 있다.

03 요약

(1) 배터리와 같은 전원에 의해 폐회로에 인가된 전압 V, 전체 저항 R, 그리고 회로에 흐르는 전류 I 사이의 관계는 식 $I = V/R$으로 표현된다.

(2) 저항 R에 걸리는 전압강하 V와 이 저항에 흐르는 전류 I의 관계는 식 $I = V/R$로 표현된다.

(3) 옴의 법칙을 수식으로 표현하면 $I = V/R$ 이다.

(4) 옴의 법칙을 실험적으로 확인하기 위해서는 여러 번의 측정이 이루어져야 하며, 측정결과를 식 (7-2)에 대입해야 한다.

(5) 전압 V를 일정하게 유지한 상태로 저항 R을 변화시키면서 측정하여 얻어진 전류 I의 데이터는 식 $I = V/R$을 만족해야 한다.

(6) 저항 R을 일정하게 유지한 상태로 전압 V를 변화시키면서 측정하여 얻어진 전류 I의 데이터는 식 $I = V/R$을 만족해야 한다.

(7) 측정 시에는 오차가 발생될 수 있으며, 이는 옴의 법칙과 같은 수식의 정확성을 확인함에 있어서 고려되어야 한다.

(8) 측정 시 발생 가능한 오차들은 (a) 계기눈금의 부정확한 읽음에 의한 오차, (b) 시차(視差)에 의한 오차, (c) 사용된 계기의 정밀도에 의한 오차, (d) 회로에 계기를 삽입하는 과정에서 발생되는 오차 (삽입 또는 부하오차라고 함) 등이 있다.

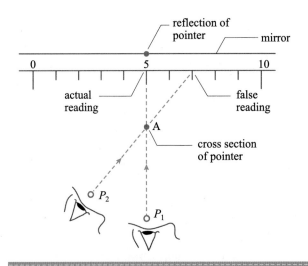

그림 7-2 측정자의 시선과 계기의 바늘이 눈금에 수직이 되지 않을 때 발생되는 시차(視差)에 의한 오차

04 예비점검

다음의 질문에 답하여 여러분의 이해도를 점검하시오.

(1) 고정 저항기에 흐르는 전류는 저항기에 걸리는 전압에 _____한다.

(2) 저항기에 걸리는 전압이 일정하다면, 저항기에 흐르는 전류는 저항값에 _____ 한다.

(3) 폐회로에서 I, V, 그리고 R 사이의 관계식은 $I=$ _____이다.

(4) 질문 (3)의 관계식을 _____ 이라고 한다.

(5) 10kΩ 저항기에 125V 전압이 걸렸을 때, 이 저항기에 흐르는 전류는 _____ A이다.

(6) 어떤 저항기에 걸린 전압이 60V이고, 흐르는 전류가 50mA라고 하면, 이 저항기의 저항 값은 _____ Ω 이다.

(7) 1.5kΩ 저항기에 0.12A의 전류가 흐를 때, 이 저항기에 걸리는 전압은 _____V 이다.

(8) 아날로그 계기의 눈금을 읽을 때, 측정자와 계기바늘 사이의 직선은 계기눈금과 _____ 이 되어야 한다.

(9) 계기눈금 바로 밑에 _____을 놓고, 계기바늘이 _____과 일치하도록 읽는 위치를 잡으면 시차(視差)에 의한 오차를 없앨 수 있다.

05 실험 준비물

전원장치

■ 가변 0~15V 직류전원(regulated)

측정계기

■ 0~10 mA 밀리암미터
■ VOM 또는 DMM

저항기

■ 100Ω, ½-W, 5% 1개
■ 5kΩ, 2-W 분압기 1개

기타

■ SPST 스위치

06 실험과정

Part A

그림 7-3(a)에서 단자 A와 B 사이의 저항이 1000 Ω이

되도록 분압기를 조정한다. 분압기의 저항값은 반드시 회로에서 분리된 상태로 측정한다.

A1. 그림 7-3(b)의 회로를 구성한다. 회로를 연결하기 전에 전원이 차단되고, 스위치 S_1 이 개방되었는지 확인한다. 과정 A2로 넘어가기 전에 실험조교에게 회로를 확인 받는다.

A2. 전원을 인가하고 스위치 S_1 을 닫는다. 전압계가 2V를 가리킬 때까지 전압을 서서히 증가시킨다. 전류계의 전류를 읽어 표 7-2의 "2V" 항에 기록한다.

A3. 전압계가 4V를 가리키도록 전압을 서서히 증가시키고, 전류계의 전류를 읽어 표 7-2의 "4V" 항에 기록한다.

A4. 전압계가 6V를 가리키도록 전압을 서서히 증가시키고, 전류계의 전류를 읽어 표 7-2의 "6V" 항에 기록한다.

A5. 전압계가 8V를 가리키도록 전압을 서서히 증가시키고, 전류계의 전류를 읽어 표 7-2의 "8V" 항에 기록한다. 스위치 S_1 을 열고, 전원을 차단한다.

A6. 표 7-2의 전압, 전류 측정값으로부터 V/I를 계산하여 표의 "V/I" 행에 기록한다.

A7. 앞의 과정으로부터 V와 I 사이의 관계를 추론하고, 얻어진 관계식을 표 7-2에 기록한다.

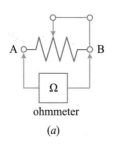

(a)

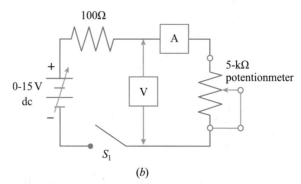

(b)

그림 7-3 (a) 분압기 단자 사이의 저항측정 (b) 과정 A1의 회로

A8. 앞의 과정에서 얻어진 수식을 이용하여 V=5.5 V, V=9.0 V일 때 I의 값을 계산하여 표 7-2의 "Formula Test"의 "I calculated" 행에 기록한다.

A9. 전원을 인가하고, 스위치 S_1을 닫는다. 전압계가 5.5V를 가리키도록 전압을 서서히 증가시킨다. 전류계의 전류를 읽어 표 7-2의 "I measured" 항에 기록한다. 전압을 9.0V로 증가시킨 후, 전류계의 전류를 읽어 "I measured" 항에 기록한다. 스위치를 개방하고, 전원을 차단한다. 분압기를 회로에서 분리시킨다.

Part B.

AB 사이의 저항이 2 kΩ이 되도록 분압기를 조정한다.

B1. 분압기를 그림 7-3의 회로에 다시 연결한다. 전원을 인가하고 스위치 S_1을 닫는다. 전압계가 4V를 가리킬 때까지 전압을 서서히 증가시킨다. 전류계의 전류를 읽어 표 7-3의 "4V" 항에 기록한다.

B2. 6V, 8V, 10V의 순서대로 앞의 과정을 반복하여 측정된 전류값을 표 7-3에 기록한다. 스위치를 개방하고 전원을 차단한다.

B3. 과정 B1, B2에서 얻어진 전압, 전류 측정값으로부터 V/I를 계산하여 표 7-3의 "V/I" 행에 기록한다.

B4. 앞의 과정에서 얻어진 V와 I 사이의 관계식을 표 7-3에 기록한다.

B5. 앞의 과정에서 얻어진 수식을 이용하여 V=6V와 V=12V일 때의 I의 값을 계산하여 표 7-3의 "Formula Test"의 "I calculated" 행에 기록한다.

B6. 전원을 인가하고, 스위치 S_1을 닫는다. 전압계가 6V를 가리키도록 전압을 서서히 증가시킨다. 전류계의 전류를 읽어 표 7-3의 "I measured" 항에 기록한다. 전압을 12V로 증가시킨 후, 밀리암미터의 전류를 읽어 "I measured" 항에 기록한다. 스위치를 개방하고, 전원을 차단한다. 분압기를 회로에서 분리시킨다.

Part C.

분압기의 저항이 3 kΩ이 되도록 하여 Part A와 B의 과정을 반복한다. 실험전압은 6V, 8V, 10V, 그리고 12V이며, "Formula Test"의 전압은 7V, 13.5V이다. 모든 측정 데이터를 표 7-4에 기록한다.

Part D.

분압기의 저항이 4 kΩ이 되도록 하여 Part A와 B의 과정을 반복한다. 실험전압은 8V, 10V, 12V, 그리고 14V이며, "Formula Test" 전압은 8V, 14.5V이다. 모든 측정 데이터를 표 7-5에 기록한다.

07 예비 점검의 해답

(1) 비례
(2) 반비례
(3) V/R
(4) 옴의 법칙
(5) 12.5 mA
(6) 1.2 kΩ
(7) 180
(8) 수직
(9) 거울, 반사된 상

표 7-2 Part A : 옴의 법칙을 입증하기 위한 측정

R	1 kΩ				Formula Relating, V, I, and R	formula Test		
V, volts	2	4	6	8	When R = 1 kΩ, $\dfrac{V}{I} =$ $I = \dfrac{V}{}$	V, volts	5.5	9.0
I, mA						I measured mA		
V/I						I calculated mA		

표 7-3 Part B

R	2 kΩ				Formula Relating, V, I, and R	formula Test		
V, volts	4	6	8	10	When R = 2 kΩ, $\dfrac{V}{I} =$ $I = \dfrac{V}{}$	V, volts	6	12
I, mA						I measured mA		
V/I						I calculated mA		

표 7-4 Part C

R	3 kΩ				Formula Relating, V, I, and R	formula Test		
V, volts	6	8	10	12	When R = 3 kΩ, $\dfrac{V}{I} =$ $I = \dfrac{V}{}$	V, volts	7	13.5
I, mA						I measured mA		
V/I						I calculated mA		

표 7-5 Part D

R	4 kΩ				Formula Relating, V, I, and R	formula Test		
V, volts	8	10	12	14	When R = 4 kΩ, $\dfrac{V}{I} =$ $I = \dfrac{V}{}$	V, volts	8	14.5
I, mA						I measured mA		
V/I						I calculated mA		

1. 표 7-2~7-5의 실험 데이터로부터, 회로의 전류 I, 전압 V, 저항 R에 관해 얻을 수 있는 결론을 설명하시오.

_____
_____
_____

2. 질문 (1)에서 설명된 관계를 수식으로 표현하시오.

_____
_____
_____

3. 표 7-2~7-5의 데이터를 인용하여 측정에서 발생한 실험 오차에 대해 설명하시오.

_____
_____
_____

4. 아날로그 계기를 읽을 때 발생되는 시차에 의한 오차를 설명하시오.

_____
_____
_____

5. 표 7-2~7-5의 데이터 각각에 대해 전류 I 대 전압 V의 그래프를 $8\frac{1}{2}$ x 11 그래프 종이에 그리시오. 수평(x) 축은 전압으로, 수직(y) 축은 전류로 한다. 각각의 그래프에 해당되는 표의 번호를 붙인다.

6. 질문(5)에서 그린 4개의 그래프가 서로 유사성을 갖는지 확인하고 이에 대해 설명하시오. 만약 그렇지 않다면 그래프에서의 차이에 대해 설명하시오.

_____
_____
_____

7. 질문(5)에서 그린 그래프를 사용하여 다음을 구하여 기록하시오. 만약 그렇지 않다면 그래프에서의 차이에 대해 설명하시오.
   (a) $R = 1k\Omega$, $I = 5mA$일 때 $V = $_____ V.
   (b) $R = 3k\Omega$, $V = 9V$일 때 $I = $_____ A.

8. 앞에서 그린 그래프를 사용하여 $R = 2k\Omega$, $V = 20V$인 회로의 전류를 어떻게 구할 수 있는지 설명하시오.

_____
_____
_____

직렬 회로

01 실험목적

(1) 저항 R_1, R_2, R_3 ··· 이 직렬 연결된 회로의 총 저항 R_T 를 실험적으로 구한다.

(2) 직렬 연결된 저항의 총 저항 R_T 를 구하기 위한 수식을 실험결과로부터 유도한다.

02 이론적 배경

1. 직렬 연결된 저항의 총 저항 R_T

전기회로에는 다수의 저항이 직렬, 병렬, 또는 직렬-병렬형태로 연결될 수 있다. 저항 또는 저항 결합이 회로의 전류에 미치는 영향을 결정하거나 예측하기 위해서는 회로에 대한 해석이 필요하다.

앞에서 배운 지식을 이용하여 직렬 연결된 저항 R_1, R_2, R_3, ··· 가 회로의 전류에 미치는 영향을 실험적으로 확인할 수 있다.

그림 8-1은 저항 R_1 에 전압원 V 가 인가된 회로이다. 앞에서 배운 바에 의하면, V 와 R_1 의 값을 알면 옴의 법칙을 이용하여 회로에 흐르는 전류를 예측할 수 있다.

$$I = \frac{V}{R} \tag{8-1}$$

만약, V, R_1, R_2 의 값을 알고 있다면 그림 8-2(a)와 같

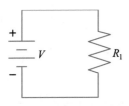

그림 8-1   저항 R_1 에 전압 V 가 인가된 회로

이 두개의 저항이 직렬 연결된 회로의 전류를 예측할 수 있는가? 또한, V, R_1, R_2, R_3 의 값을 알고 있다면, 그림 8-2(b)와 같이 3개의 저항이 직렬 연결된 회로의 전류를 예측할 수 있는가? 이를 일반화시켜, 임의의 수의 저항이 직렬 연결된 회로의 전류를 예측할 수 있는가?

실험 6에서 직렬회로내의 전류는 항상 일정하다는 사실을 배웠다. 직렬회로에는 전류의 경로가 단지 하나밖에 없으므로 이 사실은 자명하다. 또한, 인가되는 전압이 일정하다면 직렬회로내의 저항이 증가할수록 전류는 감소한다는 사실을 확인하였다. 저항을 직렬로 증가시키는 것은 회로에 흐르는 전류에 대한 저항을 증가시키는 효과로 나타날 것이다. 직렬 조합의 총 저항 R_T 는 누적 효과를 가지고 전류를 조정한다.

회로에 흐르는 전류 I_T 를 측정하여 옴의 법칙에 I_T 와 V 를 대입하면 그 회로의 저항 R_T 를 구할 수 있다. 즉,

$$R_T = \frac{V}{I_T} \qquad (8\text{-}2)$$

식 (8-2)는 두 개 이상 저항의 직렬연결은 단일 저항 R_T 로 대체될 수 있음을 의미하며, 이는 R_T 가 전류에 미치는 영향이 직렬 연결된 저항기들의 그것과 동일하기 때문이다.

R_T 를 결정하기 위한 수식을 실험적으로 유도하는 과정은 다음과 같다. 값을 알고 있거나 또는 저항계로 값이 측정될 수 있는 저항기 두개를 취한다. 두개의 저항기를 직렬로 연결하고 전압 V 를 인가한 상태에서 전류 I_T 를 측정한다. 옴의 법칙을 이용하여 해당 저항 조합의 등가저항 R_T 를 계산한다. 편의상, $R_T = R_1 + R_2$ 라고 가정한다. 다른 저항기 두개를 직렬로 연결하여 등가저항 R_T 를 다시 실험적으로 구한다. 또 다른 저항기 두개에 대해 동일한 과정으로 등가저항을 구한다. 실험 결과에 대한 분석을 통해 규칙성을 찾을 수 있으며, $R_T = R_A + R_B$ 의 식으로 표현할 수 있을 것이다. 만약 그렇다면, 두개이상 임의의 갯수의 저항이 직렬 연결된 경우에도 위의 식이 성립함을 실험적으로 확인할 수 있다.

2. 저항값 측정

저항값은 회로 내에 있든 그렇지 않든 일정하므로, R_T 와 R_1, R_2, R_3 사이의 관계를 다른 방법으로도 구할 수 있다. 직렬 연결된 저항의 전체 저항값은 직렬 연결된 양 단자에 저항계를 연결하여 측정할 수 있다. 개별 저항기의 저항값을 알고 있으면 (또는 측정될 수 있으므로), 측정된 저항값으로부터 관계식을 직접 유도할 수 있다.

실험적인 관점에서는 두 가지 방법을 모두 사용하여 각 방법의 결과를 확인하는 것이 바람직하다.

03   요약

(1) 전압원 V 를 갖는 폐회로 내에 저항기가 두 개 또는 그 이상 직렬 연결되면 이들 저항기 중 하나만 연결된 경우에 비해 전류에 대한 저항이 증가한다.

(2) 직렬 연결된 저항기들의 총 저항값과 개별 저항값 사이의 관계는 아래의 두 가지 방법에 의해 실험적으로 구할 수 있다.

(3) 방법 1. 전압원 V 를 갖는 폐회로 내에 직렬 연결된

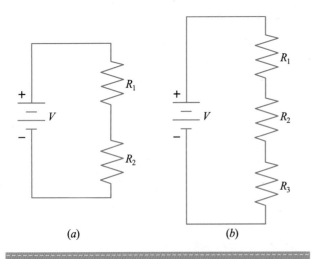

(a)   (b)

그림 8-2   직렬회로에 전압 V 가 인가된 회로   (a) 저항 R_1, R_2 의 직렬 연결   (b) 저항 R_1, R_2, R_3 의 직렬 연결

저항 R_1 , R_2 , R_3 , $\cdots$ 의 총 저항 R_T 는 인가전압 V 와 회로에 흐르는 전류 I 를 측정한 후, 아래의 옴의 법칙에 이들 값을 대입하여 실험적으로 결정할 수 있다.

$$R_T = \frac{V}{I}$$

단일 저항 R_T 가 전류에 미치는 영향은 직렬 연결된 저항기들의 그것과 동일하므로, 직렬 연결된 두개 이상의 저항기들은 위의 방법으로 결정된 저항 R_T 로 대체될 수 있다.

(4) 방법 2. 저항계를 사용하여 직렬 연결된 저항기들의 저항값 R_T 를 직접 측정할 수 있다. 그러나, 저항계를 사용하여 직렬회로의 총 저항을 측정할 때는 반드시 전원을 저항기에서 분리시켜야 한다.

(5) 방법 1 또는 방법 2의 실험 결과로부터 직렬 연결된 저항기의 총 R_T 를 결정하기 위한 수식을 유도할 수 있다. 이 경우, 여러 가지 저항기 조합에 대해 측정이 이루어져야 하며, 모든 경우에 대해 각 저항기의 저항값과 직렬 연결된 저항기 조합의 총 저항값을 측정해야 한다. 최종적으로, 수식에 의해 예측된 값과 측정값을 비교하여 일치 여부를 확인해야 한다.

04 예비점검

아래의 질문에 답하여 여러분의 이해도를 점검하시오.

(1) 4개의 저항기가 직렬 연결된 회로에 25mA의 전류가 흐른다. 회로에 인가된 전압이 10V라면, 총 저항 R_T 는 _____ Ω 이다.

(2) 직렬 연결된 저항기들의 총 저항 R_T 는 저항기 개개의 저항값 보다 _____ (크다/작다).

(3) 직렬 연결된 폐회로에 전류가 흐를 수 있는 경로는 단지 _____ 개이다.

(4) 직렬회로내의 전류는 항상 _____ 하다.

(5) 동일한 값을 갖는 다수개의 저항기들이 10V 전원에 직렬 연결되어 있고, 이때 측정된 전류는 0.2A이다. 저항기 한개를 회로에서 제거했을 때 측정된 전류는 0.25A이다. 최초에 회로에 연결된 저항기는 _____개이다.

05 실험 준비물

전원장치
- 0~15V 가변 직류전원 (regulated)

측정기
- DMM 또는 VOM
- 0~10 mA 밀리암미터

저항기(5%, $\frac{1}{2}$–W)
- 330Ω, 470Ω, 1.2kΩ, 2.2kΩ, 3.3kΩ, 4.7kΩ 각 1개

기타
- SPST 스위치

06 실험과정

Part A: 저항계를 이용하여 직렬 연결된 저항기의 저항값 R_T 구하기

A1. 공칭 저항값이 각각 330, 470, 1.2k, 2.2k, 3.3k, 4.7k Ω 인 6개 저항기에 대해 실제의 저항값을 측정하여 표 8-1에 기록한다.

A2. 저항기를 각각 R_1 , R_2 , R_3 , R_4 , R_5 및 R_6 로 표시하고, 그림 8-3과 표 8-2에 나열된 7가지 저항기 조합에 대한 총 저항값을 수식으로 표현한다. 예를 들면, R_1 의 측정값이 300Ω 이고 R_2 의 측정값이 450Ω 이라면, R_1 , R_2 조합의 측정 저항값은 750Ω 이므로, 다음과 같이 쓸 수 있다.

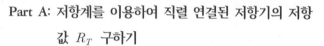

$$R_T = R_1 + R_2$$

A3. 표 8-1의 개별 저항기의 측정 저항값을 이용하여 그림 8-3(a)~(g)의 7가지 저항기 조합에 대한 총 저항값을 계산하고, 계산된 값을 표 8-2의 "Calculated Value"열에 기록한다.

A4. 그림 8-3과 표 8-2에 나타낸 것과 같이 7가지 조합으로 저항기를 연결한다. 각 저항기 조합의 AB 단자 사이의 저항값을 측정하여 표 8-2의 "Measured Value"

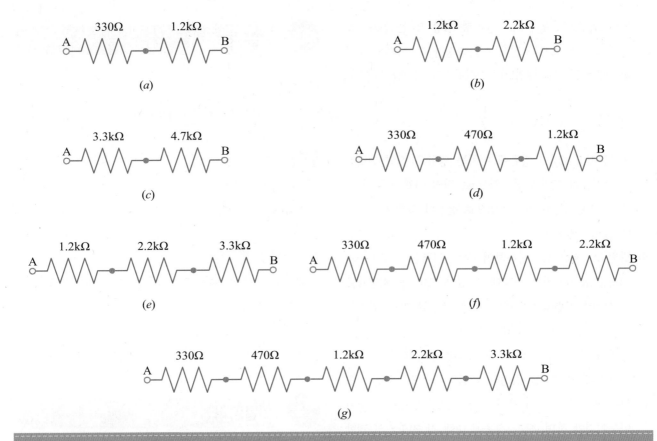

(a) 330Ω 1.2kΩ A—B

(b) 1.2kΩ 2.2kΩ A—B

(c) 3.3kΩ 4.7kΩ A—B

(d) 330Ω 470Ω 1.2kΩ A—B

(e) 1.2kΩ 2.2kΩ 3.3kΩ A—B

(f) 330Ω 470Ω 1.2kΩ 2.2kΩ A—B

(g) 330Ω 470Ω 1.2kΩ 2.2kΩ 3.3kΩ A—B

그림 8-3 과정 A2를 위한 저항기 조합

열에 기록한다.

Part B : 옴의 법칙을 이용하여 직렬 연결된 저항기의 저항값 R_T 구하기

Part A에서 사용된 6개의 저항기와 표 8-2의 7가지 조합을 그대로 이용한다.

B1. 그림 8-4의 회로를 연결한다. 전원을 차단하고, 스위치 S_1 은 개방한다. 단자 AB 사이에 저항기를 조합 a의 형태로 연결한다. 전원을 인가하고 전압이 10V가 되도록 조정한다.

B2. 스위치 S_1 을 닫으면, 저항기에 전류가 흐르고 이 전류는 전류계에 표시될 것이다. 전압계와 전원 공급기를 다시 확인하여 10V가 유지되도록 한다. 이 전압을 표 8-3의 조합 a에 대한 "Voltage Applied"항에 기록한다. 전류계를 읽어 이 값을 "Current Measured"항에 기록한다.

B3. 스위치 S_1 을 개방한다. 조합 a를 조합 b로 바꾼다. 스위치 S_1 을 닫고 전압계에 10V가 유지되고 있는지

확인한다. 측정된 전압 (10V)과 전류를 표 8-3의 조합 b항에 기록한다.

B4. 나머지 조합(c~g)에 대해 과정 B2, B3을 반복하여 측정된 전압과 전류를 표 8-3에 기록한다. 회로에 인가되는 전압이 10V를 유지되도록 확인하는 것을 잊지 말아야 한다.

B5. 옴의 법칙을 이용하여 표 8-3의 I, V 측정값으로부터

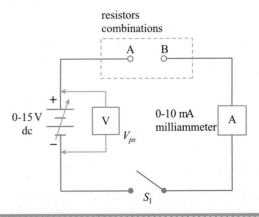

그림 8-4 그림 8-3(a)~(g)의 저항기 조합과 함께 사용되는 과정 B2의 회로

66

R_T를 계산하여 "Ohm's Law"열에 기록한다.

$$R_T = \frac{V}{I}$$

B6. 표 8-2의 계산된 R_T 값을 표 8-3의 조합(a~g)의 해당 항으로 옮겨 기록한다.

B7. 저항기를 각각 R_1, R_2, R_3, R_4, R_5 및 R_6로 표시하여 (a~g)의 저항기 조합에 대해 표 8-3의 결과에 적합한 수식을 쓴다.

B8. Part A와 Part B의 결과를 근거로 저항기의 직렬연결에 대한 일반화된 수식을 쓴다.

$R_T =$ _____

(1) 400

(2) 크다

(3) 한

(4) 동일

(5) 5

표 8-1 Part A의 저항기에 대한 측정값

Resistor	R_1	R_2	R_3	R_4	R_5	R_6
Rated Value, Ω	330	470	1.2 k	2.2 k	3.3 k	4.7 k
Measured value, Ω						

표 8-2 직렬 연결된 저항기의 총 저항 – 방법 1

Combination	Resistor Rated Value, Ω						Total Resistance R_T, Ω		Formula for R_T
	R_1	R_2	R_3	R_4	R_5	R_6	Calculated Value	Measured Value	
a	330		1.2 k						
b			1.2 k	2.2 k					
c					3.3 k	4.7 k			
d	330	470	1.2 k						
e			1.2 k	2.2 k	3.3 k				
f	330	470	1.2 k	2.2 k					
g	330	470	1.2 k	2.2 k	3.3 k				

표 8-3 직렬 연결된 저항기의 총 저항 – 방법 2

Combination	Voltage Applied(V), V	Current Measured (I), mA	Ohm's Law, $R_T = \dfrac{V}{I}$	Total Resistance, R_T Ω Calculated Value from Table 8-2	Formula for R_T
a					
b					
c					
d					
e					
f					
g					

1. 직렬회로의 총 저항을 구하기 위해 본 실험에서 사용된 두 가지 방법을 설명하시오.

_____

_____

_____

2. 본 실험에서는 저항계를 사용하여 저항기의 저항값을 개별적으로 측정할 필요가 있었다. 그 이유를 설명하시오.

_____

_____

_____

3. 표 8-1과 8-2의 데이터를 검토하시오. 직렬 연결된 저항기의 총 저항값을 구하기 위한 일반화된 수식을 실험 결과로부터 얻을 수 있는지 설명하시오.

_____

_____

_____

4. 표 8-2의 R_T의 측정값과 계산값을 비교하시오. 만약, 이 값들이 정확하게 일치하지 않는다면 그 차이를 어떻게 설명할 수 있는가?

_____

_____

_____

5. 옴의 법칙과 표 8-3의 측정전류값으로부터 계산된 총 저항값을 표 8-2의 계산된 총 저항값과 비교하시오. 이 값들이 정확하게 일치하지 않는다면 그 차이를 어떻게 설명할 수 있는가?

_____

_____

_____

6. R_1, R_2, R_3, R_4의 직렬연결에서 저항의 위치를 바꾸면 - 예를 들어, R_1, R_4, R_2, R_3 또는 R_3, R_1, R_2, R_4 - 총 저항은 어떤 영향을 받는지 설명하시오.

_____

_____

_____

직류회로 설계

01 실험목적

(1) 지정된 저항 조건을 만족하는 직렬회로를 설계한다.
(2) 지정된 전류, 전압 조건을 만족하는 직렬회로를 설계한다.
(3) 지정된 전류, 저항 조건을 만족하는 직렬회로를 설계한다.
(4) 설계된 회로를 구성하고 시험하여 설계 조건이 만족하는 지 확인한다.

02 이론적 배경

1. 지정된 저항 조건을 만족하는 직렬회로 설계

직렬 연결된 저항기들의 총 저항을 구하는 법칙은 간단한 설계 문제에 적용될 수 있다. 예제를 통해서 설계 기법을 알아본다.

문제 1. 실험자가 갖고 있는 저항기는 다음과 같다 : 56Ω 4개, 100Ω 5개, 120Ω 3개, 180Ω 2개, 220Ω 2개, 그리고 330Ω, 470Ω, 560Ω, 680Ω, 820Ω 저항기 각각 1개. 설계될 회로에서 필요한 저항값은 1 kΩ이다. 최소의 부품 수를 사용하여 설계 조건을 만족하는 저항기들의 조합 4가지를 구하시오.

풀이 실험 8의 결과를 일반화하면, 직렬 연결된 저항기들의 총 저항 R_T는 개개 저항값의 합과 같으며, 이를 식으로 표현하면 다음과 같이 된다.

$$R_T = R_1 + R_2 + R_3 + \cdots \qquad (9\text{-}1)$$

따라서, 식 (9-1)을 이용하여 다음의 식을 풀어야 한다.

$$1\ k\Omega = R_1 + R_2 + R_3 + \cdots$$

1. 조합 1 : 820Ω 저항기와 180Ω 저항기를 직렬로 연결하면 1kΩ이 되므로, 최소인 두개의 저항기로 구현되어 원하는 해답이 된다.

2. 조합 2 : 680Ω, 220Ω, 100Ω 저항기의 직렬연결로 1kΩ을 구현할 수 있으며, 이 경우는 3개의 저항기를 필요로 한다.

3. 조합 3 : 560Ω 저항기 1개와, 220Ω 저항기 두 개의 직렬연결이다. 이 경우도 3개의 저항기를 필요로 한다.

4. 조합 4 : 470Ω, 330Ω 저항기 각 1개와 100Ω 저항기 두 개의 직렬연결이다. 이 경우는 4개의 저항기를 필요로 한다.

위의 4가지 외에도 총 저항이 1kΩ가 되는 다양한 저항기 조합의 구성이 가능하다. 그러나, 최소의 부품을 사용해야 한다는 조건을 만족하기 위해서는 제한된 선택을 갖게 된다.

최종적으로, 설계자는 선택된 저항기들을 직렬로 연결한 후, 저항계로 총 저항을 측정하여 확인해야 한다.

2. 지정된 전압, 전류 조건을 만족하는 직렬회로의 설계

지정된 전압, 전류 조건을 만족하는 직렬회로의 설계문제는 옴의 법칙과 직렬 연결된 저항의 총 저항에 대한 법칙을 적용하여 풀 수 있다. 예제를 통해서 설계 과정을 알아본다.

🍎 문제 2. 문제 1과 동일한 저항기들과 15V의 배터리를 갖고 있다. 회로의 전류가 10mA가 되도록 회로를 설계하고, 사용 가능한 모든 저항기 조합을 보이시오.

풀이 직렬 연결된 폐회로를 가정한다. 전압과 전류를 알고 있으므로, 옴의 법칙을 사용하여 회로의 총 저항

을 다음과 같이 구할 수 있다.

$$R_T = \frac{V}{I} \qquad (9\text{-}2)$$

알고 있는 값 V와 I를 식 (9-2)에 대입하여 R_T를 구하면 다음과 같다.

$$R_T = \frac{15\ V}{10\ mA} = 1.5\ k\Omega$$

이는 회로의 전류를 10 mA로 유지시키는 저항값이다. 따라서, 합이 1.5kΩ가 되는 저항기의 조합을 찾으면 된다. 820 + 680 = 1.5kΩ이므로, 820Ω 저항기와 680Ω 저항기를 직렬 연결하면 주어진 조건을 만족하게 된다. 최종적으로, 그림 9-1과 같이 회로를 구성하고 측정을 통해 회로에 흐르는 전류가 10mA인지 확인해야 한다.

이와 같은 유형의 문제를 푸는 과정은 다음과 같다.

1. 알고 있는 값 V와 I를 아래의 식에 대입하여 R_T를 구한다.

$$R_T = \frac{V}{I}$$

2. 아래의 식을 사용하여 합이 R_T가 되는 저항기들의 조합을 구한다.

$$R_T = R_1 + R_2 + R_3 + \cdots$$

3. 구해진 저항기들의 조합을 회로로 연결하고, 회로에 흐르는 전류를 측정하여 주어진 조건을 만족하는 지 확인한다.

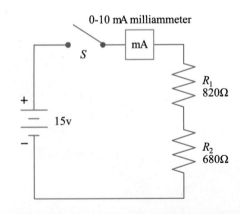

3. 지정된 전류와 저항 조건을 만족하는 직렬 회로의 설계

앞의 문제와 마찬가지로, 옴의 법칙과 직렬 연결된 저항기의 총 저항에 대한 법칙이 사용된다. 예제를 통해서 설계 과정을 알아본다.

 문제 3. 그림 9-2의 저항기 R_1, R_2, R_3 가 전자기기의 부품으로 사용되며, 그 기기의 정상동작을 위해서는 50 mA의 전류가 필요하다. 이 회로에서 필요한 전류를 공급하기 위해서는 얼마의 전압을 인가해야 하는가?

풀이

1. 총 저항 R_T를 다음과 같이 구한다.

$$R_T = 33 + 47 + 56 = 136 \ \Omega$$

2. 옴의 법칙에서 유도된 식 (9-3)에 I=50mA와 R_T=136 Ω를 대입하여 V를 구한다.

$$V = I \times R \qquad\qquad (9-3)$$
$$V = (5 \,\text{mA}) \times (136 \,\Omega) = 6.8 \text{ V}$$

3. 그림 9-2의 회로를 구성하여 전원전압을 6.8V로 맞추고 전류계로 측정된 전류가 50mA인지 확인한다.

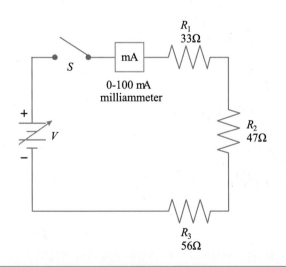

그림 9-2 전압 V의 조정에 의해 50mA의 전류가 흐르는 회로

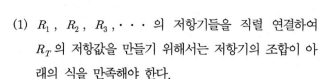
03 요약

(1) R_1, R_2, R_3, · · · 의 저항기들을 직렬 연결하여 R_T의 저항값을 만들기 위해서는 저항기의 조합이 아래의 식을 만족해야 한다.

$$R_T = R_1 + R_2 + R_3 + \cdot\cdot\cdot$$

(2) 지정된 전압(V), 전류 (I) 조건을 만족하는 직렬회로를 설계하기 위해서는 아래의 식에 I와 V의 값을 대입하여 지정된 전류, 전압조건을 만족하는 R_T를 구한다.

$$R_T = \frac{V}{I}$$

그 다음, 아래의 식을 만족하는 R_1, R_2, R_3, · · · 값을 선택한다.

$$R_T = R_1 + R_2 + R_3 + \cdot\cdot\cdot$$

(3) 지정된 전류(I)와 저항 (R_T) 조건을 만족하는 직렬회로를 설계하기 위해서는 아래와 같이 저항의 합이 R_T가 되는 저항기들을 선택한다.

$$R_T = R_1 + R_2 + R_3 + \cdot\cdot\cdot$$

그 다음, 주어진 I와 R_T 값을 아래의 옴의 법칙에 대입하여 전압 V를 구한다.

$$V = I \times R_T$$

(4) 회로설계 후, 회로를 구성하고 측정을 통하여 설계조건이 만족되는 지 확인한다.

04 예비점검

아래의 질문에 답하여 여러분의 이해도를 점검하시오.

(1) 직렬 연결된 저항기들의 총 저항을 계산하기 위한 식은 $R_T =$_____ 이다.

(2) 인가전압 V, 전류 I, 그리고 폐회로의 저항 R 사이의 관계를 나타내는 옴의 법칙은 $V =$_____ 이다.

(3) 전원은 V 볼트의 배터리이고, I 암페어의 전류가 흐르는 회로를 설계하기 위해서는 _____ 을 구해야 한다. 이를 위해서는 V 와 I 를 식 _____ 에 대입한다.

(4) R Ω 의 저항에 I 암페어의 전류가 흐르는 회로를 설계하기 위해서는 _____ 을 구해야 한다. 이를 위해서는 I 와 R 을 _____ 에 대입한다.

(5) V, I, 그리고 R 이 결정된 후, 설계의 마지막 과정은 회로를 _____하고 관계되는 값들을 _____하여 설계조건이 만족되는 지 확인하는 것이다.

05 실험 준비물

전원장치

- 0~15V 가변 직류전원(regulated)

측정계기

- DMM 또는 VOM
- 0 - 10 mA 밀리암미터

저항기(5%, $\frac{1}{2}$-W)

- 330Ω, 470Ω, 1.2kΩ, 2.2kΩ, 3.3kΩ, 4.7kΩ 각 1개

기타

- SPST 스위치

06 실험과정

아래의 6개의 저항기를 실험에 사용한다.

R_1 =330 Ω, R_2 =470 Ω, R_3 =1.2 kΩ,

R_4 =2.2 kΩ, R_5 =3.3 kΩ, R_6 =4.7 kΩ

1. 표 9-1을 참조한다. 첫째 행의 R_T =2 kΩ이다. 직렬 연결된 저항기의 총 저항이 2 kΩ이 되도록 R_1 ~ R_6 중에서 3개의 저항기를 선택한다. 각 저항기의 정격값을 해당 항에 기록한다. 예를 들어, 두개의 저항기를 직렬

연결했을 때 총 1.67 kΩ이 되도록 하려면 R_2 =470 Ω, R_3 =1.2 kΩ의 저항기를 선택해야 하며, R_2 항에 470, R_3 항에 1.2 k를 기록한다.

2. 과정 1에서 선택된 3개의 저항기를 직렬로 연결하고 전체 저항을 측정한다. 이 값을 첫째 행의 "R_T Measured" 항에 기록한다.

3. 직렬 연결된 저항기들의 총 저항이 5.3 kΩ이 되도록 R_1 ~ R_6 중에서 필요한 만큼의 저항기를 선택한다. 각 저항기의 정격값을 해당 항에 기록한다.

4. 과정 3에서 선택된 저항기들을 직렬 연결하고 전체 저항을 측정한다. 이 값을 둘째 행의 "R_T Measured" 항의 5.3 kΩ 행에 기록한다.

5. 총 저항 R_T 가 각각 7.5 kΩ, 10 kΩ, 11 kΩ이 되도록 과정 3, 4를 반복하여 표 9-1에 기록한다.

6. 10V 전원에 의해 5 mA의 전류가 흐르는 직렬회로를 설계한다. R_1 ~ R_6 중에서 필요한 만큼의 저항기를 선택하여 표 9-2의 10V 항에 기록한다.

7. 전원을 끄고 스위치 S_1 은 개방된 상태로, 과정 6에서 선택된 저항기 조합을 사용하여 그림 9-3의 회로를 구성한다. 0-10mA 전류계를 사용한다. 회로를 점검한 후, 전원을 인가하고 S_1 을 닫는다.

8. 전원 공급기의 출력이 10V가 되도록 조정한다. 전류를 측정하고, 표 9-2의 10V 행의 "Circuit Current, Measured" 항에 기록한다.

9. 표 9-2의 나머지 V 와 I 조합에 대해 과정 6~8을 반복하고, 선택된 저항기 조합과 측정된 전류값을 표에 기록한다.

10. 4mA가 흐르는 회로를 설계한다. 단, 저항기는 R_1~R_6 중에서 선택해야 하며, 전압은 0에서 15V 까지 변할 수 있다. 조합 1은 2개의 저항기로 구성되고, 조합 2는 3개의 저항기로 구성되며, 조합 3은 4개의 저항기로 구성되어야 한다. 저항기를 선택할 때 정격값 대신에 측정값을 사용한다. 측정된 값을 표 9-3에 기록한다. 또한, 회로에 인가되는 전압을 표에 기록한다.

11. 그림 9-3의 회로를 기본으로 하여 과정 10에서 설계된 회로를 구성한다. 전압계와 전류계로 전압과 전류를 측정하여 표 9-3에 기록한다.

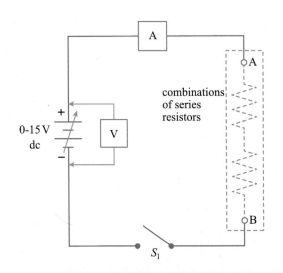

그림 9-3 과정 7의 회로

(1) $R_T = R_1 + R_2 + R_3 + \cdots$

(2) $I \times R$

(3) 저항값; $R = V / I$

(4) R에 걸리는 전압 V; $V = I \times R$

(5) 연결, 측정

표 9-1 직렬 연결된 저항기의 정격값과 측정값

R_T Required, Ω	Rated Value of Resistors Whose Sum Will Satisfy R_T						R_T Measured, Ω
	R_1	R_2	R_3	R_4	R_5	R_6	
2k							
5.3k							
7.5k							
10k							
11k							

표 9-2 지정된 V와 I를 만족하는 회로 설계

V Applied, V	Circuit Current I, mA		Rated Value of the Design Resistor, Ω					
	Required	Measured	R_1	R_2	R_3	R_4	R_5	R_6
10	5 mA							
12	4 mA							
5.5	1 mA							
8	10 mA							
11.4	1 mA							

표 9-3 4 mA가 흐르도록 설계된 회로

Combination	Measured Value of the Design Resistor, Ω						V Applied, Design Value, V	I Measured, mA
	R_1	R_2	R_3	R_4	R_5	R_6		
1 (2 resistors)								
2 (3 resistors)								
3 (4 resistors)*								

1. 표 9-1의 데이터를 참조한다. 5개의 저항기 각각에 대해 요구된 저항값 R_T와 측정값 R_T를 비교하시오. 이 값들은 서로 같은가? 만약, 같지 않으면 그 이유를 설명하시오. 각각의 경우에 차이가 있다면 이는 저항기 개개의 허용 오차와 일치하는가?

_____

_____

_____

_____

2. 표 9-2의 데이터를 참조한다. 요구된 전류값과 측정된 전류값을 비교하시오. 이 값들은 서로 같은가? 같지 않으면 그 이유를 설명하시오.

_____

_____

_____

_____

_____

3. 표 9-3의 데이터를 참조한다. 3가지의 저항기 조합 각각에 대하여 설계 전류 4 mA와 측정 전류값을 비교하시오. 이 값들은 서로 같은가? 같지 않으면 그 이유를 설명하시오.

_____

_____

_____

_____

_____

4. $\frac{1}{8}$-W, 5% 저항기 3개가 직렬로 연결되어 있다. 색 코드 표시에 의한 저항값은 각각 1 kΩ, 5 kΩ, 10 kΩ 이다. 계기에 의한 오차가 0%라고 할 때, 저항계로 측정한 저항값의 범위는 얼마인가? 계산 과정을 보이시오.

_____

_____

_____

_____

_____

전압분할 회로 (무부하)

01 실험목적

(1) 무부하 고정저항 전압 분할기의 각 저항기에 걸리는 전압을 계산하기 위한 일반 규칙을 세운다.
(2) 실험목적(1)의 규칙을 증명한다.
(3) 가변저항 전압 분 할기 각 단자의 접지에 대한 전압을 계산한다.
(4) 실험목적(3)의 결과를 실험적으로 입증한다.

02 이론적 배경

1. 직렬연결 전압분할 회로

전압분할(voltage-divider) 회로는 옴의 법칙의 직접적인 응용 예이다. 저항성 전압 분할기는 매우 단순한 회로 또는 저항기의 복잡한 연결로 구성되어 하나 또는 그 이상의 부하를 구동하는 회로이다. 본 실험에서는 외부 부하에 전류를 공급하지 않는 회로 즉, 무부하(unloaded) 분할기를 실험한다.

가장 단순한 직류 전압 분할기는 그림 10-1과 같이 저항기 R_1 과 R_2 가 직렬로 연결되고, 이 저항기 양단에 직류전압 V가 인가되는 회로이다. 전압 V는 12V이고, R_1, R_2 는 각각 7.5kΩ, 2.5kΩ 이라고 가정한다. 전압계로 측정된 R_1 양단의 전압 V_1 과 R_2 양단의 전압 V_2 는 각각 9V와 3V이다. 따라서, 12V 전원은 그림 10-1의 회로에 의

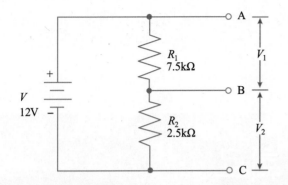

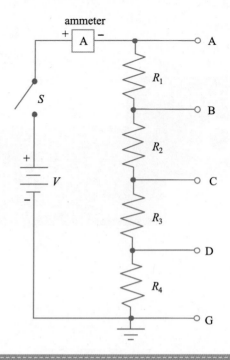

해 두개의 낮은 전압으로 분할되었다.

그림 10-1에 한 개 또는 그 이상의 저항기를 추가하면, 각 저항기의 양단 또는 C점과 같은 공통 단자를 기준으로 측정되는 임의의 낮은 전압을 만들 수 있다. 특정 전압을 만들기 위해 필요한 저항기 값은 시행착오 방법(error-and-trial method)이나 회로 분석에 의해 찾을 수 있다. 시행착오 방법은 시간이 많이 소요되고 비효율적이다. 회로에 대한 면밀한 분석을 통해 저항기 값을 계산하는 것이 바람직하다.

문제의 분석과 해답을 얻기 위해 기초적인 회로 식들이 사용된다. 예를 들어, 그림 10-1에서 V와 R_T를 식 (10-1)에 대입하면 전류 I를 구할 수 있다.

$$I = \frac{V}{R_T} \qquad (10\text{-}1)$$

여기서 V는 인가된 전압이고,

$$R_T = R_1 + R_2$$

V=12V이고, $R_1 + R_2$ =10 kΩ이므로,

$$I = \frac{12 \text{ V}}{10 \text{ k}} = 1.2 \text{ mA}$$

따라서,

$$V_1 = I \times R_1$$
$$V_2 = I \times R_2 \qquad (10\text{-}2)$$

그러므로, $V_1 = (1.2 \text{ mA}) \times (7.5 \text{ k}\Omega) = 9 \text{ V}$, $V_2 = (1.2 \text{ mA}) \times (2.5 \text{ k}\Omega) = 3 \text{ V}$ 이다.

이 관계식은 문제의 단순화를 가능케 한다. 그림 10-2

의 회로를 생각하자. V_1, V_2, V_3, 그리고 V_4를 구하고자 한다. 회로의 전류를 I라고 하면,

$$V = I \times R_T \qquad (10\text{-}3)$$

단, $R_T = R_1 + R_2 + R_3 + R_4$
한편,

$$V_1 = I \times R_1$$
$$V_2 = I \times R_2$$
$$V_3 = I \times R_3 \qquad (10\text{-}4)$$
$$V_4 = I \times R_4$$

이므로, V에 대한 V_1, V_2, V_3, 그리고 V_4의 비를 구할 수 있으며, 따라서

$$\frac{V_1}{V} = \frac{I \times R_1}{I \times R_T} = \frac{R_1}{R_T} \qquad (10\text{-}5)$$

그리고

$$V_1 = V \times \frac{R_1}{R_T}$$
$$V_2 = V \times \frac{R_2}{R_T} \qquad (10\text{-}6)$$

$$V_3 = V \times \frac{R_3}{R_T}$$

$$V_4 = V \times \frac{R_4}{R_T} \tag{10-6}$$

직렬회로에서 임의의 저항기 양단에 걸리는 전압을 구하기 위한 식 (10-6)을 유도하였다. 이 식은 직렬회로의 특정 저항기 양단에 걸리는 전압은 그 저항기의 저항값과 전체 저항값의 비(ratio)에 인가전압을 곱한 것과 같음을 의미한다. 이 식은 임의의 갯수의 저항기로 구성되는 직렬회로에도 적용되며, 이를 전압 분할 규칙(Voltage Divider Rule)이라 한다.

예를 들어, 그림 10-1의 회로에 이 관계식을 적용해 보자.

$$V_1 = V \times \frac{R_1}{R_T} = 12 \text{ V} \times \frac{7.5 \text{ k}}{10 \text{ k}} = 9 \text{ V}$$

마찬가지로,

$$V_2 = 12 \text{ V} \times \frac{2.5 \text{ k}}{10 \text{ k}} = 3 \text{ V}$$

이 관계식을 이용한 전압 분할기 설계 예를 살펴보자.

 문제 $R_1 \sim R_4$ 의 저항기가 직렬로 연결된 회로에 25V의 전원이 인가될 때, R_1, R_2, R_3, R_4 에 각각 2.5V, 5.0V, 7.5V, 10V 가 걸리도록 $R_1 \sim R_4$ 값을 구하고자 한다. 이 회로의 전류는 1mA로 제한된다고 가정한다.

풀이 1. 우선, 회로의 전체 저항 R_T 를 구한다.

$$R_T = \frac{V}{I} = \frac{25 \text{ V}}{1 \text{ mA}} = 25 \text{ k}\Omega$$

2. 식 (10-6)을 다음과 같이 다시 쓸 수 있다.

$$R_1 = \frac{V_1}{V} \times R_T$$

$$R_2 = \frac{V_2}{V} \times R_T$$

$$R_3 = \frac{V_3}{V} \times R_T \tag{10-7}$$

$$R_4 = \frac{V_4}{V} \times R_T$$

3. 식 (10-7)에 V=25V, R_T=25kΩ, V_1=2.5V, V_2=5.0V, V_3=7.5V, V_4=10.0V를 대입하면 다음과 같이 된다.

$$R_1 = \frac{2.5 \text{ V}}{25 \text{ V}} \times 25 \text{ k}\Omega = 2.5 \text{ k}\Omega$$

$$R_2 = \frac{5.0 \text{ V}}{25 \text{ V}} \times 25 \text{ k}\Omega = 5 \text{ k}\Omega$$

$$R_3 = \frac{7.5 \text{ V}}{25 \text{ V}} \times 25 \text{ k}\Omega = 7.5 \text{ k}\Omega$$

$$R_4 = \frac{10.0 \text{ V}}{25 \text{ V}} \times 25 \text{ k}\Omega = 10 \text{ k}\Omega$$

이 값들이 구하고자 하는 저항값이며, $R_1 \sim R_4$ 와 V 값을 사용하여 그림 10-2의 회로를 구성하고 전압계로 전압을 측정하여 결과를 확인할 수 있다.

그림 10-1과 그림 10-2의 전압분할 회로의 해석에서는 분할기의 각 저항기 양단에 걸리는 전압들을 고려해 보았다. 이 분할기를 공통점과 관련해서 다른 관점으로 볼 수 있다. 그림 10-1에서 C점은 회로의 접지 또는 공통점이다. 그림 10-2에서는 G점이 접지이다. 그림 10-2에서 접지에 대한 A점, B점, C점, 및 D점의 전압은 얼마인가?

이들 전압은 식 (10-6)의 변형으로 구할 수 있다. A점에서 G점까지의 전압은 명백히 인가전압 V 이다. B점에서 접지까지의 전압 V_{BG} 는 다음과 같다.

$$V_{BG} = V \times \frac{R_2 + R_3 + R_4}{R_T}$$

C점에서 접지까지의 전압 V_{CG} 는

$$V_{CG} = V \times \frac{R_3 + R_4}{R_T} \tag{10-8}$$

D점에서 접지까지의 전압 V_{DG} 는

$$V_{DG} = V \times \frac{R_4}{R_T}$$

그림 10-2에서 V_{BG} 와 V_{CG} 를 구하는 또 다른 방법은 식 (10-6)을 전압 V_1, V_2, V_3 에 대해 푸는 것이며, 따라서 다음과 같이 된다.

$$V_{BG} = V_2 + V_3 + V_4$$
$$V_{CG} = V_3 + V_4 \qquad (10\text{-}9)$$
$$V_{DG} = V_4$$

2. 가변 전압분할 회로 (무부하)

그림 10-1에서 전압 분할기의 전체 저항이 $10k\Omega$이고 인가전압이 10V일 때, V_1 =6.9V, V_2 =3.1V가 되도록 하고자 한다. 앞에서 설명된 방법으로 구하면 저항값은 다음과 같이 된다.

$$R_1 = 6.9 \text{ k}\Omega$$
$$R_2 = 3.1 \text{ k}\Omega$$

이와 같은 정확한 저항값을 갖는 저항기들은 가격이 비싸므로, 대신 분압기를 사용한다. 분압기는 3단자 가변 저항기이다. 양 끝단자 사이의 저항은 분압기의 정격 저항값으로 고정되어 있다. 중앙단자 또는 가변 팔은 분압기 내의 저항성 물질과 접촉되는 활자(slider)에 연결되어 있다. 이 가변 팔을 회전시키면 중앙단자와 양끝단자 사이에서 여러 가지 저항값을 선택할 수 있다. 따라서, 그림 10-1의 저항 R_1 , R_2 를 10 $k\Omega$ 분압기로 대체하면 회로는 그림 10-3과 같이 된다.

가변 팔 B가 A쪽으로 회전되면 저항 R_1 은 감소되고, R_2 는 증가된다. 반면에, 가변 팔 B가 C쪽으로 회전되면 저항값 R_1 은 증가되고, R_2 는 감소된다. 가변 팔 B가 A에 위치하면 R_1 =0 Ω이 되고, R_2 =10 $k\Omega$이 된다. 반면에, 가변 팔 B가 C에 위치하면 R_1 =10 $k\Omega$이 되고, R_2 =0 Ω이 된다.

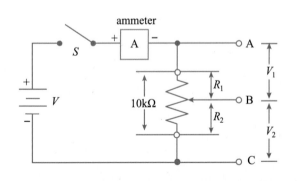

그림 10-3 가변 전압 분할기로 사용되는 분압기

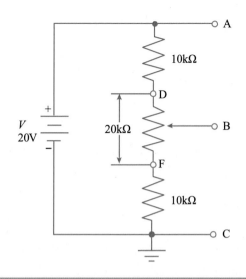

그림 10-4 전압 분할기의 가변 범위 제한

활자의 위치를 조정함으로써 저항비 R_1 / R_2 를 설정할 수 있으며, 따라서 V_1 을 0 V에서 분압기에 걸리는 전체 전압 V 사이의 임의의 전압으로 설정할 수 있다. 이 때, 분압기의 전체 저항 (A에서 C 사이의 저항)은 변하지 않는다.

특정 전압을 얻기 위해 분압기를 사용한다면, 가변 팔과 다른 한 단자 사이에 전압계를 연결하고 원하는 전압이 측정될 때까지 가변 팔을 회전시킨다.

하나 또는 그 이상의 고정 저항기를 분압기에 직렬로 연결하면 전압의 가변 범위를 제한할 수 있다. 즉, 그림 10-4의 회로에서 단자 B와 C 사이의 전압 가변 범위는 5~15V 사이이다.

이와 같은 결과는 전압 분할기가 무부하 상태 - 즉, 전류가 외부 회로에 공급되지 않는 상태 - 에서만 성립된다는 사실을 주목해야 한다.

가변 전압 분할기는 라디오의 음량 조절, TV 수상기의 초점 조절, 전자식 모터 제어회로의 속도 제어, 전압 안정기 회로 등의 분야에 응용된다.

03 요약

(1) 직렬 연결된 저항 분할기의 각 저항기에 걸리는 전압은 아래의 식으로 표현된다.

$$V_1 = V \times \frac{R_1}{R_T}$$

단, V_1 은 R_1 양단에 걸리는 전압, V 는 회로에 인가되는 전체 전압, 그리고 R_T 는 회로의 전체 저항이다.

(2) 직렬 연결된 분할기의 임의의 저항기에 걸리는 전압을 구하기 위한 또 다른 방법은 다음과 같다. 우선, 전체 저항을 계산한다.

$$R_T = R_1 + R_2 + R_3 + R_4$$

다음으로, 아래의 식을 이용하여 전류 I 를 구한다.

$$I = \frac{V}{R_T}$$

옴의 법칙에 I 를 대입하여 R_1 의 전압 강하를 구한다.

$$V_1 = I \times R_1$$

(3) 직렬 연결된 전압 분할기내의 임의의 점으로부터 접지 또는 기준점까지의 전압을 구하고자 하는 경우에도 앞에서 설명된 두 가지 방법 중 하나를 이용할 수 있다.

(4) 가변 전압 분할기는 전압원 양단에 분압기를 연결하여 구현된다.

(5) 분압기를 전압 강하 저항기에 직렬로 연결하면 전압 분할기의 전압 가변범위를 제한할 수 있다.

(6) 앞에서 언급된 관계식들은 무부하 전압 분할기에 대해서만 적용 가능하다.

04 예비점검

아래의 질문에 답하여 여러분의 이해도를 점검하시오.

(1) 그림 10-1에서 저항기 R_1 과 R_2 의 위치를 바꾸면 7.5kΩ 저항기에 걸리는 전압은 _____ V 이다.

(2) 그림 10-2에서 R_T =15kΩ, R_3 =3kΩ이라고 가정한다. 인가전압이 22.5V일 때 R_3 양단의 전압은 _____ V 이다.

(3) 그림 10-2에서 R_T =15kΩ, R_1 =3.5kΩ, V =30V이다. 단자 B와 G 사이의 전압 V_{BG} 는 _____ V 이다.

(4) 그림 10-2에서 R_T =10 kΩ, V_{BC} =2V, V =8V이다. R_2

의 값은 _____ Ω 이다.

(5) 그림 10-3의 가변 전압 분할기에서 V =35V라고 가정하면 V_{BC} 의 가변범위는 최대 _____ V 에서 최소 _____ V까지 이다.

(6) 그림 10-4의 가변 전압 분할기에서 배터리 전압은 V =6V이고 저항기들의 값은 그림에 나타낸 것과 같다. V_{BC} 의 가변범위는 최대 ____ V 에서 최소 ____ V 까지 이다.

(7) 그림 10-2에서 R_1 =1kΩ, R_2 =2.2kΩ, R_3 =680Ω, R_4 =220Ω, V =16V이다. V_1 =_____ V, V_2 =_____ V, V_3 =_____ V, V_4 =_____ V 이다.

(8) 질문 7과 동일한 조건에서 V_{CG} = _____ V, V_{BG} = _____ V, V_{BD} = _____ V 이다.

05 실험 준비물

전원장치
- 0 - 15V 가변 직류전원 (regulated)

측정계기
- DMM
- VOM (저항계)
- 0 - 10 mA 밀리암미터

저항기($\frac{1}{2}$-W, 5%)
- 820Ω, 1kΩ, 2.2kΩ, 3.3kΩ 각 1개
- 10kΩ, 2-W 분압기

기타
- SPST 스위치

06 실험과정

A. 고정형 전압 분할기 측정

A1. 전원을 끄고 스위치 S_1 을 개방한 상태로 그림 10-5의 회로를 연결한다. $R_1 \sim R_4$ 의 값들은 저항기의 정격

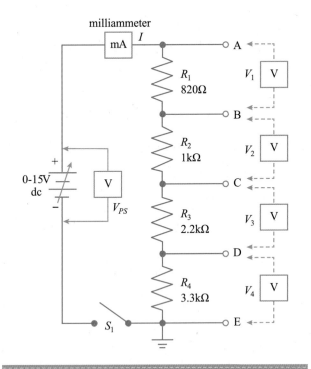

그림 10-5 과정 A1의 고정형 전압 분할기 회로

값이다.

A2. 전원 공급기에 전압계를 연결하여 15V가 출력되도록 조정한다. 과정 3 - 4 동안 이 전압을 계속 유지한다.

A3. S_1을 닫고 전원전압을 측정하여 표 10-1에 기록한다. (측정된 전압은 15V가 되어야 한다. 만약 그렇지 않으면 전원을 15V로 재조정한다.) 전압계를 단자 AB 사이에 연결하여 R_1에 걸리는 전압 V_1을 측정한다. 마찬가지로, 전압계를 단자 BC 사이에 연결하여 R_2에 걸리는 전압 V_2를 측정하고, 전압계를 단자 CD 사이에 연결하여 R_3에 걸리는 전압 V_3을 측정하고, 전압계를 단자 DE 사이에 연결하여 R_4에 걸리는 전압 V_4를 측정하여 표 10-1에 기록한다.

A4. 전압계를 단자 BE 사이에 연결하여 전압 V_{BE}를 측정한다. 이 전압은 저항기 R_2, R_3, R_4의 직렬연결에 걸리는 전압이다. 마찬가지로, 전압계를 단자 CE 사이에 연결하여 전압 V_{CE}를 측정하고, 전압계를 단자 DE 사이에 연결하여 전압 V_{DE}를 측정하여 표 10-1에 기록한다. S_1을 개방한다.

A5. 그림 10-5의 회로에 대해, 저항기의 정격 저항값과 15V의 전원전압을 사용해서 전원에 의해 공급된 전류와 V_1, V_2, V_3, V_4, V_{BE}, V_{CE}, V_{DE}를 계산하여 표

10-1에 기록한다.

A6. 회로를 그림 10-5와 같이 연결된 상태에서 스위치 S_1을 닫는다. 전류계에 1.5 mA의 전류가 측정되도록 전원을 조정한다. V_1, V_2, V_3, V_4, V_{BE}, V_{CE}, V_{DE}를 측정하여 표 10-1에 기록한 후 S_1을 개방한다.

A7. 그림 10-5의 회로에 대해, 저항기의 정격 저항값과 전원전류 1.5 mA를 사용해서 전원전압 V_{PS}와 V_1, V_2, V_3, V_4, V_{BE}, V_{CE}, V_{DE}를 계산하여 표 10-1에 기록한다.

B. 가변 전압 분할기 측정

B1. 전원을 끄고 스위치 S_1을 개방한 상태로 그림 10-6의 회로를 연결한다. 전원을 15V로 맞추고, 실험이 끝날 때까지 이 전압을 유지한다.

B2. S_1을 닫고 분압기의 가변 팔이 A의 위치에 오도록 손잡이를 시계방향으로 최대한 회전시킨다. V_{AB}, V_{BC}, 그리고 I를 측정하여 표 10-2에 기록한다.

B3. 분압기의 가변 팔이 A와 C 사이의 중간에 오도록 손잡이를 회전시킨다. V_{AB}, V_{BC}, 그리고 I를 측정하여 표 10-2에 기록한다.

B4. 분압기의 가변 팔이 C의 위치에 오도록 손잡이를 반시계 방향으로 최대한 회전시킨다. V_{AB}, V_{BC}, 그리고 I를 측정하여 표 10-2에 기록한다.

B5. 전원전압 V를 계속 15V로 유지한 상태에서 BC 양단의 전압이 9V가 되도록 분압기를 조정한다. V, V_{AB}, V_{BC}를 측정하여 표 10-3에 기록한다. 분압기 가변

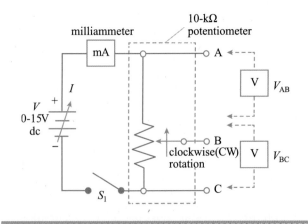

그림 10-6 과정 B1의 가변 전압 분할기 회로

팔의 위치를 그대로 유지시킨다.

B6. S_1을 개방한다. 저항계를 사용하여 단자 AB 사이의 저항 R_{AB}, 단자 BC 사이의 저항 R_{BC}, 단자 AC 사이의 저항 R_{AC}를 측정하여 표 10-3에 기록한다.

B7. $V=15V$와 분압기의 전체 저항값 10 kΩ을 이용하여 $V_{BC}=9V$가 되기 위한 R_{AB}, R_{BC} 값을 계산한다.

C. 전압 분할기 설계

이 과정을 실험하기 전에 아래의 선택 사항을 읽는다.

15V의 정전원으로부터 0 - 11.5V 범위의 가변 전압을 공급하는 전압 분할회로를 설계한다. 실험 준비물에 나열된 저항기와 분압기만을 사용한다. 회로도를 그리고 모든 소자 값을 표시한다. 회로를 구성하여 회로의 전압과 전류를 측정하고 측정결과 표를 작성한다.

힌트 분압기와 고정 저항기의 사용 방법은 그림 10-4의 회로를 참고한다.

선택 사항

이 실험은 전자회로 해석용 소프트웨어를 필요로 한다. 실험 C의 회로를 실험하기 전에 소프트웨어를 사용하여 회로를 시뮬레이션한다. 설계된 회로의 실험에 필요한 계기를 확인한다. 측정된 전압, 전류를 기록하고 시뮬레이션 결과와 비교한다. 두 결과에 차이가 있으면 그 이유를 설명한다.

07 예비 점검의 해답

(1) 9

(2) 4.5

(3) 23

(4) 2500

(5) 35; 0

(6) 4.5; 1.5

(7) 3.9; 8.6; 2.7; 0.86

(8) 3.5; 12.1; 11.2

표 10-1   Part A : 고정형 전압 분할기 측정

Step		V	$I(mA)$	V_1	V_2	V_3	V_4	V_{BE}	V_{CE}	V_{DE}
A3, A4	Measured	15								
A5	Calculated	✕								
A6	Measured									
A7	Calculated	✕								

표 10-2   Part B : 가변 전압 분할기 측정

Step	Position of Arm	Measured Values				Calculated Values $V_{BC} + V_{AB}$
		V	$I(mA)$	V_{AB}	V_{BC}	
B2	Max CW (at A)	15				
B3	Midpoint	15				
B4	Max CCW (at C)	15				

표 10-3   가변 전압 분할기 값

Measured Values							Calculated Values	
V	$I(mA)$	V_{BC}	V_{AB}	R_{BC}	R_{AB}	R_{AC}	R_{BC}	R_{AB}
15		9						

실험 고찰

1. 표 10-1을 참조한다. V_1, V_2, V_3, V_4의 측정치 (실험과정 A3)와 계산치 (실험과정 A5)를 비교하시오. 값들이 서로 같지 않으면 차이에 대해 설명하시오.

_____

_____

_____

_____

_____

_____

2. 표 10-1을 참조한다. V_1, V_2, V_3, V_4, V_{BE}, V_{CE}, V_{DE}의 측정치 (실험과정 A6)와 계산치 (실험과정 A7)를 비교하시오. 값들이 서로 같지 않으면 차이에 대해 설명하시오.

_____

_____

_____

_____

3. 표 10-3의 데이터를 사용하여

   (a) V_{BC}/V_{AB}, R_{BC}/R_{AB}를 계산하시오.

   (b) (a)의 계산 결과는 서로 같은가? 결과가 같아야 한다면, 그 이유를 설명하시오.

   (c) R_{AB}, R_{BC}, R_{AC}의 측정값들은 서로 어떤 관련이 있는지 설명하시오.

   (d) 분압기 가변 팔의 위치 변화가 전류 I의 측정치에 미치는 영향을 설명하시오.

_____

_____

_____

_____

_____

_____

_____

4. 실험 결과로부터 식 (10-9)가 입증되는지 설명하시오. 표 10-1, 10-2, 10-3의 데이터를 참조한다.

_____

_____

_____

_____

_____

5. 표 10-2의 데이터로부터, 분압기 가변 팔의 위치에 무관하게 V_{AB}, V_{BC}의 측정치에 관한 어떤 사실을 알 수 있는가?

_____

_____

_____

_____

_____

EXPERIMENT
11

병렬회로의 전류

01 실험목적

(1) 병렬회로의 총 전류는 임의의 한 가지에 흐르는 전류
보다 크다는 사실을 실험적으로 입증한다.
(2) 병렬회로의 총 전류는 각 가지에 흐르는 전류의 합과
같다는 사실을 실험적으로 입증한다.

02 이론적 배경

1. 가지 전류

실험 6의 직렬회로 실험에서 전류가 흐르기 위해서는
폐회로가 형성되어야 하며, 회로가 개방되면 전류는 흐르
지 않으며, 그리고 직렬회로내의 전류는 어디든 동일하다
는 사실을 확인하였다. 병렬회로는 직렬회로와 어떻게 다
른가?

그림 11-1은 3개의 저항기가 병렬로 연결되고 그 양단
에 전압 V가 인가된 회로이다. 전지와 병렬회로를 연결하
는 선을 점 X 또는 점 Y에서 끊고 여기에 그림 11-2와 같
이 전류계를 삽입하면 전원에 의해 공급되는 총 전류를
측정할 수 있다. 이 전원전류는 전원으로부터 3개의 저항
기를 통해 흐른다.

간단한 실험으로 병렬회로의 중요한 특성을 알아낼 수
있다. 그림 11-2에서 R_1을 제거하면 전류계로 측정되는
전원전류는 감소할 것이다. 만약, R_2를 다시 제거하면 전

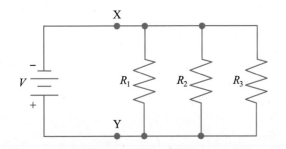

$$I_1 = \frac{V}{R_1} = \frac{6.6\,\text{V}}{2\,\text{k}\Omega} = 0.0033\,\text{A} = 3.3\,\text{mA}$$

$$I_2 = \frac{V}{R_2} = \frac{6.6\,\text{V}}{3\,\text{k}\Omega} = 0.0022\,\text{A} = 2.2\,\text{mA}$$

$$I_3 = \frac{V}{R_3} = \frac{6.6\,\text{V}}{10\,\text{k}\Omega} = 0.00066\,\text{A} = 0.66\,\text{mA}$$

병렬회로의 총 전류는 어느 가지에 흐르는 전류보다 크므로, 이 회로의 총 전류 I_T는 3.3 mA보다 커야 한다.

원전류는 더욱 감소할 것이다. 남은 회로는 R_3와 전류계로 구성되는 단순한 직렬회로가 된다. 이때의 전원전류는 V로부터 R_3를 통해 흐르며, 이 전류는 옴의 법칙에 의해 직접 계산될 수 있다.

이 결과로부터 그림 11-1과 그림 11-2의 회로에는 전류가 흐르는 3개의 도전경로 - 즉, R_1, R_2, R_3 - 가 있다는 사실을 알 수 있다. 3개의 도전통로가 모두 닫혀 지면 회로에는 최대의 선 전류가 흐른다. 통로 R_1이 끊어지면 두 개의 통로 R_1, R_2만 남으므로 전류가 감소한다. 각각의 도전통로를 병렬회로의 가지(branch)라고 한다.

저항기로만 구성되는 병렬회로는 회로의 총 전류 I_T가 임의의 가지 전류 보다 크다는 특성을 갖는다. 이는 저항기로만 구성되는 병렬회로의 가지 전류는 총 전류 또는 전원전류 보다 작다는 것을 의미한다.

예를 통해서 이 특성을 확인해 본다. 그림 11-3에서 전압원 V가 6.6V라고 가정하자. 회로의 각 가지 저항기에 걸리는 전압은 모두 6.6V로 동일하다. 각 가지의 전류 즉, R_1에 흐르는 전류 I_1, R_2에 흐르는 전류 I_2, R_3에 흐르는 전류 I_3 등은 옴의 법칙에 의해 다음과 같이 계산된다.

2. 병렬회로의 총 전류

그림 11-3의 병렬회로에서 R_1, R_2, R_3에 흐르는 전류의 소스는 전원 V이다. 그러므로, I_1, I_2, I_3 각각이 결합되어 전원전류 I_T를 형성한다.

여기서 결합이란 더하는 것을 의미하는가? 이에 대한 해답은 병렬회로의 실험을 통해 얻을 수 있다. 각 가지에 전류계를 연결하면 I_1, I_2, I_3, I_T를 측정할 수 있다. 주의 깊은 실험을 통해 가지 전류와 총 전류 사이에 다음과 같은 관계를 찾을 수 있다.

$$I_T = I_1 + I_2 + I_3$$

이 식은 "병렬회로의 총 전류는 가지 전류의 합과 같다"는 것을 의미한다.

이 예에서 총 전류는 다음과 같이 된다.

$$I_T = 3.3\,\text{mA} + 2.2\,\text{mA} + 0.66\,\text{mA} = 6.16\,\text{mA}$$

총 전류 6.16 mA는 어느 가지 전류 보다도 크다는 사

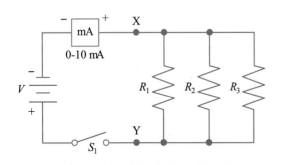

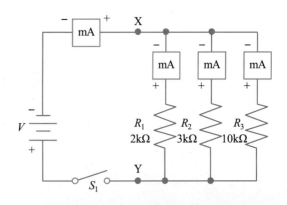

실을 확인할 수 있다.

03 요약

(1) 저항기만으로 구성되는 병렬회로에서 각 가지에 흐르는 전류는 회로의 총 전류보다 작다.
(2) 전체 전원전류는 가지 전류보다 크다.
(3) 전체 전원전류는 모든 가지 전류의 합과 같다.
(4) 각 가지에 걸리는 전압은 모두 같다.

04 예비점검

아래의 질문에 답하여 여러분의 이해도를 점검하시오.

(1) 병렬회로의 각 가지에 걸리는 전압은 _____ 다.
(2) 그림 11-3에서 R_1 양단의 전압 V_1, R_2 양단의 전압 V_2, R_3 양단의 전압 V_3는 모두 _____ 다.
(3) 그림 11-3에서 V=10V이면, 가지 전류 I_1, I_2, I_3는 각각 얼마인가? I_1 =_____ mA, I_2 =_____ mA, I_3 =_____ mA.
(4) 질문 3의 회로에서 총 전류는 _____ 가지 전류 보다 크다.
(5) 질문 3의 가지 전류에 대해 그림 11-3 회로의 총 전류 I_T = _____ mA 이다.

05 실험 준비물

전원장치

■ 가변 0 - 15V 직류전원(regulated)

측정계기

■ DMM 또는 VOM (최소한 100mA 직류범위를 가져야 함)

저항기($\frac{1}{2}$-W, 5%)

■ 820Ω, 1kΩ, 2.2kΩ, 3.3kΩ, 4.7kΩ 각 1개

기타

■ SPST 스위치

06 실험과정

1. 실험 준비물에 나열된 저항기 5개의 저항값을 측정하여 표 11-1에 기록한다.
2. 전원을 끄고 스위치 S_1을 개방한 상태로 그림 11-4(a)의 회로를 연결한다. 단지 하나의 DMM을 사용하여 모든 값들을 측정하는 경우에는 I_T 측정을 위한 전류계는 지금 연결하지 않는다.
3. 전원을 켜고 S_1을 닫는다. 전원전압이 V_{PS}=10V가 되도록 맞춘다. 가지 1, 2, 3은 전원의 두 단자에 연결되어야 한다. S_1을 개방한다.
4. I_T 측정을 위한 전류계를 그림과 같이 회로에 연결한다. 전원을 변경시키지 말아야 한다.
5. 아래의 실험과정에서는 각 가지에 흐르는 전류와 회로의 총 전류를 측정해야 한다. 만약, 하나의 전류계를 사용하는 경우에 I_1, I_2, I_3의 측정을 위해서는 가지회로를 끊고 전류계를 삽입해야 한다. I_T를 측정하기 위해서는 주회로를 끊어야 한다. 계기의 위치나 회로연결을 바꾸기 전에는 항상 S_1을 개방시킨다. 이후의 실험과정에서는 전류나 전압을 측정하기 위한 회로와 계기의 연결이 이루어졌다고 가정한다.
6. S_1을 닫고 V_{PS}, I_T, I_1, I_2, I_3를 측정하여 표 11-2에 기록한다. I_T (모든 가지 전류의 합)를 계산하여 표 11-2에 기록한다.
7. 가지 1의 820 Ω 저항기를 제거한다. V_{PS}=10V로 맞춘다. I_T, I_2, I_3를 측정하여 표 11-2에 기록한다. 과정 6과 같이 I_T를 계산하여 표 11-2에 기록한다.
8. 가지 2의 1 kΩ 저항기를 제거하여 회로에 가지 3만 남도록 한다. V_{PS}=10V로 맞춘다. I_T, I_3를 측정하여 표 11-2에 기록한다. 과정 6과 같이 I_T를 계산하여 표 11-2에 기록한다. 전원을 끄고 스위치 S_1을 개방한다.
9. 그림 11-4(b)의 회로를 연결한다. 과정 2 - 5를 다시 읽는다. 3개의 가지가 연결된 상태에서 전원 V_{PS}=10V를 유지해야 한다.

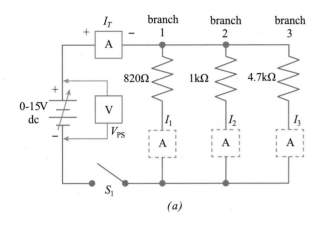

(a)

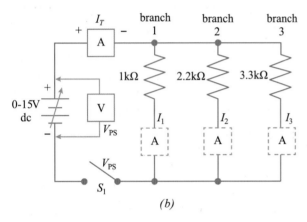

(b)

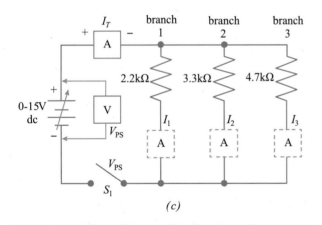

(c)

그림 11-4 (a) 실험과정 2의 회로 (b) 실험과정 9의 회로
(c) 실험과정 13의 회로

남도록 한다. V_{PS}=10V로 맞춘다. I_T, I_3를 측정하여
표 11-2에 기록한다. 과정 10과 같이 I_T를 계산하여
표 11-2에 기록한다. 전원을 끄고 스위치 S_1을 개방
한다.

13. 그림 11-4(c)의 회로를 연결한다. 과정 2 - 5를 다시
    읽는다. 3개의 가지가 연결된 상태에서 전원 V_{PS}=
    10V를 유지해야 한다.

14. 전원을 켜고 S_1을 닫는다. V_{PS}, I_T, I_1, I_2, I_3를 측정
    하여 표 11-2에 기록한다. I_T (모든 가지 전류의 합)
    를 계산하여 표 11-2에 기록한다.

15. 가지 1의 2.2kΩ 저항기를 제거한다. V_{PS}=10V로 맞춘
    다. I_T, I_2, I_3를 측정하여 표 11-2에 기록한다. 과정
    14와 같이 I_T를 계산하여 표 11-2에 기록한다.

16. 가지 2의 3.3kΩ 저항기를 제거하여 회로에 가지 3만
    남도록 한다. V_{PS}=10V로 맞춘다. I_T, I_3를 측정하여
    표 11-2에 기록한다. 과정 14와 같이 I_T를 계산하여
    표 11-2에 기록한다. 전원을 끄고 스위치 S_1을 개방
    한다.

07 **예비 점검의 해답**

(1) 같다.

(2) 같다.

(3) 5; 3.3; 1

(4) 최대

(5) 9.3

10. 전원을 켜고 S_1을 닫는다. V_{PS}, I_T, I_1, I_2, I_3를 측정
    하여 표 11-2에 기록한다. I_T (모든 가지 전류의 합)
    를 계산하여 표 11-2에 기록한다.

11. 가지 1의 1kΩ 저항기를 제거한다. V_{PS}=10V로 맞춘
    다. I_T, I_2, I_3를 측정하여 표 11-2에 기록한다. 과정
    10과 같이 I_T를 계산하여 표 11-2에 기록한다.

12. 가지 2의 2.2kΩ 저항기를 제거하여 회로에 가지 3만

표 11-1 저항기의 측정 저항값

Resistor	R_1	R_2	R_3	R_4	R_5
Rated value, Ω	820	1 k	2.2 k	3.3 k	4.7 k
Measured value, Ω					

표 11-2 병렬회로의 측정값과 계산값

Step	Rated value of Branch Resistors, Ω					Measured value						I_T Calculated (sum of branch I) mA
	R_1	R_2	R_3	R_4	R_5	V	mA					
						V	I_T	I_1	I_2	I_3		
6	820	1k			4.7k							
7		1k			4.7k							
8					4.7k							
10		1k	2.2k	3.3k								
11			2.2k	3.3k								
12				3.3k								
14			2.2k	3.3k	4.7k							
15				3.3k	4.7k							
16					4.7k							

실험 고찰

1. 실험결과로부터 이 실험의 두가지 실험목적이 어떻게 입증되는지 표 11-1과 표 11-2의 데이타를 참조하여 설명하시오.

_____

_____

_____

2. 실험과정 1에서 저항기들의 저항값을 측정하는 것이 왜 중요한지 그 이유를 설명하시오.

_____

_____

_____

3. 아래의 경우에 대해 병렬회로의 총 전류에 미치는 영향을 설명하시오.

(a) 병렬 연결된 저항기의 갯수가 증가하는 경우

(b) 각 저항기의 저항값이 증가하는 경우

표 11-2의 실험결과를 인용하여 (a), (b)의 답을 입증하시오.

_____

_____

_____

_____

_____

_____

_____

_____

_____

_____

4. 표 11-1과 표 11-2의 데이타를 검토해 볼 때, 가지 전류와 총 전류 사이의 관계는 어떻게 되는지 설명하고, 이 관계를 수식으로 표현하시오.

_____

_____

_____

_____

_____

_____

_____

5. 그림 11-3에서 R_3가 개방되면 저항에 흐르던 전류가 어떻게 되는지 설명하시오.

_____

_____

_____

_____

_____

_____

_____

EXPERIMENT
12

병렬회로의 저항

01 실험목적

(1) 병렬회로에서 총 저항과 가지 저항 사이의 관계를 실험적으로 입증한다.

02 이론적 배경

1. 병렬회로의 총 저항

그림 12-1에서 전압 V에 연결된 저항 R_T는 회로에 흐르는 전류를 I_T로 제한한다. 만약, 전압 V에 연결되어 동일한 전류 I_T가 흐르는 단일 저항기가 구해진다면 이 저항기의 값은 세개의 병렬 저항기의 등가가 될 것이다. 따라서, 이 등가 저항기는 병렬 저항기 세개의 총 저항 R_T를 나타낸다.

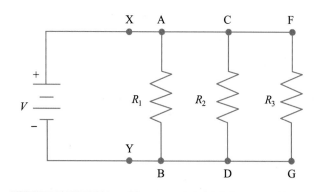

그림 12-1 병렬 연결된 세개의 저항기에 전압 V가 인가된 회로

2. 총 저항 측정

그림 12-2와 같이 V를 제거하고 병렬회로의 양끝점 X와 Y에 저항계를 연결하면 세개의 병렬 저항기의 총 저항을 측정할 수 있다.

> **주의** 저항계로 저항을 측정하기 전에는 항상 전원을 저항기로부터 분리시켜야 한다.

저항값을 구하기 위한 옴의 법칙은 다음과 같다.

$$R = \frac{V}{I}$$

R 이 V 에 연결된 총 저항이라면 I는 V에 의해 저항에 공급되는 총 전류이다. 이는 R_T를 측정하기 위한 다른 방법을 제공한다.

그림 12-3과 같이 V에 직렬 연결된 회로를 끊고 여기에 전류계를 연결하면 V에 의해 공급되는 총 전류를 측정할 수 있다. 전압 V는 전압원 양단에 전압계를 연결하여 측정할 수 있다. V와 I의 값을 알고 있으므로 옴의 법칙에 의해 R을 다음과 같이 구할 수 있다.

$$R_T = \frac{V}{I_T} \tag{12-1}$$

실험 11에서 병렬회로에 흐르는 총 전류는 각 가지에 흐르는 전류보다 크다는 사실을 배웠다. 옴의 법칙과 저항은 전류에 반비례한다는 사실 (즉, 전압이 일정하다면 저항이 증가할수록 전류는 감소한다.)로부터, 병렬 저항기에 대해서도 유사한 특성이 성립한다.

병렬회로에서 회로의 총 저항값은 병렬가지의 가장 작은 저항값 보다 작다. 예를 들어, 47 Ω, 68 Ω, 100 Ω의 저항기 세개가 그림 12-2와 같이 병렬로 연결되었다면 총 저항값은 47 Ω보다 작다. (정확한 값을 구하는 방법은 다음에 설명된다.)

3. 총 저항값과 가지 저항값 사이의 관계

병렬저항 R_1, R_2, R_3, $\cdots$ 와 이의 총 저항 또는 등가저항 사이에는 명확한 관계가 존재하며, 이 관계는 수식으로 표현될 수 있다.

다음의 논의를 위해 매우 중요하고 유효한 가정을 한다. 즉, 회로에서 도선의 저항은 0이고, 회로의 저항은 저항기 자체의 저항에만 기인한다는 사실을 가정한다.

이 가정에 의하면, 그림 12-1에서 점 B, D, G는 전기적으로 점 Y와 같으며, 점 A, C, F는 점 X와 같다고 할 수 있다.

이 사실로부터 매우 명백한 회로 조건 즉, 그림 12-1의 회로에서 각 가지 저항기에 걸리는 전압은 모두 V로 동일하다는 것이 성립한다.

옴의 법칙을 사용하여 그림 12-1 회로의 각 가지에 흐르는 전류를 구할 수 있다.

$$I_1 = \frac{V}{R_1}$$

$$I_2 = \frac{V}{R_2}$$

$$I_3 = \frac{V}{R_3}$$

전압 V에 의해 회로에 공급되는 총 전류는 다음과 같이 계산된다.

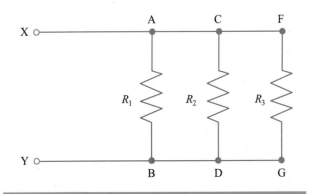

그림 12-2 병렬 저항기 세개의 총 저항

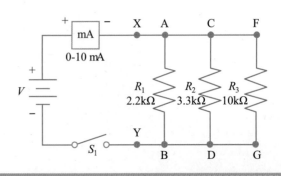

그림 12-3 병렬회로의 총 저항 측정

$$I_T = I_1 + I_2 + I_3$$

$$= \frac{V}{R_1} + \frac{V}{R_2} + \frac{V}{R_3}$$

식 (12-1)을 다음과 같이 다시 쓸 수 있다.

$$I_T = \frac{V}{R_T}$$

앞의 식에 이를 대입하고,

$$\frac{V}{R_T} = \frac{V}{R_1} + \frac{V}{R_2} + \frac{V}{R_3}$$

식의 양변을 V로 나누면 다음과 같은 관계식이 얻어진다.

$$\frac{1}{R_T} = \frac{1}{R_1} + \frac{1}{R_2} + \frac{1}{R_3} \qquad (12-2)$$

식 (12-2)는 병렬회로의 총 저항과 가지 저항 사이의 관계를 다음과 같이 정의한다. "병렬회로의 총 저항의 역수는 각 가지 저항의 역수의 합과 같다."

R_T를 구하기 위해서는 식 (12-2)의 양변의 역수를 구해야 한다.

$$R_T = \frac{1}{\dfrac{1}{R_1} + \dfrac{1}{R_2} + \dfrac{1}{R_3}} \qquad (12-3)$$

식 (12-2)와 식 (12-3)은 병렬가지의 수에 관계없이 임의의 병렬회로에 적용될 수 있으며, 일반적인 형태는 다음과 같이 된다.

$$\frac{1}{R_T} = \frac{1}{R_1} + \frac{1}{R_2} + \frac{1}{R_3} + \cdots$$

식 (12-2)와 식 (12-3)은 옴의 법칙을 기본으로 하여 유도되었으나, 이 식은 실험적으로도 입증될 수 있다. 앞에서 설명된 방법대로, 병렬회로의 총 저항은 저항계를 사용하여 직접 측정하거나 I_T와 V의 측정값을 옴의 법칙에 대입하여 간접적으로 계산할 수 있다.

4. 병렬회로의 각 가지저항 측정

그림 12-3의 회로를 이용하여 식 (12-2)와 식 (12-3)을 증명하기 위해서는 병렬 회로망의 각 가지 저항 R_1, R_2,

R_3에 대한 측정이 필요하다. 가지저항을 측정하기 위해 병렬 회로망의 각 저항기 양단에 저항계를 연결하는 것은 잘못된 방법이다. 왜냐하면, 이는 가지 저항기의 값을 측정하는 것이 아니라 총 저항 R_T를 측정하는 것이 되기 때문이다. 가지 저항 R_1을 측정하기 위해서는 R_1을 회로망에서 분리한 후 측정해야 한다. 즉, R_1의 한 단자인 A점을 분리시켜 회로망의 영향을 제거한 후 그곳에 저항계를 연결하여 R_1을 측정한다. R_2, R_3에 대해서도 유사한 과정으로 측정한다.

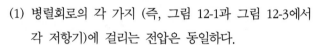

03 요약

(1) 병렬회로의 각 가지 (즉, 그림 12-1과 그림 12-3에서 각 저항기)에 걸리는 전압은 동일하다.

(2) 그림 12-3과 같이 2개 이상의 저항기가 병렬 연결된 회로의 등가저항 또는 총 저항 R_T는 총 전류 I_T와 병렬회로에 걸리는 전압 V의 측정값을 아래의 식에 대입하여 실험적으로 구할 수 있다.

$$R_T = \frac{V}{I_T}$$

(3) 그림 12-2와 같이 병렬 연결된 저항기의 총 저항 R_T를 구하는 다른 방법은 병렬회로에 저항계를 연결하여 R_T를 측정하는 것이다.

(4) 회로에 전원이 인가된 상태에서는 저항계로 저항값을 측정하지 말아야 한다.

(5) 병렬 연결된 저항기 R_1, R_2, R_3, $\cdots$와 총 저항 R_T 사이의 관계식은 다음과 같다.

$$R_T = \frac{1}{\dfrac{1}{R_1} + \dfrac{1}{R_2} + \dfrac{1}{R_3} + \cdots}$$

(6) 총 저항 R_T에 대한 다른 표현은

$$\frac{1}{R_T} = \frac{1}{R_1} + \frac{1}{R_2} + \frac{1}{R_3} + \cdots$$

(7) 병렬 연결된 저항기 중의 하나의 - 즉, 그림 12-2에서 R_1 - 저항값을 측정하기 위해서는 저항기 단자 중 하나를 회로에서 분리한 후 측정해야 한다.

아래의 질문에 답하여 여러분의 이해도를 점검하시오.

(1) 그림 12-1의 회로에서 I_T=20mA, V=5V일 때 총 저항 R_T는 _____ Ω 이다.

(2) 질문 1의 조건에 대해서 R_1은 100Ω이다. _____ (맞음/틀림)

(3) 질문 1의 조건에 대해서 R_2에 걸리는 전압 V는 _____ V 이다.

(4) 그림 12-2의 회로에서 R_3의 저항값을 측정하기 위해서는 GF 양단에 저항계를 연결하고 저항값을 측정한다. _____ (맞음/틀림)

(5) 그림 12-2에서 R_1=25Ω, R_2=33Ω, R_3=75Ω 일 때, R_T = _____ Ω 이다.

05 실험 준비물

전원장치
■ 가변 0-15V 직류전원(regulated)

측정계기
■ DMM 또는 VOM

저항기($\frac{1}{2}$-W, 5%)
■ 820Ω, 1kΩ, 2.2kΩ, 3.3kΩ, 4.7kΩ 각 1개

기타
■ SPST 스위치

06 실험과정

A. 수식에 의한 R_T 계산

참고 A에서의 계산은 이론적 배경에서 설명된 병렬 저항 식을 사용한다.

A1. 실험 준비물에 나열된 저항기들의 저항값을 측정하여 표 12-1에 기록한다.

A2. 그림 12-4(a)와 같이 두개의 저항기를 병렬로 연결한 후 병렬결합의 총 저항값 R_T를 계산하여 표 12-2에 기록한다. 또한, 저항계를 사용하여 병렬결합의 저항값 R_T를 측정하여 표 12-2에 기록한다.

A3. 그림 12-4(b)와 같이 세개의 저항기를 병렬로 연결한 후 병렬결합의 총 저항값 R_T를 계산하여 표 12-2에 기록한다. 또한, 저항계를 사용하여 병렬결합의 저항값 R_T를 측정하여 표 12-2에 기록한다.

A4. 그림 12-4(c)와 같이 네개의 저항기를 병렬로 연결한

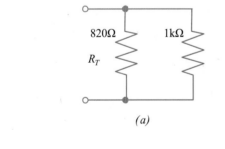

(a)

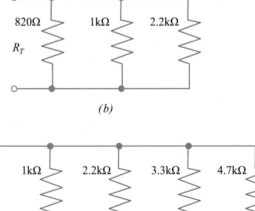

(b)

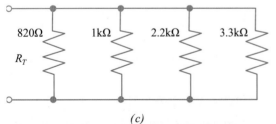

(c)

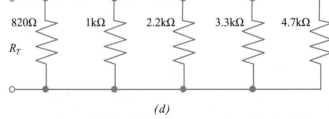

(d)

그림 12-4 (a) 실험과정 A2에 대한 회로 (b) 실험과정 A3에 대한 회로 (c) 실험과정 A4에 대한 회로 (d) 실험과정 A5에 대한 회로

후 병렬결합의 총 저항값 R_T를 계산하여 표 12-2에 기록한다. 또한, 저항계를 사용하여 병렬결합의 저항값 R_T를 측정하여 표 12-2에 기록한다.

A5. 그림 12-4(d)와 같이 다섯개의 저항기를 병렬로 연결한 후 병렬결합의 총 저항값 R_T를 계산하여 표 12-2에 기록한다. 또한, 저항계를 사용하여 병렬결합의 저항값 R_T를 측정하여 표 12-2에 기록한다.

B. 전압-전류 방법으로 R_T 구하기

B1. 전원을 끄고 S_1을 개방한 상태로 과정 A5의 저항기

결합을 사용하여 그림 12-5(a)의 회로를 구성한다. 전원을 켜고 S_1을 닫는다. Part B의 모든 회로에서 정전압원 V_{PS}=10V가 사용된다. V_{PS}와 I_T를 측정하여 표 12-3에 기록한다.

B2. 과정 B1의 회로에서 4.7 kΩ 저항기를 제거하여 그림 12-5(b)의 회로가 되도록 만든다. V_{PS}=10V를 맞춘다. I_T를 측정하여 표 12-3에 기록한다.

B3. 과정 B2의 회로에서 3.3 kΩ 저항기를 제거하여 그림 12-5(c)의 회로가 되도록 만든다. V_{PS}=10V를 맞춘다. I_T를 측정하여 표 12-3에 기록한다.

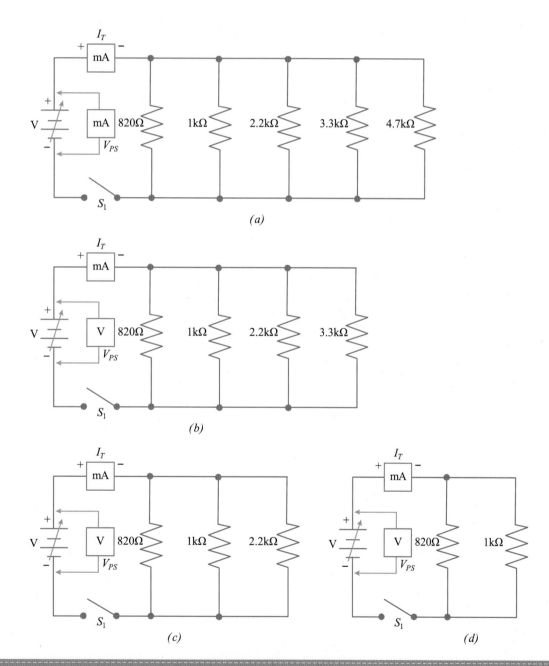

그림 12-5 (a) 실험과정 B1에 대한 회로 (b) 실험과정 B2에 대한 회로 (c) 실험과정 B3에 대한 회로 (d) 실험과정 B4에 대한 회로

B4. 과정 B3의 회로에서 2.2 kΩ 저항기를 제거하여 그림 12-5(d)의 회로가 되도록 만든다. V_{PS}=10V를 맞춘다. I_T를 측정하여 표 12-3에 기록한다. 전원을 끄고 S_1을 개방한다.

B5. 과정 B1 - B4 의 각 회로에 대해, 옴의 법칙을 사용하여 R_T 값을 계산하고 표 12-3에 기록한다.

07 예비 점검의 해답

(1) 250

(2) 틀림

(3) 5

(4) 틀림

(5) 12

표 12-1 실험에 사용될 저항기의 측정 저항값

Resistor	R_1	R_2	R_3	R_4	R_5
Rated value, Ω	820	1k	2.2k	3.3k	4.7k
Measured value, Ω					

표 12-2 Part A; 수식과 측정에 의한 병렬저항 R_T 계산

Step	Rated Value, Ω					Calculated Value of R_T, Ω	Measured Value of R_T, Ω
	R_1	R_2	R_3	R_4	R_5		
A2	820	1k					
A3	820	1k	2.2k				
A4	820	1k	2.2k	3.3k			
A5	820	1k	2.2k	3.3k	4.7k		

표 12-3 Part B; 전압–전류 방법에 의한 R_T 구하기

Step	Measured Values		Calculated Value R_T, Ω
	V_{PS}, V	I_T, mA	
B1			
B2			
B3			
B4			

실험 고찰

1. 병렬회로의 총 저항과 가지 저항 사이의 관계를 설명하시오.

_____

_____

_____

_____

2. 실험 고찰 1에서 설명된 관계를 수식으로 표현하시오.

_____

_____

_____

_____

3. 아래의 경우에 대해 병렬회로의 총 저항에 미치는 영향을 설명하고, 실험 데이터를 인용하여 확인하시오.

    (a) 병렬 저항기의 갯수가 증가하는 경우

    (b) 각 저항기의 저항값이 증가하는 경우

_____

_____

_____

_____

_____

4. 병렬 연결된 저항기의 총 저항을 구하는 방법 세 가지를 설명하시오.

_____

_____

_____

_____

_____

5. 실험과정의 Part A와 Part B에는 비슷한 회로가 사용된다. Part A와 Part B에서 사용된 각각의 저항기 결합에 대해 계산된 값을 비교하시오. 값이 다르면 차이가 발생하는 이유를 설명하시오.

_____

_____

_____

_____

6. 그림 12-2에서 만약 R_3가 단락 즉, 0 Ω이 되면 단자 XY 사이의 총 저항 R_T는 어떻게 되는지 설명하시오.

_____

_____

_____

_____

병렬회로 설계

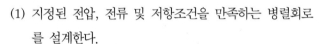

01 실험목적

(1) 지정된 전압, 전류 및 저항조건을 만족하는 병렬회로
   를 설계한다.
(2) 회로를 구성하고 시험하여 설계조건을 만족하는지 확
   인한다.

02 이론적 배경

1. 지정된 저항조건을 만족하는 병렬회로 설계

병렬 연결된 저항기들의 총 저항에 관한 수식은 간단한
설계문제에 적용될 수 있다. 예제를 통해 과정을 설명한다.

문제 1. 색 코드로 표시된 다음과 같은 저항기가 주어졌다. : 68
Ω 4개, 82Ω 5개, 120Ω 2개, 180Ω 3개, 330Ω 2개,
470Ω 1개, 560Ω 1개, 680Ω 1개, 820Ω 1개. 설계되는
회로는 37Ω의 저항을 필요로 한다. 최소 갯수의 저항기
를 사용하여 설계조건을 만족하는 저항기 조합을 구하
시오. 저항기의 측정 저항값은 색 코드로 표시된 저항값
과 같다고 가정한다.

풀이 37Ω은 사용 가능한 저항기들 중 가장 작은 저항값
보다도 작으므로 병렬연결이 필요하다. (앞의 실험
에서, 병렬회로의 총 저항은 저항기들 중 가장 작
은 저항값보다 작다는 사실을 알았다.) 병렬회로의
총 저항 R_T의 식은 다음과 같다.

$$\frac{1}{R_T} = \frac{1}{R_1} + \frac{1}{R_2} + \frac{1}{R_3} + \cdots \quad (13\text{-}1)$$

만약 두개의 저항기가 병렬 연결되어 설계조건을 만족한다면, 이 수식은 다음과 같이 다시 쓸 수 있다.

$$\frac{1}{R_T} = \frac{1}{R_1} + \frac{1}{R_2}$$

식을 간략화 시키면,

$$\frac{1}{R_T} = \frac{R_1 + R_2}{R_1 R_2}$$

R_T에 대해 풀면

$$R_T = \frac{R_1 \times R_2}{R_1 + R_2} \quad (13\text{-}2)$$

식 (13-2)은 두개의 병렬 저항기의 총 저항을 구하기 위해 사용될 수 있는 일반식이다.

저항기 2개의 병렬결합으로 주어진 설계조건을 만족할 수 있으며 이들이 각각 68Ω, 82Ω이라고 가정한다. 이를 식 (13-2)에 대입하면

$$R_T = \frac{68 \times 82}{68 + 82} = \frac{68 \times 82}{150} = 37.2 \ \Omega$$

따라서, 병렬 저항값이 37Ω에 매우 가까우므로 선택된 두 값은 설계조건을 만족한다. 시행착오 방법에 의해 37Ω에 가까운 병렬 저항값이 얻어지는 저항기 두 개의 다른 결합을 찾을 수 있다.

요구되는 저항기 두 개의 결합을 항상 쉽게 구할 수 있는 것은 아니다. 다른 방법을 사용할 수도 있다. 저항기중의 하나가 68Ω이라고 가정하고 이 저항기에 병렬로 연결되어 37Ω의 등가저항이 얻어지는 다른 저항기의 저항값을 구하고자 한다면, 알고 있는 저항값 R_T, R_1을 식 (13-2)에 대입한다.

$$37 = \frac{68 \times R_X}{68 + R_X}$$

R_X에 대해 풀기 위해 이 식을 다음과 같이 다시 쓸 수 있다.

$$R_X = \frac{37 \times 68}{68 - 37}$$

$$= 81.2 \ \Omega$$

따라서, 82Ω의 저항기가 조건을 만족한다.

문제 2. 문제 1에서 주어진 저항기들을 사용하여 60Ω 저항기를 필요로 하는 회로를 설계하시오.

풀이 요구되는 60Ω은 사용 가능한 120Ω 저항기의 저항값의 절반이다. 두개의 저항기를 사용하되 그 중의 하나가 120Ω 저항기라고 가정하면, 이를 식 (13-2)에 대입하면

$$R_T = \frac{120 \times R_2}{120 + R_2} = 60$$

R_2에 대해 풀면

$$R_2 = \frac{60 \times 120}{120 - 60} = \frac{7200}{60}$$

$$= 120 \ \Omega$$

따라서, 120Ω 저항기 두개를 병렬로 연결하면 이의 절반인 60Ω을 얻을 수 있다. 즉, 68Ω 저항기 두개를 병렬 연결하면 등가 저항값은 34Ω이 되고, 1kΩ 저항기 두개를 병렬 연결하면 등가 저항값은 500Ω이 된다. 동일한 저항값을 갖는 저항기를 세개, 네개, 그 이상 병렬 연결했을 때의 등가 저항값은 어떻게 될까? 식 (13-1)은 동일한 저항기 세개가 병렬 연결된 조건을 시험하기 위해 사용될 수 있다.

$$\frac{1}{R_T} = \frac{1}{R} + \frac{1}{R} + \frac{1}{R} = \frac{3}{R}$$

$$R_T = \frac{R}{3}$$

마찬가지로, 식 (13-1)을 적용하면, 동일한 저항기를 네개, 다섯개, 여섯개 병렬 연결했을 때의 등가 저항값은 각각 $R/4$, $R/5$, $R/6$이 된다. 따라서, 일반적인 규칙과 수식을 유도해낼 수 있다. : 동일한 저항기 n개를 병렬 연결했을 때의 총 저항값은 단일 저항기의 저항값 R을 저항기의 갯수 n으로 나눈 값이 되며, 수식은 다음과 같이 표현된다.

$$R_T = \frac{R}{n} \qquad (13\text{-}3)$$

문제 2의 경우, 180Ω 저항기 세개를 병렬 연결해도 등가저항 60Ω을 얻을 수 있다.

$$R_T = \frac{180}{3} = 60 \ \Omega$$

문제 3. 그림 13-1의 회로에서 A점과 B점 사이에서 측정된 저항값이 180Ω이다. A점과 B점 사이의 저항값이 45Ω이 되도록 하려면 회로를 어떻게 고쳐야 하는가? 단, 문제 1에서 주어진 저항기들을 사용한다.

풀이 저항기를 R_X가 180Ω에 병렬 연결되었을 때 등가저항 R_{AB}가 45Ω이 된다고 가정한다. 알고 있는 값들을 식 (13-2)에 대입하면

$$45 = \frac{180 \times R_X}{180 + R_X}$$

R_X에 대해 풀면

$$R_X = \frac{45 \times 180}{180 - 45} = \frac{8100}{135}$$

즉,

$$R_X = 60 \ \Omega$$

따라서, 60Ω의 저항기가 필요하다. 120Ω 저항기 두개를 180Ω 저항기와 병렬로 연결하면 아래와 같이 원하는 결과가 얻어진다.

$$R_{AB} = 45 \ \Omega$$

설계 결과의 확인을 위해, 120Ω 저항기 두개와 180Ω 저항기로 구성되는 병렬회로의 총 저항을 구하면 다음과 같

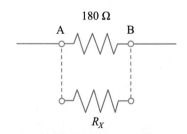

180 Ω

A ⎓ B

R_X

그림 13-1 R_X가 180Ω 저항기에 병렬 연결되면 A-B 사이의 총 저항은 45Ω이 된다.

이 된다.

$$\frac{1}{R_T} = \frac{1}{120} + \frac{1}{120} + \frac{1}{180}$$

$$\frac{1}{R_T} = \frac{3 + 3 + 2}{360} = \frac{8}{360}$$

$$R_T = \frac{360}{8} = 45 \ \Omega$$

지정된 저항값 R_T를 갖는 병렬회로의 설계과정은 다음과 같다. 즉, 값을 알고 있는 저항기들에 대해 식 (13-1) - (13-3)을 적용하여 원하는 값에 가장 근접한 저항기 결합을 찾는 것이다. 설계 후에는 선택된 저항기들을 병렬로 연결하고 저항계로 총 저항을 측정하여 설계결과를 확인해야 한다.

2. 지정된 저항과 전류조건을 만족하는 병렬회로 설계

옴의 법칙과 병렬회로의 총 저항에 관한 수식을 적용하여 풀 수 있다. 예제를 통해 과정을 알아본다.

문제 4. 그림 13-2(a)의 회로에서 20mA의 전류를 얻기 위해 필요한 가변 직류 전원공급기의 전압 V를 구하시오.

풀이 인가전압 V를 구하기 위해서는 회로의 총 저항 R_T를 먼저 구한 후, 옴의 법칙을 사용하여 $V = I \times R_T$를 구한다.

1. R_T를 구하는 과정 : 두개의 저항기 1.2 kΩ과 820 Ω가 직렬 연결된 단자 A와 B 사이에 680Ω 저항기를 병렬로 연결한다. 직렬 연결된 두개의 저항기를 R_1으로 대체하여 그림 13-2(b)와 같은 회로를 얻는다. 이때, R_1은 다음과 같이 계산된 값을 갖으며, 이 등가회로는 그림 13-2(a)와 동일한 전류 및 저항 특성을 갖는다.

$$R_1 = 1200 + 820 = 2020 \ \Omega$$

그림 13-2(b) 회로의 총 저항은 식 (13-2)을 사용하여 다음과 같이 계산된다.

$$R_T = \frac{680 \times 2020}{680 + 2020} = 509 \ \Omega$$

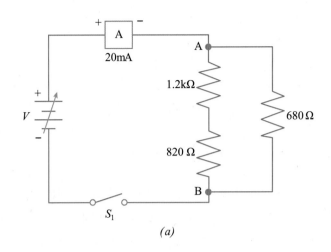

(a)

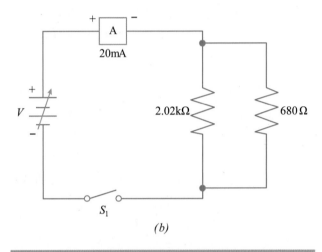

(b)

20mA의 전류를 공급하기 위한 전압 구하기

2. V를 구하는 과정 :

$$V = I_T \times R_T$$

$$= 20 \text{ mA} \times 509 \ \Omega = 10.2 \text{ V}$$

요구되는 전압은 근사적으로 10.2V이다.

그림 13-2(a)의 회로를 구성하고 직류전원으로부터 10.2 V를 회로에 인가했을 때 측정되는 전류는 20mA가 된다. 실제로, 그림 13-2의 회로를 구성하고 전류계에 20mA가 측정되도록 직류전원을 조정했을 때 전원공급기의 출력전압이 10.2V가 되어야 한다.

3. 지정된 전압과 전류조건을 만족하는 병렬회로 설계

옴의 법칙과 병렬회로의 총 저항, 총 전류에 관한 수식을 적용하여 풀 수 있다. 예제를 통해 과정을 알아본다.

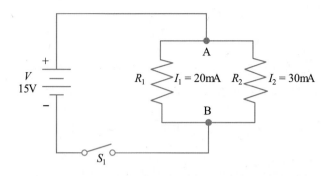

지정된 전압, 전류조건을 만족하는 R_1, R_2 값 구하기

문제 5. 그림 13-3의 회로에서 저항기 R_1에 20mA의 전류가 흐르고 저항기 R_2에 30mA의 전류가 흐르는 전류분할 회로망을 설계한다. 회로에는 15V의 직류 전압원이 인가된다. 이와 같은 조건을 만족하기 위해서 R_1, R_2의 값은 얼마가 되어야 하는가?

풀이 병렬 회로망의 각 가지에는 동일한 전압이 걸린다. 따라서, R_1에 걸리는 전압 V_1과 R_2에 걸리는 전압 V_2는 같다. 이 경우,

$$V_1 = V_2 = 15 \text{ V}$$

옴의 법칙에 의해

$$R_1 = \frac{V_1}{I_1} = \frac{15 \text{ V}}{20 \text{ mA}} = 750 \ \Omega$$

$$R_2 = \frac{V_2}{I_2} = \frac{15 \text{ V}}{30 \text{ mA}} = 500 \ \Omega$$

필요한 저항기는 750 Ω과 500 Ω 이다. 이 두 저항기를 사용하여 그림 13-3의 회로를 구성한 후, 가지전류 I_1, I_2를 측정하여 설계결과를 확인해야 한다.

문제 6. 5V 전원으로부터 0.25A의 전류를 공급하는 회로를 설계한다. 적당한 수식을 사용하여 최소의 저항기로 구성되는 저항기 조합을 구한다. 사용 가능한 저항기는 40 Ω 2개, 60Ω 2개, 150Ω 3개, 180Ω 3개, 680Ω 3개, 470Ω 1개, 330Ω 1개 등이다.

풀이 문제에서 주어진 조건을 만족하는 총 저항은 다음과 같이 계산된다.

$$R_T = \frac{5 \text{ V}}{0.25 \text{ A}} = 20 \ \Omega$$

따라서, 저항기의 병렬결합으로 원하는 결과를 얻을 수

있으며, 40Ω 저항기 두개를 병렬로 연결하면 원하는 저항값 20 Ω을 얻을 수 있다. 다른 결합을 구할 수도 있으나, 이는 최소의 저항기를 필요로 하는 유일한 방법이다.

만약, 저항값 R을 갖는 저항기를 사용할 수 없는 경우에는 저항기들을 적절히 직렬 또는 병렬로 연결하여 저항값 R에 근사시켜야 한다.

03 요약

(1) 회로에서 요구되는 저항값 R_T가 사용 가능한 저항기들의 가장 작은 저항값보다 작은 경우에는 두개 또는 그 이상의 저항기들을 병렬 연결하여 원하는 값으로 근사시킬 수 있다. 이를 위해서는 요구되는 저항값 R_T보다 약간 큰 저항기 R_1을 선택한 후, 다음과 같은 저항 식을 사용하여 R_T을 구한다.

$$R_T = \frac{R_1 \times R_2}{R_1 + R_2}$$

만약, 저항값이 R_2인 저항기를 사용할 수 있다면, 두개의 저항기로 구현이 가능하게 된다. 저항기 두개의 병렬결합으로 R_T가 얻어지지 않으면, 이 과정을 반복하여 저항기 세개 또는 네개의 병렬결합을 사용해야 한다.

(2) 저항값 R_1을 갖는 저항기 n개를 병렬 연결했을 때의 등가저항 R_T는 다음과 같다.

$$R_T = \frac{R_1}{n}$$

(3) $R\,\Omega$을 갖는 회로에 I A의 전류를 공급하기 위해 필요한 전압 V는 옴의 법칙을 사용하여 다음과 같이 구해진다.

$$V = I \times R$$

(4) $R\,\Omega$을 갖는 회로에 I A의 전류를 공급하기 위해 필요한 전압 V를 실험적으로 구할 수 있다. 저항 R, 전류계, 가변 직류전원을 직렬로 연결한다. 요구되는 전류 I가 측정되도록 전원을 조정하고, 이때 전원의 양 단자에서 측정되는 전압이 원하는 전압 V이다.

(5) 전압원 V에 의해 I A의 전류가 흐르는 저항 R을 구하고자 한다면 다음의 수식을 이용한다.

$$R = \frac{V}{I}$$

04 예비점검

아래의 질문에 답하여 여러분의 이해도를 점검하시오.

(1) 두개의 저항기를 병렬 연결했을 때 총 저항 R_T가 30 Ω이 되는 저항기 결합 두 가지를 구한다.
 (a) _____ Ω 과 _____ Ω 의 병렬연결
 (b) _____ Ω 과 _____ Ω 의 병렬연결
(2) 22Ω, 33Ω, 47Ω의 저항기 세개가 병렬 연결되어 있다. 총 저항은 22 Ω보다 _____ (크다/작다).
(3) 10Ω 저항은 50Ω 저항기 _____ 개를 병렬 연결하여 얻을 수 있다.
(4) 그림 13-4의 회로에서 저항기에 150 mA의 전류를 공급하기 위한 전압 V는 _____V이다.
(5) 그림 13-3과 유사하게 두개의 저항기가 병렬 연결된 회로의 총 전류는 3mA이고, 인가전압 V는 15V이다. A점과 B점 사이의 총 저항 R_{AB}는 _____Ω 이다.

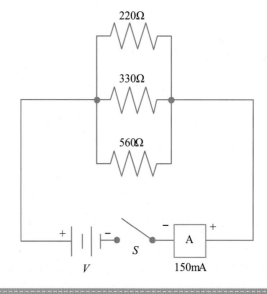

220Ω
330Ω
560Ω
+ ‖ − S − A +
V 150mA

그림 13-4 예비점검 (4)에 대한 회로

05 실험 준비물

전원장치

■ 0-15V 가변 직류전원(regulated)

측정계기

■ DMM 또는 VOM

■ 0-100mA 밀리암미터

저항기($\frac{1}{2}$-W, 5%)

■ 820Ω, 1kΩ, 2.2kΩ, 3.3kΩ, 4.7kΩ, 5.6kΩ 각 1개

기타

■ SPST 스위치

06 실험과정

1. 실험에 사용될 저항기들의 저항값을 측정하여 표 13-1에 기록한다.

2. 병렬회로의 등가저항 R_T에 대한 계산식을 사용하여 표 13-2에 주어진 R_T값을 만들기 위한 저항기 2개 또는 3개의 병렬결합을 구한다. 실험 준비물에 나열된 저항기만을 사용하되, 정격값을 사용하여 R_T를 계산한다. 표 13-2에 정격값을 기록한다.

3. 표 13-2에 주어진 각각의 병렬결합을 구성하고, 저항계로 R_T를 측정하여 표 13-2에 기록한다.

4. 실험 준비물에 나열된 저항기만을 사용하되, 병렬결합에 15V가 인가될 때 근사적으로 20mA의 전류가 흐르도록 2개의 저항기로 구성되는 병렬회로를 설계한다. 하나이상의 조합이 가능한 경우에는 20mA에 가장 가까운 전류가 흐르는 조합을 선택한다. 표 13-3에 사용된 저항들의 정격값을 기록한다.

5. 전원을 끄고 스위치를 개방한 상태로 과정 4에서 설계한 회로를 그림 13-5와 같이 구성한다. 전원을 넣고 스위치를 닫는다. V_{PS}를 15V로 맞추고 I_T를 측정하여 표 13-3에 기록한다.

6. 이론에서 배운 식을 사용하여 2.2 kΩ 저항기와 1kΩ 저항기가 병렬로 연결된 회로에 20mA의 전류를 공급하기 위해 필요한 전압을 계산하여 표 13-3에 기록한다.

7. 실험과정 6의 회로에 가변 전압원을 그림 13-6과 같이 연결한다. 전류계에 20 mA가 측정되도록 V_{PS}를 조정한다. V_{PS}를 측정하여 표 13-3에 기록한다.

8. 3개의 가지로 구성되는 병렬회로에 그림 13-7에 표시된 가지전류가 흐르도록 설계한다. 저항기는 실험 준비물에 나열된 것만을 사용한다. 지정된 가지전류를 공급하기 위해 필요한 전압을 계산하여 표 13-4에 기록한다.

9. 전원을 끄고 스위치를 개방한 상태로 과정 4에서 설계된 저항값을 사용하여 그림 13-7의 회로를 구성한다. 전원을 넣고 스위치를 닫는다. 지정된 I_T가 공급되도록 V_{PS}를 조정한다. I_1, I_2, I_3, I_T와 V_{PS}를 측정하여 표 13-4에 기록한다.

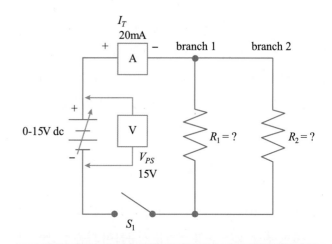

그림 13-5 실험과정 5의 회로. R_1, R_2의 값은 과정 4에서 구해진다.

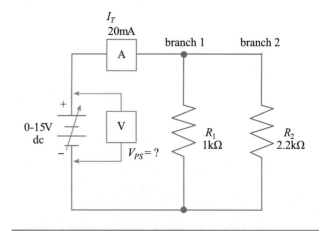

그림 13-6 실험과정 7의 회로

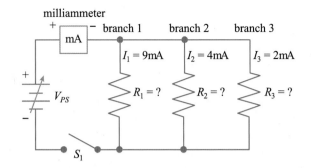

그림 13-7 실험과정 8, 9의 회로. R_1, R_2, R_3의 값은 과정 8에서 구해진다.

10. I_T가 약 10 mA되도록 4개의 가지로 구성되는 병렬회로를 설계한다. 가지전류의 값은 중요하지 않다. 회로에 인가되는 전압은 15V를 초과할 수 없다. 회로를 닫고, 열기 위한 스위치와 I_T를 측정하기 위한 전류계를 포함하는 회로도를 그린다. 각 가지의 저항값과 V_{PS}값을 구하는 과정을 보이고, 구해진 값을 표 13-5에 기록한다.

11. 이 과정을 수행하기 전에 아래의 선택사항을 읽는다. 전원을 끄고 스위치를 개방한 상태로 과정 10에서 설계된 회로를 구성하고, V_{PS}를 설계된 값으로 맞춘다. I_T를 측정하여 표 13-4에 I_T와 V_{PS}값을 기록한다. 전원을 끄고, 스위치를 개방한다.

선택 사항

이 작업은 시뮬레이션 소프트웨어의 사용이 필요하다. 실험과정 10의 설계에 대해 시뮬레이션된 회로를 구성한다. I_T와 V_{PS}를 측정하기 위해 필요한 측정계기를 확인한다. I_T와 V_{PS}를 측정하고, 과정 11에서의 결과와 비교해서 차이점들을 간략히 서술하고 분석한다.

07 예비 점검의 해답

(1) (a) 60, 60   (b) 50, 75
(2) 작다
(3) 5
(4) 16.1
(5) 5 k

표 13-1 실험에 사용되는 저항기의 측정값

Resistor	R_1	R_2	R_3	R_4	R_5	R_6
Rated value, Ω	820	1k	2.2k	3.3k	4.7k	5.6k
Measured value, Ω						

표 13-2 R_T를 만족하는 병렬 저항기 회로망의 설계

R_T Required, Ω	Combination of Parallel Resistors (Rated Value, Ω)			Measured Value R_T, Ω
	Branch 1 R	Branch 2 R	Branch 3 R	
374				
417				
530				
825				
1068				
1320				
1440				
2555				

표 13-3 전압 V로 부터 전류 I를 생성하는 회로 설계

Steps	V_{PS}, V			I_T, mA		Parallel Resistors, Ω	
	Given Value	Calculated Value	Measured Value	Required Value	Measured Value	Branch 1 R	Branch 2 R
4, 5	15	✕		20			
6, 7	✕			20		1k	2.2k

표 13-4 전류 분할회로 설계

Branch Current, mA						Rated Value of Resistor, Ω			Voltage, V	
Required			Measured			Branch 1 R	Branch 2 R	Branch 3 R	Calculated	Measured
I_1	I_2	I_3	I_1	I_2	I_3					
9.0	4.0	2.0								

표 13-5 회로설계 : I_T와 R이 주어졌을 때 V 구하기

Steps	Rated Value of Resistors, Ω				V_{PS}, V (Design Value)	I_T, Measured, mA
	Branch 1 R	Branch 2 R	Branch 3 R	Branch 4 R		
10, 11						

1. 설계에 사용된 모든 저항기들은 허용 오차 정격 이내에 있는가? 표 13-1의 측정값과 저항기 색 코드를 참조하여 설명하시오.

_____

_____

_____

_____

2. 설계에 사용된 저항기들의 저항값 측정이 필요한 이유를 설명하시오.

_____

_____

_____

_____

3. 실험과정 5에서 측정된 I_T로부터 과정 4에서 구한 저항값이 설계사양을 만족하는 지 확인할 수 있는가? 만약, 그렇지 않다면 차이를 설명하시오.

_____

_____

_____

_____

_____

4. 과정 9에서 측정된 전압 V_{PS}는 과정 8에서 계산된 값과 일치하는가? 일치하지 않는다면 차이에 대한 이유를 설명하시오.

_____

_____

_____

_____

5. 세 개의 가지를 갖는 병렬회로에서 첫째 가지의 전류는 두 번째 가지전류의 2배이고 세 번째 가지 전류의 3배 이상이 되도록 하는 전류 분배회로를 설계하시오. 회로의 총 전류 I_T는 110mA이고, 병렬회로의 총 저항 R_T는 근사적으로 305Ω이다. 각 가지의 저항값과 인가전압을 구하시오. 모든 계산과정을 보이고, 회로도를 그리시오.

직-병렬회로의 저항

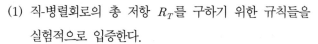

01 실험목적

(1) 직-병렬회로의 총 저항 R_T를 구하기 위한 규칙들을 실험적으로 입증한다.

(2) 지정된 전류조건을 만족하는 직-병렬회로를 설계한다.

02 이론적 배경

1. 직-병렬회로의 총 저항

그림 14-1은 저항기의 직-병렬연결을 보여준다. 이 회로에서 R_1은 점 B-C 사이의 병렬회로 및 R_3에 직렬이다. 점 A-D 사이의 총 저항은 얼마인가? R_T는 저항계를 사용하여 측정될 수도 있으며, 또한 실험 8에서 설명된 전압-전류방법으로 구해질 수도 있다. 측정 없이 직-병렬회로의 총 저항 R_T를 계산할 수 있는 공식을 세우는 것이 가능한가?

그림 14-1에서 R_1과 R_3가 제거되어 점 B-C 사이의 병렬회로만 남는다면 병렬저항에 대한 공식을 사용하여 점 B-C 사이의 총 저항 R_{T2}를 계산할 수 있다. 따라서, 그림 14-1에서 병렬회로를 등가저항 R_{T2}로 대체할 수 있으며, 이에 의한 등가회로는 그림 14-2와 같이 된다. 그림 14-2에서 직렬회로의 총 저항 R_T는 그림 14-1에서 점 A-D 사이의 총 저항 R_T와 같다.

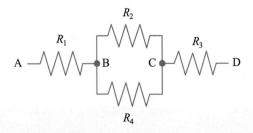

그림 14-1 직-병렬 저항기 회로

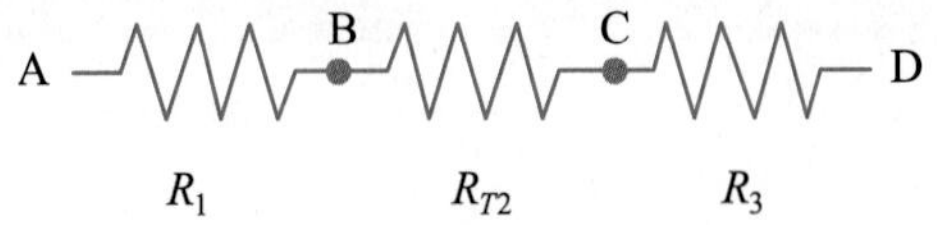

A —〜〜— B —〜〜— C —〜〜— D

R_1 R_{T2} R_3

그림 14-2 그림 14-1 회로의 등가회로

$$R_{T1} = \frac{R_2\,R_4}{R_2 + R_4}$$

점 D-F 사이의 등가저항 R_{T2}도 동일한 공식을 이용하여 구할 수 있다. 그러나, 이 경우에는 병렬 가지중의 하나가 저항기 두개의 직렬연결이므로 그 가지의 총 저항은 $R_6 + R_7$이 됨을 주의해야 한다. 병렬회로의 저항에 관한 공식을 적용하면 R_{T2}는 다음과 같이 된다.

$$R_{T2} = \frac{R_5\,(R_6 + R_7)}{R_5 + (R_6 + R_7)}$$

그림 14-4의 직렬회로 저항 R_T는 다음과 같이 모든 저항의 합으로 구해진다.

$$R_T = R_1 + R_{T1} + R_3 + R_{T2} + R_8$$

지금까지 설명된 방법은 모든 직-병렬회로에 적용될 수 있다. 그러나, 좀더 복잡한 직-병렬회로의 해석을 위해서는 구성요소들의 직렬결합과 병렬결합을 구분하는 초기과정이 필요할 수도 있다. 그림 14-1 - 그림 14-4와 같이 단순한 회로의 경우를 제외하고는 직렬결합과 병렬결합의 구분이 쉽지 않다. 복잡한 회로망 전체에서 특정 부분을 분리하고 이 부분에 대해 해석을 집중시켜야하는 경우가 종종 있다. 예를 통해서 복잡한 회로망의 해석방법을 살펴본다. 복잡한 회로망의 해석에 관한 다른 방법은 뒤에서 설명될 것이다.

따라서, 직-병렬회로망의 총 저항을 구하기 위한 방법은 우선, 병렬회로를 등가저항으로 대체하고 그 결과로 얻어지는 단순한 직렬회로의 저항을 구하면 된다. 그림 14-1의 경우, 점 A-D 사이의 총 저항 R_T는 다음과 같이 된다.

$$R_T = R_1 + R_{T2} + R_3$$

그림 14-3의 회로는 병렬회로가 두개인 것을 제외하고는 그림 14-1의 회로와 동일하다. 회로의 총 저항을 구하기 위해서는 우선 병렬부분의 등가저항을 구한다. 이에 의해 그림 14-4와 같은 직렬회로가 얻어진다.

점 B-C 사이의 병렬회로 등가저항 R_{T1}은 실험 13에서 배운 공식을 이용하여 다음과 같이 구해진다.

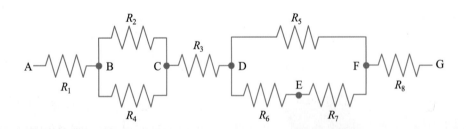

그림 14-3 두개의 병렬회로를 포함하는 직-병렬회로

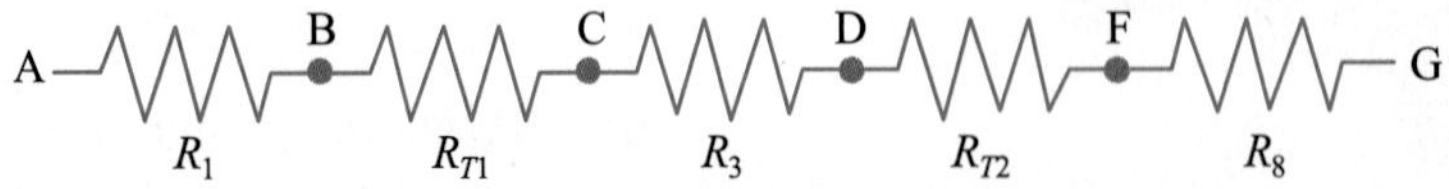

A —〜〜— B —〜〜— C —〜〜— D —〜〜— F —〜〜— G

R_1 R_{T1} R_3 R_{T2} R_8

그림 14-4 그림 14-3 회로의 등가회로

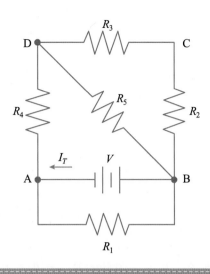

그림 14-5 문제 1에 대한 회로

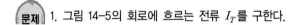

R_3는 직렬이고, $R_2 + R_3$가 R_5와 병렬연결임을 알수 있다. 그림 14-6(b)의 회로는 $R_2 + R_3$와 R_5의 병렬 등가저항을 구한 결과를 보이고 있다. R_{T1}과 R_4의 직렬 총 저항 $R_{T2} = R_4 + R_{T1}$을 구하면 그림 14-6(c)과 같이 간략화 된다. 마지막으로, R_{T2}와 R_1의 병렬결합에 대한 총 저항은 병렬저항에 관한 공식을 사용하여 다음과 같이 구할 수 있다.

$$R_T = \frac{R_1 R_{T2}}{R_1 + R_{T2}}$$

따라서, 그림 14-6(d)의 등가회로가 얻어진다. 이 회로에 전압원이 연결되면 전류가 흐르게 되고, R_T에 흐르는 전류 I_T는 다음과 같이 구해진다.

$$I_T = \frac{V}{R_T}$$

저항값을 대입하는 예제를 통하여 간략화 과정을 살펴본다.

문제 1. 그림 14-5의 회로에 흐르는 전류 I_T를 구한다.

풀이 그림 14-5의 회로를 그림 14-6(a)과 같이 다시 그릴 수 있다. 이 두 회로는 전기적으로 동일하다. R_2와

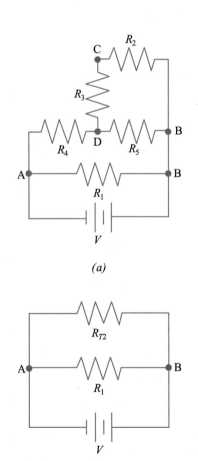

(a)

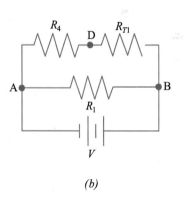

(b)

(c)

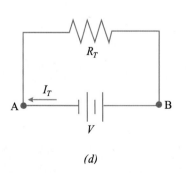

(d)

그림 14-6 그림 14-5에 대한 등가회로 간략화

🍎 **문제** 2. 다음의 값을 사용하여 그림 14-5 회로의 전류 I_T를 구한다. $V = 12\,\mathrm{V}$, $R_1 = 500\,\Omega$, $R_2 = 680\,\Omega$, $R_3 = 320\,\Omega$, $R_4 = 1\,\mathrm{k}\Omega$, $R_5 = 1\,\mathrm{k}\Omega$.

풀이 문제 1에서 설명된 각 과정에 주어진 값들을 대입하여 계산한다.

$$R_2 + R_3 = 680 + 320 = 1\,\mathrm{k}\Omega$$

$$R_{T1} = \frac{R_5\,(R_2 + R_3)}{R_5 + (R_2 + R_3)} = \frac{1\,\mathrm{k} \times 1\,\mathrm{k}}{1\,\mathrm{k} + (680 + 320)} = 500\,\Omega$$

등가저항 R_{T1} 이 R_4 와 직렬이므로,

$$R_{T2} = R_4 + R_{T1} = 1\,\mathrm{k} + 500 = 1.5\,\mathrm{k}\Omega$$

마지막으로,

$$R_T = \frac{R_1\,R_{T2}}{R_1 + R_{T2}} = \frac{500 \times 1.5\,\mathrm{k}}{500 + 1.5\,\mathrm{k}} = 375\,\Omega$$

$$I_T = \frac{12\,\mathrm{V}}{375\,\Omega} = 0.032\,\mathrm{A}\quad(\text{또는 } 32\,\mathrm{mA})$$

2. 간략화 과정의 입증

직렬저항들을 단일 등가저항으로 결합하는 과정과 병렬저항들을 단일 등가저항으로 결합하는 과정을 실험적으로 입증할 수 있다.

이 방법을 설명하기 위해 그림 14-5의 회로를 사용한다. 우선, $R_1 - R_5$ 의 저항을 측정한다. R_2 를 R_3 에 직렬로 연결한다. 저항값이 $R_2 + R_3$ 인 저항기를 R_5 에 병렬로 연결하고 병렬회로의 저항을 측정한다. 이 값이 R_{T1} 이다. 다시, 저항값이 R_{T1} 인 저항기를 R_4 와 직렬로 연결한다. 직렬결합의 저항을 측정하여 R_{T2} 를 구한다. 저항값이 R_{T2} 인 저항기를 R_1 의 양단에 연결하고, 이 병렬결합의 저항을 측정하여 R_T 를 구한다. 마지막으로, R_T 양단에 전압 V 를 연결하고 여기에 전류계를 직렬로 연결한다. $V = 12\,\mathrm{V}$ 가 되도록 전압을 조정한 후 I_T 를 측정한다.

03 **요약**

(1) 그림 14-1과 같은 직-병렬 회로망에서 양 끝단자 A-D

에서 측정된 회로망의 총 저항 R_T 는 각 병렬결합을 등가저항 R_{T2} 로 대체하여 그림 14-2의 등가회로를 완성함으로써 구할 수 있다. 총 저항 R_T 는 직렬저항에 관한 공식을 이용하여 계산할 수 있다.

$$R_T = R_1 + R_{T2} + R_3 + \cdots$$

(2) 그림 14-1에서 R_2, R_4 와 같은 병렬결합의 등가저항 R_{T2} 는 병렬저항에 관한 공식을 이용하여 계산된다.

(3) 병렬 가지는 그림 14-4의 가지 $R_6 - R_7$ 과 같이 두개 또는 그 이상의 직렬 저항기들을 포함할 수 있다. 이 경우에 R_6, R_7 은 등가저항 $R_{6-7} = R_6 + R_7$ 로 대체된다.

(4) 병렬 회로망에서 각 가지에 걸리는 전압은 동일하다.

04 **예비점검**

아래의 질문에 답하여 여러분의 이해도를 점검하시오.

(1) 그림 14-1에서 $R_1 = 280\,\Omega$, $R_2 = 120\,\Omega$, $R_3 = 330\,\Omega$, $R_4 = 470\,\Omega$ 일 때, 점 B-C 사이에서 측정된 저항 R_{T2} 의 값은 _____ Ω 이다.

(2) 질문 1과 동일한 조건에 대해, 점 A-D 사이에서 측정된 저항 R_T 의 값은_____ Ω 이다.

(3) 그림 14-3에서 $R_1 = 470\,\Omega$, $R_2 = 56\,\Omega$, $R_3 = 33\,\Omega$, $R_4 = 68\,\Omega$, $R_5 = 120\,\Omega$, $R_6 = 20\,\Omega$, $R_7 = 100\,\Omega$, $R_8 = 100\,\Omega$ 일 때, 점 B-C 사이의 등가저항 R_{T2} 의 값은 _____ Ω 이다.

(4) 질문 3과 동일한 조건에 대해, 점 D-F 사이의 병렬 회로망의 아래쪽 가지의 등가저항 R_{6-7} 의 값은_____ Ω 이다.

(5) 질문 3과 동일한 조건에 대해, 점 D-F 사이의 병렬 회로망의 등가저항 R_{T3} 의 값은 _____ Ω 이다.

(6) 질문 3과 동일한 조건에 대해, 점 A-G 사이의 총 저항 R_T 의 값은 _____ Ω 이다.

(7) 그림 14-7에서 회로의 총 저항 R_T 는 _____ Ω 이다.

(8) 그림 14-7에서 $V = 25\,\mathrm{V}$ 일 때 회로의 총 전류는

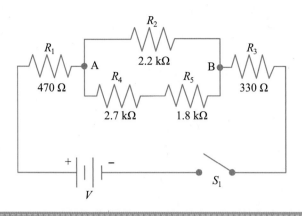

그림 14-7 질문 7 – 9에 대한 회로

_____ mA 이다.

(9) 그림 14-7에서 R_2에 흐르는 전류가 67.5mA 일 때, R_4와 R_5의 직렬결합에 걸리는 전압 V_{AB}는 _____ V 이다.

05 실험 준비물

전원장치

■ 0-15V 가변 직류전원(regulated)

측정계기

■ DMM 또는 VOM
■ 0-10mA 밀리암미터

저항기($\frac{1}{2}$-W, 5%)

■ 330Ω 1개
■ 470Ω 1개

■ 560Ω 1개
■ 1.2kΩ 1개
■ 2.2kΩ 1개
■ 3.3kΩ 1개
■ 4.7kΩ 1개
■ 10kΩ 1개

기타

■ SPST 스위치

06 실험과정

1. 실험 준비물에 나열된 저항기들의 저항값을 측정하여 표 14-1에 기록한다.

2. 저항기를 그림 14-8(a)와 같이 연결한다. 점 A-D 사이의 저항 R_T와 점 B-C 사이의 저항 R_{BC}를 측정하여 표 14-2에 기록한다.

3. 표 14-2의 "Calculated value" 아래의 첫째 행을 아래의 방법으로 완성한다.
   ■ R_T (a) : R_1, R_{BC}, R_3의 측정값을 합하여 점 A-D 사이의 총 저항을 계산한다.
   ■ R_{BC} : 앞에서 배운 공식과 표 14-1의 측정 저항값을 사용하여 R_2와 R_4 병렬결합의 등가저항을 계산한다.
   ■ R_T (b) : R_1, R_3의 측정값을 R_{BC}의 계산값에 합하여 점 A-D 사이의 총 저항을 계산한다.

4. 저항기를 그림 14-8(b)와 같이 연결한다. 과정 2~3을 반복하여 표 14-2의 둘째 행을 완성한다.

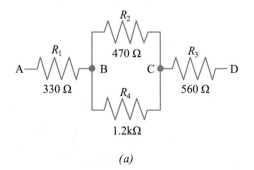
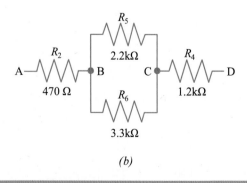

(a) (b)

그림 14-8 (a) 실험과정 2에 대한 저항기 결합 (b) 실험과정 4에 대한 저항기 결합

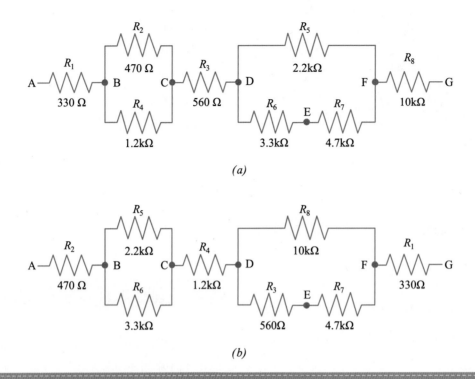

(a)

(b)

그림 14-9 (a) 실험과정 5에 대한 저항기 결합   (b) 실험과정 7에 대한 저항기 결합

5. 그림 14-9(a)와 같이 저항기를 연결한다. 점 A-G 사이의 저항 R_T, 점 B-C 사이의 저항 R_{BC}, 점 D-F 사이의 저항 R_{DF}를 측정하여 표 14-2의 셋째 행에 기록한다.

6. 표 14-2의 "Calculated value" 아래의 셋째 행을 아래의 방법으로 완성한다.

   ■ R_T (a) : R_1, R_{BC}, R_3, R_{DF}, R_8의 측정값을 합하여 점 A-D 사이의 총 저항을 계산한다.

   ■ R_{BC} : 앞에서 배운 공식과 표 14-1의 측정된 저항값들을 사용하여 R_2와 R_4 병렬결합의 등가저항을 계산한다.

   ■ R_T (b) : 측정값 R_1, R_3, R_8과 계산값 R_{BC}, R_{DF}를 합하여 점 A-G 사이의 총 저항을 계산한다.

7. 저항기를 그림 14-9(b)와 같이 연결한다. 실험과정 5~6을 반복하여 표 14-2의 넷째 행을 완성한다.

8. 전원을 끄고 S_1을 개방한 상태로 그림 14-10의 회로를 구성한다. 전원을 켜고, V_{PS}를 15V로 조정한다.

9. 스위치 S_1을 닫는다. R_1, R_2에 걸리는 전압, 가지 1(점 B-E 사이)에 걸리는 전압 V_{BE}, 가지 2 (점 C-D 사이)에 걸리는 전압 V_{CD}, 점 A-E 사이에 걸리는 전압 V_{AE}, 점 B-F 사이에 걸리는 전압 V_{BF}를 측정하여 표 14-3에 기록한다.

10. 그림 14-1과 같은 직-병렬회로에 10V의 전압이 인가되었을 때 약 5mA의 전류가 흐르도록 저항기의 정격값을 사용하여 회로를 설계한다. 모든 저항기의 값, I_T를 측정하기 위한 전류계, 회로의 개·폐를 위한 스위치 S_1 등을 포함하는 회로도를 그린다. 저항기의 값을 구하는 과정을 보인다.

11. 전원을 끄고 S_1을 개방한 상태로 과정 10에서 설계한 회로를 구성하고 R_T를 측정한다. 전원을 인가하고 S_1을 닫은 후, V_{PS}와 I_T를 측정하여 표 14-4에 기록한다. 전원을 끄고 S_1을 개방한다.

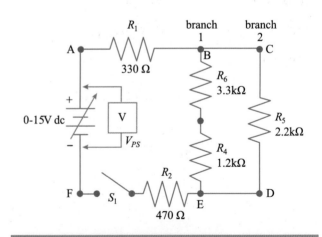

그림 14-10 실험과정 8에 대한 회로

주의 전원을 인가한 상태에서 R_T를 측정해서는 안된다.

07 예비 점검의 해답

(1) 96

(2) 706

(3) 30.7

(4) 120

(5) 60

(6) 694

(7) 2278

(8) 11

(9) 148.5

표 14-1 저항기의 측정 저항값

Resistor	R_1	R_2	R_3	R_4	R_5	R_6	R_7	R_8
Rated value, Ω	330	470	560	1.2k	2.2k	3.3k	4.7k	10k
Measured value, Ω								

표 14-2 저항계를 이용한 직-병렬회로의 R_T 결정 방법

Steps	Measured Value, Ω			Calculated Value, Ω			
	R_T	R_{BC}	R_{DF}	R_T (a)	R_{BC}	R_{DF}	R_T (b)
2, 3 [그림 14-8(a)]			✕			✕	
4 [그림 14-8(b)]			✕			✕	
5, 6 [그림 14-9(a)]							
7 [그림 14-9(b)]							

표 14-3 직-병렬 회로망의 가지전압

V Applied	V_1 (across R_1)	V_2 (across R_2)	Branch 1 V_{BE}	Branch 2 V_{CD}	V_{AE}	V_{BF}

표 14-4 설계 문제

Design Values			Measured Values		
V_A	I_T	R_T	V_{PS}	I_T	R_T
10V	5mA				

실험 고찰

1. 직-병렬회로의 총 저항을 구하기 위한 규칙들을 설명하시오.

_____

_____

_____

_____

2. 저항계로 회로의 저항을 측정하기 전에는 반드시 회로에서 전원을 분리시켜야하는 이유를 설명하시오.

_____

_____

_____

_____

_____

3. 직-병렬회로내의 저항기의 값을 측정할 때 저항기의 한쪽 단자를 회로에서 분리시켜야하는 이유를 설명하시오.

_____

_____

_____

_____

_____

_____

4. 표 14-1과 14-2의 데이터로부터 직-병렬회로의 총 저항에 대한 어떤 사실을 확인할 수 있는가? 표에 기록된 측정 데이터를 인용하여 결론을 설명하시오.

_____

_____

_____

_____

_____

5. 직-병렬회로의 각 저항기에 흐르는 전류를 구하기 위해 어떤 측정이 필요한가?

_____

_____

_____

_____

_____

6. 그림 14-7을 참조하시오.(저항기의 값은 무시한다.) R_2에 흐르는 전류는 I_2, R_4와 R_5에 흐르는 전류는 $I_{4,5}$, V에 의해 공급되는 전류는 I_T라고 하면, $I_2 R_2$, $I_3 R_3$, $I_{4,5}(R_4 + R_5)$, $I_T R_T$ 사이에 어떤 관계가 존재하는가? 단, R_T는 직-병렬 회로의 총 저항이다.

_____

_____

_____

_____

_____

_____

7. 표 14-2와 14-3의 데이터는 질문 6에 대한 설명을 뒷받침하는가? 그렇다면, 구체적인 측정 결과를 인용하시오.

_____

_____

_____

_____

_____

_____

_____

EXPERIMENT
15
직류 아날로그 측정기 원리

01 실험목적

(1) 아날로그 측정기의 특성을 이해한다.
(2) 분로저항과 배율저항 값을 계산한다.
(3) 계측기 부하효과를 분석한다.
(4) 직렬/병렬 회로이론을 응용한다.

02 이론적 배경

1. 멀티미터

　전압, 전류 및 저항 값의 정확한 측정은 전자공학 관련 기술자들에게 매우 중요한 요소이다. 이와 같은 측정을 위해 멀티미터기라 불리는 계측기를 사용한다. 이 계기는 그림 15-1과 같이 아날로그 또는 디지털 형태이다. 아날로그 멀티미터는 volt-ohm-millammeter 또는 VOM으로 불리며, 디지털형 계기는 digital multimeter 또는 DMM으로 불려진다. 이들 멀티미터의 기본 특성에 대한 이해는 정확하고 안전한 측정을 위해 매우 중요하다. 이번 실험의 초점은 전류, 전압 측정을 위해 사용되는 아날로그 직류 계기의 특성을 이해하는 것이다. 또한, 앞에서 배운 직·병렬 회로 개념들을 실제적으로 응용하기 위한 것도 본 실험의 목적이다. 멀티미터 회로가 주어지고 이를 분석하면서 직·병렬회로 이론이 어떻게 적용되는지 살펴본다.

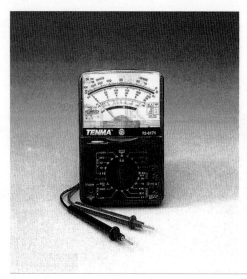

그림 15-1   (a) 아날로그 VOM (Courtesy of MCM Electronics)   (b) 휴대형 DMM (Courtesy of Fluke Corporation)

2. 전류계

아날로그 전류계는 일반적으로 그림 15-2에서 보여진 것과 같이 가동코일 계기장치(moving-coil meter movement)를 사용한다. 가느다란 선을 드럼에 감아 만들어진 코일이 영구자석의 양극 사이에 끼워져 있는 구조를 갖는다. 직류가 코일을 통과하여 흐르면 자기장이 생성되며, 이는 영구자석의 자기장에 반작용한다. 이에 의해 드럼이 회전되고 계기의 바늘을 편향시킨다. 코일을 통과하는 전류의 양에 따라 계기바늘의 편향 정도가 결정된다. 코일을 통과하는 전

류가 없어지면 계기바늘은 스프링에 의해 0 위치로 되돌아간다. 계기 전류의 방향은 바늘이 움직이는 방향(오른쪽의 up-scale 또는 왼쪽의 off-scale)을 결정한다.

계기바늘의 움직임은 두 가지 특성 즉, 내부저항 r_M, 풀 스케일 편향전류 I_M에 의해 영향을 받는다. 풀 스케일 편향전류 I_M은 계기바늘이 눈금의 오른쪽 끝까지 편향되기 위해 필요한 전류의 양을 나타낸다. I_M은 10μA에서부터 20mA 이상 되는 것도 있다. VOM의 일반적인 I_M 값은 50μA 또는 1mA이다. I_M이 50μA인 계기장치는 1mA인 것보다 더 좋은 측정감도를 갖는다.

계기장치의 내부저항 값 r_M은 가동코일의 저항을 나타낸다. r_M 값은 가동코일의 감은 횟수와 선의 직경에 따라 다르다. 코일의 감은 횟수를 더 많게 그리고 선의 직경을 더 작게 할수록 내부저항은 커진다. 이 값은 일반적으로 가동코일의 I_M 값과 관련이 있다. 50 μA 움직임을 위해서는 2 kΩ이 일반적이며, 1mA 움직임을 위한 대략적인 값은 50 Ω이다.

3. 멀티 레인지 전류계

대부분의 경우에, 측정되는 전류 값은 계기의 I_M 값 보다 크다. 만약 과도한 전류가 계기장치에 흐르면 계기바늘은 매우 빠르게 범위 끝까지 편향되고, 계기바늘이 기계적인 바늘정지 장치에 충돌하여 계기가 손상 받을 가능성이

Zero adjustment
for pointer
Restoring spring
Moving coil
Right pointer stop
Pointer
Left pinter stop
Permanent magnet
Iron core
Pole pieces
Moving coil terminal
(lower termininal not shown)

그림 15-2   가동코일 계기 장치

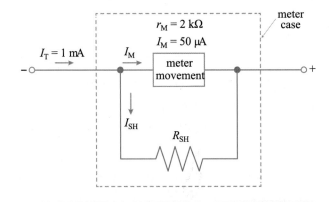

그림 15-3 분로저항이 계기장치에 병렬로 연결되므로, 전압은 같다.

있다. 코일 자체가 단선 될 수도 있다. 이와 같은 큰 전류 값을 안전하게 측정하기 위해서 계기 분로(meter shunt), R_{SH}라는 병렬저항이 사용된다. 계기 분로는 전류 바이패스(bypass)로 작용하도록 계기장치에 병렬로 연결되는 정밀저항이다. 따라서, 분로저항은 계기장치 주위의 전류 중 일부를 바이패스 시킴으로써 측정 범위를 확장시키는 역할을 한다. 이를 그림 15-3에 보였다. 측정될 총 전류 I_T는 1mA이고 계기장치의 I_M은 50μA인 점을 주목하라.

그림 15-3에서 총 계기 전류 1mA에 의해 풀 스케일 편향이 발생되어야 한다. 이와 같은 계측기는 $I_T = I_{SH} + I_M$인 단순한 병렬회로 생각할 수 있다. 따라서, $I_{SH} = I_T - I_M$ 즉, 1 mA − 50 μA = 950 μA 이다. 병렬회로 이론을 사용하여 분로 저항 값을 계산하기 위해서 풀 스케일 편향시의 분로전류와 전압강하 V_M을 알아야 한다. 분로저항이 계기 코일에 병렬로 연결되어 있으므로 그 전압은 같게 될 것이다. 계기장치 양단의 전압강하는 다음과 같이 구할 수 있다.

$$V_M = I_M \times r_M$$
$$= 50 \ \mu A \times 2 \ k\Omega$$
$$V_M = 0.1 \ V$$

따라서, 풀 스케일 편향 시 R_{SH} 양단의 전압은 0.1V가 된다.

따라서, 분로 저항값은 다음과 같이 계산될 수 있다.

$$R_{SH} = V_M / I_{SH}$$
$$= 0.1 \ V \ / \ 950 \ \mu A$$
$$R_{SH} = 105.3 \ \Omega$$

분로 저항과 계기장치 저항의 병렬연결에 의해 계측기 총 저항 R_M은

$$R_M = r_M \ // \ R_{SH}$$
$$= 2 \ k\Omega \ // \ 105.3 \ \Omega$$
$$R_M = 100 \ \Omega$$

이 계기를 더 큰 전류 측정용으로 바꾸기 위해서는 R_{SH} 값을 감소시켜야 한다. 만약 $I_T = 10 \ mA$ 이면

$$I_{SH} = I_T - I_M$$
$$= 10 \ mA - 50 \ \mu A$$
$$I_{SH} = 9.95 \ mA$$
$$R_{SH} = V_M / I_{SH}$$
$$= 0.1 \ V \ / \ 9.95 \ mA$$
$$R_{SH} = 10.05 \ \Omega$$
$$R_M = 2 \ k\Omega \ / \ 10.05 \ \Omega$$
$$R_M = 10 \ \Omega$$

4. 멀티 레인지 전압계

앞에서 살펴본 대로, 가동코일 장치는 코일을 통과하는 전류에 의해 동작한다. 배율저항기(multiplier resistor)라 불리는 직렬저항을 추가함으로써 전압 측정에도 사용될 수 있다. 그림 15-4는 직렬연결 전압계 회로를 보인 것이다. 배율저항 R_{mult}의 저항값을 결정하기 위해 단순 직렬회로 개념이 사용 될 수 있다. 계기의 총 저항 R_T는 아래의 식과 같이 직렬저항의 합과 같다.

$$R_T = R_{mult} + r_M$$

R_{mult}이 r_M과 직렬이므로 계기장치에 흐르는 풀 스케일

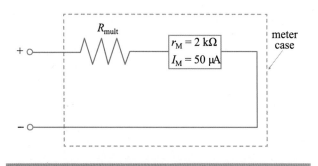

그림 15-4 직렬조합 전압계 회로

전류는 R_{mult} 에 흐르는 전류와 같게 될 것이다. 만약 계기에서 측정하고자 하는 풀 스케일 전압 값을 알고 있다면 이를 풀 스케일 전류로 나누어 R_T 값을 계산할 수 있을 것이다.

$$R_T = \text{full} - \text{scale } V / \text{full} - \text{scale } I$$

그림 15-4를 이용하여

$$R_T = 2.5 \text{ V} / 50 \ \mu\text{A}$$

$$R_T = 50 \text{ k}\Omega$$

$R_T = R_{mult} + r_M$ 이므로 R_{mult} 는 다음과 같이 구할 수 있다.

$$R_{mult} = R_T - r_M$$

$$= 50 \text{ k}\Omega - 2 \text{ k}\Omega$$

$$R_{mult} = 48 \text{ k}\Omega$$

R_{mult} 는 기본 식을 다시 정리하여 다음과 같이 계산할 수도 있다.

$$R_{mult} = \frac{\text{full} - \text{scale V}}{\text{full} - \text{sccale I}} - r_M$$

10 V 의 풀 스케일 전압 범위가 필요한 경우, R_{mult} 는 다음과 같이 구할 수 있다.

$$R_T = \text{full} - \text{scale } V / \text{full} - \text{scale } I$$

$$= 10 \text{ V} / 50 \ \mu\text{A}$$

$$R_T = 200 \ \Omega$$

$$R_{mult} = R_T - r_M$$

$$= 200 \text{ k}\Omega - 2 \text{ k}\Omega$$

$$R_{mult} = 198 \text{ k}\Omega$$

5. 계기 부하

전압계의 풀 스케일 측정 범위가 2.5V에서 5V로 바뀜에 따라 계기의 총 저항 R_T 는 50kΩ에서 200kΩ로 증가한다. 전압계는 1V 편향을 측정하기 위해 필요한 저항(ohms)으로 종종 평가되며, 이를 볼트 당 옴 또는 Ω/V라 한다.

2.5V 측정범위에서 50kΩ의 저항이 필요하였으므로, 계기의 Ω/V값은

$$\Omega / V = R_T / V_{range}$$

$$= 50 \text{ k}\Omega / 2.5 \text{ V}$$

$$\Omega / V = 20 \text{ k}\Omega / V$$

10V 측정범위에서는

$$\Omega / V = R_T / V_{range}$$

$$= 200 \text{ k}\Omega / 10 \text{ V}$$

$$\Omega / V = 20 \text{ k}\Omega / V$$

한편, 계기의 풀 스케일 전류 값 I_M 을 안다면 Ω/V를 다음과 같이 구할 수도 있다.

$$\Omega / V = 1 / I_M$$

$$= 1 / 50 \ \mu\text{A}$$

$$\Omega / V = 20 \text{ k}\Omega / V$$

전압측정 시에 계기의 총 저항 R_M 값을 아는 것이 중요하다. 전압측정 시에 계기는 회로나 소자에 병렬로 연결된다. 만약, 계기의 저항값이 매우 작으면 부정확한 측정치를 유발하여 측정에 심각한 오류를 초래할 수도 있다. 이를 전압계 부하효과라고 한다. 이를 그림 15-5에 나타냈

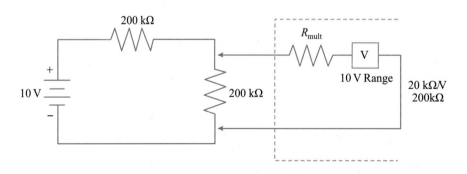

그림 15-5 전압계 부하. 전압측정 시, 계기는 회로 또는 부품에 병렬로 연결된다. 계기의 저항이 매우 작은 경우에는 부정확한 측정을 유발할 수 있다.

으며, 이 경우 계기에는 5 V 대신 3.33 V가 측정될 것이다. 전압계의 R_M 또는 Ω/V이 클수록 계기의 부하효과가 감소된다. DMM과 비교할 때 VOM은 일반적으로 Ω/V가 낮으므로 더 큰 부하효과를 갖는다. 일반적인 DMM은 전압범위에 관계없는 10 mΩ 또는 그 이상의 입력 저항을 갖는다.

03 요약

(1) 안전하고 정확하게 전압, 전류, 저항값을 측정하는 것은 전자공학 기술자들에게 매우 중요한 작업이다.
(2) 아날로그 계측기 또는 VOM은 직렬/병렬회로의 실제적인 응용이다.
(3) 전류계의 낮은 저항 때문에 계기 또는 회로의 손상 방지를 위해 전류계를 직렬 연결한다.
(4) 아날로그 계기의 두 가지 중요한 특성은 풀 스케일 편향전류 I_M과 내부 저항 r_M이다.
(5) 멀티 레인지 전류계는 분로라 불리는 아주 정밀한 바이패스 저항을 사용한다.
(6) 멀티 레인지 전압계는 풀 스케일 전압범위를 확장하기 위해 배율저항을 사용한다.
(7) 전압계는 계기의 풀 스케일 편향 전류 I_M으로부터 계산될 수 있는 Ω/V율을 갖는다.
(8) 일부 계측기들은 회로의 측정 부하를 유발할 수 있으며, 이는 부정확한 측정값을 유발시킨다.

04 예비점검

아래의 질문에 답하여 여러분의 이해도를 점검하시오.

(1) 아날로그 VOM은 일반적으로 _____ 계기장치를 사용한다.
(2) I_M 값이 작을수록 계기장치의 r_M 값은 크다. (맞음/틀림)
(3) 전류계는 측정되는 소자와 _____로 연결 되어야 한다.

(4) 1mA 계기장치를 사용하는 경우, 측정 전류가 100mA일 때 분로저항에는 ____mA의 전류가 흘러야 한다.
(5) _____저항은 전압범위를 확장하기 위해 기본 계기장치에 추가한다.
(6) 계기의 풀 스케일 V 등급과 ____ 등급을 알고 있다면, 전압계의 총 저항을 결정할 수 있다.
(7) 특정 아날로그 전압계의 Ω/V 값은 모든 전압범위에 대해 동일하다. (맞음/틀림)
(8) 전압계의 저항은 계기 부하효과를 방지하기 위해 측정되는 회로보다 훨씬 _____해야 한다.

05 실험 준비물

전원장치
■ 0-15V 가변 직류전원(regulated)

측정계기
■ DMM

저항기
■ 10kΩ ($\frac{1}{2}$-W, 5%) 2개
■ 분로 조합을 위한 저항들

기타
■ 1mA 풀 스케일 계기 장치 1개
■ 저항 Decade Box 1개
■ SPDT 스위치 1개

06 실험과정

A. 전류계 특성

A1. 전원공급기의 스위치를 끈 상태로 그림 15-6의 회로를 구성한다.
A2. 전압원을 0 볼트에 맞추고 전원 스위치를 킨다.
A3. 테스트 계기가 풀 스케일 전류 I_M을 나타낼 때까지 전압원을 조정한다. DMM을 직렬로 연결하여 측정된

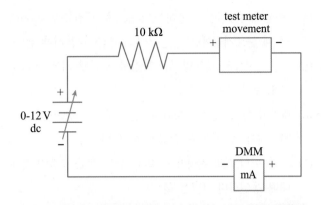

그림 15-6 실험과정 A1 – A4의 회로

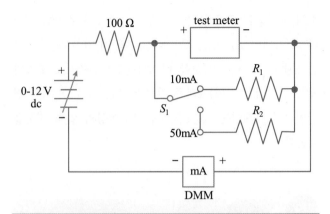

그림 15-8 실험과정 part B의 회로

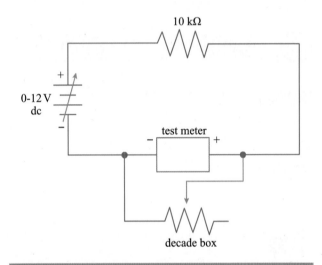

그림 15-7 실험과정 A5 – A9의 회로

풀 스케일 전류 값을 읽는다. 이 값을 표 15-1에 기록한다.

A4. 표 15-1에 나열된 테스트 계기 값이 얻어질 때까지 전압원을 조정한다. 각각에 대해 DMM으로 측정된 전류 값을 표 15-1에 기록한다.

A5. 다음으로 계기의 내부저항 r_M을 결정해야 한다. 이를 위해 그림 15-7의 회로를 사용한다. 전원공급을 차단한 상태로 병렬저항 decade box 없이 회로를 구성한다.

A6. 전원을 인가하고 테스트 계기에 풀 스케일 편향이 되도록 전원의 출력을 조정한다.

A7. decade box를 설정하여 5 kΩ 보다 더 큰 값이 되도록 한다. 테스트 계기를 병렬로 연결한다.

A8. 테스트 계기가 1/2 스케일로 편향되도록 decade box

를 조정한다. 이것은 decade box 저항과 r_M이 같아질 때 발생한다.

A9. 회로에서 decade box를 제거하여 저항값을 측정한다. 빈 공간에 이 값을 기록한다.

B. 멀티 레인지 전류계

B1. 계기의 r_M과 I_M 값을 알고, 그림 15-8의 멀티 레인지 전류계에 필요한 분로 저항값을 결정한다. 풀 스케일 전류범위는 10mA와 50mA이다. 빈 공간에 계산된 값을 기록한다.

B2. 표 15-2에 나열된 각 전류에 대한 회로를 구성하고 테스트한다. 계산된 분로 값을 얻기 위해 저항기 조합의 사용이 필요할 수도 있다. 전류범위를 바꾸고 회로를 구성할 때는 전원을 차단한다.

C. 멀티 레인지 전압계

C1. 다음으로, 그림 15-9의 멀티 레인지 전압계를 설계하고 구성한다. 이 전압계는 2.5V와 10V의 풀 스케일 전압범위를 가질 것이다. 각 전압범위에 대해 필요한 배율 저항기를 계산한다. 빈 공간에 계산된 값을 기록한다.

C2. 2.5V 풀 스케일 범위와 해당 편향 전류 값을 나타내는 테스트 계기의 앞면 그림을 그린다.

C3. 이제, 표 15-3에 나열된 각 전압에 대한 회로를 구성하고 테스트한다. 실제 인가전압을 맞추기 위해 DMM을 사용한다. 배율저항을 얻기 위해 저항 decade box를 사용한다. 표 15-3에 결과를 기록한다.

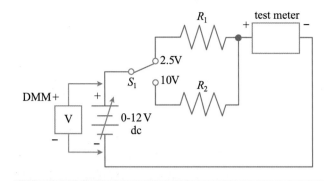

그림 15-9 실험과정 part C의 회로

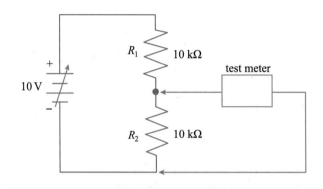

그림 15-10 실험과정 part D의 회로

D. 계기 부하효과

D1. 구성된 멀티 레인지 전압계를 사용하여 그 Ω/V을 결정한다.

D2. 다음으로, 그림 15-10의 회로를 구성한다.

D3. 전압계를 제거한 후, R_2 양단의 전압강하를 계산한다. 표 15-4에 이 값을 기록한다.

D4. 10V 범위에서 계기부하로 인해 R_2 양단에서 측정될 전압을 계기의 Ω/V을 사용하여 계산한다. 표 15-4에 이 값을 기록한다.

D5. V_{R2}를 측정하기 위해 구성된 전류계를 사용한다. DMM으로 이 값을 측정한다. 표 15-4에 이 값을 기록한다.

07 예비 점검의 해답

(1) 가동코일

(2) 맞음

(3) 직렬

(4) 99

(5) 배율

(6) 풀 스케일

(7) 맞음

(8) 더 크게

성 명 _____   일 시 _____

표 15-1

Test Meter Reading	DMM Reading, mA
I_M (full-scale)	
$0.8 \times I_M$	
$0.6 \times I_M$	
$0.4 \times I_M$	

I_M = _____ r_M = _____

Shunt Resistor Calculations:

R_1:

R_2:

표 15-2

Test Current Value, mA	Actual Meter Movement Current, mA	Equivalent Scale Current Reading, mA	DMM Reading, mA
4			
6			
8			
10			
20			
30			
40			
50			

Multiplier Resistor Calculations:

2.5V Range R_1:

10V Range R_2:

표 15-3

Test Voltage Value, V	Actual Meter Movement Current, mA	Equivalent Scale Value Reading, V
0.5		
1.0		
1.5		
2.5		
3.0		
5.0		
7.0		
10		

표 15-4

Calculated V_{R2} without Loading, V	Calculated V_{R2} without Loading, V	Measured V_{R2} with Voltmeter, V	Measured V_{R2} with DMM, V

실험 고찰

1. 실제 측정값에 의하면, 구성된 전류계는 선형적인가 비 선형적인가? 실험 값으로 결론을 뒷받침하시오.

_____

_____

_____

_____

_____

_____

2. 계기의 전류를 10mA에서 50mA까지 변화시킴에 따라 계기의 총 저항 값 R_M은 어떻게 되는가?

_____

_____

_____

_____

_____

_____

3. 전류계를 구성함에 있어 범위를 변화시킬 때마다 전원을 차단해야 하는 이유는?

_____

_____

_____

_____

_____

4. 2.5V 범위에서 10V 범위까지 변화시킴에 따라 VOM의 Ω/V은 어떻게 변하는가?

_____

_____

_____

_____

_____

_____

5. 전압측정 시, 계기부하를 방지하기 위해서는 계기의 Ω/V가 얼마나 커야 하나?

_____

_____

_____

_____

_____

_____

6. 실험에서 구성된 전압계의 Ω/V는 일반적인 DMM의 그것과 비교하여 어떤가?

_____

_____

_____

_____

_____

EXPERIMENT 16

키르히호프 전압법칙 (단일전원)

01 실험목적

(1) 직렬 연결된 저항기에 걸리는 전압강하의 합과 인가전압 사이의 관계를 구한다.

(2) 목적 1에서 구해진 관계를 실험적으로 확인한다.

02 이론적 배경

키르히호프의 전압법칙(Kirchhoff's voltage law)은 복잡한 전기회로의 해석에 이용된다. 이 법칙은 물리학자 Gustav Robert Kirchhoff(1824-1887)에 의해 수식으로 만들어졌으며, 현대 회로해석의 기초를 이루고 있다.

1. 전압법칙

그림 16-1의 회로에서 직렬 저항기 R_1, R_2, R_3, R_4는 이들의 등가저항 또는 총 저항 R_T로 대체될 수 있으며, R_T는 다음의 수식으로 계산된다.

$$R_T = R_1 + R_2 + R_3 + R_4 \qquad (16-1)$$

R_T에 의해 총 전류 I_T는 영향 받지 않는다. I_T, R_T와 전압원 V 사이의 관계는 옴의 법칙에 의해 다음과 같이 주어진다.

$$V = I_T \times R_T \qquad (16-2)$$

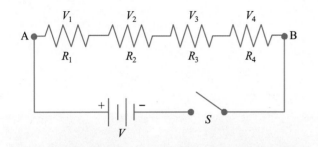

그림 16-1 직렬회로내의 저항기에 걸리는 전압

식 (16-2)에 식 (16-1)을 대입하면 다음과 같이 된다.

$$V = I_T(R_1 + R_2 + R_3 + R_4)$$

이 식을 전개하면 다음과 같이 된다.

$$V = I_T R_1 + I_T R_2 + I_T R_3 + I_T R_4 \qquad (16\text{-}3)$$

옴의 법칙은 전체 회로에 대해서 뿐만 아니라 회로의 임의의 부분에 대해서도 적용되므로 식 (16-3)은 다음을 나타낸다.

$$I_T R_1 = R_1 \text{에 걸리는 전압강하} = V_1$$
$$I_T R_2 = R_2 \text{에 걸리는 전압강하} = V_2$$
$$I_T R_3 = R_3 \text{에 걸리는 전압강하} = V_3$$
$$I_T R_4 = R_4 \text{에 걸리는 전압강하} = V_4$$

식 (16-3)은 다음과 같이 다시 쓸 수 있다.

$$V = V_1 + V_2 + V_3 + V_4 \qquad (16\text{-}4)$$

식 (16-4)가 키르히호프 전압법칙을 나타내는 수식이다. 식 (16-4)는 폐회로 내에 하나 또는 그 이상의 직렬 연결된 저항기를 갖는 회로에 대해 일반화될 수 있다. 또한, 이 법칙은 그림 16-2와 같은 직-병렬회로에 대해서도 적용된다. 이 경우에 $V = V_1 + V_2 + V_3 + V_4 + V_5$이 된다. 여기서, V_1, V_3, V_5는 각각 R_1, R_4, R_8에 걸리는 전압강하이고, 전압 V_2는 A-B 사이의 병렬회로에 걸리는 전압강하, V_4는 C-D 사이의 병렬회로에 걸리는 전압강하이다.

식 (16-4)는 바는 폐회로 또는 폐루프에서 회로의 전압강하의 합은 인가전압과 같다는 것을 의미한다.

전기회로를 해석할 때는 대수적인 부호나 극성을 사용하는 것이 편리하다. 그림 16-3의 회로는 회로의 전압에 대한 '+' 또는 '−' 부호 지정에 대한 관례를 보여준다. 전자-흐름 전류(electron-flow current)의 경우에는 전자들이 '−'전위에서 '+'전위로 이동한다. 그림 16-3에서 화살표는 전류의 방향을 나타내며, '−', '+' 부호는 다음을 나타낸다. : 점 A는 점 B에 대해서 음(negative)이다. 점 B는 점 C에 대해서 음이다. 점 C는 점 D에 대해서 음이다. 점 D는 점 E에 대해서 음이다. 이는 이 회로에서 전자-흐름 전류에 대한 가정과 일치된다. 전압원에 대해서 점 E는 점 A에 대해서 양(positive) 즉, 전압상승을 의미한다.

폐회로 내의 전압에 대수적 부호를 지정하기 위해서는 가정된 전류의 방향으로 이동한다. '+'단자가 먼저 도달되는 어떤 전압원 또는 전압강하를 '+'로 하고, '−'단자가 먼저 도달되는 어떤 전압원 또는 전압강하를 '−'로 한다. 그

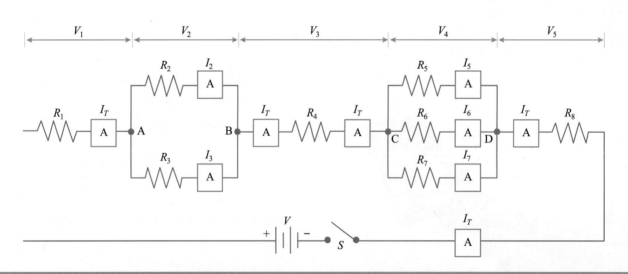

그림 16-2 직-병렬회로에 대한 키르히호프 법칙의 적용

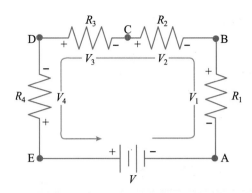

그림 16-3 폐회로 내의 전압에 극성을 지정하는 관례

림 16-3의 점 A에서 출발하여 전류의 방향으로 이동하면 $-V_1$, $-V_2$, $-V_3$, $-V_4$ 그리고 $+V$가 얻어진다. 이 관례에 따르면, 키르히호프 전압법칙은 다음과 같이 일반화 될 수 있다.

"폐회로 내에서 전압들의 대수적 합은 0이다."

부호지정에 관한 관례를 따라 그림 16-3의 폐회로 내의 점 A로부터 시작하여 키르히호프 전압법칙을 적용하면 다음과 같은 수식을 쓸 수 있다.

$$-V_1 - V_2 - V_3 - V_4 + V = 0 \qquad (16-5)$$

이 식은 식 (16-4)과 일치하는가? 식 (16-4)의 오른쪽 항을 왼쪽으로 이동시키면 $V - V_1 - V_2 - V_3 - V_4 = 0$이 얻어지며, 따라서 식 (16-4)와 동일한 결과가 된다.

키르히호프 전압법칙은 다양한 형태의 회로에 대한 분석, 해석 그리고 고장진단 등에 효과적이고 중요한 수단이다.

03 요약

키르히호프 전압법칙은 아래의 두 가지로 표현될 수 있다.
(1) 폐회로 내의 전압강하의 합은 인가전압과 같다.
(2) 폐회로 내의 전압의 대수적 합은 0이다.

04 예비점검

아래의 질문에 답하여 여러분의 이해도를 점검하시오.

(1) 그림 16-1에서 $V_1 = 3$V, $V_2 = 5.5$V, $V_3 = 6$V, $V_4 = 12$V 일 때, 인가전압 $V =$ _____ V 이다.

(2) 그림 16-2에서 $V_1 = 1.5$V, $V_2 = 2.0$V, $V_4 = 2.7$V, $V_5 = 6$V, $V = 15$V일 때, 전압 $V_3 =$ _____ V이다.

05 실험 준비물

전원장치
- 0-15 V 가변 직류전원(regulated)

측정계기
- DMM 또는 VOM

저항기($\frac{1}{2}$-W, 5%)
- 330Ω 1개
- 470Ω 1개
- 820Ω 1개
- 1kΩ 1개
- 1.2kΩ 1개
- 2.2kΩ 1개
- 3.3kΩ 1개
- 4.7kΩ 1개

기타
- SPST 스위치

06 실험과정

1. 실험 준비물에 나열된 저항기들의 저항값을 측정하여 표 16-1에 기록한다.
2. $V_{PS} = 15$V와 각 저항기의 정격값을 사용하여 그림 16-4에서의 R_1, R_2, R_3, R_4 각 저항기에 걸리는 전압 V_1, V_2, V_3, V_4를 계산하여 표 16-2에 기록한다. 또한, 계산된 전압값의 합과 V_{PS}를 기록한다.
3. 전원을 끄고, 스위치 S_1을 개방한 상태로 그림 16-4의 회로를 연결한다. 전원을 켜고, $V_{PS} = 15$V가 되도록 전

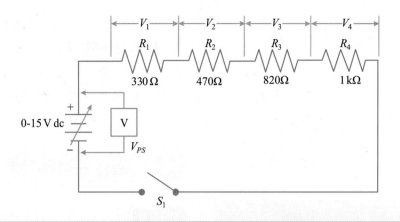

그림 16-4 실험과정 2의 회로

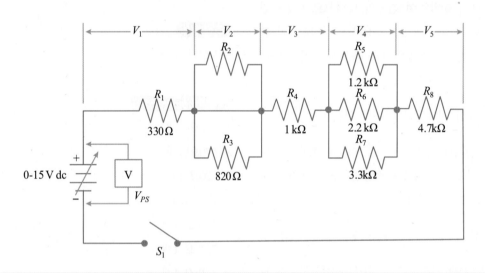

그림 16-5 실험과정 4의 회로

원을 조정한다.

4. S_1을 닫고, R_1, R_2, R_3, R_4에 걸리는 전압 V_1, V_2, V_3, V_4를 각각 측정하여 표 16-2에 기록한다. 전압 V_1, V_2, V_3, V_4의 합을 계산하여 표 16-2에 기록한다. 전원을 끄고 스위치 S_1을 개방한다.

5. V_{PS} = 15 V와 그림 16-5를 이용하여 전압 V_1, V_2, V_3, V_4, V_5를 계산하여 표 16-2에 기록한다. 또한, 계산된 전압값의 합과 V_{PS}를 기록한다.

6. 그림 16-5의 회로를 연결한다. 전원을 켜고 V_{PS} = 15V 가 되도록 조정한다.

7. S_1을 닫고, 그림 16-5에 표시된 전압 V_1, V_2, V_3, V_4, V_5를 각각 측정하여 표 16-2에 기록한다. 전압 V_1, V_2, V_3, V_4, V_5의 합을 계산하여 표 16-2에 기록한다. 전원을 끄고 스위치 S_1을 개방한다.

07 예비 점검의 해답

(1) 26.5

(2) 2.8

성 명 _____   일 시 _____

표 16-1 저항기의 측정 저항값

	R_1	R_2	R_3	R_4	R_5	R_6	R_7	R_8
Rated value, Ω	330	470	820	1k	1.2k	2.2k	3.3k	4.7k
Measured value, Ω								

표 16-2 키르히호프 전압법칙의 증명

Step	V_{PS}, V	V_1, V	V_2, V	V_3, V	V_4, V	V_5, V	Sum of V_S, V
2							
4							
5							
7							

실험 고찰

1. 직렬 연결된 저항기의 전압강하와 회로 전체에 인가된 전압 사이의 관계를 설명하시오.

_____

_____

_____

_____

_____

_____

_____

_____

2. 질문 1의 관계를 수식으로 표현하시오.

_____

_____

_____

_____

3. 실험결과가 질문 1, 2의 답을 입증하는지 표 16-2를 참조하여 확인하고, 그렇지 않다면 그 이유를 설명하시오.

_____

_____

_____

_____

_____

_____

_____

4. 그림 16-2와 유사한 직-병렬회로를 설계한다. 인가전압은 35V이고, 전원에 의해 공급되는 전류는 5mA이다. 실험 준비물에 나열된 저항기만을 사용한다. 전류에 대한 허용오차는 $\pm 1\%$이고, 공급전압은 변할 수 없다. 완전한 회로도를 그리고, 모든 설계과정과 사용된 수식을 보이시오.

선택 사항

시뮬레이션 소프트웨어의 사용이 가능하다면, 회로를 입력하여 설계결과를 확인한다. 공급전압과 전류의 측정을 위해 필요한 측정계기들을 포함시킨다. 설계된 회로가 설계사양을 만족하는가? 만약 그렇지 않고 또한 고정저항 대신에 가변저항을 사용할 수 있다면 회로가 설계사양을 만족하도록 하려면 어떻게 해야 하는가?

키르히호프 전류법칙

01 실험목적

(1) 회로내 임의의 접합점에서의 유입전류의 합과 유출전류 사이의 관계를 구한다.
(2) (1)에서 얻어진 관계를 실험적으로 입증한다.

02 이론적 배경

1. 전류 법칙

실험 11에서 병렬저항을 포함하는 회로의 총 전류 I_T는 각 병렬가지에 흐르는 전류의 합과 같다는 것을 확인하였다. 이것은 키르히호프 전류법칙을 병렬회로망에 제한시킨 한 예이다. 이 법칙은 일반적으로 임의의 회로에도 적용된다. 키르히호프 전류법칙(Kirchhoff's current law)은 다음과 같이 정의된다.

"회로내 임의의 접합점에 유입되는 전류는 그 접합점에서의 유출전류와 같다."

그림 17-1의 직-병렬회로에서 총 전류는 I_T이다. I_T는 접합점 A에서 화살표 방향으로 유입된다. 접합점 A에서 전류의 유출은 그림에서와 같이 I_1, I_2, I_3이다. 전류 I_1, I_2 그리고 I_3가 접합점 B로 유입되고, I_T는 접합점 B에서 유출된다. I_T, I_1, I_2, I_3 사이에는 어떤 관계가 있는가?

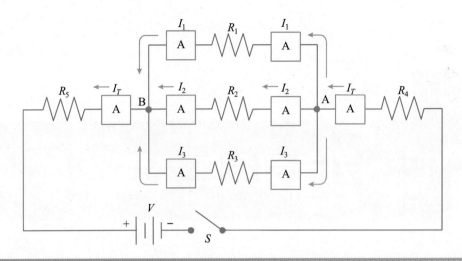

그림 17-1 병렬회로의 총 전류는 각 가지에 흐르는 전류의 합과 같다.

병렬 회로망에 걸리는 전압은 옴의 법칙을 이용하여 구할 수 있다.

$$V_{AB} = I_1 \times R_1 = I_2 \times R_2 = I_3 \times R_3$$

병렬 회로망은 등가저항 R_T로 대체될 수 있으며, 이 경우 그림 17-1은 간단한 직렬회로로 변환되고 $V_{AB} = I_T \times R_T$ 가 된다. 그러므로,

$$I_T \times R_T = I_1 \times R_1 = I_2 \times R_2 = I_3 \times R_3 \quad (17\text{-}1)$$

식 (17-1)은 다음과 같이 다시 표현할 수 있다.

$$I_1 = I_T \times \frac{R_T}{R_1}$$

$$I_2 = I_T \times \frac{R_T}{R_2} \quad (17\text{-}2)$$

$$I_3 = I_T \times \frac{R_T}{R_3}$$

식 (17-2)를 전류분배 법칙이라고도 한다. I_1, I_2, I_3를 합하면 다음과 같이 된다.

$$I_1 + I_2 + I_3 = I_T \times \frac{R_T}{R_1} + I_T \times \frac{R_T}{R_2} + I_T \times \frac{R_T}{R_3}$$

$$I_1 + I_2 + I_3 = I_T \times R_T \left(\frac{1}{R_1} + \frac{1}{R_2} + \frac{1}{R_3} \right)$$

한편,

$$\frac{1}{R_1} + \frac{1}{R_2} + \frac{1}{R_3} = \frac{1}{R_T}$$

따라서

$$I_1 + I_2 + I_3 = I_T \times R_T \times \frac{1}{R_T} = I_T$$

즉,

$$I_T = I_1 + I_2 + I_3 \quad (17\text{-}3)$$

식 (17-3)은 그림 17-1의 회로에 적용된 키르히호프 전류법칙을 수학적으로 표현한 것이다. 일반적으로 I_T가 회로의 한 접합점에 유입되는 전류이고 I_1, I_2, I_3, ..., I_n이 그 접합점에서 유출되는 전류라고 하면, 아래의 수식이 성립한다.

$$I_T = I_1 + I_2 + I_3 + \cdots + I_n \quad (17\text{-}4)$$

이 관계식은 I_T가 한 접합점에서 유출되는 전류이고 I_1, I_2, I_3, ..., I_n이 그 접합점에 유입되는 전류인 경우에도 동일하게 적용된다.

키르히호프 전류법칙을 다르게 표현다면 다음과 같다. : "한 접합점에서 유입전류와 유출전류의 대수적 합은 0 이다." 이는 키르히호프 전압법칙(임의의 폐회로 내의 전압의 대수적 합은 0 이다.)과 유사하다.

루프내의 전압극성에 대한 규칙이 필요했던 것처럼 접합점에서의 전류에 대한 규칙이 필요하다. 한 접합점으로의 유입전류를 양(+)으로, 그리고 유출전류를 음(-)으로 할 때, 한 접합점에서의 유입전류와 유출전류의 대수 합이 0 임을 식 (17-4)와 같이 나타낼 수 있다. 그림 17-2의 회로를 고찰하자. 총 전류 I_T는 접합점 A로 들어가며, "+"라

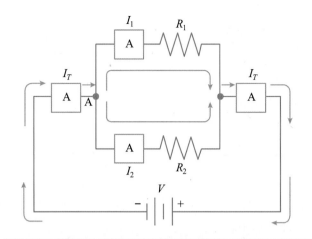

그림 17-2 한 접합점에서 유입전류와 유출전류의 대수 합은 0이다.

가정한다. 전류 I_1과 I_2는 접합점 A에서 유출되며 "-"라 한다. 그러면

$$+ I_T - I_1 - I_2 = 0 \qquad (17\text{-}5)$$

$$I_T = I_1 + I_2 \qquad (17\text{-}6)$$

명백히, 키르히호프 전류법칙에 대한 두 가지 정의는 동일한 수식이 된다.

키르히호프 전류법칙이 회로해석에 적용되는 예를 살펴보자. 그림 17-3에서 I_1, I_2는 접합점 A에 유입되는 전류이고 각각 +5 A, +3 A 이다. 전류 I_3, I_4, I_5는 유출전류이며, 전류 I_3, I_4는 각각 2 A, 1 A이다. 이때, I_5의 값은 얼마인가? 키르히호프 전류법칙을 적용하면, 다음과 같이 된다.

$$I_1 + I_2 - I_3 - I_4 - I_5 = 0$$

그리고, 주어진 전류값을 대입하면 I_5는 다음과 같이 된다.

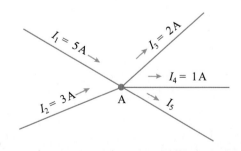

그림 17-3 접합점 A에서의 유입전류와 유출전류

$$5 + 3 - 2 - 1 - I_5 = 0$$

$$5 - I_5 = 0$$

$$I_5 = 5 \text{ A}$$

03 요약

(1) 키르히호프 전류법칙의 정의 : 회로 내의 임의의 접합점에 유입되는 전류는 그 접합점에서 유출되는 전류와 같다.

(2) 회로해석 문제에 키르히호프 전류법칙을 적용하기 위해서는 한 접합점에서의 유입전류는 "+"로, 그리고 유출전류는 "-"로 극성이 지정된다.

(3) (2)와 같이 지정된 극성을 이용하면 키르히호프 전류법칙은 다음과 같이 표현된다. : 한 접합점에서의 유입전류와 유출전류의 대수적 합은 0 이다. 그러므로 그림 17-1의 접합점 A에서 다음의 관계가 성립한다.

$$I_T - I_1 - I_2 - I_3 = 0$$

04 예비점검

아래의 질문에 답하여 여러분의 이해도를 점검하시오.

(1) 그림 17-1에서 접합점 A의 유입전류는 0.5 A 이고, $I_1 = 0.25$A, $I_2 = 0.1$A이다. 따라서 전류 I_3은 _____ A 이 되어야 한다.

(2) 그림 17-1에서 접합점 B의 유출전류는 1.5 A이다. 전류 I_1, I_2, I_3의 합은 _____ A 이다.

(3) 그림 17-1의 접합점 B에서 키르히호프 전류법칙을 적용하기 위한 전류들의 극성은 다음과 같다.

   (a) I_1 : _____   (b) I_2 : _____

   (c) I_3 : _____   (d) I_T : _____

(4) 그림 17-3의 접합점 A에서 전류들간의 관계를 기술하는 식은 _____ 이다.

(5) 그림 17-3에서 $I_2 = 4$ A, $I_3 = 4$ A, $I_4 = 3$ A, $I_5 = 1$ A이면, $I_1 =$ _____ A 이다.

전원장치

- 0 - 15 V 가변 직류전원(regulated)

측정계기

- DMM 또는 VOM
- 0 - 10 mA 밀리암미터

저항기($\frac{1}{2}$-W, 5%)

- 330Ω 1개
- 470Ω 1개
- 820Ω 1개
- 1kΩ 1개
- 1.2kΩ 1개
- 2.2kΩ 1개
- 3.3kΩ 1개
- 4.7kΩ 1개

기타

- SPST 스위치

이 실험에서는 직-병렬회로의 전류에 대한 여러번의 측정이 필요하다. 하나의 전류계를 사용하는 경우에는 전류를 읽기 위한 단선이 필요할 것이다. 전류계의 위치가 바뀔 때마다 S_1을 개방하여 전원을 회로에서 분리시킨다.

1. 실험에 사용될 저항기들의 저항값을 측정하여 표 17-1에 기록한다.
2. S_1을 개방하고 전원은 차단한 상태로 그림 17-4의 회로를 연결한다. 전원을 켜고 $V_{PS} = 15$ V가 되도록 전원 공급기를 조정한다.
3. S_1을 닫는다. 전류 I_{TA}, I_2, I_3, I_{TB}, I_{TC}, I_5, I_6, I_7, I_{TD} 및 I_{TE}를 측정하여 표 17-2에 기록한다. I_2, I_3의 합과 I_5, I_6, I_7의 합을 계산하여 표 17-2에 기록한다. S_1을 개방시키고 전원을 끈다.
4. 3개의 병렬가지와 2개의 직렬 저항기로 구성되는 그림 17-1의 회로와 비슷한 직-병렬회로를 설계한다. 3개의 병렬가지내의 전류들은 다음의 조건을 만족해야 한다. 즉, 두번째 가지의 전류는 첫번째 가지 전류의 약 2배가 되고, 3번째 가지의 전류는 첫번째 가지 전류의 약 3

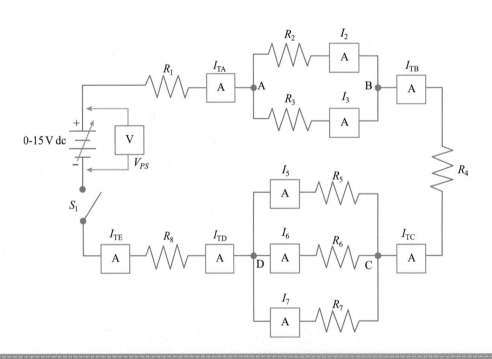

그림 17-4 실험과정 2의 실험회로

배가되어야 한다. (즉, 병렬 가지내의 전류 비율은 1 : 2 : 3이 되어야 한다.) 단, 실험 준비물에 나열된 저항기만을 사용해야 한다. 회로의 전체전류는 6 mA이다. 사용 가능한 최대전압은 15 V이다. 각 저항기에 흐르는 전류와 I_T를 측정하기 위한 계기들의 위치를 표시한다. 회로에서 전원을 분리시키기 위한 스위치를 포함시킨다. 회로에 사용된 저항기들의 정격 저항값, 각 가지전류의 계산값 그리고 인가전압 등을 나타내는 완전한 회로도를 작성한다. 저항값들을 구하기 위한 계산과정을 보인다. 과정 5를 수행하기 전에 선택사항을 읽어본다.

5. 전원을 끄고 스위치를 개방한 상태로 과정 4에서 설계된 회로를 구성한다. 실험조교에게 회로를 확인 받은 후, 회로에 전원을 인가하고 전원 공급기의 출력을 설계전압으로 맞춘다. 회로내의 모든 전류를 측정하여 표 17-3에 기록한다. 스위치를 개방하고 전원을 차단시킨다.

선택사항

시뮬레이션 소프트웨어의 사용이 필요하다. 실험과정 4에서 설계된 회로를 구성한다. 각 직렬 저항기와 병렬 분기점에서 전류를 측정하기 위해 필요한 측정계기를 포함시킨다. 설계된 전압에 맞게 전원을 맞추고 계기에 나타나는 전류값을 읽는다. 이 결과는 실험과정 5에서 얻어진 값들과 비교할 때 어떤 차이점이 있는지 설명하시오.

07 예비 점검의 해답

(1) 0.15

(2) 1.5

(3) (a) +; (b) +; (c) +; (d) −

(4) $I_1 + I_2 - I_3 - I_4 - I_5 = 0$

(5) 4

표 17-1 저항기의 측정 저항값

	R_1	R_2	R_3	R_4	R_5	R_6	R_7	R_8
Rated value, Ω	330	470	820	1k	1.2k	2.2k	3.3k	4.7k
Measured value, Ω								

표 17-2 키르히호프 전류법칙의 실험적 입증

	I_{TA}	I_2	I_3	I_{TB}	I_{TC}	I_5
Current, mA						

	I_6	I_7	I_{TD}	I_{TE}	$I_2 + I_3$	$I_5 + I_6 + I_7$
Current, mA						

표 17-3 설계 데이터

Calculated Value, mA				Measured Value, mA			
Branch 1 I_1	Branch 2 I_2	Branch 3 I_3	I_T	Branch 1 I_1	Branch 2 I_2	Branch 3 I_3	I_T

실험 고찰

1. 회로의 임의의 접합점에서 유입전류와 유출전류 사이의 관계를 설명하시오.

_____

_____

_____

_____

2. 질문 1에서 설명된 관계를 수식으로 쓰시오.

_____

_____

_____

_____

3. 그림 17-4의 회로에서 I_2와 I_3을 구하기 위해 필요한 정보는 무엇인가?

_____

_____

_____

_____

_____

_____

_____

_____

_____

4. 과정 4와 5에서 $V_{PS}\max = 15\text{ V}$, $I_T = 6\text{ mA}$인 직-병렬회로를 설계하였다. 저항 R_1, R_2, R_3의 비는 $1:2:3$이었다. 표 17-3의 실험 데이터를 인용하여 실험결과를 논의하시오. 설계결과가 설계사양에 정확하게 일치되었는지를 보고서에 언급하고, 만약 일치하지 않았으면 그 이유를 설명하시오. (설계한 회로도를 보고서와 함께 제출하시오)

_____

_____

_____

_____

_____

_____

_____

_____

_____

_____

_____

_____

_____

_____

_____

_____

_____

부하를 갖는 **전압**분할 회로

01 실험목적

(1) 전압분할 회로에서 부하가 전압 관계에 미치는 효과를 알아본다.
(2) (1)의 결과를 실험적으로 증명한다.

02 이론적 배경

실험 10에서는 부하전류를 갖지 않는 간단한 직류 전압 분할 회로에 대해 공부했다. 이 경우에는 분할 회로망 자체의 전류만 존재했다. 분할 회로망은 전류가 흐르는 부하에 전압을 공급하기 위한 전압원으로 자주 사용된다. 이 경우에는 무부하 상태에 대해 얻어진 분할기-전압 관계는 더 이상 성립되지 않으며, 실제 변화는 회로 결선과 추출되는 전류의 양에 따라 달라진다. 그림 18-1의 회로에서 V는 부하에 무관하게 분할 회로망에 15 V의 전압을 유지시키는 고정 전압원이다. 무부하 상태에서 G점을 기준으로 한 A, B, C점의 전압은 각각 5, 10, 15 V이며, 5 mA의 분로전류 I_1이 흐른다. 만약 2 mA의 부하전류 I_L이 흐르는 부하저항 R_L을 추가하면 (그림 18-2의 점 B에서 보여주는 것처럼) A점과 B점에서의 전압은 무부하 상태와 다르게 나타날 것이다. 주어진 사실들로부터 부하를 갖는 회로내의 전압들을 계산할 수 있다.

R_L에 흐르는 부하전류가 I_L일 때 분로전류 I_1이 흐른

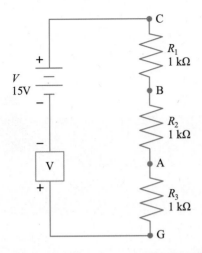

그림 18-1 무부하 전압 분할기

다고 하면, 키르히호프 전압법칙을 이용하면 다음의 식을 쓸 수 있다.

$$I_1(R_2 + R_3) + (I_1 + I_L)(R_1) = 15 \qquad (18\text{-}1)$$

I_1에 대해 풀면,

$$I_1(R_1 + R_2 + R_3) = 15 - (R_1)I_L \qquad (18\text{-}2)$$

$$I_1 = \frac{15 - (I_L \times R_1)}{R_1 + R_2 + R_3} \qquad (18\text{-}3)$$

식 (18-3)에 R_1, R_2, R_3는 각각 1kΩ 그리고 I_L = 2mA를 대입하면 다음과 같이 된다.

$$I_1 = 0.00433 \text{ A}, \text{ 또는 } 4.33 \text{ mA} \qquad (18\text{-}4)$$

A에서 G까지의 전압은

$$V_{AG} = I_1 \times R_3$$

$$V_{AG} = 4.33 \text{ mA} \times 1 \text{ k}\Omega = 4.33 \text{ V} \qquad (18\text{-}5)$$

그리고, B에서 G까지의 전압은

$$V_{BG} = 4.33 \text{ mA} \times 2 \text{ k}\Omega = 8.66 \text{ V} \qquad (18\text{-}6)$$

이로부터 전압분할 회로에 부하가 추가되면 전압과 분로전류가 영향을 받는다는 사실을 알 수 있다.

이를 실험적으로 입증하기 위해서는 부하에 무관하게 분할기에 일정한 전압을 공급하는 전압원이 필요하다. 그림 18-2에서 분할 회로망은 전압원에 연결된 저항 R_1, R_2, R_3로 구성된다. 부하저항 R_L이 그림과 같이 추가되

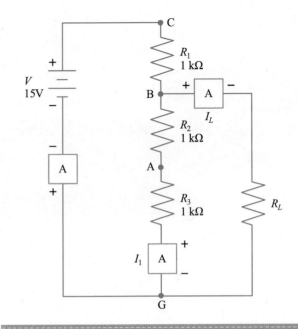

그림 18-2 고정부하 R_L을 갖는 전압 분할기

는 경우에, 회로망을 무부하 상태와 동일한 전압으로 유지시키기 위해 필요하다면 전압원을 조정한다. 무부하 상태와 부하 상태에 대한 측정을 한다.

03 요약

(1) 그림 18-1과 같은 직렬회로는 무부하 전압 분할기이다.

(2) 그림 18-1의 무부하 전압분할 회로에서 R_1에 걸리는 전압 V는 아래의 수식으로 구해진다.

$$V_1 = V \times \frac{R_1}{R_T}$$

여기서 V는 전압원이고 R_T는 직렬저항의 합이다. 점 A, B, C에서의 전압은 점 G를 기준으로 주어지며, 앞의 공식을 사용하여 계산할 수 있다.

(3) 그림 18-2와 같이 부하가 전압 분할기에 추가되면 전압 분할기의 각 저항기에 걸리는 전압과 분로전류는 달라지게 된다.

(4) 부하를 갖는 전압 분할기의 전압과 분로전류는 키르히호프 전압법칙과 전류법칙을 이용하여 구할 수 있다.

04 예비점검

아래의 질문에 답하여 여러분의 이해도를 점검하시오.

(1) 그림 18-1의 회로에서 $R_1 = 1 k\Omega$, $R_2 = 1.8 k\Omega$, $R_3 = 2.2 k\Omega$ 그리고 $V = 15 V$일 때

    (a) R_1에 걸리는 전압 V_1은 얼마인가? $V_1 = $ _____ V.

    (b) R_2, R_3의 결합에 걸리는 전압은 얼마인가? V_{BG} = _____ V.

    (c) R_3에 걸리는 전압은 얼마인가? V_{AG} = _____ V.

(2) (1)에서 분로전류는 _____ A (또는 ___ mA)이다.

(3) (1)의 전압 분할기에서 부하저항이 그림 18-2와 같이 $R_2 - R_3$에 병렬로 연결되었다. 부하전류 I_L이 5mA 일 때 분로전류는 얼마인가? $I_1 = $ _____ A 또는 _____ mA.

(4) (3)의 조건에 대해 다음 각 전압은 얼마인가?

    $V_1 = $ _____ V, $V_{BG} = $ _____ V, $V_{AG} = $ _____ V.

05 실험 준비물

전원장치

■ 0 – 15 V 가변 직류전원(regulated)

측정계기

■ DMM 또는 VOM
■ 0 – 10 mA 밀리암미터

저항기

■ 1.2kΩ ($\frac{1}{2}$-W, 5%) 3개
■ 10kΩ, 2-W 분압기

기타

■ SPST 스위치

06 실험과정

1. 전원을 차단하고 S_1을 개방한 상태로 그림 18-3(a)의 회로를 구성한다.

2. 전원을 인가하고 S_1을 닫는다. $V_{PS} = 10 V$가 되도록 전원 공급기를 조정한다. I_1 (bleeder current라고 함), V_{BD}, V_{CD}를 측정하여 표 18-1에 기록한다. S_1을 개방한다.

3. 그림 18-3(b)와 같이 B와 D에 병렬로 10kΩ의 분압기를 연결한다. $V_{PS} = 10 V$인 상태에서 $I_L = 2 mA$가 되도

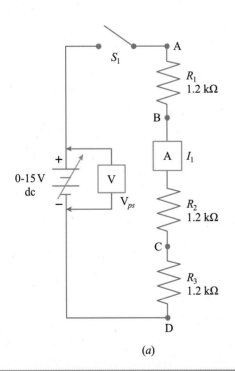

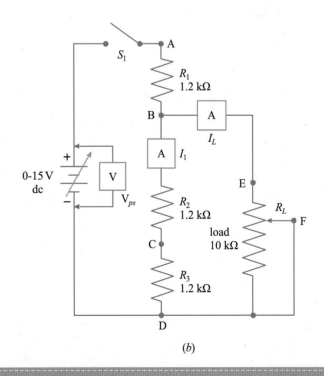

(a)   (b)

그림 18-3 (a) 실험과정 1의 실험회로 (b) 실험과정 3의 실험회로

록 분압기를 조정한다. I_1, V_{BD}, V_{CD}를 측정하여 표 18-1에 기록한다. 분압기를 변화시키지 않는다. S_1을 개방한다.

4. 회로에서 분압기를 분리하고 저항계를 이용하여 점 E 와 F사이의 부하저항 R_L을 측정한다. 이 값을 표 18-1 에 기록한다. 이 값이 $I_L = 2$ mA에 대한 부하저항이다.

5. BD에 병렬로 분압기를 다시 연결하고, S_1을 닫는다. $I_L = 4$ mA가 되도록 분압기를 조정한다. $V_{PS} = 10$ V가 유지되도록 전원 공급기를 다시 조정한다. I_1, V_{BD}, V_{CD}를 측정하여 표 18-1에 기록한다. 분압기를 변화시키지 않고 S_1을 개방한다.

6. 회로에서 분압기를 분리시키고, 과정 4에서와 같이 부하저항을 측정하여 표 18-1에 기록한다. 이 값이 $I_L = 4$ mA에 대한 부하저항이다.

7. BD에 병렬로 분압기를 다시 연결하고, S_1을 닫는다. $V_{PS} = 10$ V와 $I_L = 6$ mA가 되도록 분압기를 조정한다. I_1, V_{BD}, V_{CD}를 측정하여 표 18-1에 기록한다. 분압기를 변화시키지 않고 S_1을 개방한다.

8. 회로에서 분압기를 분리시키고 과정 4에서와 같이 부하저항을 측정하여 표 18-1에 기록한다. 이것은 $I_L = 6$ mA에 대한 부하저항이다. S_1을 개방하고 전원을 끈다.

9. 이론적 배경에서 논의된 방법을 이용하여 각각의 부하상태(0 mA, 2 mA, 4 mA, 6 mA)에 대한 부하저항 R_L, V_{CD}, V_{BD} 및 분로전류 I_1을 계산하여 표 18-1에 기록한다.

07 예비 점검의 해답

(1) (a) 3; (b) 12; (c) 6.6

(2) 0.003; 3

(3) 0.002; 2

(4) 7; 8; 4.4

표 18-1 전압 분할기에 대한 부하의 영향

Steps	V	I_L (load current), mA	Measured Value				Calculated Value			
			I_1 mA	V_{BD} V	V_{CD} V	R_L Ω	I_1 mA	V_{BD} V	V_{CD} V	R_L Ω
2	10	0				✕				
3, 4	10	2								
5, 6	10	4								
7	10	6								

실험 고찰

1. 전압분할 회로에서 부하가 전압관계에 미치는 영향을 설명하시오.

_____

_____

_____

_____

_____

_____

_____

_____

2. 부하저항의 변화가 부하전류에 미치는 영향을 표 18-1의 데이터를 이용하여 설명하시오. 실험 데이터로부터 특정한 예를 보이고, 이와 같은 영향을 미치는 이유를 설명하시오.

_____

_____

_____

_____

_____

_____

_____

_____

3. 표 18-1의 데이터를 참조한다. 부하전류 I_L의 변화에 의해 분로전류 I_1는 어떤 영향을 받는지 설명하시오. 실험 데이터로부터 특정한 예를 보이고, 이 영향에 대한 이유를 설명하시오.

_____

_____

_____

_____

_____

_____

_____

4. 그림 18-3(b)와 표 18-1을 참조한다. 부하전류 I_L의 변화는 분할기의 분기전압 V_{CD}와 V_{BD}에 어떤 영향을 미치는가? 데이터로부터 특정한 예를 보이고, 이 영향에 대한 이유를 설명하시오.

_____

_____

_____

_____

_____

_____

_____

_____

_____

5. I_1, V_{BD}, V_{CD}, R_L의 측정값과 계산 값을 비교하고, 차이점을 설명하시오.

_____

_____

_____

_____

_____

_____

_____

_____

전압분할 및 전류분할 회로 설계

01 실험목적

(1) 지정된 전압, 전류 조건을 만족하는 전압 분할기를 설계한다.

(2) 지정된 전압, 전류 조건을 만족하는 전류 분할기를 설계한다.

(3) 회로를 구성하고 실험하여 설계조건에 맞는 지 확인한다.

02 이론적 배경

1. 특정 부하에 대한 전압 분할기 설계

전압, 부하전류, 분로전류 등에 대한 지정된 조건을 만족하는 전압분할 회로의 설계과정을 간단한 예제를 통해 알아본다.

문제 1. 30V 전원공급기에 대한 전압분할 회로를 설계한다. 요구되는 전류는 30V에서 50mA, 25V에서 40mA 이다. 분로전류의 경험적인 값은 근사적으로 부하전류의 10% 이며, 이 조건에서의 분로전류는 10mA 이다.

풀이 그림 19-1과 같은 회로도를 그리고, 부하전류와 부하전압을 표시한다. 구하고자 하는 저항들을 R_1 과 R_2 로 표시한다. (부하는 요구되는 전류가 흐르는 저항기로 나타낸다.) 키르히호프 전류법칙을 적용

하여, 접합점 A, B, C에서의 유출전류와 유입전류를 나타낸다. 총 전류 I_T는 50mA + 40mA + 10mA = 100mA가 되어야 한다. 전류I_T는 접합점 C로 들어가고 접합점 A로 나가는 것으로 표시한다.

$$I_1 \times R_1 = 25 \text{ V} \qquad (19-1)$$

또는

$$R_1 = \frac{25 \text{ V}}{I_1} \qquad (19-2)$$

I_1에 분로전류의 값 10mA를 대입하면

$$R_1 = \frac{25 \text{ V}}{10 \text{ mA}} = 2.5 \text{ K}\Omega \qquad (19-3)$$

R_2에 흐르는 전류는 분로전류와 부하 1의 전류를 합한 50mA이다. 또한, 그림 19-1에서 알 수 있듯이, A에서 B까지의 전압은 5V이다. 그러므로,

$$(50 \text{ mA})(R_2) = 5 \text{ V} \qquad (19-4)$$

따라서

$$R_2 = \frac{5 \text{ V}}{50 \text{ mA}} = 100 \ \Omega \qquad (19-5)$$

30V 전원으로부터 분로전류 10mA, 30V에서 50mA, 25V에서 40mA의 전류를 공급하기 위한 R_1과 R_2의 값을 구했다.

2. 전류분할 회로 설계

전류분할 회로를 설계해야 할 필요가 종종 있다. 시행착오를 피하기 위해서는 주어진 조건을 면밀히 살피고, 적당한 회로 공식을 적용해야 한다. 설계과정은 문제의 특성에 따라 다르지만, 일반적으로 다음과 같은 과정을 거쳐야 한다.

1. 회로도를 그린 후, 알고 있는 값들과 구하고자 하는 값들을 구별하여 표시한다.
2. 옴의 법칙과 키르히호프 법칙의 식을 이용하여 회로의 전기적 관계를 기술한다.
3. 구하고자 하는 소자 값들에 대하여 이들 방정식을 푼다.
4. 계산된 값들로 회로를 구성하고 설계 조건을 만족하는지 회로를 시험한다.

두 가지 예제를 통해서 설계과정을 익힌다.

문제 2. 15V의 전원전압에 의해 1.2 A의 총 전류 I_T가 공급되도록 그림 19-2와 같은 3개의 가지를 갖는 병렬회로를 설계한다. 총 전류 I_T는 $I_1 : I_2 : I_3 = 2 : 4 : 6$이 되도록 R_1, R_2, R_3 사이에 분배된다. 이 조건을 만족하기 위한 R_1, R_2, R_3의 값은 얼마인가?

풀이 V, I_T, 전류 비 $(I_1 : I_2 : I_3)$를 알고 있다. $I_1, I_2,$ I_3의 실제값들을 구할 수 있다면 회로의 가지 각각

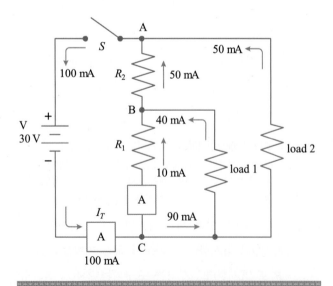

그림 19-1 문제 1에 대한 전압분할 회로

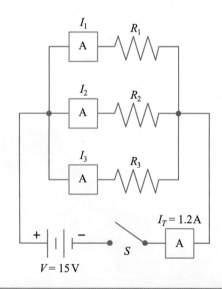

그림 19-2 문제 2에 대한 전류분할 회로

에 대해 V와 I의 값을 알 수 있다. 따라서 옴의 법칙을 이용하여 V와 I로부터 R을 다음과 같이 구할 수 있다.

$$R = \frac{V}{I} \qquad (19\text{-}6)$$

주어진 전류 비로부터 I에 대한 2개의 방정식을 세울 수 있다.

$$\frac{I_1}{I_2} = \frac{2}{4}$$

$$\frac{I_1}{I_3} = \frac{2}{6} \qquad (19\text{-}7)$$

I_2, I_3를 I_1에 대해 표현하면 다음과 같이 된다.

$$I_2 = \frac{4}{2}I_1 = 2I_1$$

$$I_3 = \frac{6}{2}I_1 = 3I_1 \qquad (19\text{-}8)$$

이제, 키르히호프 전류법칙을 적용하면

$$I_T = I_1 + I_2 + I_3 = 1.2 \qquad (19\text{-}9)$$

식 (19-8)에서 구한 I_2, I_3의 값을 식 (19-9)에 대입하면

$$I_1 + 2I_1 + 3I_1 = 1.2 \qquad (19\text{-}10)$$

이를 풀면,

$$6I_1 = 1.2$$

$$I_1 = 0.2 \text{ A} \qquad (19\text{-}11)$$

식 (19-8)에서 I_1에 0.2를 대입하면

$$I_2 = 0.4 \text{ A}$$

$$I_3 = 0.6 \text{ A} \qquad (19\text{-}12)$$

따라서 R_1, R_2, R_3의 값을 다음과 같이 구할 수 있다.

$$R_1 = \frac{V}{I_1} = \frac{15 \text{ V}}{0.2 \text{ A}} = 75 \ \Omega$$

$$R_2 = \frac{V}{I_2} = \frac{15 \text{ V}}{0.4 \text{ A}} = 37.5 \ \Omega \qquad (19\text{-}13)$$

$$R_3 = \frac{V}{I_3} = \frac{15 \text{ V}}{0.6 \text{ A}} = 25 \ \Omega$$

 문제 3. 24V 전원으로부터 3개의 저항성 부하에 각각 20mA, 30mA, 50mA의 전류를 공급하는 분할 회로망을 설계 한다. 3개의 부하는 병렬이고 부하 1의 저항은 300Ω 이다.

풀이 병렬부하 R_1, R_2, R_3을 그린다. 부하 1의 전류와 저항 값이 주어졌으므로 부하 1과 나머지 두 병렬 부하에 걸리는 전압을 다음과 같이 구할 수 있다.

$$V_1 = I_1 \times R_1 = (20 \text{ mA}) (300 \ \Omega) = 6 \text{ V} \qquad (19\text{-}14)$$

전원이 24V이므로 3개의 병렬부하에 도달하기 전에 18 V의 전압강하가 있어야 한다. 그림 19-3과 같은 직-병렬회 로가 요구조건에 적합하다. 저항 R_4와 부하 R_2, R_3의 값 을 구해야 한다.

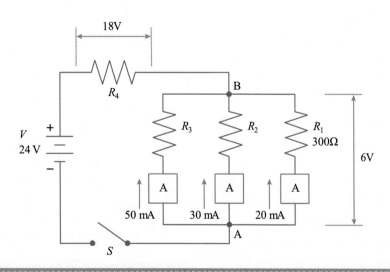

그림 19-3 R_1, R_2, R_3 저항기를 구동하는 전압-전류분할 회로

우선, R_2, R_3에 대해 풀면

$$R_2 = \frac{V_{AB}}{I_2} = \frac{6 \text{ V}}{30 \text{ mA}} = 200 \text{ }\Omega$$

$$R_3 = \frac{V_{AB}}{I_3} = \frac{6 \text{ V}}{50 \text{ mA}} = 120 \text{ }\Omega \qquad (19\text{-}15)$$

다음으로, R_4에 흐르는 총 전류 I_T는 키르히호프 전류 법칙에 의해 다음과 같이 구할 수 있다.

$$I_T = I_1 + I_2 + I_3 = 20 \text{ mA} + 30 \text{ mA} + 50 \text{ mA}$$

$$= 100 \text{ mA}$$

따라서,

$$R_4 = \frac{18}{100 \text{ mA}} = 180 \text{ }\Omega \qquad (19\text{-}16)$$

03 요약

(1) 전압 또는 전류분할 회로의 설계를 위해서는 옴의 법칙과 키르히호프 법칙을 적용한 수학적 해를 먼저 구한다.

(2) 일반적인 설계과정은 다음과 같다.

   (a) 회로도를 그린 후, 알고 있는 값들과 구하고자 하는 값들을 구분해서 표시한다.

   (b) 회로의 전기적 관계를 반영하도록 적절한 수식을 세운다.

   (c) 구하고자 하는 값에 대하여 수식을 푼다.

   (d) 계산된 값들로부터 회로를 구성하고 설계조건이 맞는지 회로를 시험한다.

(3) 지정된 부하전류를 공급하는 전압분할 회로의 설계에 있어서 경험적으로 사용되는 분로전류의 값은 근사적으로 부하전류의 10%이다.

04 예비점검

아래의 질문에 답하여 여러분의 이해도를 점검하시오.

(1) 그림 19-4와 같은 전압분할 회로를 설계하고자 한다.

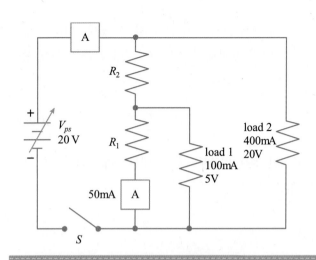

그림 19-4 예비점검 1과 2에 대한 회로

20V 전압원에 의해 부하에 공급되는 전류는 부하 1은 5V에서 100mA이고, 부하 2는 20V에서 50mA이다. 분로전류 I_1은 50mA라고 가정한다. R_1과 R_2의 값은 얼마인가?

   (a) $R_1 =$ _____ Ω

   (b) $R_2 =$ _____ Ω

(2) (1)의 조건에서 부하저항의 값은 얼마인가?

   (a) 부하 1의 저항은 _____ Ω

   (b) 부하 2의 저항은 _____ Ω

(3) 그림 19-5와 같은 회로에서 세 개의 부하저항은 값을 가지며, 부하전압 5V에서 150mA의 총 전류를 공급한다. 공급전원이 50V일 때, R_1, R_2, R_3, R_4의 값은 얼마가 되어야 하나?

   (a) $R_1 =$ _____ Ω (b) $R_2 =$ _____ Ω

   (c) $R_3 =$ _____ Ω (d) $R_4 =$ _____ Ω

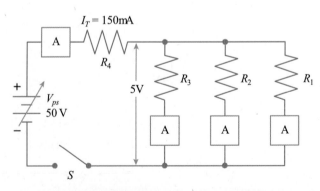

그림 19-5 예비점검 3에 대한 회로

05 실험 준비물

전원장치

- 0-15V 가변 직류전원(regulated)

측정계기

- DMM 또는 VOM
- 0-10mA 밀리암미터

저항기

- 설계에 필요한 $\frac{1}{2}$-W, 5% 저항기

기타

- SPST 스위치

06 실험과정

아래의 실험은 주어진 사양에 따라 회로를 설계해야 한다. 5%, $\frac{1}{2}$-W의 상용 저항기를 사용할 것이며, 실험조교에서 사용 가능한 저항기들을 확인 받는다.

A. 전압분할기 설계

A1. 15V로 안정화된 전압 공급기를 위한 전압분할 회로를 설계한다. 이 회로는 9V에서 3mA의 부하전류를 공급해야 한다. 회로도를 그리고 회로의 전압, 전류와 부품들의 값을 표시한다. 회로의 전원을 on/off 시키기 위한 SPST 스위치를 회로도에 포함시킨다. 필요한 모든 부품들을 나열한 설계결과를 보고서에 포함시킨다. 소자값을 구하기 위한 모든 계산과정을 보인다. 다음단계로 넘어가기 전에 실험조교에게 설계결과를 확인 받는다.

A2. 전원은 차단하고 스위치를 개방한 상태로, 과정 A1에서 설계된 전압분할 회로를 구성한다. 특정 저항 값의 저항기를 사용할 수 없는 경우에는 저항기들을 적당히 직-병렬 결합하여 설계 값에 근사시킬 수 있다.

A3. 설계전압, 전류의 계산 값이나 측정값을 기록하기 위

한 표를 준비한다. 또한, 저항계로 각 저항기의 값을 측정한다. 회로에서 전압, 전류를 측정하여 준비된 표에 기록한다.

B. 전류분할 회로

B1. 15V 전원으로부터 3개의 병렬가지를 갖는 부하에 전류를 공급할 수 있는 전류분할 회로를 설계한다. 전원에 의해 공급되는 총 전류는 10V에서 5mA이다. 가지전류들은 다음과 같이 분배된다.
  - (a) 가지 2의 전류는 가지 1의 전류보다 1.5배 커야 한다.
  - (b) 가지 3의 전류는 가지 1의 전류보다 2.5배 커야 한다.(즉, 3개 가지들의 전류는 1 : 1.5 : 2.5의 비율로 분배된다) 회로도를 그리고 모든 소자들의 값과 회로의 전압, 전류들을 표시한다. 회로의 전원을 on/off 하기 위한 SPST 스위치가 회로도에 포함되어야 한다. 필요한 모든 소자들을 나열한 설계결과를 보고서에 포함시킨다. 다음 과정으로 가기 전에 실험조교에게 설계결과를 확인 받는다.

B2. 전원은 끄고 스위치는 개방한 상태로 단계 B1에서 설계된 전류분할 회로를 구성한다. 특정 저항 값의 저항기를 사용할 수 없는 경우에는 저항기들을 적당히 직-병렬 결합하여 설계 값에 근사화할 수 있다.

B3. 설계전류, 전압의 계산 값과 측정값들을 기록하기 위한 표를 준비한다. 각 저항기들의 저항 값을 저항계로 측정한다. 회로의 전압과 전류를 측정하여 준비한 표에 기록한다.

07 예비 점검의 해답

(1) (a) 100; (b) 100
(2) (a) 50; (b) 50
(3) (a) 100; (b) 100; (c) 100; (d) 300

성 명 _____   일 시 _____

실험 고찰

1. (a) Part A에 대한 회로도와 계산과정

_____
_____
_____
_____
_____
_____
_____
_____
_____
_____
_____
_____
_____
_____
_____
_____
_____
_____
_____
_____
_____

(b) 과정 A3의 설계전압, 전류의 계산 값과 측정값에 대한 표

_____
_____
_____
_____
_____
_____
_____
_____

2. (a) Part B에 대한 회로도와 계산과정

(b) 과정 B3의 설계전압, 전류의 계산 값과 측정값에 대한 표

3. 1(b)에서 작성된 표의 데이터를 인용하여 Part A에서의 설계전류 값과 측정전류 값을 비교하시오.

_____

_____

_____

_____

_____

_____

_____

_____

_____

_____

_____

_____

_____

_____

_____

_____

_____

_____

_____

4. 2(b)에서 작성된 표의 데이터를 인용하여 Part B에서의 설계전류 값과 측정전류 값을 비교하시오.

_____

_____

_____

_____

_____

_____

_____

_____

_____

_____

_____

_____

_____

_____

_____

_____

전압, 전류, 저항측정을 이용한 전기회로의 고장진단

01 실험목적

(1) 전압, 전류, 저항측정을 이용한 회로의 고장진단 방법을 배운다.
(2) 고장진단 방법을 적용하여 회로의 결함부분을 찾는다.

02 이론적 배경

전자 기술자들은 다방면에 능력을 갖추어야 한다. 특정 작업에 필요한 도구와 계기를 선택하고 사용할 수 있어야 하며 또한, 자신이 취급하는 부품과 전자 장비의 전기적인 특성뿐만 아니라 물리적인 특성도 알아야 한다.

기술자들에게 가장 흥미 있고 도전적인 작업 중의 하나는 결함이 있는 장비를 고장진단하고 수리하는 것이다. 고장진단은 결함이 있는 장비를 조사하고 시험하여 고장의 원인을 찾는 과정이다. 고장부분을 찾기 위해 단순히 자신의 눈이나 귀를 사용할 수도 있을 것이다. 필요하다면 진단과정에서 장비를 사용할 수도 있다. 본 장의 실험에서는 고장진단을 위해 전류계, 전압계, 저항계 등의 3가지 장비가 사용된다.

이 실험에서는 직류전원에 의해 구동되는 저항기 회로망을 이용하여 고장진단의 개념을 소개한다. 회로내의 어느 곳에 고장난 저항기가 있으면 이에 의해 회로의 동작 특성이 변화될 것이다.

만약 이 회로가 복잡한 장비의 일부분이라면, 제일 먼

저 제조업자나 설계자에 의해 명시된 대로 동작하지 않는 부분을 찾아야 한다. 일단, 고장부분을 발견하고 이를 분리시킨 후에는 그 회로내의 결함이 있는 부품을 찾아야 한다. 시각, 촉각 또는 후각에 의해 의심되는 부품의 위치를 찾을 수 있다. 이 부품을 정상부품으로 교체하면 회로가 정상 동작해야 하며, 따라서 결함부품을 찾았다고 확신할 수 있다. 만약 시각, 촉각, 후각 등으로 결함부품을 찾을 수 없다면 좀더 체계적인 방법을 사용해야 한다. 이 실험에서는 회로의 여러 부분에 존재하는 고장난 저항기들을 찾기 위해 직류회로와 기본적인 직류계측장비의 사용에 관한 지식들을 응용한다.

1. 회로의 결함

회로내의 개별 부품의 특성이 변하면 이에 의해 회로동작의 변화가 초래될 수 있다.

저항기 저항기의 저항 값은 변할 수 있다. 저항기를 통과하는 회로경로가 개방되면 이는 개방된 스위치와 등가가 되므로, 회로에 무한대에 가까운 큰 저항이 있는 결과가 된다. 저항기의 저항 값이 0에 가까우면 이 저항기는 단락회로와 같은 결과가 된다.

스위치 기계적인 스위치는 접촉압력이 작거나 부분적으로 마모되면 회로에 매우 큰 저항을 나타낼 수 있다. 고장난 스위치는 단락 되지 않을 수 있으며, 이로 인해 회로는 항상 개방상태가 될 수 있다. 또한, 스위치가 단락회로가 되면 스위치의 위치에 관계없이 회로는 항상 단락상태가 될 수 있다.

회로도선 도선이 끊어지면 그 부분의 회로는 개방된다. 도선의 절연이 잘못되거나 부품이 잘못 배치되면, 인접한 도선이 접촉되어 단락회로를 형성하게 된다.

전원 배터리는 오래 사용할수록 내부저항이 증가한다. 전류가 충전지로부터 흘러나올 때 내부 전압강하에 의해 단자전압은 정격 이하로 감소하게 된다. 안정화되지 않은 전원공급기도 전원으로부터 전류가 흐름에 따라 출력전압이 감소한다. 이는 정상적인 상황이지만 부하가 있는 회로의 동작을 실험할 때 고려해야 한다. 결함 있는 전원은 출력전압이 매우 작거나 전압을 전혀 출력하지 못할 수 있다.

2. 회로 부품의 고장진단

저항기, 스위치, 회로도선은 회로 밖에 있는 경우에만 저항계를 사용하여 시험할 수 있다. 이러한 시험을 정적시험(static test) 또는 정적측정(static measurement)이라고 한다.

저항기의 저항 값을 측정할 때에는 저항기의 허용오차를 고려해야 한다. 예를 들어, 10%의 허용오차를 갖는 $1.2k\Omega$ 저항기의 측정값이 1080Ω(1200-120)에서 1320Ω(1200+120) 사이였다면 이 저항기는 정상이라고 간주할 수 있다.

스위치는 양끝에 저항계를 연결하여 작동을 시험할 수 있다. 스위치가 개방되어 있으면 저항계에는 매우 큰 즉, 무한대의 저항 값이 나타날 것이며, 스위치가 닫혀 있으면 매우 작은 즉, 0의 저항 값이 나타날 것이다.

도선은 단선이든 복선이든 또는 기판에 인쇄되어있든 저항계를 사용하여 연결성을 시험할 수 있다. 이와 같은 시험은 도선의 양끝 사이에 완전한 통로가 존재하는 지를 확인하기 위해 주로 사용된다. 또한, 이 방법은 도선이 접지나 장비본체와 잘 접촉되어 있는 지(이를 접지상태라고 함) 또는 다른 도선과의 잘못된 접촉이 있는 지(이를 단락상태라고 함)를 찾기 위해 사용된다.

주의 저항계를 사용한 시험은 작동하는 회로 즉, 회로에 전압이 인가된 상태에서 이루어져서는 안 된다.

회로부품의 일시적인 결함은 저항계가 연결된 상태에서 일부분을 구부리거나 흔들거나 또는 가볍게 두드려 봄으로써 발견할 수 있다. 이때, 측정기에 어떤 갑작스런 변화가 나타나면 이는 시간이 흐름에 따라 영구적인 결함으로 변할 가능성이 있거나 또는 간헐적인 오동작을 교정하기 위해 먼지를 제거하거나 나사를 죄는 등의 조치가 필요함을 의미한다.

가장 중요하고도 우선되어야 할 것은 부하나 회로가 연결되기 전에 전원에 대해 시험해보는 것이다. 무부하 상태에서의 전원전압은 정확한가? 전원이 부하에 따라 거의 변하지 않고 안정화되어 있는가? 아니면, 안정화되어 있지 않고 부하에 따라 변하는가? 전원이 부하나 회로에서 요구되는 전류를 공급할 수 있는가? 전원에 포함된 계기 또는 외부의 전압계로 무부하 출력이나 전원공급기의 단자전압을 측정할 수 있다. 전원의 전류정격은 전원공급기의 표찰(nameplate)에 표시되어 있으며, 이는 회로에 공급할 수 있는 전류능력을 나타낸다.

3. 동적 측정에 의한 고장진단

저항기, 스위치, 도선 및 다른 회로소자들은 회로 밖에서 측정되거나 전원이 꺼진 상태에서 시험하면 정상상태로 나타날 수 있다. 그러나, 동일한 소자라도 전압이 인가된 회로 내에서 측정되면 다르게 작동될 수 있다. 회로가 동작하고 있는 상태에서 시험하는 것을 동적측정이라 한다. 동적측정은 특정소자를 회로에서 제거할 수 없는 경우에 필요하다. 동적측정으로 얻어진 전류, 전압을 계산에 의해 얻어진 값과 비교함으로써 결함의 성질에 대한 실마리를 찾거나 문제점이 있는 듯한 부분을 찾아낼 수 있다.

4. 기본적인 고장진단 규칙

동적측정 결과로부터 얻어지는 결론은 다음의 두 가지 원칙을 기초로 한다.

1. 저항기만으로 구성된 정상 동작하는 회로에서 각 저항기에 걸리는 전압과 회로의 각 부분에 흐르는 전류는 옴의 법칙과 키르히호프 법칙을 만족해야 한다.
2. 만약, 어떤 저항기에 걸리는 전압이나 회로의 어떤 부분에 흐르는 전류가 옴의 법칙이나 키르히호프 법칙을 만족하지 않으면, 그 회로는 정상 동작하지 않으며 회로에 결함이 있다고 가정할 수 있다.

앞의 두 가지 원칙을 적용함에 있어서 옴의 법칙과 키르히호프 법칙의 계산에 사용되는 저항기의 저항 값은 색코드로 표시된 정격 값이 아닌 실제 저항 값이어야 한다.

5. 직류 직렬회로의 동작특성

그림 20-1의 단순한 직렬회로는 100V의 직류 전원공급

기와 스위치 S 그리고 $R_1 = 2\,k\Omega$, $R_2 = 3\,k\Omega$, $R_3 = 5\,k\Omega$인 저항기 3개로 구성되어 있다. 전류계는 전류를 측정하기 위해 사용된다. 그림에서와 같이 S가 개방된 상태에서는 전류에 대한 완전한 통로가 없으므로 전류계에는 0A가 나타날 것이다. 전류가 없기 때문에 각 저항기에서의 전압강하는 옴의 법칙에 의해 0이다.

$$V_1 = I \times R_1 = 0 \times 2\,\text{k} = 0\,\text{V}$$
$$V_2 = I \times R_2 = 0 \times 3\,\text{K} = 0\,\text{V}$$
$$V_3 = I \times R_3 = 0 \times 5\,\text{K} = 0\,\text{V}$$

S가 단락되면 폐회로가 형성되어 전류가 흐를 것이다. 회로의 전류를 I, 인가전압을 V, 그리고 직렬회로의 전체 저항을 R_T로 하고 옴의 법칙을 적용하면 I는 다음과 같이 계산된다.

$$I = \frac{V}{R_T} = \frac{100\,\text{V}}{(2\,\text{k} + 3\,\text{k} + 5\,\text{k})} = \frac{100\,\text{V}}{10\,\text{k}}$$
$$= 0.010\,\text{A}\,,\ \text{또는}\ 10\,\text{mA}$$

마찬가지로, 옴의 법칙을 사용하여 각 저항기에서의 전압강하를 다음과 같이 계산할 수 있다.

$$V_1 = 10\,\text{mA} \times 2\,\text{k}\Omega = 20\,\text{V}$$
$$V_2 = 10\,\text{mA} \times 3\text{k}\Omega = 30\,\text{V}$$
$$V_3 = 10\,\text{mA} \times 5\,\text{k}\Omega = 50\,\text{V}$$

그림 20-1에서 회로의 어떤 일부분의 값이 변하거나 결함이 발생한다면 전압과 전류의 측정값은 계산 값과 다르

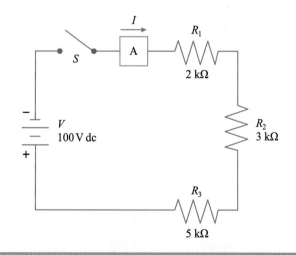

그림 20-1 직류 직렬회로의 고장진단

게 될 것이고, 이는 정격전압 또는 전류에 의존하는 부하의 동작에 영향을 미칠 것이다. 예를 들어, 저항기중의 하나가 특정한 동작전압이 요구되는 소형모터라고 하면 회로에서의 변화에 의해 모터에 걸리는 전압이 증가되거나 감소되어 모터는 의도했던 대로 동작되지 않을 것이다.

6. 직렬회로의 고장진단

그림 20-1의 회로를 이용하여 고장진단 과정을 살펴본다. 이 회로에는 10mA의 전류가 흐르지 않으므로 결함이 있는 것으로 의심된다. 회로의 각 부분에 대한 전압과 전류의 측정값은 $V = 100$V, $I = 4$mA, $V_1 = 8$V, $V_2 = 12$V, $V_3 = 80$V 이다. 회로내의 모든 점에서 전류는 4mA이므로, V와 I의 측정값과 옴의 법칙을 사용하여 저항기의 저항 값을 계산할 수 있다.

$$R_1 = \frac{V_1}{I} = \frac{8 \text{ V}}{4 \text{ mA}} = 2 \text{ k}\Omega A$$

$$R_2 = \frac{V_2}{I} = \frac{12 \text{ V}}{4 \text{ mA}} = 3 \text{ k}\Omega A$$

$$R_3 = \frac{V_3}{I} = \frac{80 \text{ V}}{4 \text{ mA}} = 20 \text{ k}\Omega A$$

10mA의 전류를 얻기 위한 R_3는 5kΩ이었으므로 R_3을 5kΩ 저항기로 교체하면 회로에 정상전류가 흐르게 될 것이다.

다른 방법으로도 측정값을 해석할 수 있다. 전류가 10mA에서 4mA로 감소했으므로 전체저항 값은 증가되었음이 확실하다. 회로의 어느 한 부분에만 결함이 있다는 초기 가정은 일반적으로 성립한다. 위의 문제에 이러한 가정을 적용한다면 정상회로에 대해 계산 값과 측정치를 비교할 수 있다. 회로의 전류가 정상전류의 40%로 감소했다면 R_1과 R_2에 걸리는 전압은 계산치의 40%가 되고, R_3에 걸리는 전압은 계산치의 160%가 됨을 주목해야 한다. 그래서 R_1과 R_2에서의 전압강하는 예상대로 감소했지만 R_3에 걸리는 전압은 예상 밖으로 증가했다. 그러므로 R_3에 결함이 있다고 의심할 수 있다. 앞의 사실들은 회로에 인가되는 전압이 지정된 값을 유지하는 경우에만 유효하므로, 회로에 인가되는 전압을 가장 먼저 확인해야 한다.

7. 병렬회로의 특성

그림 20-2의 회로를 이용하여 병렬회로의 중요한 특성을 설명한다. 공급전원이 100V에 고정되어 있고 도선의 저항은 0으로 가정한다. 옴의 법칙에 의해 각 저항에 흐르는 전류는 다음과 같이 된다.

$$I_1 = \frac{V}{R_1} = \frac{100 \text{ V}}{1 \text{ k}\Omega A} = 0.100 \text{ A} \text{ 또는 } 100 \text{ mA}$$

$$I_2 = \frac{V}{R_2} = \frac{100 \text{ V}}{3 \text{ k}\Omega} = 0.033 \text{ A} \text{ 또는 } 33 \text{ mA}$$

$$I_3 = \frac{V}{R_3} = \frac{100 \text{ V}}{6 \text{ k}\Omega} = 0.017 \text{ A} \text{ 또는 } 17 \text{ mA}$$

키르히호프 법칙에 의해 총 전류 I_T는 다음과 같이 된다.

$$\begin{aligned} I_T &= I_1 + I_2 + I_3 \\ &= 100 \text{ mA} + 33 \text{ mA} + 17 \text{ mA} \\ &= 150 \text{ mA} \end{aligned}$$

옴의 법칙을 사용하여 회로의 총 저항을 구하면 다음과 같이 된다.

$$R_1 = \frac{V}{I_T} = \frac{100 \text{ V}}{150 \text{ mA}} = 667 \text{ }\Omega$$

총 저항은 아래의 수식을 사용하여 구할 수도 있다.

$$R_T = \frac{1}{\frac{1}{R_1} + \frac{1}{R_2} + \frac{1}{R_3}}$$

$$\begin{aligned} R_T &= \frac{1}{\frac{1}{1 \text{ k}} + \frac{1}{3 \text{ k}} + \frac{1}{6 \text{ k}}} \\ &= \frac{1}{10 \times 10^{-4} + 3.33 \times 10^{-4} + 1.67 \times 10^{-4}} \\ &= \frac{1}{15 \times 10^{-4}} = 667 \text{ }\Omega \end{aligned}$$

8. 직류 병렬회로의 고장진단

그림 20-2의 회로에서 전압, 전류, 저항의 측정값이 계산값과 다르다면 회로에 결함이 있다고 가정할 수 있다.

우선, 공급전압을 측정하여 그 값이 100V이면 전압이

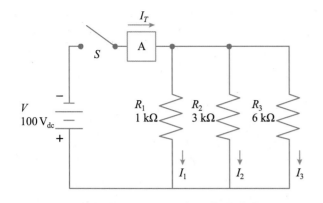

그림 20-2 직류 병렬회로의 고장진단

정상적으로 회로에 인가되고 있음을 알 수 있다. 그러나 측정된 총 전류는 105mA였다. 따라서 저항기 중 하나에 결함이 있어 원하는 전류가 흐르지 않는다고 생각할 수 있다. (단지, 회로의 한 부분에만 결함이 있다고 가정한다.)

병렬회로의 각 가지에 전류계를 연결하여 가지전류를 측정하거나 저항기의 한쪽 단자를 끊고 저항계로 저항 값을 측정할 수 있을 것이다.

앞의 예에서, I_1의 측정값이 55mA였다면 R_1의 저항값은 1000Ω 이상이 되어야 한다. R_1의 계산값은 다음과 같았다.

$$R_1 = \frac{V}{I_1} = \frac{100 \text{ V}}{55 \text{ mA}} = 1818 \ \Omega$$

저항계를 이용한 측정으로도 이 값을 확인할 수 있다. R_1을 1kΩ의 저항기로 교체하면 정상전류가 흐르게 된다.

명시된 전류값에 대한 고찰에 의해 결함이 있는 저항기에 대한 다른 실마리를 찾을 수 있다. 전류 I_1과 I_2의 합은 133mA라는 것을 주목해야 한다. 또 다른 가지전류의 조합은 $I_2 + I_3 = 117 \text{ mA}$, $I_1 + I_3 = 50 \text{ mA}$ 이다.

저항기중의 하나에 흐르는 전류가 요구되는 값 보다 작다는 것을 알고 있으므로 총 전류는 이 두 저항기의 전류와 차이가 있을 것이다. 명백히, $I_1 + I_2$와 $I_1 + I_3$ (각각 133mA, 117mA)은 실제의 전체 전류 105mA 보다 크다. $I_2 + I_3$는 50mA가 요구되지만 실제의 값은 알 수 없다. 그러나, $I_1 + I_2$와 $I_1 + I_3$으로부터 무엇인가를 알아낼 수 있다. 만약 R_2가 지정된 값보다 크다면 R_1과 R_3는 정상 저항기일 것이고 회로에는 적어도 117mA의 전류가 흐를 것이다. 만약 R_3가 지정된 값보다 크다면 R_1과 R_2는 정

상 저항기일 것이고 회로에는 적어도 133mA의 전류가 흐를 것이다.

이 사실로부터, R_1에 결함이 있음을 알 수 있다. 다음 단계는 이 조건을 증명하기 위해 R_1을 회로에서 분리하여 저항값을 측정하는 것이다. 고장진단 과정의 초기에 단지 하나의 저항기에만 결함이 있다고 가정했던 사실을 기억해야 한다. 회로의 오동작이 하나 이상의 결함에 기인한다는 사실을 밝히기 위해서는 좀더 자세한 관찰이 요구된다. 다른 예로써, I_T가 요구되는 값보다 더 크다면 지정된 값보다 더 작은 값의 저항기가 가지 중 하나에 있다고 결론 지을 수 있다. 앞에서 설명된 것과 유사한 과정으로 결함이 있는 저항기를 찾아낼 수 있다.

따라서, 전압원 V를 갖는 병렬회로에 대해서 다음과 같은 결론을 얻을 수 있다.

1. 측정된 I_T가 지정된 값이나 계산값 보다 작다는 것은 가지 저항기 중의 하나가 지정된 값보다 더 큰 저항값을 가짐을 의미한다. 요구되는 값보다 작은 전류가 흐르는 가지에 결함있는 저항기가 있다.
2. 측정된 I_T가 지정된 값이나 계산값 보다 크다는 것은 가지저항기 중의 하나가 지정된 값보다 더 작은 저항값을 갖음을 의미한다. 요구되는 값보다 큰 전류가 흐르는 가지에 결함있는 저항기가 있다.

마지막으로, $I_T = 0 \ A$이면 스위치에 결함이 있거나 병렬가지를 연결하는 도선의 일부가 끊어져 있다는 결론을 내릴 수 있다.

9. 직류 직-병렬회로의 고장진단

직-병렬회로를 구성하고 있는 저항기들을 시험하기 위해서는 앞에서 설명된 직렬회로와 병렬회로의 고장진단 방법과 동일하게 전압강하와 전류에 대한 측정이 필요하다. 총 전류 I_T 역시 측정해야 한다. 그림 20-3은 R_2와 R_3가 병렬이고 R_1과 R_4가 직렬인 직-병렬회로이다. R_2와 R_3의 병렬연결 저항값은 다음과 같다.

$$R_{2,3} = \frac{R_2 \times R_3}{R_2 + R_3} = \frac{3 \text{ k} \times 6 \text{ k}}{3 \text{ k} + 6 \text{ k}} = 2 \text{ k}\Omega$$

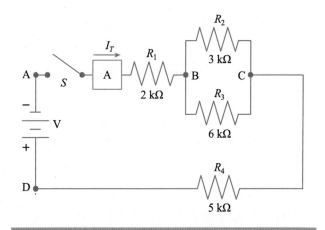

그림 20-3 직류 직-병렬회로의 고장진단

직렬연결에 대해, $R_1 + R_4 = 2\ k\Omega + 5\ k\Omega = 7\ k\Omega$이므로, $R_T = 2\ k\Omega + 7\ k\Omega = 9\ k\Omega$이고, 총 전류 I_T는 다음과 같이 된다.

$$I_T = \frac{V}{R_T} = \frac{90\ V}{9\ k\Omega} = 0.010\ A,\ \text{또는}\ 10\ mA$$

이 값을 이용하여 각 저항기에 걸리는 전압은 다음과 같이 계산된다.

$$V_1 = 2\ k\Omega \times 10\ mA = 20\ V$$
$$V_4 = 5\ k\Omega \times 10\ mA = 50\ V$$
$$V_{2,3} = 2\ k\Omega \times 10\ mA = 20\ V$$

$V_{2,3}$의 값으로부터 R_2와 R_3에 흐르는 전류는 다음과 같이 계산된다.

$$I_2 = \frac{V_{2,3}}{R_2} = \frac{20\ V}{3\ k\Omega} = 0.0067\ A,\ \text{또는}\ 6.7\ mA$$
$$I_3 = \frac{V_{2,3}}{R_3} = \frac{20\ V}{6\ k\Omega} = 0.0033\ A,\ \text{또는}\ 3.3\ mA$$

고장진단은 인가전압 V를 확인 한 후, I_T의 측정으로 시작될 수도 있다. I_T가 예상값이나 계산값 보다 크면 R_T는 지정된 값보다 작게 된다. 마찬가지로, I_T가 예상값 보다 작으면 R_T는 지정된 값보다 크게 된다. 각각의 경우에 전압강하와 전류를 측정해야 한다.

예를 들어, 그림 20-3의 회로에서 측정된 전류와 전압이 각각 $I_T = 8mA$, $V = 90V$였다면, I_T가 계산값 보다 작으므로 R_T는 지정된 값보다 커야 한다. $V_{2,3}$의 측정값은 34V였다. 지정된 저항값 $R_{2,3} = 2\ k\Omega$과 측정전류 $I_T = 8mA$

에 의해 R_2와 R_3의 병렬결합에 나타나는 예상 전압은 다음과 같이 되어야 한다.

$$V_{2,3} = R_{2,3} \times I_T = 2\ k\Omega \times 8\ mA = 16\ V$$

그러므로, R_2 또는 R_3가 지정된 값보다 크다. I_2 또는 I_3를 측정하여 어느 저항기가 지정된 값보다 큰 저항 값을 갖는지 밝힐 수 있다. I_2 또는 I_3를 회로에서 분리하면 저항계로 불량 저항기를 즉시 찾을 수 있을 것이다. 전류를 측정하기 위해서는 R_2와 R_3가 포함된 가지를 끊고 전류계를 삽입한 후 다시 연결해야함을 명심해야 한다.

직-병렬회로의 고장진단은 다음의 과정으로 이루어진다.

1. 저항기, 전류, 전압의 지정된 값을 확인한다. 이 값들은 회로도에 주어지거나 정상 동작하는 회로의 저항, 전압, 전류 값으로부터 계산된 값들이다.
2. 회로에서의 실제 전압, 전류 값을 측정한다.
3. 측정값과 지정된 값을 비교하여 차이가 있는 지를 확인한다.
4. 직렬회로와 병렬회로 각각에 대해 회로를 점검하고 각 회로 형태에 필요한 고장 진단 방법을 적용한다.

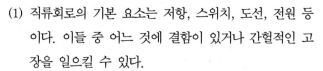

요약

(1) 직류회로의 기본 요소는 저항, 스위치, 도선, 전원 등이다. 이들 중 어느 것에 결함이 있거나 간헐적인 고장을 일으킬 수 있다.
(2) 회로의 각 부품은 저항계로 저항값과 연결성을 측정할 수 있다.
(3) 고장진단의 첫 단계는 무부하 상태에서 부하에 필요한 전류공급 능력을 확인하는 것이다.
(4) 전압과 전류에 대한 동적측정은 지정된 전압원이 회로에 연결된 상태에서 이루어진다.
(5) 회로의 고장 진단 시에는 단지 하나의 부품만이 결함이 있다는 초기 가정을 한다.
(6) 일반적으로, 고장진단은 전압, 전류의 동적측정 값을 옴의 법칙과 키르히호프 법칙으로 계산된 값 또는 지

정된 전압, 전류 값과 비교하는 것을 포함한다.

(7) 직렬회로에서 지정된 값보다 작은 전류는 가지 저항기들 중의 하나가 지정된 값보다 큰 저항 값을 갖음을 의미한다. 마찬가지로, 지정된 값보다 큰 전류는 지정된 값보다 작은 저항 값을 의미한다.

(8) 병렬회로에서 주어진 총 전류보다 작은 전류는 가지 저항기중의 하나가 지정된 저항 값보다 더 큰 값을 갖음을 의미한다. 또한, 지정된 총 전류보다 큰 전류 값은 가지 저항기중의 하나가 지정된 값보다 작은 값을 갖음을 의미한다.

(9) 직-병렬회로의 고장진단은 직렬회로와 병렬회로 각각에 대한 고장진단 과정에 따라 이루어진다.

04 예비점검

아래의 질문에 답하여 여러분의 이해도를 점검하시오.

(1) 그림 20-1의 회로에서 R_1 은 2.2kΩ, R_2 는 4.7kΩ, R_3 은 8.2kΩ이다. 인가전압은 $V = 150$V이다. 스위치가 닫혔을 때의 전류는 4.5mA이다. $V_1 = 10$V(R_1 에 걸리는 전압), $V_2 = 103$V, $V_3 = 37$V이다.

  (a) 회로가 정상 동작하는 상태에서 전압, 전류의 값은

    (i) I = _____ mA

    (ii) V_1 = _____ V

    (iii) V_2 = _____ V

    (iv) V_3 = _____ V

  (b) 총 저항은 _____ (증가/감소)

  (c) 결함 소자는 _____

(2) 그림 20-1의 회로에서 저항값은 위와 동일하며, $V = 150$V이다. 스위치가 닫혔을 때 정상적으로 동작중인 전류계에 전류값이 측정되지 않았다. 측정전압은 $V = 150$V, $V_1 = 0$V, $V_2 = 0$V, $V_3 = 0$V이다. 결함이 있다고 (즉, 개방되었다고) 의심되는 소자는 _____ 이다.

(3) 그림 20-2의 회로에서 저항기의 정격값은 $R_1 = 1.2$kΩ, $R_2 = 1.8$kΩ, $R_3 = 3$kΩ 그리고 $V = 300$V이다. 스위치가 닫혔을 때의 측정전류는 $I_T = 400$mA, $I_1 = 133$ mA, $I_2 = 167$mA, $I_3 = 100$mA이다.

  (a) 회로가 정상일 경우, 총 전류 I_T 는 _____ mA

  (b) 그러므로 총 저항은 _____ (증가/감소) 하였다.

  (c) 정상전류는

    (i) I_1 = _____ mA

    (ii) I_2 = _____ mA

    (iii) I_3 = _____ mA

  (d) 결함 저항기는 _____ 이고, 저항 값은 _____ (증가/감소) 했다.

(4) 그림 20-2의 회로에서 스위치가 닫혔을 때 $I_T = 0$, $I_1 = 0$, $I_2 = 0$, $I_3 = 0$, 그리고 $V = 100$ V 이다. 스위치 S가 개방된 상태에서 저항계로 확인한 결과, V의 양(+) 단자에서 S의 우측단자까지 연결되어 있음을 알았다. 모든 도선이 정상적이라고 가정한다면 결함 소자는 (a) _____ 이고, (b) 그것은 _____ (단락/개방) 되었다.

(5) 그림 20-3의 회로에서 측정전압은 $V_{AB} = 18$ V, $V_{BC} = 27$ V, $V_{CD} = 45$ V 이다. 결함소자는 (a) _____ 이고, (b) 그것은 _____ (단락/개방) 되었다.

05 실험 준비물

전원장치

- 0-15V 가변 직류전원(regulated)

측정계기

- DMM 또는 VOM
- 0-10mA 전류계
- 0-100mA 전류계

저항기($\frac{1}{2}$-W, 5%)

- 680Ω 1개
- 820Ω 1개
- 1kΩ 1개
- 1.2kΩ 1개
- 1.8kΩ 1개
- 2.2kΩ 1개

- 2.7kΩ 1개
- 3.3kΩ 1개
- 4.7kΩ 1개
- 5.6kΩ 1개

기타

- SPST 스위치

참고 실험조교로부터 저항기, 스위치, 도선 등을 공급받을 것이며, 이들 중 일부는 결함이 있는 것이다.

06 실험과정

A. 직렬회로

A1. 실험조교에게 받은 부품을 사용하여 그림 20-4의 회로를 연결한다. 스위치 S를 개방하고 전원공급기는 off 되었는지 확인한다. 주어진 저항기 3개의 총 정격 저항 값은 3kΩ을 초과해서는 안 된다. 색 코드에 의한 저항 값을 확인한다. (실험과정 A4에서 사용될 예정임.)

A2. 회로도를 그리고 모든 저항 값을 표시한다. (저항 값 결정은 색 코드를 이용한다)

A3. 전원공급기를 켜고 스위치 S를 닫는다. 출력이 15V가 되도록 전원공급기를 조정하고 회로도에 이 값을 기록한다. 실험 중에는 15V가 유지되어야 하며 전압을 주기적으로 점검하여 필요시에는 조정한다.

A4. V=15V와 저항기의 정격 값을 사용하여 각 저항기의 전압강하, 각 저항기에 흐르는 전류, 그리고 회로의 총 저항을 계산한다. 표 20-1의 "Calculated" 항에 계산된 값을 기록한다.

A5. 표 20-1에 표시된 전압, 전류 값을 측정하여 회로의 고장여부를 진단한다.

A6. 어떤 부품에 결함이 있는지 결정하고, 그 이유를 표 20-1에 간략히 기록하라. 회로 진단이 완료되면, S를 개방하고 전원을 끈다.

B. 병렬회로

B1. 실험조교에게 받은 부품을 사용하여 그림 20-5의 회로를 연결한다. S를 개방하고 전원공급기가 off되었는지 확인한다. 저항기 3개의 전체 병렬저항 값이 500Ω 이상 되어야 한다. 색 코드 값으로 총 저항 값을 계산한다. 이것은 실험과정 B4에서 사용될 예정이다.

B2. 회로도를 그리고, 모든 저항 값들을 표시한다. (저항 값은 색 코드를 이용한다.)

B3. 전원을 켜고, S를 닫는다. 출력단자에 15V가 나타나도록 전원공급기를 조정하고 회로도에 이 값을 표시한다. 실험이 진행되는 동안에 전원의 출력은 15V로 유지되어야 하며 전압을 주기적으로 점검하여 필요시에는 조정한다.

B4. V=15V와 저항기의 값을 사용하여 각 저항기의 전압강하, 각 저항기에 흐르는 전류, 총 전류 그리고 회로의 총 저항을 계산하여 표 20-2의 "Calculated"항에 기록한다.

B5. 표 20-2에 표시된 각 전압, 전류를 측정하여 회로의 고장여부를 진단한다. 하나의 전류계만 사용하는 경우에는 전류계 삽입을 위해 회로를 다시 연결해야 한

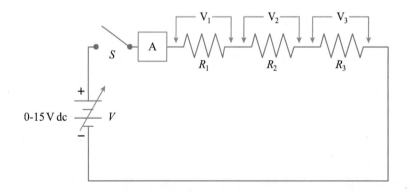

그림 20-4 실험과정 A1에 대한 회로. (저항기 R_1, R_2, R_3는 실험조교에게 받는다.)

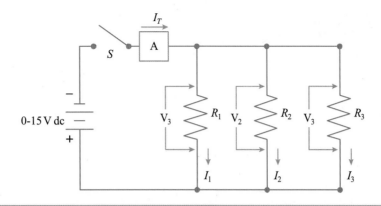

그림 20-5 실험과정 B1에 대한 회로. (저항기 R_1, R_2, R_3는 실험조교에게 받는다.)

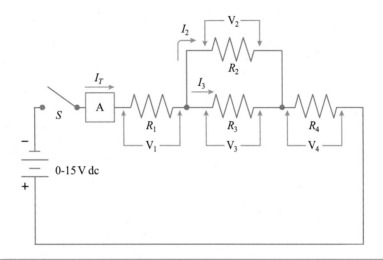

그림 20-6 실험과정 C1에 대한 회로. (저항기 R_1, R_2, R_3, R_4는 실험조교에게 받는다.)

다. 회로변경 전에는 반드시 S를 개방한다. 회로변경 후에는 S를 닫고 공급전압을 점검하여 필요하다면 V=15V가 유지되도록 조정한다.

B6. 결함소자를 결정하고 그 이유를 간략히 표 20-2에 기록한다. 회로진단이 완료되면 S를 개방하고 전원을 끈다.

C. 직-병렬회로

C1. 실험조교에게 받은 부품을 사용하여 그림 20-6의 회로를 연결한다. S를 개방하고 전원공급기가 off 되었는지 확인한다.

C2. 회로도를 그리고 모든 저항 값을 기록한다. (저항값은 색 코드를 이용한다.)

C3. 전원을 켜고 S를 닫는다. 전원공급기의 출력전압이 15V가 되도록 조정한다. 이 값을 회로도에 표시한다.

실험이 진행되는 동안에 15V가 유지되어야 하며 전압을 주기적으로 점검하여 필요시에는 조정한다.

C4. V=15V와 저항기의 정격값을 이용하여 각 저항기의 전압강하, 각 저항기에 흐르는 전류, 총 전류 그리고 회로의 총 저항을 계산한다. 표 20-3의 "Calculated" 항에 이 값을 기록한다.

C5. 표 20-3에 표시된 각 전류, 전압을 측정하여 회로의 고장 유·무를 진단한다. 하나의 저항계만 사용하는 경우에는 필요한 만큼 회로를 다시 구성해야 한다. 회로 변경 전에는 반드시 S를 개방한다. 회로변경 후에는 S를 닫고 공급전압을 점검하여 필요하다면 15V로 조정한다.

C6. 결함 부품을 결정하고 그 이유를 간략히 표 20-3에 이것을 기록한다. 회로진단이 완료되면, S를 개방하고 전원을 끈다.

(1) (a) (i) 9.93; (ii) 21.8; (iii) 46.7; (iv) 81.5

   (b) 증가;

   (c) R_2

(2) 스위치

(3) (a) 0.517;

   (b) 증가;

   (c) (i) 250; (ii) 167; (iii) 100

   (d) R_1 ; 증가

(4) (a) S; (b) 개방

(5) (a) R_3 ; (b) 개방

성 명 _____   일 시 _____

표 20-1 직렬회로의 고장진단

	Rated Value of Resistor, Ω	Voltage, V			Current, mA		
			Calculated	Measured		Calculated	Measured
R_1		V_1			I_1		
R_2		V_2			I_2		
R_3		V_3			I_3		

Applied voltage (measured): V = _____   Total current (measured): I_T = _____

Total calculated resistance: R_T = _____   Defective component: _____

Total calculated current: I_T = _____   Reason: _____

표 20-2 병렬회로의 고장진단

	Rated Value of Resistor, Ω	Voltage, V			Current, mA		
			Calculated	Measured		Calculated	Measured
R_1		V_1			I_1		
R_2		V_2			I_2		
R_3		V_3			I_3		

Applied voltage (measured): V = _____   Total current (measured): I_T = _____

Total calculated resistance: R_T = _____   Defective component: _____

Total calculated current: I_T = _____   Reason: _____

표 20-3 직-병렬회로의 고장진단

	Rated Value of Resistor, Ω	Voltage, V			Current, mA		
			Calculated	Measured		Calculated	Measured
R_1		V_1			I_1		
R_2		V_2			I_2		
R_3		V_3			I_3		
R_4		V_4			I_4		

Applied voltage (measured): V = _____   Total current (measured): I_T = _____

Total calculated resistance: R_T = _____   Defective component: _____

Total calculated current: I_T = _____   Reason: _____

1. 회로의 고장진단 시에 어떤 초기 가정이 사용되는가?

2. 직렬회로에서 한 저항기의 저항값이 변했으며, 값이 증가했는지 또는 감소했는지 알 수 없다. 각각의 경우 (즉, 저항값이 감소된 경우와 증가된 경우), 저항기에 걸리는 전압과 회로의 전류에 미치는 영향을 설명하시오. 전압원은 일정하게 유지된다고 가정한다.

3. 병렬회로에서 한 저항기의 저항값이 변했으며, 값이 증가했는지 또는 감소했는지 알 수 없다. 각각의 경우가 (즉, 저항값이 감소된 경우와 증가된 경우), 가지전류(결함 있는 가지도 포함)와 회로의 총 전류에 미치는 영향을 설명하시오. 전압원은 일정하게 유지된다고 가정한다.

4. 다음 각 부품의 결함을 발견하기 위한 진단과정을 설명하시오.

   a) 저항기 (회로 내에 있지 않음)   b) 회로내의 도선

   c) SPST 스위치   d) 1.5 V 전지

_____

_____

_____

_____

_____

_____

_____

_____

_____

5. 직렬회로에서 개방된 저항기를 찾기 위해 사용 가능한 동적측정들을 설명하시오.

_____

_____

_____

_____

_____

_____

_____

_____

_____

_____

_____

6. 병렬회로에서 개방된 저항기를 찾기 위해 사용 가능한 동적측정들을 설명하시오.

_____

_____

_____

_____

_____

_____

_____

_____

최대 전력전송

(1) 직류부하에서 전력을 측정한다.
(2) 부하의 저항과 전원의 저항이 같을 때 직류전원에서
    부하로 최대 전력전송이 일어남을 실험적으로 입증한다.

02 이론적 배경

1. 직류부하에서의 전력측정

전력은 단위 시간당 일의 양으로 정의되며, 단위는
Watt(W)이다. 저항성 부하 R에 걸리는 전압 V, R에 흐
르는 전류 I 및 이에 의해 소비된 전력 P 사이의 관계식
들은 아래와 같이 주어진다.

$$P = V \times I$$
$$P = I^2 R \qquad (21-1)$$
$$P = \frac{V^2}{R}$$

여기서 P는 W(watt), V는 V(volt), I는 A(ampere), R
은 Ω의 단위로 주어진다.

저항에 의해 소비된 전력은 저항에 걸리는 전압과 저항
에 흐르는 전류의 곱과 같으므로 ($P = V \times I$), 전력은 전
압계로 측정되는 V와 전류계로 측정되는 I에 의해 구해
질 수 있다.

예를 들어, 12.5V의 전압에 의해 저항기에 0.25A의 전류가 흐른다면 이 저항기에 의해 소비된 전력은 다음과 같이 계산된다.

$$P = V \times I$$
$$= 12.5 \times 0.25$$
$$= 3.125 \ W$$

앞의 예에서 저항 값을 알고 있고 전압 또는 전류 중 하나를 알고 있는 경우에는 다른 전력공식들이 사용된다.

만약 50Ω의 저항기 양단에서 12.5V의 전압이 측정되었다면, 저항기에 의해 소비되는 전력은 다음과 같이 계산된다.

$$P = \frac{V^2}{R}$$
$$= \frac{12.5 \times 12.5}{50} = \frac{156.25}{50}$$
$$= 3.125 \ W$$

만약 50Ω의 저항기에서 0.25A의 전류가 측정되었다면, 이 저항기에 의해 소비되는 전력은 다음과 같이 계산된다.

$$P = I^2 R$$
$$= 0.25 \times 0.25 \times 50$$
$$= 3.125 \ W$$

주의 앞의 예에서 I, V, R의 값들은 옴의 법칙을 만족한다.

그러므로 각 경우에 계산된 전력이 정확히 일치하는 것은 당연하다. 각 전력공식들은 V, I 또는 R에 옴의 법칙을 대입하여 유도된다.

$$V = I \times R$$
$$P = V \times I = (IR) \times I = I^2 R$$

또한,

$$I = \frac{V}{R}$$
$$P = V \times I = V \times \left(\frac{V}{R} \right) = \frac{V^2}{R}$$

전력은 전력계(Wattmeter)로 직접 측정할 수 있다. 전력계는 4단자 계기이다. 두 단자는 전압계가 연결되는 것과 같이 부하 양단에 연결되며, 나머지 두 단자는 전류계가 연결되는 것과 같이 부하에 직렬로 연결된다. 아날로그 전력계는 내부적으로 두 개의 코일로 구성되며, 이 코일이 상호 작용하여 측정된 전력이 계기의 바늘로 나타난다. 전자공학 분야에서는 전력계가 자주 사용되지는 않지만 배전판 계기와 전력분야에서 휴대용 장비로 널리 이용된다.

2. 전력의 최대전송

그림 21-1은 전원 V_S로부터 부하저항 R_L에 전력을 전달하는 회로를 보여준다. 회로 자체는 전원의 내부저항을 포함하는 저항 R_C를 갖는다. 이 단순한 회로에 대해 회로

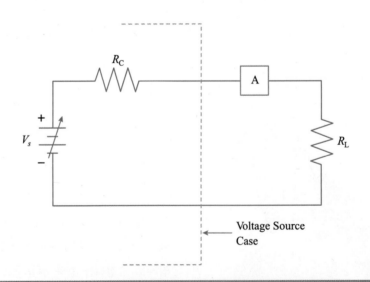

Voltage Source Case

그림 21-1 전압원이 부하 R_L에 전력을 공급한다. 저항 R_C는 전원의 내부저항과 도체의 저항을 나타낸다.

설계 시에 고려해야 하는 중요한 질문 즉, '전원과 부하사이에 최대 전력전송이 일어나기 위한 저항값은 얼마인가?'를 생각해 본다.

R_L에 의해 소비되는 전력은 다음과 같이 계산된다.

$$P_L = I^2 R_L \qquad (21\text{-}2)$$

I의 값은 전압 V(일정한 값이라고 가정)와 회로의 총 저항에 의해 결정된다.

$$R_T = R_C + R_L$$

여기서, R_C는 전원의 내부저항과 부하에 전력을 전달하는 회로의 저항을 나타낸다.

그러므로, 식 (21-2)에서 전류 I는 다음과 같이 된다.

$$I = \frac{V_S}{R_C + R_L}$$

이를 식 (21-2)에 대입하면 다음과 같이 된다.

$$P_L = \left(\frac{V_S}{R_C + R_L}\right)^2 R_L$$
$$= \frac{V_s^2 R_L}{(R_C + R_L)^2}$$

이 식을 직접 풀면 최대 전력전송을 위한 R_C가 구해진다. 풀이 과정은 생략한다. 그래프 이용법 또는 실험적 방법 중 어느 방법을 사용해도 동일한 결과가 얻어진다.

V와 R_C에 상수 값을 지정하고 식 (21-2)을 풀어 R_L의 범위를 구할 수 있다. 그 다음, R_L 대 P_L의 그래프를 그리고, 최대전력이 발생하는 점에서 R_L의 값을 그래프에서 찾을 수 있다.

$10V$의 정전압과 100Ω의 회로저항을 가정하고, 부하저항이 0에서부터 $100k\Omega$까지 변할 때 각각의 부하저항에 대해 P_L값을 계산한다. 이 결과를 표 21-1과 그림 21-2의 그래프로 나타냈다.

그래프와 표로부터 부하 R_L에 전달되는 최대전력 P_L은 0.25W임을 알 수 있다. 이것은 $R_L = R_C$일 때 발생한다. R_C, V_S, R_L의 다른 값들에 대한 계산결과로부터, 최대 전력전송은 $R_L = R_C$일 때 일어난다는 일반적인 규칙을 확인할 수 있다. R_C의 값은 두 가지 측면으로 설명될

수 있다. 만약 전압원을 부하에 연결하는 도선의 저항을 무시할 수 있다면, R_C는 단지 전압원의 내부저항을 의미하며 최대 전력전송에 대한 규칙은 다음과 같이 정의될 수 있다.

"정전압원에 의한 최대 전력전송은 전압원의 내부저항과 부하저항이 같을 때 발생 한다."

반면에, 부하에 전력을 전달하는 회로가 복잡한 경우에는 그 회로의 출력단자로부터 관찰되는 회로의 저항에 의해 R_C를 결정할 수 있다. 그러나 부하가 연결되는 회로망의 출력단자에 단순히 저항계를 연결해서는 R_C을 측정할 수 없다는 사실을 기억해야 한다. 그 이유는 이 회로망에 능동 전압원이 포함되어 있기 때문이다. 뒤에 이러한 문제를 해결하기 위한 방법들을 배울 것이다. 여기서는 R_C를 알고 있거나 쉽게 결정될 수 있다고 가정한다. 최대 전력전송에 대한 일반적인 규칙을 다음과 같이 표현할 수 있다.

표 21-1 최대 전력전송 계산

R_L	R_C	P_L
0	100	0
10	100	0.0826
20	100	0.139
30	100	0.178
40	100	0.204
50	100	0.222
60	100	0.234
70	100	0.242
80	100	0.247
90	100	0.249
100	100	0.250
110	100	0.249
120	100	0.248
130	100	0.246
140	100	0.243
150	100	0.240
200	100	0.222
400	100	0.160
600	100	0.122
800	100	0.0988
1,000	100	0.0826
10,000	100	0.00980
100,000	100	0.000998

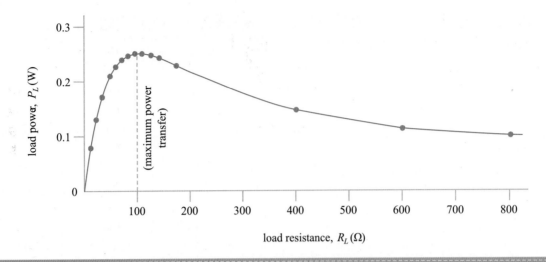

load power, P_L (W) / load resistance, R_L (Ω) / (maximum power transfer)

그림 21-2 표 21-1의 그래프. 전압원의 내부저항과 부하저항이 같을 때 최대 전력전송이 발생한다.

"정전압원에 의한 최대 전력전송은 회로의 출력단자로부터 관찰되는 전력공급 회로의 저항이 부하저항과 같을 때 발생한다."

03 요약

(1) 직류전압 V가 인가되는 저항기 R에 의해 소비되는 전력 P(watt)는 식 $P = V^2 / R$로 주어진다.

(2) 직류전류 I(A)가 흐르는 저항기 R(Ω)에 의해 소비되는 전력 P는 식 $P = I^2 \times R$로 주어진다.

(3) 저항기에 걸리는 직류전압이 V(V)이고 저항기에 흐르는 전류가 I(A)일 때 저항기에 의해 소비되는 전력은 식 $P = V \times I$로 주어진다.

(4) 직류회로의 전력은 전력계를 사용하여 직접 측정할 수 있으며, V와 R 또는 V와 I 또는 I와 R을 측정하여 적당한 전력 관계식에 이 측정값들을 대입해서 간접적으로 구할 수도 있다.

(5) 내부저항이 R_C인 전원 V에 의해 부하 R_L에 전력이 전달될 때, 최대 전력전송은 전원의 내부저항이 부하저항과 같을 때 일어난다. 즉 $R_C = R_L$일 때 발생한다.

(6) R_C가 정전압원을 포함한 회로망의 저항이라면, 부하 R_L에 대한 최대 전력전송은 $R_C = R_L$일 때 일어난다. 여기서 R_C는 출력단자에서 관찰된 회로망의 저항이다.

04 예비점검

다음의 질문에 답하여 여러분의 이해도를 점검하시오.

(1) 330Ω의 저항기에 0.1A의 전류가 흐른다. 저항기에 의해 소비된 전력은 _____ W 이다.

(2) 저항기에 걸리는 전압이 12V이고, 저항기에 흐르는 전류가 50mA이다. 저항기에 의해 소비된 전력은 _____ W이다.

(3) 220Ω의 저항기에 5.5V의 전압이 걸린다. 저항기에서 소비되는 전력은 _____ W 이다.

(4) 25Ω의 내부저항을 갖는 전원 공급기가 50Ω의 부하에 전력을 공급한다. 만약 무부하 상태에서 공급기의 출력전압이 15V라면 부하에 의해 소비되는 전력은 _____ W 이다.

(5) 120Ω의 내부저항을 갖는 전원 공급기가 저항성 부하에 전력을 전달한다. 무부하 상태에서 공급기의 출력전압이 12V라면 최대 전력전달이 일어나는 부하의 저항값은 _____ Ω 이다.

(6) 질문 5에서 공급기에 의해 부하에 전달되는 전력은 _____ W 이다.

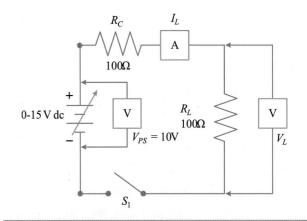

그림 21-3 실험과정 A1에 대한 회로

■ 0-15V 가변 직류전원(regulated)

■ DMM 또는 VOM

■ 0-100mA 전류계

■ 100Ω 2개

■ 330Ω 1개

■ 470Ω 1개

■ 1kΩ 1개

■ 2.2kΩ 1개

■ 10kΩ 분압기

■ SPST 스위치

■ DPST 스위치

이고, 표 21-2에 계산결과를 기록한다.

(a) V_L과 I_L을 이용하여 P_L을 계산한다.

(b) V_L과 R_L을 이용하여 P_L을 계산한다.

(c) I_L과 R_L을 이용하여 P_L을 계산한다.

A5. 전원공급기에 의해 전달된 전력 P_T를 계산한다. 모든 계산과정을 보이고, 표 21-2에 계산결과를 기록한다.

B. 최대 전력전송

B1. 정격값이 1kΩ인 저항기의 저항값을 측정하여 표 21-3 의 첫째 행에 기록한다. 이것이 R_C의 값이며, 실험 과정 B2에서 이 저항기를 사용한다.

B2. 전원을 끄고, 스위치 S_2를 개방한 상태로 그림 21-4 의 회로를 연결한다.

B3. 전원을 켜고 스위치 S_2는 개방상태를 유지한다. $V_{PS} = 10$ V 가 되도록 전원공급기를 조정한다. 이 전 압은 이 실험의 나머지 과정에서 계속 유지되어야 한다.

A. 직류 회로의 전력측정

A1. 전원을 끄고 스위치 S_1을 개방한 상태로 그림 21-3의 회로를 연결한다.

A2. 전원을 켠다. $V_{PS} = 10$ V 가 되도록 전원공급기를 조 정한다. 스위치 S_1을 닫고 V_{PS}, I_L 그리고 부하저항 R_L에 걸리는 전압 V_L을 측정하여 표 21-2에 기록한 다. 스위치 S_1을 개방하고 전원을 끈다.

A3. 회로에서 R_C를 분리하여 저항계로 저항 값을 측정하 여 표 21-2에 기록한다. 같은 방법으로, 회로에서 R_L 을 분리시키고 저항 값을 측정하여 표 21-2에 기록한다.

A4. 표 21-2의 V_{PS}, V_L, I_L, R_C, R_L의 측정값을 이용하 여 부하저항 R_L에 의해 소비되는 전력 (P_L)을 계산 한다. 아래의 (a), (b), (c)에 대한 모든 계산과정을 보

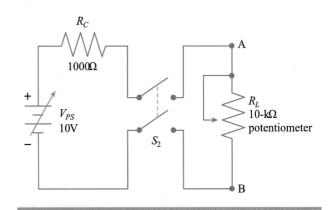

그림 21-4 실험과정 B2에 대한 회로

B4. S_2를 개방한 상태로 분압기의 AB단자에 저항계를 연결한다. $R_L = 0\,\Omega$이 되도록 분압기를 조정한다. 저항계를 분리시키고, S_2를 닫는다. 전원공급기의 전압을 측정하여 10V가 되도록 조정한다. R_L에 걸리는 전압 V_L을 측정하여 표 21-3에 기록한다.

B5. 표 21-3에 주어진 부하값들 (100Ω에서 10kΩ까지)에 대하여 실험과정 B3의 순서를 반복한다.

   (a) S_2를 개방한 상태로 표 21-3의 부하저항 값이 되도록 분압기를 조정한다. 저항계로 분압기의 저항값을 측정하여 표 21-3에 기록한다.

   (b) 분압기를 변화시키지 않은 상태로 스위치 S_2를 닫는다.

   (c) 필요하다면 $V_{PS} = 10\ V$가 되도록 조정한다.

   (d) V_L을 측정하여 표 21-3에 기록한다.

B6. R_C, R_L, V_L의 측정값을 아래의 수식에 대입하여 표 21-3의 각 행에 대한 P_L을 계산하고 계산결과를 mW 단위로 바꾸어 표 21-3에 기록한다.

$$P_L = \frac{V_L^2}{R_L}$$

B7. R_C, R_L, V_{PS}의 측정값을 아래의 수식에 대입하여 표 21-3의 각 행에 대해 전원 공급기에 의해 전달되는 전력 P_{PS}를 계산하고 계산결과를 mW 단위로 바꾸어 표 21-3에 기록한다.

$$P_{PS} = \frac{V_{PS}^2}{R_C + R_L}$$

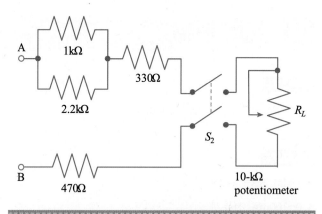

그림 21-5 실험과정 C1에 대한 회로

C. 최대 전력전송을 위한 R_L의 결정

C1. S_2를 개방한 상태로 그림 21-5와 같이 저항, 스위치, 분압기를 연결한다. 부하저항 R_L은 10kΩ 분압기이다. R_L의 양단에 저항계를 연결하고 $R_L = 0$이 되도록 분압기를 조정한다. (이 상태를 변경하지 않는다.)

C2. S_2를 닫고, 저항계를 사용하여 AB 사이의 저항 R_T를 측정한다. 이값이 R_L에 전력을 공급하는 회로의 전체 저항이며, $R_L = R_T$일 때 최대 전력전송이 일어난다. 표 21-4의 첫째 행에 R_T와 R_L의 값을 기록한다. S_2를 개방한다.

C3. 저항계를 사용하여 $R_L = R_T$가 되도록 분압기의 저항을 조절한다. (이 상태를 변경하지 않는다.)

C4. 전원을 차단하고 S_1을 개방한 상태로 그림 21-6의 회로를 구성한다.

C5. 전원을 켜고 S_1을 개방한 상태로 10~15V 사이의 전압이 얻어지도록 V_{PS}를 조정한다.

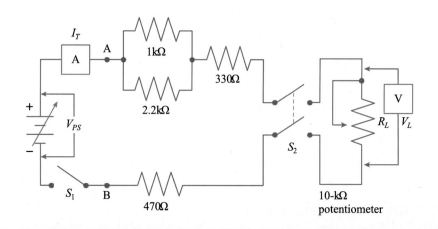

그림 21-6 실험과정 C4에 대한 회로

186

C6. S_1과 S_2를 닫는다. I_T, V_{PS}, V_L을 측정하여 표 21-4에 기록한다.

C7. 표 21-4의 공식들을 이용하여 P_{PS}와 P_L의 값을 계산하고 표에 기록한다.

예비 점검의 해답

(1) 3.3

(2) 0.6

(3) 0.138

(4) 2.0

(5) 120

(6) 0.3

표 21-2 Part A : 직류회로의 전력측정

Steps	V_{PS}, V	V_L, V	I_L, A	R_C, Ω	R_L, Ω
2, 3					

	Power Formula		Power, W		
4	(a) $P_L =$				
	(b) $P_L =$				
	(c) $P_L =$				
5	$P_T =$				

표 21-3 Part B : 부하 R_L 에서 최대전력을 결정하기 위한 실험 데이터

R_C, Ω	R_L, Ω	$R_C + R_L$, Ω	V_L, V	$P_L = \dfrac{V_L{}^2}{R_L}$, mW	$P_{ps} = \dfrac{V_{PS}{}^2}{R_C + R_L}$, mW
	0				
	100				
	200				
	400				
	600				
	800				
	850				
	900				
	950				
	1k				
	1.1k				
	1.2k				
	1.5k				
	1.7k				
	2k				
	4k				
	6k				
	8k				
	10k				

표 21-4 Part C : 최대 전력전송을 위한 R_L값의 결정

R_T (measured), Ω	$R_L = R_T$, Ω	V_L, V	V_{PS}, V	I_T, mA	$P_L = \dfrac{V_L{}^2}{R_L}$	$P_{ps} = V_{PS} \times I_T$	*R_T (calculated) Ω

실험 고찰

1. 직류전원과 부하 사이의 전력전송과 부하저항은 어떤 관계인지 설명하시오.

_____

_____

_____

_____

_____

2. 최대 전력전송일 일어나는 R_C의 값은 얼마인지 표 21-3의 데이터를 인용하여 설명하시오. 이 값은 질문 1에서 설명된 관계를 입증하는가? 일치하지 않는 점이 있으면 설명하시오.

_____

_____

_____

_____

_____

3. 부하에 걸리는 전압 V_L과 부하저항 R_L과의 관계를 표 21-3의 데이터를 인용하여 설명하시오.

_____

_____

_____

_____

_____

4. 전원공급기에 의해 전달되는 전력 P_{PS}와 부하저항 R_L사이의 관계를 표 21-3의 데이터를 인용하여 설명하시오.

_____

_____

_____

_____

_____

5. 부하 R_L에 전달되는 전력은 부하저항 R_L에 대해 어떻게 변하는지 설명하시오.

_____

_____

_____

_____

6. 8.5×11 크기의 그래프 용지에 표 21-3의 데이터를 이용하여 P_L 대 R_L의 그래프를 그리시오. R_L은 수평축 (x), P_L은 수직축 (y)으로 잡는다. 그래프에 "P_L vs. R_L"로 표시한다.

7. 질문 6에서 사용된 그래프 용지에 P_{PS} 대 R_L의 그래프를 그리시오. 질문 6에서와 같은 축을 사용한다. 그래프에 "P_{PS} vs. R_L"로 표시한다.

EXPERIMENT 22

망로(網路)전류를 이용한 회로해석

01 실험목적

(1) 선형회로의 의미를 배운다.
(2) 망로전류 방법으로 구해진 전류를 실험적으로 입증한다.

02 이론적 배경

1. 선형 회로소자

저항기는 선형 소자 또는 선형 회로소자로 알려져 있다. 저항기 또는 다른 형태의 저항성 소자들로만 구성된 회로를 선형회로라고 한다.

소자의 전압과 전류 특성이 옴의 법칙에 따르는 소자를 선형소자라고 한다. 즉, 소자에 걸리는 전압이 2배 증가되면 그 소자에 흐르는 전류도 2배가 되며, 전압이 ½로 감소하면 전류도 ½로 한다. 즉, 전압-전류의 비가 일정하게 동작하는 소자가 저항기이다.

선형의 의미는 전압-전류 관계에 대한 그래프로부터 더욱 정확하게 설명될 수 있다. 그림 22-1의 회로를 사용하여 1kΩ 저항기의 동작을 관찰한다. 직류전압은 5V에서 25V까지 5V 간격으로 변화한다. 각 전압에서 측정된 전류를 표 22-1에 나타내었다. 이 데이터로부터 V에 대한 I의 그래프를 그린 것이 그림 22-2이다. 이 직선 그래프는 보통의 저항기에 적용된 바와 같은 선형성을 나타낸다.

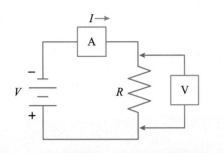

그림 22-1 선형회로의 특성 확인

표 22-1 1kΩ 저항기의 전압-전류 관계

Voltage, V	Current, mA
0	0
5	5
10	10
15	15
20	20
25	25

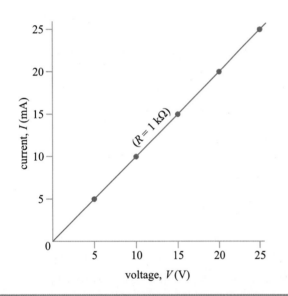

그림 22-2 그림 22-1 회로의 전압-전류 특성 그래프

2. 망로(網路)전류 방법

직-병렬 회로는 옴의 법칙과 키르히호프 전압 및 전류 법칙을 사용하여 해석될 수 있다. 그러나 이 방법은 회로가 하나 이상의 전압원과 두개 이상의 가지로 구성되는 경우에는 복잡하고 많은 시간이 소요되는 단점이 있다. 망로전류 방법은 계산과정의 많은 부분이 제거될 수 있도록 키르히호프 전압법칙을 사용한다. 이는 폐로 또는 망로 회로에 대해 전압 방정식을 세우고, 이 연립 방정식의 해를 구하는 것이다.

3. 망로전류 방정식

그림 22-3의 회로는 하나의 전압원과 세 개의 가지를 포함하고 있다. R_L에 흐르는 전류를 구하고자 한다면 앞에서 배운 방법들이 사용될 수 있다. 즉, 직-병렬 저항기들을 결합하여 총 저항값을 구한 후, 총 전류를 구하고, 키르히호프 법칙과 옴의 법칙을 이용하여 I_L을 구할 수 있다.

망로전류 방법은 연립 방정식을 사용하여 저항기에 흐르는 전류를 구하는 직접적인 방법이다. 이 방법을 적용하기 위해서는 제일 먼저 회로에서 폐경로(루프 또는 망로라 불리는)를 확인한다. 경로는 전압원을 포함할 필요는 없으나 모든 전압원은 폐경로에 포함되어야 한다. 모든 저항기와 전압원을 포함하는 최소의 경로를 택한다. 각 폐경로는 순환 전류를 갖는다고 가정한다. 이 경우에, 전류의 방향은 시계방향으로 가정하는 것이 통례이다. 망로전류라 불리는 이 전류를 사용하여 각 경로에 대해 키르히호프 전압법칙 방정식을 세운다.

폐경로에는 다른 폐경로의 일부분인 저항기가 포함될 수 있다. 키르히호프 방정식을 세울 때에는 다른 폐경로의 전류에 의한 전압강하를 고려해야 한다. 선택된 각 폐경로에 대해 방정식을 세우고, 이에 의해 연립 방정식이 얻어

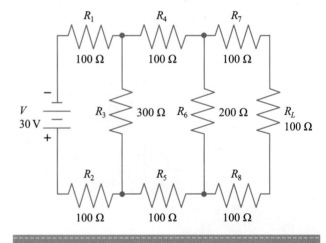

그림 22-3 세 개의 가지를 갖는 직-병렬 회로

진다. 이 방법으로 여러 개의 저항기에 흐르는 전류가 구해진다. 만약, 저항기에 하나 이상의 전류가 구해지는 경우에는 이들의 대수 합이 실제 전류가 된다.

간단한 문제를 통해서 이 방법을 이해한다.

문제 그림 22-3 회로의 부하저항 R_L에 흐르는 부하전류 I_L을 구하라.

풀이 그림 22-3을 망로전류와 함께 그림 22-4에 다시 나타냈다. 이 경우, 전압원과 모든 저항기를 포함하기 위해서는 세 개의 망로가 필요하다.

망로 I에 대한 전압은 식 (22-1)과 같이 된다.

$$I_1 R_1 + I_1 R_3 + I_1 R_2 - I_2 R_3 = V \qquad (22\text{-}1)$$

I_2에 의한 R_3의 전압 강하는 전압강하 $I_1 R_3$와 반대이므로 $I_2 R_3$를 다른 전압강하에서 빼야 한다. 이 식은 다음과 같이 간략화 된다.

$$I_1 (R_1 + R_2 + R_3) - I_2 R_3 = V$$

마찬가지로, 망로 II, III에 대한 전압은 I_2와 I_3를 사용하여 세울 수 있다. 그러나, 망로 II, III에는 전압원이 없다.

망로 II에 대해

$$I_2 R_3 + I_2 R_4 + I_2 R_6 + I_2 R_5 - I_1 R_3 - I_3 R_6 = 0$$

항을 재배열하여 식을 간략화 하면,

$$-I_1 R_3 + I_2 (R_3 + R_4 + R_5 + R_6) - I_3 R_6 = 0 \quad (22\text{-}2)$$

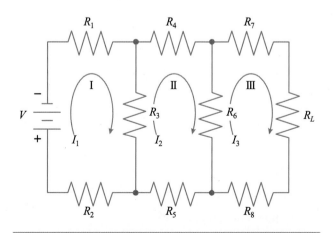

그림 22-4 그림 22-3의 회로에 대한 망로 및 망로전류

망로 III에 대해

$$I_3 R_6 + I_3 R_7 + I_3 R_L + I_3 R_8 - I_2 R_6 = 0$$

항을 재배하여 식을 간단화 하면 다음과 같이 된다.

$$-I_2 R_6 + I_3 (R_6 + R_7 + R_8 + R_L) = 0 \qquad (22\text{-}3)$$

3개의 망로 방정식을 다음과 같은 연립방정식으로 다시 쓸 수 있다.

$$I_1 (R_1 + R_2 + R_3) - I_2 R_3 = V \quad (22\text{-}1)$$
$$-I_1 R_3 + I_2 (R_3 + R_4 + R_5 + R_6) - I_3 R_6 = 0 \quad (22\text{-}2)$$
$$-I_2 R_6 + I_3 (R_6 + R_7 + R_8 + R_L) = 0 \quad (22\text{-}3)$$

그림 22-3의 값들을 방정식에 대입하여 정리하면 다음과 같이 된다.

$$I_1 \times (100 + 100 + 300) - I_2 \times 300 = 30$$
$$-I_1 \times 300 + I_2 \times (300 + 100 + 100 + 200) - I_3 \times 200 = 0$$
$$-I_2 \times 200 + I_3 \times (200 + 100 + 100 + 100) = 0$$

따라서,

$$500 I_1 - 300 I_2 \qquad\qquad = 30$$
$$-300 I_1 + 700 I_2 - 200 I_3 = 0$$
$$-200 I_2 + 500 I_3 = 30$$

연립 방정식 풀이 방법은 생략한다. (필요하다면, 공업수학 교과서를 참고하도록 한다.) 연립 방정식의 해는 프로그램 가능한 계산기나 컴퓨터 프로그램을 이용해서 빠르게 구할 수 있다.

연립 방정식 (22-1), (22-2), (22-3)의 해를 구하면 전류 I_1, I_2, I_3는 다음과 같이 구해진다.

$$I_1 = 84.5 \text{ mA}$$
$$I_2 = 40.9 \text{ mA}$$
$$I_3 = 16.4 \text{ mA}$$

I_3는 저항 R_L에만 흐르므로 이는 I_L이 된다. 따라서, 구하고자 하는 전류는 16.4mA이다. 또한 $I_1 = 84.5$ mA는 전압원 V에 의해 회로에 공급되는 총 전류를 나타낸다.

이 예제에서는 요구되지 않았지만, I_1, I_2, I_3 값을 이용하여 각 저항기에 흐르는 전류와 전압강하를 구할 수 있다.

V에 의해 공급되는 전류는 $I_1 = 84.5$ mA이다. $V = 30$ V이므로 회로의 총 저항은 다음과 같이 된다.

$$R_T = \frac{V}{I_1} = \frac{30\text{ V}}{84.5\text{ mA}} = 355\ \Omega$$

R_1에 흐르는 전류는 또한 R_2에도 흐르므로 R_1과 R_2에 걸리는 전압강하는 다음과 같이 된다.

$$V_{R1} = V_{R2} = I \times R = 84.5\text{ mA} \times 100\ \Omega = 8.45\text{ V}$$

망로 II에 흐르는 전류는 40.9mA이다. R_3에 걸리는 전압을 구하기 위해서는 I_1에서 I_2를 빼야 한다. 그러므로 R_3에 흐르는 실제 전류는 84.5mA − 40.9mA = 43.6mA이다. 이 전류가 양(+)의 값을 갖는 사실로부터 R_3에 흐르는 전류가 망로전류 I_1의 방향으로 흐른다는 사실을 알 수 있다.

R_3에 걸리는 전압은 $I \times R_3 = 43.6$ mA $\times$ 300 $\Omega = 13.1$ V이다. 이것은 R_1과 R_2에 걸리는 전압강하로부터 확인될 수 있다.

$$\text{전체 전압강하} = 8.45\text{V} + 8.45\text{V} = 16.9\text{V}$$
$$R_3 \text{의 전압강하} = 30.0\text{V} - 16.9\text{V} = 13.1\text{V}$$

R_4와 R_5에 흐르는 전류는 망로전류 I_2(40.9mA)와 같다. R_6에 흐르는 전류는 I_2의 방향으로 $I_2 - I_3 = 40.9$ mA − 16.4 mA = 24.5 mA 이다.

R_4에 걸리는 전압은 R_5의 전압강하와 같다.

$$V_{R4} = V_{R5} = 40.9\text{ mA} \times 100\ \Omega = 4.09\text{ V}$$

R_6에 걸리는 전압강하는 24.5 $mA \times 200\ \Omega = 4.900\ V$이다. 이는 앞에서 구해진 전압강하로부터 확인될 수 있다. R_3에 걸리는 전압은 R_4와 R_5에 걸리는 전압강하 만큼 감소된다. (13.08을 13.1로 반올림한 만큼의 차이가 있다.)

$$13.1\ V - 2 \times 4.09\ V = 13.1\ V - 8.18\ V = 4.920\ V$$

R_7, R_8, R_L에 흐르는 전류는 16.4mA이므로 이들 저항기의 전압강하는 동일하다.

$$16.4\text{ mA} \times 100\ \Omega = 1.64\text{ V}$$

그러므로, 전체 전압강하는 R_6에 걸리는 전압강하와 동일하다.

$$1.64\text{ V} \times 3 = 4.920\text{ V}$$

03 요약

(1) 선형 회로소자는 전류와 전압의 비가 일정한 소자이다.
(2) 저항기는 선형 회로소자이다.
(3) 선형소자로만 구성되는 회로를 선형회로라고 한다.
(4) 망로전류 방법은 키르히호프 전압법칙의 한 응용이다.
(5) 망로전류를 구하기 위해서는 망로전류 방정식의 연립해를 구해야 한다.
(6) 임의의 회로소자에 하나 이사의 망로전류를 가정하는 경우, 그 소자의 실제 전류는 망로전류의 대수 합이 된다.

04 예비점검

아래의 질문에 답하여 여러분의 이해도를 점검하시오.

(1) 저항기만 포함하는 회로를 _____ 회로라 한다.
(2) 저항기의 전압-전류 그래프는 _____ 이다.
(3) 그림 22-1에서 전압이 10V이고 저항기를 원래 값의 2배인 저항기로 대체하면 전류는 _____ % 만큼 _____ (증가/감소) 할 것이다.
(4) 망로전류 방법은 그림 22-1의 회로해석에 사용된다. _____ (맞음/틀림)
(5) 키르히호프의 전류법칙은 폐로전류 방정식을 세우기 위한 기본이다. _____ (맞음/틀림)
(6) 망로전류 I_1의 방향을 반 시계방향으로 정하면, R_2의 실제 전류 방향은 _____(변할/변하지 않을) 것이다.
(7) 그림 22-5의 회로해석을 위한 최소의 망로전류 수는 _____ 이다.
(8) 그림 22-5에서 V에 의해 회로에 공급되는 전류를 구하기 위해 망로전류 방법을 사용한다. 모든 저항기들은 10Ω이고, V=10V일 때 $I =$ _____ A

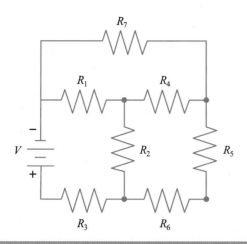

그림 22-5 예비점검 (7), (8)에 대한 회로

05 실험 준비물

전원장치

- 0-15V 가변 직류전원(regulated)

측정계기

- DMM 또는 VOM

저항기($\frac{1}{2}$-W, 5%)

- 100Ω 7개

기타

- SPST 스위치

06 실험과정

1. 저항계를 사용하여 저항기의 저항값을 측정하고, 그 값을 표 22-2에 기록한다.

2. 전원장치를 off 시키고, 스위치를 개방한 상태로 그림 22-6의 회로를 구성한다.

3. S_1을 닫고 전원을 켠다. 전원공급기의 출력을 10V로 맞춘다. 실험 중에 이 전압을 유지시킨다. 가끔 전압을 점검하여 필요하다면 10V로 맞춘다.

4. $R_1 - R_6$와 R_L에 걸리는 전압을 측정하여 표 22-2에 기록한다.

5. 옴의 법칙과 측정 저항값을 사용하여 각 저항기에 흐르는 전류를 계산하고 표 22-2에 기록한다.

6. 그림 22-6에 나타낸 3개의 망로와 저항기의 정격값을 사용하여 망로전류 I_1, I_2, I_3를 계산하여 표 22-2에 기록한다.

7. 앞에서 구해진 I_1, I_2, I_3 값을 사용해서 저항기 R_2와 R_4에 흐르는 전류를 계산하여 표 22-2에 기록한다.

07 예비 점검의 해답

(1) 선형
(2) 직선
(3) 50; 감소

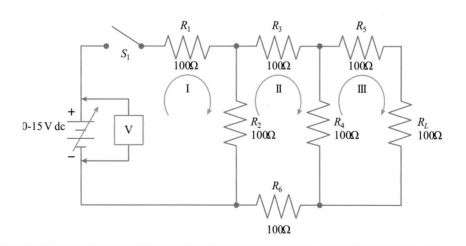

그림 22-6 실험과정 2에 대한 회로

(4) 틀림

(5) 틀림

(6) 변하지 않을

(7) 3

(8) 0.458

표 22-2 망로전류 계산에 대한 입증

Resistor	Resistance		Voltage Drop Measured, V	Current Calculated, mA	Mesh Current Calculated, mA	
	Rated Ω	Measured Ω				
R_1	100				I_1	
R_2	100					
R_3	100				I_2	
R_4	100					
R_5	100				I_3	
R_6	100				I_2	
R_L	100				I_3	

$I_{R2} = I_1 - I_2 = $ _____ mA

$I_{R4} = I_2 - I_3 = $ _____ mA

실험 고찰

1. 선형회로의 특성에 대해 설명하시오.

_____

_____

_____

_____

_____

_____

_____

_____

_____

_____

_____

_____

_____

_____

_____

_____

2. 그림 22-6 참조한다. 망로 II의 전류 I_2를 반 시계 방향으로 가정하여 3개의 망로전류 방정식을 세우고, 이 방정식을 풀어서 R_1, R_2, R_3, R_4, R_5, R_6, R_L에 흐르는 전류를 구하시오. 표 22-2의 측정결과와 계산 값을 비교하고, 차이가 있으면 그에 대해 설명하시오.

_____

_____

_____

_____

_____

_____

_____

_____

_____

_____

_____

_____

_____

_____

_____

3. 전압원의 극성이 반대로 되면, R_1, R_2, R_3, R_4, R_5, R_6, R_L에 흐르는 전류의 크기와 방향에 어떤 영향을 미치는지 설명하시오.

_____

_____

_____

_____

_____

_____

_____

_____

_____

_____

_____

_____

EXPERIMENT
23

평형 브리지 회로

01 실험목적

(1) 평형 브리지 회로의 저항기들 사이의 관계를 구한다.
(2) 평형 브리지 회로의 저항기들 사이의 관계를 이용하여 미지의 저항을 측정한다.

02 이론적 배경

저항은 VOM 또는 디지털 멀티미터(DMM)를 사용하여 직접 측정될 수 있다. VOM은 눈금과 움직이는 바늘에 의해 측정된 저항값이 표시된다. DMM은 저항값을 디지털 숫자로 표시한다.

브리지 회로를 사용하면 저항값을 더욱 정밀하게 측정할 수 있다. 그림 23-1은 휘스톤 브리지(Wheatstone bridge)라고 불리는 저항 브리지 회로이다. 이와 같은 형태의 브리지에는 고감도 검류계와 교정된 표준 가변저항이 사용된다. 검류계는 A점과 C점이 같은 전위에 있음을 나타내기 위해 사용된다. A와 C점의 전압은 표준 가변저항에 의해 변화된다. 0-중심 눈금을 갖는 검류계의 바늘은 V_A과 V_C가 같음을 나타낼 뿐만 아니라 전압이 같지 않을 때의 전류 방향도 나타낸다. 고감도 디지털 마이크로 전류계가 검류계 대신 사용될 수 있다.

그림 23-1에서 휘스톤 브리지는 미지의 저항기 R_X의 저항값을 측정하기 위해 연결되어 있다. 저항기 R_1과 R_2는 정밀 고정 저항기이다. 이 저항기를 브리지의 비율 가

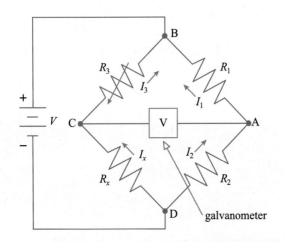

그림 23-1 저항값의 정밀 측정을 위해 사용되는 휘스톤 브리지 회로

지(ratio arm)이라고 하며, 정밀 가변저항 R_3를 표준 가지 (standard arm)라고 한다. A와 C 사이의 전압 차가 0일 때에는 검류계에 전류가 흐르지 않게 되어 바늘은 0-중심점에 위치할 것이다. 이 상태에서 브리지는 평형 (balanced)을 이루었다고 한다. 회로의 전력은 안정화된 직류 전원공급기에 의해 공급된다.

1. 평형 브리지(Balanced Bridge)

그림 23-1의 회로에 휘스톤 브리지의 가지 전류가 표시되어 있다. 각 가지의 전압강하는 옴의 법칙을 이용하여 다음과 같이 구해진다.

$$V_{AB} = I_1 R_1$$
$$V_{DA} = I_2 R_2$$
$$V_{CB} = I_3 R_3 \quad (23\text{-}1)$$
$$V_{DC} = I_X R_X$$

브리지가 평형을 이루기 위해 (즉, $V_{AC} = V_{CA} = 0$), 점 B에 대한 점 A의 전압 V_{AB}는 점 B에 대한 점 C의 전압 V_{CB}와 같아야 한다. 즉,

$$V_{AB} = V_{CB}$$

식 (23-1)으로부터 전압 $I \times R$을 대입하면,

$$I_1 R_1 = I_3 R_3$$

양변을 $I_3 R_1$로 나누면,

$$\frac{I_1}{I_3} = \frac{R_3}{R_1} \quad (23\text{-}2)$$

마찬가지로,

$$V_{DA} = V_{DC}$$

그리고

$$I_2 R_2 = I_X R_X$$

로부터,

$$\frac{I_2}{I_X} = \frac{R_X}{R_2} \quad (23\text{-}3)$$

평형상태에서 AC 사이에는 전류가 흐르지 않는다. 키르히호프 전류법칙으로부터

$$I_1 = I_2$$
$$I_3 = I_X \quad (23\text{-}4)$$

식 (23-4)에서 구한 I_X를 식 (23-2)의 I_3에 대입하면,

$$\frac{I_1}{I_X} = \frac{R_3}{R_1} \quad (23\text{-}5)$$

식 (23-4)에서 구한 I_1을 식(23-3)의 I_2에 대입하면,

$$\frac{I_1}{I_X} = \frac{R_X}{R_2} \quad (23\text{-}6)$$

식 (23-5)와 식 (23-6)을 연립하여 풀면,

$$\frac{I_1}{I_X} = \frac{R_3}{R_1} = \frac{R_X}{R_2}$$

또는

$$\frac{R_3}{R_1} = \frac{R_X}{R_2} \quad (23\text{-}7)$$

R_X에 대해 풀면

$$R_X = \frac{R_2 \times R_3}{R_1} = \frac{R_2}{R_1} \times R_3 \quad (23\text{-}8)$$

브리지의 다른 세 개의 저항값을 안다면, 식 (23-8)을 이용하여 브리지 회로내의 미지의 저항기의 값을 구할 수 있다. 이 식은 저항 비 R_2 / R_1에 가변 저항기 R_3의 값을

곱한 것이 미지의 저항기의 저항 값과 같다는 것을 의미한다. R_2와 R_1은 정밀 고정 저항이므로 R_2 / R_1 값은 필요한 값으로 고정시킬 수 있다. R_3를 조정하는데 있어서 최대의 정밀도와 감도를 얻기 위해서는 R_2가 R_1과 같아야 한다. 이 경우에 $R_2 / R_1 = 1$이 되고, 식 (23-8)은 다음과 같이 된다.

$$R_X = R_3$$

R_X 측정의 한계는 R_3의 최대값이 된다. 저항 비 R_2 / R_1에 의해 측정될 수 있는 R_C의 최대값이 결정됨을 알 수 있다. 예를 들어 $R_2 / R_1 = 3$이면, $R_X = 3 R_3$ 또는 R_X의 최대값은 R_3의 최대값의 3배가 된다. 이 저항 비는 측정감도를 떨어트리며, 그 이유는 R_3의 미세한 조정은 검류계에 쉽게 감지되지 않으므로 R_3로부터 구해지는 저항값의 정확도가 떨어지기 때문이다. R_2 / R_1가 1보다 작으면 측정될 수 있는 저항값의 범위는 R_3의 최대값 보다 작을 것이라는 사실은 명백하다.

휘스톤 브리지는 저항값 측정 이외에 다른 용도로도 사용될 수 있다. 브리지 회로는 온도, 빛, 습도, 무게, 혹은 다른 측정량의 변화를 표시하기 위한 고감도 전압 발생 회로에 자주 이용된다.

빛 측정에 사용되는 브리지 회로는 그림 23-2와 같다. 보통의 혹은 실내 빛에서 포토셀(photocell)의 저항은 약 $100 \, k\Omega$이다. 저항 R_3는 A와 B점 사이의 전압이 0이 되어 브리지 회로가 평형이 되도록 조정된다. 포토셀에 더 많은 빛을 비추면 그 저항은 감소하고 브리지는 불평형 상태가 된다. 이에 의해 A와 B점 사이에 전위 차가 발생된

다. 이 전압 차 V_{AB}는 증폭기와 같은 회로를 통해 증폭될 수 있다.

03 요약

(1) 휘스톤 브리지는 정밀한 저항값 측정을 위해 사용된다.

(2) 그림 23-1에서 비율 가지 R_1과 R_2는 정밀 저항기이다. 저항 비 R_2 / R_1에 의해 브리지의 저항 측정 범위가 결정된다.

(3) 표준 가지 R_3는 브리지의 평형을 이용하여 미지의 저항 R_X를 측정하기 위한 정밀 가변저항이다.

(4) 고감도 0-중심 검류계 또는 디지털 마이크로 암미터가 지시계로 사용된다. 직류 전압원은 브리지에 전력을 공급한다.

(5) 검류계 걸리는 전압 (그림 23-1의 V_{AC})이 0일 때, A와 C 사이에는 전류가 흐르지 않으며, 이 상태가 브리지의 평형상태이다.

(6) 휘스톤 브리지가 평형인 상태에서, 서로 마주보는 두 가지의 저항의 곱은 같다. 즉, 그림 23-1에서

$$R_1 R_X = R_2 R_3$$

가 되고, 따라서 R_X의 값은 다음과 같이 된다.

$$R_X = \frac{R_2}{R_1} \times R_3 \qquad (23-8)$$

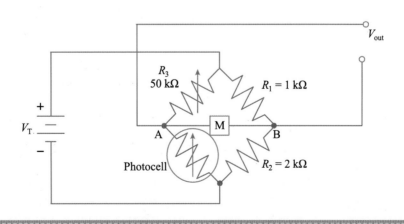

그림 23-2 빛의 세기 변화에 반응하도록 사용되는 휘스톤 브리지 회로

식 (23-8)에 의하면, 미지의 저항기 R_X의 값은 저항 비 R_2 / R_1에 가변저항 R_3의 저항 값을 곱한 것과 같다.

04 예비점검

아래의 질문에 답하여 여러분의 이해도를 점검하시오.

(1) 휘스톤 브리지의 교정된 가변저항을 _____ 라고 부른다.

(2) 평형상태에서 검류계를 통해 흐르는 전류는 _____ 이다.

(3) 0-중심 검류계에 흐르는 전류의 방향은 바늘이 움직이는 방향에 의해 결정될 수 있다. _____ (맞음/틀림)

(4) 그림 23-3에서 R_3 = 3.75kΩ일 때 0을 가리켰다. R_X의 값은 _____ Ω 이다.

(5) 그림 23-1에서 R_2 / R_1 = 10 이다. 미지의 저항이 R_X = 5kΩ이라면 검류계가 0을 가리키기 위한 R_3값은 _____ ?

(6) 휘스톤 브리지는 0.1 – 100kΩ 범위의 저항을 측정할 수 있다. 저항값이 약 50kΩ인 저항기를 측정하기 위해서 브리지는 현재의 R_1, R_2 값으로는 평형을 이룰 수 없다. 브리지를 평형시키기 위해서는 _____ 가지를 변화시켜야 한다.

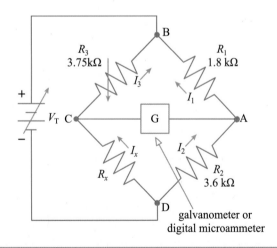

그림 23-3 질문 4에 대한 회로

05 실험 준비물

전원장치

■ 0-15V 가변 직류전원(regulated)

측정계기

■ DMM 또는 VOM
■ 0-중심 검류계 또는 디지털 마이크로 암미터

저항기($\frac{1}{2}$-W, 5%)

■ 5.6kΩ 1개
■ 5.1kΩ 2개 (가능하다면 허용오차가 1%인 저항기가 좋다.)
■ 10kΩ 분압기 또는 1 Ω – 10,000 Ω decade resistance box 1개

아래의 저항기들 중에서 최소한 한 개 이상의 저항기가 필요하다.

■ 560Ω, 620Ω, 750Ω, 1kΩ, 1.1kΩ, 1.2kΩ, 1.8kΩ, 2kΩ, 2.2kΩ, 2.4kΩ, 3kΩ, 3.3kΩ, 3.6kΩ, 3.9kΩ, 4.7kΩ, 6.8kΩ, 8.2kΩ, 10kΩ
■ 실험과정 8–13에서 필요한 저항기는 실험조교에게 받는다. (이 저항기들은 10kΩ 이상 100kΩ 이하의 저항값을 가져야 한다.)

기타

■ SPST 스위치 2개

선택

■ 50kΩ 분압기 1개
■ 포토셀 1개

06 실험과정

이 실험의 목적은 브리지 공식을 입증하고 휘스톤 브리지를 사용하여 저항값을 측정해 보는 것이다. 본 실험에서

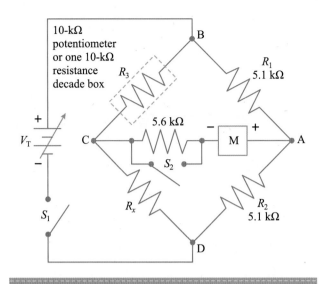

그림 23-4 실험과정 1에 대한 회로

는 실험실 혹은 상업용 휘이스튼 브리지 장비의 정밀성을 추구하지는 않으며, 검류계, 마이크로암미터 (아날로그 또는 디지털) 혹은 DMM이 사용 가능하다. 그림 23-4에서 M으로 표시된 부분은 이들 계기 중의 하나를 나타낸다.

1. 전원을 off 시키고 S_1과 S_2을 개방한 상태로 그림 23-4의 회로를 구성한다. 분압기 또는 저항상자는 최대값 (10kΩ)으로 초기화시킨다. 계기회로 내의 5.6kΩ 저항기는 표준가지 저항값을 조정하는 초기상태 동안에 계기의 감도를 떨어뜨린다. 미지의 저항기 R_X는 실험 준비물의 저항기 목록에서 선택되어야 한다.

2. 전원을 인가하고 V_T가 6V가 되도록 조정한다. S_1을 닫는다. (S_2는 개방상태를 유지한다.) 계기의 바늘이 양의 전류값을 나타내야 한다. (바늘이 움직이지 않으면, $R_3 = 10\,k\Omega$ 인지 확인한다.)

3. R_3의 저항값을 서서히 감소시킨다. 계기의 전류값은 감소하여 바늘이 0점 근처로 움직여야 한다. 바늘이 0 또는 0 근처에 도달했을 때 S_2를 닫아 5.6kΩ 저항기를 단락시킨다. 계기가 0을 가리킬 때까지 R_3를 조정한다. 전원을 끄고 S_1, S_2를 개방한다.

4. R_3가 저항상자이면 다이얼을 읽어 표 23-1의 "저항기 1"항에 측정값을 기록한다. R_3가 분압기이면 지정된 상태를 변화시키지 않은 상태로 분압기를 회로에서 분리하고, 저항계로 저항값을 측정하여 표 23-1에 기록한다.

5. 회로에서 R_X를 제거한다. 정격 저항값과 허용 오차 (색 코드에 의한)를 표 23-1 "저항기 1"항에 기록한다.

6. 아래의 휘스톤 브리지 공식을 사용하여 저항기 1의 저항값을 계산하고 표 23-1에 기록한다.

$$R_X = \frac{R_2}{R_1} \times R_3$$

7. 선택된 5개의 저항기들에 대해 실험과정 1 – 6을 반복한다. 미지의 저항기 각각에 대해 R_3의 값, R_X의 정격값, 허용 오차, 계산값 등을 표 23-1에 기록한다.

8. 실험과정 1 – 7에서 사용된 표준가지를 갖는 그림 23-3의 기본 브리지 회로를 이용하여 브리지가 30kΩ의 저항값까지 측정할 수 있도록 비율가지 R_1, R_2 대한 새로운 저항기를 선택한다. 저항계로 R_1과 R_2를 측정하여 표 23-2에 기록한다.

9. 전원을 off 시키고, S_1과 S_2를 개방한 상태로 선택된 R_1, R_2 저항기를 사용하여 새로운 회로를 구성한다. 표준가지 R_3를 최대값 (10kΩ)으로 고정시켜야 한다. 실험조교에게 R_X용 저항기를 받는다.

10. 전원을 켜고, V_T를 6V로 맞춘다. S_1을 닫는다. (S_2는 개방상태를 유지한다.) 계기의 바늘이 0 근처에 도달할 때까지 R_3의 저항값을 서서히 감소시킨다. S_2를 닫고 바늘이 0점에 도달할 때까지 R_3를 계속 조정한다. 전원을 끄고 S_1, S_2를 개방한다.

11. 실험과정 4에서와 같이 R_3의 값을 결정하여 표 23-2에 이 값을 기록한다.

12. 실험과정 6에서와 같이 휘스톤 브리지 공식을 사용하여 R_X를 계산하고 표 23-2에 기록한다.

13. 저항측정 범위를 100kΩ까지 확대할 수 있는 R_1, R_2의 값에 대해 실험과정 8 – 12를 반복한다. 표 23-2에 모든 데이터를 기록한 후, S_1, S_2를 개방하고 전원을 끈다.

선택 사항

이 실험은 50kΩ 분압기 또는 EG&G Optoelectronics #VT43MT와 같은 500kΩ dark - 500Ω light 등가 포토셀을 필요로 한다. 그림 23-2의 광 측정회로를 구성한다. 전압

인가 회로에 SPST 스위치를 추가한다. 계기 M은 앞의 실험과정에서 사용된 계기들 중의 하나가 사용된다. 다음 과정으로 진행하기 전에 스위치를 개방한 상태로 조교에게 회로를 확인 받는다.

SPST 스위치를 닫고, V_T를 서서히 10 V까지 증가시킨다. 포토셀은 실내 조명에 노출되어야 한다. 브리지가 평형 ($V_{AB} = 0$ V)이 되도록 R_3를 조정한다.

섬광 또는 램프를 사용하여 포토셀에 조사되는 빛의 양을 증가시키고, V_{AB}에 미치는 영향을 관찰한다. 포토셀로부터 광원을 서서히 멀어지게 하면서 V_{AB}의 변화를 관찰한다.

광원을 제거하고 손으로 포토셀을 덮은 상태로 V_{AB}를 관찰한다. 다시, 포토셀로부터 손을 서서히 움직이며 전압에 미치는 영향을 관찰한다.

관찰한 것에 대해 보고서를 작성한다. 그리고 빛의 세기가 출력전압에 미치는 영향에 대해 설명한다.

07 예비 점검의 해답

(1) 표준가지

(2) 0

(3) 맞음

(4) 7.5kΩ

(5) 500Ω

(6) 비율(ratio)

표 23-1 R_X의 브리지 측정 $(R_2 / R_1 = 1)$

Resistor Number	1	2	3	4	5	6
R_3, Ω						
Rated(color code) value, R_X, Ω						
Percent tolerance, R_X, %						
Calculated value, R_X, Ω						

표 23-2 브리지 곱 수

Steps	Maximum Measurable Resistance, kΩ	Measured Value R_1, Ω	Measured Value R_2, Ω	Ratio $\frac{R_2}{R_1}$	R_3, Ω	R_X Rated Value Ω	R_X Rated Tolerance, %	R_X Calculated Value, Ω
8, 9, 10, 11, 12	30							
13	100							

실험 고찰

1. 평형 브리지 회로의 저항기들 사이의 관계를 설명하시오.

_____

_____

_____

_____

_____

_____

2. 평형 브리지 회로를 이용한 저항측정의 정밀도를 결정하는 요소 4가지를 설명하시오.

_____

_____

_____

_____

_____

_____

3. 평형 브리지 회로에 감도가 좋은 검류계나 다른 계기를 사용하는 것이 왜 중요한 지 그 이유를 설명하시오.

_____

_____

_____

_____

_____

_____

_____

_____

_____

4. 표 23-1에서 측정된 저항값들은 저항기의 허용오차 이내인가? 차이가 있으면 이에 대해 설명하시오.

_____

_____

_____

_____

_____

_____

_____

_____

_____

5. 이 실험에서 6V 전원 공급은 중요한가? 전압이 높거나 낮으면 결과에 어떤 영향을 미치는가? 공급 전압이 0이면 어떤 현상이 발생되는가?

_____

_____

_____

_____

_____

_____

_____

_____

EXPERIMENT
24

중첩의 정리

01 실험목적

(1) 중첩의 정리를 실험적으로 입증한다.

02 이론적 배경

지금까지의 실험을 통해서, 저항기의 직렬, 병렬 또는 직-병렬 연결로 구성되는 단순한 저항성 회로의 해석방법으로 망로방법, 키르히호프 전압 및 전류법칙, 옴의 법칙 등을 대해 배웠다. 그러나, 더욱 복잡한 회로의 해석을 위해서는 앞에서 배운 방법들 외에 새로운 방법이 필요하다.

1. 중첩의 정리

중첩의 정리(Superposition Theorem)는 다음과 같이 정의된다.

"하나 이상의 전압원을 포함하는 선형회로에서 임의의 소자에 흐르는 전류는 단독으로 동작하는 개별 전압원에 의해 생성된 전류의 대수적 합과 같다. 또한, 임의의 소자에 걸리는 전압은 개별 전압원에 의해 생성된 전압의 대수적 합과 같다."

중첩의 정리를 이용하여 회로를 해석하기 위해서는 "단독으로 동작하는 개별 전압원"의 의미를 이해해야 한다. 두개의 전압원 V_1과 V_2을 갖는 그림 24-1의 회로에 대해 단독으로 동작하는 각 전원이 회로에 미치는 영향을 알아

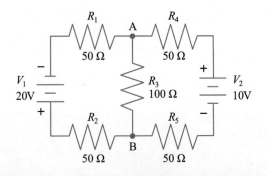

그림 24-1 두개의 전원을 갖는 저항기 회로

보자. V_1에 의한 영향을 구하기 위해서는 V_2를 내부저항으로 대체하여 얻어지는 회로를 해석해야 한다. 이상적인 전압원 (즉, 내부저항이 0인 전원)을 가정하거나 또는 내부저항이 다른 회로 소자보다 매우 작다고 하면, 전압원은 단락회로로 대체될 수 있다. 그림 24-2는 V_2를 단락회로로 대체한 회로도이며, 이 회로는 하나의 전압원 V_1을 갖는 직-병렬회로이다. 앞의 실험에서 배운 방법을 이용하여 저항기 R_1 - R_5 각각에 흐르는 전류와 V_1에 의해 공급되는 전류를 구할 수 있다. 또한, 회로의 각 저항기에 걸리는 전압도 구할 수 있다. V_2에 의한 영향을 구하기 위해서는 V_1을 그림 24-3과 같이 단락회로로 대체하고, 이 회로를 해석한다. 마찬가지로, V_2에 의해 공급된 전류와 저항기 R_1 - R_5 흐르는 전류를 구할 수 있으며, 각 저항기에 걸리는 전압도 구할 수 있다. 마지막 단계는 각 저항기에 흐르는 전류들을 대수적으로 합하여 그 저항기에 흐르는 총 전류를 구한다. 또한, 각 저항기에 걸리는 전압도

두 전압의 대수 합으로 구할 수 있다. 각 전압원에 의해 공급된 전류는 전압원 그 자체에 의해 공급된 전류와 전압원을 단락회로로 대체했을 때 흐르는 전류의 대수 합으로 구할 수 있다.

예제를 통해서 이 과정을 확인해 본다.

문제 그림 24-1에 주어진 값들을 사용하여 각 전압원에 의해 공급된 전류, 각 저항기에 걸리는 전압, 그리고 각 저항기에 흐르는 전류를 구하라.

풀이 해석의 첫째 단계는 V_2를 단락회로로 대체하여 얻어진 그림 24-2의 회로를 해석하는 것이다.

그림 24-2는 V_2가 단락된 상태에서 V_1이 회로에 미치는 영향을 보여준다. V_1의 영향을 보이기 위해 전류 방향과 전압 극성을 회로에 표시하였다.

R_T에 대해서 풀면,

$$R_T = [(R_4 + R_5) \parallel R_3] + (R_1 + R_2)$$
$$R_T = [(50\ \Omega + 50\ \Omega) \parallel 100\ \Omega] + (50\ \Omega + 50\ \Omega)$$
$$R_T = 150\ \Omega$$

기호 $\parallel$는 "병렬연결"을 의미한다. V_1에 의해 생성되는 총 전류 I_T를 구하면

$$I_T = V_1 / R_T$$
$$I_T = 20\ V / 150\ \Omega = 133\ mA$$

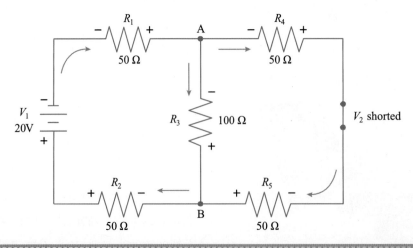

그림 24-2 중첩의 정리를 적용하는 첫째 단계는 전압원 중 하나를 내부저항으로 대체하는 것이다. V_2는 이상적인 전압원 (즉, 내부저항이 0인 전원)이며, 따라서 V_2는 단락회로로 대체된다.

따라서,

$$I_{R1} = 133 \text{ mA} \qquad I_{R3} = 66.7 \text{ mA}$$

$$I_{R2} = 133 \text{ mA} \qquad I_{R4} = 66.7 \text{ mA}$$

$$I_{R5} = 66.7 \text{ mA}$$

V_1에 의해 생성된 각 저항의 전압강하는 다음과 같다.

$$V_{R1} = R_1 \times I_{R1} = 50\ \Omega \times 133 \text{ mA} = 6.67 \text{ V}$$

$$V_{R2} = R_2 \times I_{R2} = 50\ \Omega \times 133 \text{ mA} = 6.67 \text{ V}$$

$$V_{R3} = R_3 \times I_{R3} = 100\ \Omega \times 66.7 \text{ mA} = 6.67 \text{ V}$$

$$V_{R4} = R_4 \times I_{R4} = 50\ \Omega \times 66.7 \text{ mA} = 3.33 \text{ V}$$

$$V_{R5} = R_5 \times I_{R5} = 50\ \Omega \times 66.7 \text{ mA} = 3.33 \text{ V}$$

다음으로, V_1을 단락시키고 V_2 단독에 의한 회로에 대해 해석한다. 이 회로는 그림 24-3에 나타내었다. 그림 24-3에서 V_2에 의한 R_1, R_2, R_4, R_5의 전류 방향은 이전의 경우와 같으며, R_3의 전류 방향만 반대가 된다. 이는 각각의 전원에 의한 전류를 대수적으로 가산할 때 중요하게 고려되어야 한다.

$R_T{'}$에 대해 풀면

$$R_T{'} = [(R_1 + R_2) \parallel R_3] + (R_4 + R_5)$$

$$R_T{'} = [(50\ \Omega + 50\ \Omega) \parallel 100\ \Omega] + (50\ \Omega + 50\ \Omega)$$

$$R_T{'} = 150\ \Omega$$

V_2에 의한 총 전류는 다음과 같다.

$$I_T{'} = V_2 / R_2$$

$$I_T{'} = 10 \text{ V} / 150\ \Omega = 66.7 \text{ mA}$$

따라서

$$I_{R1}{'} = 33.3 \text{ mA} \qquad I_{R4}{'} = 66.7 \text{ mA}$$

$$I_{R2}{'} = 33.3 \text{ mA} \qquad I_{R5}{'} = 66.7 \text{ mA}$$

$$I_{R3}{'} = -33.3 \text{ mA}$$

($I_{R3}{'}$는 V_1 단독으로 동작할 때 구해진 전류 I_{R3}와 반대 방향이므로 "−" 부호가 사용된다.)

V_2에 의한 각 저항기의 전압강하는 다음과 같다.

$$V_{R1}{'} = R_1 \times I_{R1}{'} = 50\ \Omega \times 33.3 \text{ mA} = 1.67 \text{ V}$$

$$V_{R2}{'} = R_2 \times I_{R2}{'} = 50\ \Omega \times 33.3 \text{ mA} = 1.67 \text{ V}$$

$$V_{R3}{'} = R_3 \times I_{R3}{'} = 100\ \Omega \times (-33.3 \text{ mA}) = -3.33 \text{ V}$$

$$V_{R4}{'} = R_4 \times I_{R4}{'} = 50\ \Omega \times 66.7 \text{ mA} = 3.33 \text{ V}$$

$$V_{R5}{'} = R_5 \times I_{R5}{'} = 50\ \Omega \times 66.7 \text{ mA} = 3.33 \text{ V}$$

중첩의 정리에 의해, 두 전원에 의한 실제 전류는 각각의 전류의 합으로 구할 수 있다.

$$I_{R1} = 133 \text{ mA} + 33.3 \text{ mA} = 166.3 \text{ mA}$$

$$I_{R2} = 133 \text{ mA} + 33.3 \text{ mA} = 166.3 \text{ mA}$$

$$I_{R3} = 66.7 \text{ mA} + (-33.3 \text{ mA}) = 33.4 \text{ mA}$$

$$I_{R4} = 66.7 \text{ mA} + 66.7 \text{ mA} = 133.4 \text{ mA}$$

$$I_{R5} = 66.7 \text{ mA} + 66.7 \text{ mA} = 133.4 \text{ mA}$$

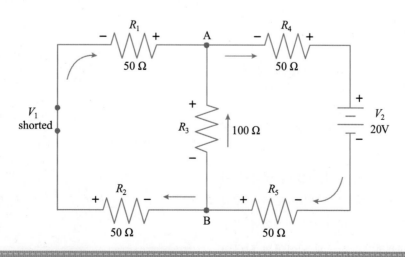

그림 24-3 그림 24-2 회로의 해석이 완료되면, V_1을 단락회로로 대체하고 해석한다.

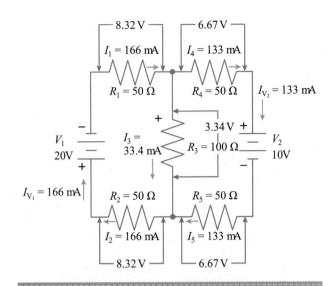

그림 24-4 예제의 회로에 대해 구해진 전류와 전압

옴의 법칙을 사용하여 각 저항기에 걸리는 전압을 구할 수 있다.

$$V_1 = 166.3 \text{ mA} \times 50 \text{ } \Omega = 8.32 \text{ V}$$

$$V_2 = 166.3 \text{ mA} \times 50 \text{ } \Omega = 8.32 \text{ V}$$

$$V_3 = 33.4 \text{ mA} \times 100 \text{ } \Omega = 3.34 \text{ V}$$

$$V_4 = 133.4 \text{ mA} \times 50 \text{ } \Omega = 6.67 \text{ V}$$

$$V_5 = 133.4 \text{ mA} \times 50 \text{ } \Omega = 6.67 \text{ V}$$

구해진 전류와 전압을 그림 24-4에 나타냈다. 키르히호프 전압법칙과 전류법칙을 사용하여 이 값들을 증명할 수 있다.

참고 앞에서 구해진 값들은 유효숫자 3자리로 반올림되었으며, 따라서 전류, 전압 값은 정확하게 일치하지 않을 수도 있다.

03 요약

(1) 중첩의 정리는 2개 이상의 전압원을 갖는 선형회로에 적용할 때 가장 유용하다.
(2) 선형회로에서 소자에 걸리는 전압, 전류를 구하기 위해서는 하나의 전압원을 제외한 나머지 모든 전압원은 내부저항으로 대체한 후 (이상적인 전압원의 경우에는 단락회로로 대체한다), 회로에 남아있는 하나의

전압원에 의한 영향을 결정한다. 회로내의 각각의 전원에 대해 이 과정을 반복한다. 모든 전원에 의한 실제 전류와 전압은 각 전원에 대해 구해진 전류와 전압의 대수적 합이 된다.

04 예비점검

다음의 질문에 답하여 여러분의 이해도를 점검하시오.

(1) 중첩의 정리는 그림 24-5의 회로에 적용될 수 있다. _____ (맞음/틀림)
(2) 그림 24-2의 회로에서 R_4에 흐르는 전류 대 R_4에 걸리는 전압의 그래프는 _____ 이다.
(3) 그림 24-1에서 10V 전원에 의해 R_3에 흐르는 전류는 V_2가 단락회로로 대체되어 V_1이 유일한 전원인 경우의 전류보다 _____ (크다/작다).
(4) 그림 24-1의 회로해석에 중첩의 정리를 적용할 때 V_2

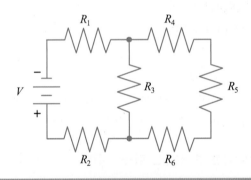

그림 24-5 예비점검 질문(1)에 대한 회로

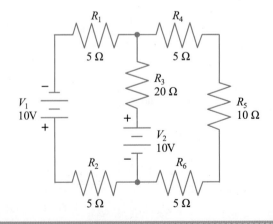

그림 24-6 예비점검 질문(6)에 대한 회로

212

는 _____ 로 대체된다.

(5) 그림 24-1의 회로에서 R_5 에 걸리는 전압은 _____ V 이다.

(6) 그림 24-6의 회로에서 R_1 에 흐르는 전류는 _____ A 이다.

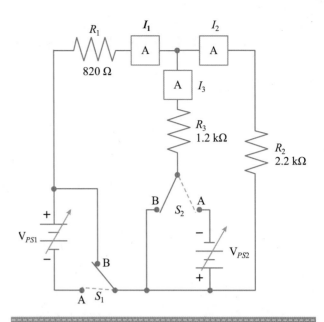

그림 24-7 실험과정 1에 대한 회로

05 실험 준비물

전원장치

▪ 0-15V 가변 직류전원(regulated) 2개

측정계기

▪ DMM 또는 VOM
▪ 0-100mA 전류계

저항기($\frac{1}{2}$-W, 5%)

▪ 820Ω 1개
▪ 1.2kΩ 1개
▪ 2.2kΩ 1개

기타

▪ SPDT 스위치 2개

06 실험과정

주의 이 실험에서는 회로의 세 부분에서 전류를 측정해야 한다. 실험에서 하나의 전류계만 사용하는 경우에는, 전류계의 분리와 연결 전·후에는 반드시 전원공급기의 스위치를 꺼야 한다.

1. 두개의 전원공급기를 off 시키고 스위치 S_1, S_2를 B점에 놓은 상태로 그림 24-7의 회로를 구성한다. 전원공급기의 극성에 주의한다.

2. 전원공급기-1의 전원을 넣고 출력전압이 V_{PS1} = 15 V 가 되도록 조정한다. S_1은 A점으로, S_2는 B점으로 놓는다. 이에 의해 R_1, R_2, R_3에 전원이 인가된다. I_1, I_2, I_3와 R_1에 걸리는 전압 V_1, R_2에 걸리는 전압

V_2, R_3에 걸리는 전압 V_3 을 측정하여 표 24-1에 기록한다. 전류의 방향과 ('+' 또는 '-' 기호를 사용하여 표시한다) 전압강하 V_1, V_2, V_3의 방향에 주의해야 한다. (전압의 부호는 항상 전류의 부호와 반대가 되어야 한다. 즉, V_1이 '-'이면 I_1은 '+'일 것이다.) V_{PS1}을 off 시킨다.

3. S_1을 B점에 놓는다. V_{PS2} = 10V가 되도록 전원공급기-2를 조정한다. S_2를 A점에 놓는다. V_{PS2}에 의해 R_1, R_2, R_3에 전원이 공급된다. 전류 I_1, I_2, I_3와 R_1에 걸리는 전압 V_1, R_2에 걸리는 전압 V_2, R_3에 걸리는 전압 V_3를 측정하여 표 24-2에 기록한다. 실험과정 2에서와 같이 측정값의 극성에 주의한다.

4. V_{PS1} = 15V와 V_{PS2} = 10V로 하고, S_1을 A점에 놓는다. (S_2는 이미 B점에 있어야 한다.) 두개의 전원공급기에 의해 R_1, R_2, R_3에 전원이 인가된다. 앞의 과정과 같이 V_1, V_2, V_3와 I_1, I_2, I_3를 측정하여 표 24-3에 기록한다. 측정값의 극성을 주의한다. 전원을 끈다.

5. V_{PS1} =15V, V_{PS2} =10V 와 R_1, R_2, R_3의 측정값을 사용하여 두개의 전원에 의해 공급된 I_1, I_2, I_3을 중첩의 정리를 적용하여 계산하고, 표 24-3에 기록한다. 모든 계산과정을 보인다.

(1) 틀림

(2) 직선

(3) 작다

(4) 단락회로

(5) 6.65

(6) 0.75

성 명 _____   일 시 _____

표 24-1 V_{PS1} 단독에 의한 영향

Current, mA	Voltage, V
I_1:	V_1:
I_2:	V_2:
I_3:	V_3:

표 24-1 V_{PS2} 단독에 의한 영향

Current, mA	Voltage, V
I_1:	V_1:
I_2:	V_2:
I_3:	V_3:

표 24-3 V_{PS1} 과 V_{PS2} 에 의한 영향

| Measured Values | | Calculated Values | | | | | |
| Current, mA | Voltage, V | V_{PS1} Only | | V_{PS2} Only | | V_{PS1} and V_{PS2} Together | |
		Current, mA	Voltage, V	Current, mA	Voltage, V	Current, mA	Voltage, V
I_1	V_1	I_1	V_1	I_1	V_1	I_1	V_1
I_2	V_2	I_2	V_2	I_2	V_2	I_2	V_2
I_3	V_3	I_3	V_3	I_3	V_3	I_3	V_3

실험 고찰

1. 한 개 이상의 전압원에 의해 공급되는 회로내의 전류를 구하기 위해 중첩의 정리가 어떻게 이용되는지 설명하시오.

_____

_____

_____

_____

_____

_____

_____

_____

_____

_____

2. 표 24-1, 표 24-2, 표 24-3의 실험결과로부터 중첩의 정리를 입증할 수 있는지 설명하시오.

_____

_____

_____

_____

_____

_____

_____

_____

3. 실험과정 2에서 전류값을 기록할 때 극성표시를 위해 부호를 포함시키는 것이 왜 중요한가?

_____

_____

_____

_____

_____

_____

_____

_____

_____

_____

4. 그림 24-7에서 두 전원공급기의 극성을 반대로 바꾸면 R_2에 흐르는 전류는 어떤 영향을 받는가?

_____

_____

_____

_____

_____

_____

_____

_____

_____

EXPERIMENT
25

테브닌 정리

 01 실험목적

(1) 단일 전압원을 갖는 직류회로의 테브닌 등가전압 (V_{TH})과 등가저항 (R_{TH})을 결정한다.

(2) 직-병렬회로의 해석에 있어서 V_{TH}와 R_{TH}의 값을 실험적으로 입증한다.

02 이론적 배경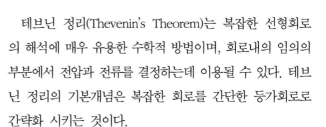

테브닌 정리(Thevenin's Theorem)는 복잡한 선형회로의 해석에 매우 유용한 수학적 방법이며, 회로내의 임의의 부분에서 전압과 전류를 결정하는데 이용될 수 있다. 테브닌 정리의 기본개념은 복잡한 회로를 간단한 등가회로로 간략화 시키는 것이다.

1. 테브닌 정리

테브닌 정리는 "임의의 선형 2단자 회로망은 테브닌 전압원 V_{TH}와 내부저항 R_{TH}의 직렬연결인 등가회로로 대체될 수 있다"는 정리이다. 부하 R_L을 구동하는 그림 25-1(a)의 회로에 대한 테브닌 등가회로는 그림 25-1(d)의 회로이다. V_{TH}와 R_{TH} 값을 구할 수 있다면 R_L에 흐르는 전류 I_L은 옴의 법칙을 사용하여 쉽게 구해질 수 있다. V_{TH}와 R_{TH}를 결정하는 규칙은 다음과 같다.

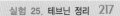

1. 전압 V_{TH} 는 부하저항이 제거 (즉, 개방)된 상태에서, 부하단자 양단의 전압이다. 즉, 부하저항을 제거하고 그림 25-1(a)의 AB에서 전압계로 측정되는 전압이다.

2. 저항 R_{TH} 는 회로에서 전압원을 단락시키고 내부저항으로 대체한 상태에서, 개방된 부하단자 양단의 저항이다.

그림 25-1(a)의 회로에 대해 테브닌 등가회로를 구하는 과정은 다음과 같다.

1. [그림 25-1(b)] 부하저항 R_L 을 제거하고, AB에 걸리는 전압을 계산한다. 이 경우에, R_3 에 걸리는 전압강하는 전원전압 V의 $\frac{1}{2}$ 이다. 왜냐하면, R_3 는 전압원 V와

R_2, R_3, R_1 (전압원 V의 내부저항으로 가정) 등으로 구성되는 직렬회로의 전체저항의 $\frac{1}{2}$ 이기 때문이다. 테브닌 등가전압 $V_{TH} = 6$ V이다.

2. [그림 25-1(c)] 전압원 V는 단락되어 내부저항만 회로에 남게 된다. AB 사이의 병렬회로의 등가저항을 계산하면 다음과 같이 된다.

$$R_{TH} = \frac{(R_1 + R_2) \times R_3}{(R_1 + R_2) + R_3} = \frac{(5\ \Omega + 195\ \Omega) \times 200\ \Omega}{(5\ \Omega + 195\ \Omega) + 200\ \Omega}$$
$$= \frac{40\ k\Omega}{400} = 100\ \Omega$$

3. [그림 25-1(d)] 테브닌 등가전압과 등가저항은 부하저항 R_L 에 직렬로 연결되어 단순한 직렬회로가 된다.

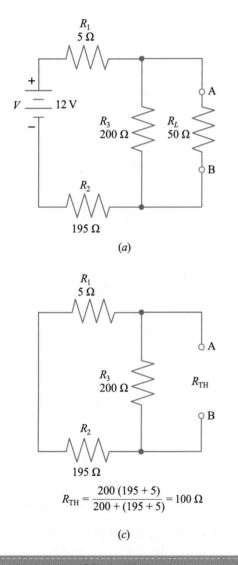

$$R_{TH} = \frac{200\,(195 + 5)}{200 + (195 + 5)} = 100\ \Omega$$

(c)

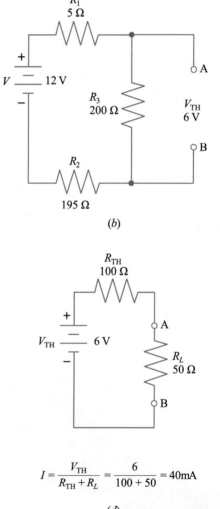

$$I = \frac{V_{TH}}{R_{TH} + R_L} = \frac{6}{100 + 50} = 40\text{mA}$$

(d)

그림 25-1 테브닌 정리를 이용한 직-병렬 회로 해석

부하전류 I_L은 옴의 법칙을 사용하여 다음과 같이 구해진다.

$$I_L = \frac{V_{TH}}{R_L + R_{TH}} = \frac{6 \text{ V}}{50 \text{ }\Omega + 100 \text{ }\Omega} = \frac{6 \text{ V}}{150 \text{ }\Omega}$$

$$I_L = 40 \text{ mA}$$

테브닌 방법은 회로 해석을 위해 불필요한 부가적 과정을 수반하며, 옴의 법칙과 키르히호프 법칙이 더 빠르고 쉬운 방법같이 보일 수도 있다. 그러나, 위의 예는 테브닌 정리를 설명하기 위해 단순한 회로를 선택했기 때문에 그렇게 보일 뿐이다. 단순한 회로에 대해서도 테브닌 정리의 진가가 입증될 수 있다. 회로의 다른 부분은 그대로 유지한 상태에서 10가지의 R_L 값에 대해 부하전류 I_L을 구하는 경우를 생각해 보자. 옴의 법칙과 키르히호프 법칙을 이용하는 경우에는 수식을 10번 적용해야 한다. 그러나,

테브닌 정리를 이용하면 한번의 테브닌 등가회로 계산으로 각각의 R_L에 대한 I_L을 쉽게 계산할 수 있다.

2. 테브닌 정리에 의한 비평형 브리지 회로 해석

그림 25-2(a)는 비평형 브리지 회로이다. R_5에 흐르는 전류 I를 구하고자 한다. 테브닌 정리를 이용하여 이 문제를 쉽게 풀 수 있다.

R_5를 부하로 생각한다. 그림 25-2(d)와 같이 부하 R_5에 전류를 공급하는 테브닌 등가회로로 변환해야 한다.

회로에서 R_5를 제거하고, 그림 25-2(b)의 회로를 V_{BC}에 대해 풀면 테브닌 전압 V_{TH}를 구할 수 있다. BD와 CD 사이의 전압 차는 V_{BC}일 것이다. 전압 V_{BD}와 V_{CD}는 저항 비에 의해 직접 구할 수 있다.

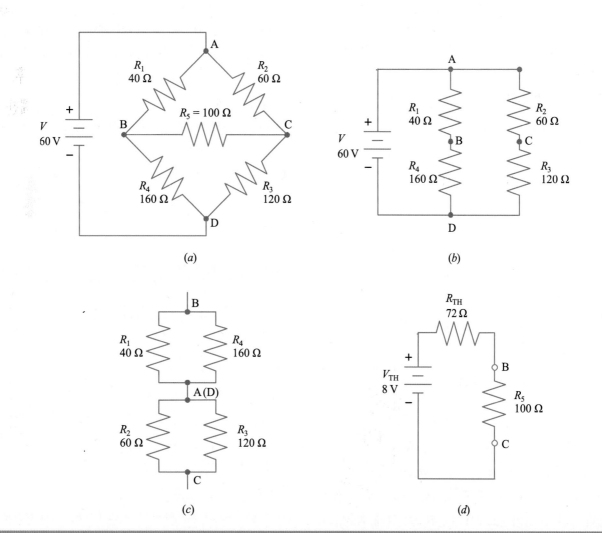

그림 25-2 테브닌 정리를 이용한 비평형 브리지 회로 해석

$$V_{BD} = \frac{R_4}{R_1 + R_4} \times V$$

$$= \frac{160\ \Omega}{200\ \Omega} \times 60\ V = 48\ V$$

$$V_{CD} = \frac{R_3}{R_2 + R_3} \times V$$

$$= \frac{120\ \Omega}{180\ \Omega} \times 60\ V = 40\ V$$

$$V_{BD} - V_{CD} = V_{BC} = 48\ V - 40\ V = 8\ V = V_{TH}$$

테브닌 저항 R_{TH}는 전압원을 단락시키고 내부저항으로 대체하여 구할 수 있다. 이 경우에, V를 이상적인 전압원으로 가정하면 내부저항은 0이다. 따라서, AD는 단락 된다. BC 사이의 저항(즉, 테브닌 등가저항)은 그림 25-2(c)의 회로에서 AD를 단락시켜 다시 그리면 좀 더 쉽게 보여질 수 있다. 그림 25-2(c)로부터 R_{BC}를 쉽게 구할 수 있다. R_1과 R_4의 병렬저항은 다음과 같이 계산된다.

$$\frac{40\ \Omega \times 160\ \Omega}{40\ \Omega + 160\ \Omega} = \frac{6.4\ k\Omega}{200} = 32\ \Omega$$

R_2와 R_3의 병렬저항은 다음과 같이 계산된다.

$$\frac{60\ \Omega \times 120\ \Omega}{60\ \Omega + 120\ \Omega} = \frac{7.2\ k\Omega}{180} = 40\ \Omega$$

따라서,

$$R_{BC} = 32\ \Omega + 40\ \Omega = 72\ \Omega = R_{TH}$$

이 값을 테브닌 등가회로 [그림 25-2(d)]에 대입하여 전류 I에 대해 풀면 다음과 같이 된다.

$$I = \frac{V_{TH}}{R_{TH} + R_5} = \frac{8\ V}{172\ \Omega} = 46.5\ mA$$

3. 테브닌 정리의 실험적 증명

특정 회로망에서 부하 R_L에 대한 V_{TH}와 R_{TH}의 값을 측정에 의해 결정할 수 있다. 안정화된 전원공급기의 출력을 V_{TH}로 맞추고, 여기에 저항값이 R_{TH}인 저항기와 R_L을 직렬로 연결한다. 이 등가회로에서 전류 I를 측정할 수 있다. 테브닌 등가회로에서 측정된 I가 본래 회로망의 R_L에서 측정된 I_L과 동일하다면, 테브닌 정리의 한 입증

이 된다. 완전한 입증을 위해서는 임의의 회로에 대해 이 과정을 여러 번 반복해야 한다.

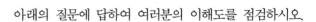

03 요약

(1) 테브닌 정리는 부하가 연결된 선형 2단자 회로망을 간단한 등가회로로 변환하기 위한 정리이며, 변환된 등가회로는 본래의 회로와 동일한 전기적 특성을 갖는다.

(2) 등가회로는 테브닌 내부저항 (R_{TH})과 테브닌 전압원 (V_{TH})의 직렬연결에 부하가 직렬로 연결되는 회로이다. 그림 25-2(a)의 복잡한 회로의 경우, 단자 BC에 대한 테브닌 등가회로는 그림 25-2(d)와 같다.

(3) 테브닌 전압 V_{TH}를 결정하기 위해서는 본래 회로망의 부하단자를 개방하고, 이 두단자의 전압을 계산한다. 이 개방부하 (open-load) 전압이 V_{TH}이다.

(4) 테브닌 저항 R_{TH}를 결정하기 위해서는 원래 회로망에서 부하단자를 개방하고 전원을 단락시켜 내부저항으로 대체한다. 개방부하단자에서 회로를 들여다 본 저항 값을 계산한다.

(5) 테브닌 정리는 하나 이상의 전압원을 갖는 회로에도 적용될 수 있다.

(6) 복잡한 회로망을 테브닌 등가회로로 변환한 후, 부하에 흐르는 전류는 옴의 법칙을 이용하여 구해진다.

04 예비점검

아래의 질문에 답하여 여러분의 이해도를 점검하시오.

(1) 그림 25-1(a) 회로에서 $V = 24\ V$, $R_1 = 30\ \Omega$, $R_2 = 270\ \Omega$, $R_3 = 500\ \Omega$, $R_L = 560\ \Omega$ 이다. 전원공급기의 내부저항은 0으로 가정한다. 다음의 값들을 구하라.
 (a) V_{TH} = _____ V
 (b) R_{TH} = _____ Ω
 (c) I_L = _____ A

(2) 그림 25-2(a) 회로에서 $V = 12\ V$, $R_1 = 200\ \Omega$, $R_2 = 500\ \Omega$, $R_3 = 300\ \Omega$, $R_4 = 600\ \Omega$, $R_5 = 100\ \Omega$ 이다.

정전압원이라고 가정하고, 다음의 값들을 구하라.

(a) V_{TH} = _____ V

(b) R_{TH} = _____ Ω

(c) I_5 = _____ A (R_5에 흐르는 전류)

전원장치

- 0-15V 가변 직류전원(regulated)

측정계기

- DMM 또는 VOM
- 0-5mA 전류계

저항기($\frac{1}{2}$-W, 5%)

- 330Ω 1개
- 390Ω 1개
- 470Ω 1개
- 1kΩ 1개
- 1.2kΩ 1개
- 3.3kΩ 1개
- 5kΩ, 2-W 분압기 1개

기타

- SPST 스위치 2개

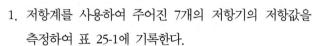

06　실험과정

1. 저항계를 사용하여 주어진 7개의 저항기의 저항값을 측정하여 표 25-1에 기록한다.

2. S_1과 S_2를 모두 개방하고 전원을 끈 상태에서, R_L = 330 Ω을 사용하여 그림 25-3의 회로를 구성한다. 전원을 켜고, S_1을 닫는다. V_{PS}를 15V로 맞춘다. S_2를 닫고 부하저항 R_L에 흐르는 전류 I_L을 측정한다. 표 25-2에서 "Original Circuit" 아래의 330 Ω 항에 측정된 값을 기록한다. S_2는 개방하고, S_1은 닫힌 상태를 유지한다.

3. S_1을 닫고 S_2는 개방한 상태로, 그림 25-3의 BC 양단에 걸리는 전압을 측정한다. 이 전압이 V_{TH}이다. 표 25-2에서 "V_{TH} Measured" 행의 330Ω 항에 값을 기록한다. S_1을 개방하고 전원을 끈다.

4. 회로에서 전원을 제거한다. AD 사이에 도선을 연결하여 단락 시킨다.

5. S_2를 개방한 상태로 저항계를 이용하여 B점과 C점 사이의 저항 값을 측정한다. 이 값이 R_{TH}이다. 표 25-2에서 "R_{TH} Measured" 행의 330Ω 항에 값을 기록한다.

6. $V_{PS} = V_{TH}$가 되도록 전원을 조정한다. 분압기 양단에 저항계를 연결하고 R_{TH}가 되도록 분압기를 조정한다.

7. 그림 25-3의 회로에서 전류계, S_2, 330Ω의 부하저항기를 분리시켜 그림 25-4와 같이 연결한다. S_2을 개방하

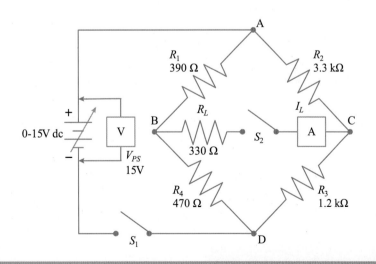

그림 25-3 실험과정 2에 대한 회로

고 전원을 인가한 상태에서 $V_{PS} = V_{TH}$를 확인한다.

8. S_2를 닫는다. I_L을 측정하여 표 25-2에서 "Thevenin Equivalent Circuit, Measured" 행의 330Ω 항에 값을 기록한다. S_2를 개방하고 전원을 끈다.

9. V_{PS}, R_1, R_2, R_3, R_4의 측정값을 (표 25-1) 사용하여 그림 25-3의 회로에 대해 V_{TH}를 계산한다. 표 25-2에서 "V_{TH} Calculated" 행의 330Ω 항에 기록한다.

10. R_1, R_2, R_3, R_4의 측정값을 사용하여 그림 25-3의 회로에 대해 R_{TH}를 계산한다. (정전압원의 내부저항은 무시한다.) 표 25-2에서 "R_{TH} Calculated" 행의 330Ω 항에 계산값을 기록한다.

11. 표 25-2에 기록된 R_{TH}와 V_{TH}의 계산값을 사용하여 I_L을 계산한다. 표 25-2에서 "I_L, Calculated" 행의 330Ω 항에 기록한다.

12. 그림 25-3의 회로에서 저항 R_L을 1kΩ으로 교체한다. 전원을 켜고 V_{PS}를 15V로 조정한다. S_1, S_2를 닫는다. I_L을 측정하여 표 25-2에서 "I_L Measured, Original Circuit" 행의 1kΩ 항에 값을 기록한다. S_2를 개방한다.

13. 1kΩ의 부하저항 R_L을 제거하고 3.3kΩ을 연결한다. V_{PS}를 15V로 맞추고 S_2를 닫는다. I_L을 측정하여 "I_L Measured, Original Circuit" 행의 3.3kΩ 항에 값을 기록한다. S_1, S_2를 개방하고 전원을 끈다.

14. 330Ω 저항기 대신에 부하저항 1kΩ을 사용하여 그림 25-4의 테브닌 등가회로를 구성한다. V_{TH}와 R_{TH}

는 표 25-2의 330Ω 항에 기록된 측정값을 사용해야 한다.

15. 전원을 켜고 V_{PS}를 V_{TH}로 맞춘다. S_2를 닫고 I_L을 측정한다. 표 25-2에서 "I_L, Measured, Thevenin Equivalent Circuit" 아래 1kΩ 항에 값을 기록한다. S_2를 개방한다.

16. 1kΩ 저항기를 제거하고 3.3 kΩ을 연결한다. S_2를 닫고 I_L을 측정한다. 표 25-2에서 "I_L, Measured, Thevenin Equivalent Circuit" 아래의 3.3kΩ 항에 값을 기록한다. S_2를 개방하고 전원을 끈다.

17. 그림 25-3 회로에서 $R_L = 3.3\,k\Omega$과 $R_L = 1\,k\Omega$에 대해 R_1, R_2, R_3, R_4, R_L의 측정값을 사용하여 I_L을 계산한다. 표 25-2에 기록한다.

07 예비 점검의 해답

(1) (a) 15; (b) 188; (c) 0.02
(2) (a) 4.45; (b) 338; (c) 0.01

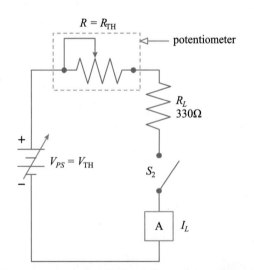

그림 25-4 실험과정 7에 대한 테브닌 등가회로. V_{TH}와 R_{TH}의 값은 실험과정 3과 5에서 구해진다.

성 명 _____   일 시 _____

표 25-1 저항기의 측정 저항값

Resistor	Rated Value, Ω	Measured Value, Ω
R_1	390	
R_2	3.3k	
R_3	1.2k	
R_4	470	
R_L	330	
R_L	1k	
R_L	3.3k	

표 25-2 테브닌 정리를 입증하기 위한 측정

R_L, Ω	V_{TH}, Ω		R_{TH}, Ω		I_L, mA		
					Measured		Calculated
	Measured	Calculated	Measured	Calculated	Original Circuit	Thevenin Equivalent Circuit	
330							
1k							
3.3k							

실험 고찰

1. 선형 2단자 회로망을 하나의 전압원과 저항이 직렬 연결된 간단한 등가회로로 변환하기 위해 테브닌 정리가 어떻게 이용되는지 설명하시오.

_____
_____
_____
_____
_____
_____
_____
_____

2. 표 25-2의 데이터를 참조한다. 원래의 회로 (그림 25-3)에서 측정된 I_L과 테브닌 등가회로 (그림 25-4)에서 측정된 I_L을 비교하시오. 측정값들은 같아야 하는가? 그 이유를 설명하시오.

_____

_____

_____

_____

_____

_____

_____

_____

_____

3. 표 25-2를 참조한다. R_{TH}의 측정값과 계산값을 비교하시오. 예상했던 결과가 얻어졌는가? V_{TH}의 두 값에 대해서도 같은 방법으로 비교하시오.

_____

_____

_____

_____

_____

_____

_____

_____

_____

4. 직류회로에서 부하전류를 구할 때, 테브닌 정리를 사용함으로써 얻어지는 장점을 설명하시오.

_____

_____

_____

_____

_____

_____

_____

_____

EXPERIMENT
26

노튼의 정리

01 실험목적

(1) 한 개 또는 두 개의 전압원을 갖는 직류회로에서 노튼 정전류원 I_N과 노튼 전류원 저항 R_N의 값을 결정한다.

(2) 두개의 전압원을 갖는 복잡한 직류 회로망 해석에서 I_N과 R_N의 값을 실험적으로 입증한다.

02 이론적 배경

1. 노튼의 정리

테브닌 정리는 복잡한 회로망을 정전압원 V_{TH}와 내부저항 R_{TH}가 직렬로 연결된 등가회로로 간략화 시킴으로써 회로 해석이 용이하도록 한다. 노튼의 정리(Norton's Theorem)도 비슷한 간략화 방법을 사용한다. 그러나, 노튼 전원은 정전류를 공급한다.

노튼의 정리는 "2단자 선형 회로망을 정전류원 I_N과 내부저항 R_N의 병렬연결로 변환할 수 있다"는 정리이다. 그림 26-1(a)는 부하저항 R_L을 갖는 실제 회로망을 나타내며, 이를 노튼 등가회로로 나타낸 것이 그림 26-1(b)이다. 노튼 전류 I_N은 부하저항 R_L과 저항 R_N에 분배된다.

그림 26-1(a)에 대해서, 노튼 등가회로를 구하는 방법은 다음과 같다.

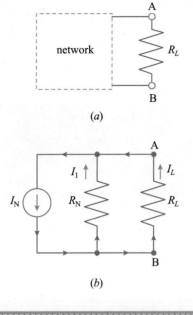

(a)

(b)

그림 26-1 정전류원 I_N과 등가저항 R_N으로 구성되는 노튼 등가회로

1. 정전류 I_N은 A와 B사이의 부하저항이 단락회로로 대체되었을 때 AB에 흐르는 전류이다.
2. 노튼 저항 R_N은 부하를 제거하고, 전압원을 단락시켜 내부저항으로 대체한 상태에서 단자 AB에서 본 저항이다. 따라서, R_N은 테브닌 저항 R_{TH}와 동일한 방법으로 정의된다. 즉, $R_N = R_{TH}$이다.

2. 응용

그림 26-2(a)의 회로에 대해 노튼의 정리를 적용하여 R_L에 흐르는 전류 I_L을 구하고자 한다. (물론, 이 회로는 테브닌 정리와 망로 방법뿐만 아니라 옴의 법칙과 키르히호프 법칙을 사용하여 해석할 수도 있다. 이들 방법을 적용한 해석은 학생 각자가 해보기 바란다)

그림 26-2(a)에 대한 노튼 등가회로는 그림 26-2(b),

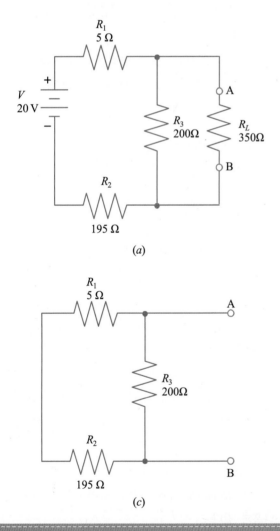

(a)

(c)

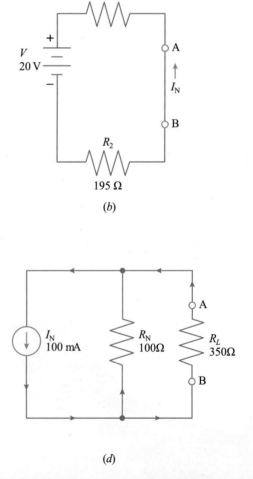

(b)

(d)

그림 26-2 직류회로망 해석을 위한 노튼 정리의 적용

(c), (d)의 과정으로 구해진다.

1. [그림 26-2(b)] 부하저항 R_L을 단락시키면 R_3도 단락된다. V_T에 의해 생성되는 전류 I_N은 다음과 같이 구해진다.

$$I_N = \frac{V}{R_1 + R_2} = \frac{20\ \text{V}}{5\ \Omega + 195\ \Omega} = \frac{20\ \text{V}}{200\ \Omega}$$

$$I_N = 100\ \text{mA}$$

2. [그림 26-2(c)] 전압원 V를 단락시키고 내부저항으로 대체한다. R_L이 제거된 상태에서 AB사이의 저항값 R_N을 계산한다. R_N은 다음과 같이 계산된다.

$$R_N = \frac{(R_1 + R_2) \times R_3}{R_1 + R_2 + R_3} = \frac{(5\ \Omega + 195\ \Omega) \times (200\ \Omega)}{5\ \Omega + 195\ \Omega + 200\ \Omega}$$

$$R_N = \frac{40\ \text{k}\Omega}{400} = 100\ \Omega$$

3. [그림 26-2(d)] 본래의 회로는 노튼 정전류원 I_N=100 mA과 노튼 저항 R_N=100 $\varOmega$의 병렬연결로 변환된다. 부하저항 R_L은 노튼 등가회로에 병렬로 연결된다. 전류분할 규칙으로부터 I_L 값을 다음과 같이 계산할 수 있다.

$$I_L = \frac{I_N R_N}{R_L + R_N} = \frac{(100\ \text{mA}) \times (100\ \Omega)}{350\ \Omega + 100\ \Omega} = \frac{10\ \text{V}}{450\ \Omega}$$

$$I_L = 22\ \text{mA}$$

테브닌 정리의 경우와 같이, 노튼의 정리는 부하저항 값이 넓은 범위에 걸쳐 변화하는 경우의 부하전류 계산에 유용하게 이용될 수 있다.

3. 두개의 전압원을 갖는 직류 회로망 해석

두개 이상의 전압원을 포함하는 복잡한 직류 회로망의 해석은 앞의 실험에서 설명된 방법들과 이 실험에서 설명되는 방법 중 어느 것을 사용해도 가능하다.
노튼의 정리를 이용한 회로해석 방법을 살펴본다.

 문제 그림 26-3(a)의 회로에서 여러 가지 부하저항 값 범위에 대해 부하에 흐르는 전류를 구하기 위한 식을 전개하고,

전개된 식을 사용하여 R_L=100 $\varOmega$, 500$\varOmega$, 1k$\varOmega$의 부하저항 값에 대해 I_L을 구한다. V_1과 V_2는 정전압원이라고 가정한다.

풀이 첫 단계로 노튼 정전류원 I_N을 구한다. R_L을 단락시킨 상태에서 FG를 통해 흐르는 전류를 구한다. 망로전류 I_1과 I_N을 [그림 26-3(b)] 사용하면 다음과 같은 식이 얻어진다.

$$I_1 (R_1 + R_2) - I_N R_2 = -V_1 - V_2$$

$$-I_1 R_2 + I_N R_2 = V_2$$

$$320\ I_1 - 220\ I_N = -30$$

$$-220\ I_1 + 220\ I_N = 20$$

I_N에 대해 풀면 다음을 얻는다.

$$I_N = 0.009\ \text{A} = 9\ \text{mA}$$

I_N이 음수이면, 그 방향은 무시하고 값에 대해서만 관심을 갖는다.

노튼 저항 R_N은 그림 26-3(c)의 FG사이에서 측정된 저항값이며, 이는 테브닌 저항 R_{TH}와 동일하다. 이 저항은 모든 전압원을 단락시키고 내부저항으로 대체하여 구한다. 이 예제에서 V_1과 V_2는 이상적인 전압원(즉, 정전압원)이라고 가정하므로 내부저항은 0이다. 이 경우에 FG사이의 저항 값은 R_1과 R_2의 병렬저항 값이다.

$$R_N = \frac{100\ \Omega \times 220\ \Omega}{100\ \Omega + 220\ \Omega} = \frac{22\ \text{k}\Omega}{320\ \Omega}$$

$$R_N = 68.75\ \Omega$$

앞의 예제에서 사용했던 공식으로 I_L을 구하면 다음과 같이 된다.

$$I_L = \frac{I_N R_N}{R_N + R_L}$$

$$I_L = \frac{9\ \text{mA} \times 68.75\ \Omega}{68.75\ \Omega + R_L} = \frac{0.619}{68.75 + R_L}$$

각각의 R_L 값에 대해 I_L의 값을 계산하면 다음과 같이 된다.

R_L = 100$\varOmega$인 경우,

$$I_L = \frac{0.619}{68.75 + 100} = \frac{0.619}{168.75} = 4\ \text{mA}$$

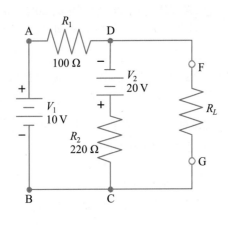

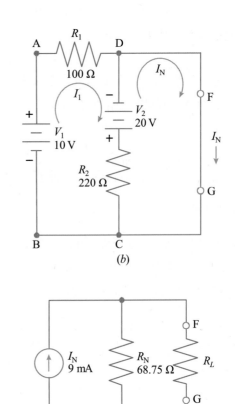

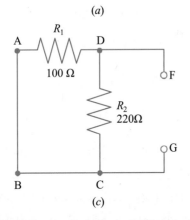

그림 26-3 두개의 전압원을 갖는 회로에 대한 노튼의 정리의 적용

$R_L = 500\,\Omega$인 경우,

$$I_L = \frac{0.619}{68.75 + 500} = \frac{0.619}{568.75} = 1 \text{ mA}$$

$R_L = 1\text{k}\,\Omega$인 경우,

$$I_L = \frac{0.619}{68.75 + 1000} = \frac{0.619}{1068.75} = 0.6 \text{ mA}$$

03 요약

(1) 노튼의 정리는 복잡한 선형회로의 해석방법으로 사용된다. 노튼의 정리를 이용하여 복잡한 2단자 회로망을 간단한 등가회로로 변환할 수 있으며, 변환된 등가회로는 본래의 회로와 동일하게 동작한다.

(2) 노튼의 정리는 두개 이상의 전원을 갖는 선형회로에 적용된다.

(3) 등가회로는 정전류원 I_N과 전원의 내부저항 R_N이 병렬로 연결된 회로이며, 여기에 부하 R_L이 연결된다. 전류 I_N은 R_N과 R_L에 분배된다. 그림 26-1(b)는 노튼 전류원과 부하를 보이고 있다.

(4) 노튼 전류 I_N을 구하기 위해서는 부하를 단락시키고 본래의 회로에서 단락 된 곳에 흐르는 전류를 계산한다. 이 단락회로 전류가 I_N이다. I_N을 계산하기 위해서는 옴의 법칙과 키르히호프 법칙의 사용이 필요할 수도 있다.

(5) 노튼 저항 R_N은 앞의 실험에서 테브닌 저항을 구할 때 사용했던 방법을 이용하여 다음과 같은 과정으로 구한다. : 본래의 회로망에서 부하를 개방한다. 모든 전압원은 단락시키고 내부저항으로 대체한다. 개방부하 단자에서 회로를 바라본 저항값 R_N을 계산한다.

(6) 본래의 회로망을 노튼 등가회로로 대체했을 때 부하를 통하여 흐르는 전류 I_L은 아래의 공식을 이용하여 구할 수 있다.

$$I_L = \frac{I_N \times R_N}{R_N + R_L}$$

04 예비점검

아래의 질문에 답하여 여러분의 이해도를 점검하시오.

(1) 그림 26-2(a) 회로에서 $V = 12\ V$, $R_1 = 1\ \Omega$, $R_2 = 39\ \Omega$, $R_3 = 60\ \Omega$, $R_L = 27\ \Omega$이다. 전압원 V의 내부저항은 0이라고 가정한다. 노튼 등가회로에서 다음의 값을 구하라.

    (a) I_N = _____ A

    (b) R_N = _____ Ω

    (c) I_L = _____ A

(2) 그림 26-3(a) 회로에서 $V_1 = 30\ V$, $V_2 = 30\ V$이고, 전압원의 내부저항은 0으로 가정한다. $R_1 = 45\ \Omega$, $R_2 = 150\ \Omega$, $R_L = 47\ \Omega$이다. 노튼 등가회로에서 다음의 값을 구하라.

    (a) I_N = _____ A

    (b) R_N = _____ Ω

    (c) I_L = _____ A

05 실험 준비물

전원장치

- 0–15V 가변 직류전원(regulated) 2개

측정계기

- DMM 또는 VOM 2개

저항기($\frac{1}{2}$-W, 5%)

- 390Ω 1개
- 560Ω 1개
- 680Ω 1개
- 1.2 kΩ 1개
- 1.8 kΩ 1개
- 2.7 kΩ 1개
- 10kΩ, 2-W 분압기

기타

- SPST 스위치 2개
- SPDT 스위치 3개

06 실험과정

A. I_N과 R_N의 결정

A1. 두개의 전원을 모두 끄고, S_4, S_5를 개방한다. 스위치 S_1, S_2, S_3을 Ⓐ점에 놓은 상태로, 그림 26-4의 회로를 구성한다.

A2. 전원을 켜고, $V_{PS1} = 12\ V$, $V_{PS2} = 6\ V$가 되도록 조정한다. (극성이 올바로 연결되도록 주의한다.) 실험 중에 이 전압이 유지되어야 한다. S_4, S_5를 닫는다. R_L에 흐르는 전류 I_L을 측정하여 표 26-1에서 "I_L, Measured, Original Circuit" 행의 1.2 kΩ항에 기록한다.

A3. R_L을 390Ω, 560Ω, 1.8kΩ의 순서로 교체한다. 각각의 경우에 대해 I_L을 측정하고 "I_L, Measured, Original Circuit" 아래의 해당 항에 값을 기록한다.

A4. S_3를 Ⓑ점으로 이동시켜 R_L이 단락 되도록 한다. 계기에 의해 측정되는 전류는 노튼 등가 전류원의 단락 회로 전류 I_N이다. 표 26-1에서 "I_N, Measured" 아래

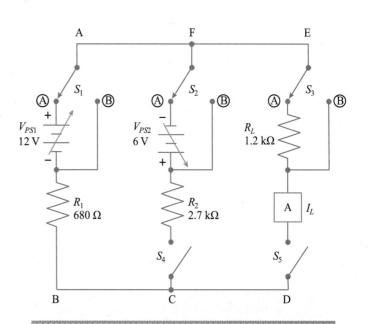

그림 26-4 실험과정 A1에 대한 회로

의 1.2kΩ 항에 값을 기록한다.

A5. 전원을 끈다. S_5를 개방하고 S_1, S_2, S_3를 ⑧점으로 이동한다. 이 결과 전압원은 단락회로가 되고, D와 E 사이의 부하회로는 개방된다. (정전압원의 내부저항은 무시할 수 있다고 가정한다.) S_4는 닫힌 상태를 유지한다.

A6. 저항계로 CF 사이의 저항값을 측정한다. 이 저항값이 노튼 등가저항 R_N이다. 표 26-1에서 "R_N, Measured" 아래의 1.2kΩ 항에 값을 기록한다.

A7. 그림 26-4의 회로에서, 노튼 전류 I_N의 값을 계산하여 표 26-1에서 "I_N, Calculated" 아래의 1.2kΩ 항에 기록한다.

A8. 그림 26-4의 회로에서, 노튼 분로저항 R_N의 값을 계산하여 표 26-1에서 "R_N, Calculated" 아래의 1.2kΩ 항에 값을 기록한다.

A9. 실험과정 A7과 A8에서 계산된 I_N과 R_N의 값을 사용하여 그림 26-4 회로의 부하저항 1.2kΩ, 390Ω, 560Ω, 1.8kΩ 각각에 대해 부하전류 I_L을 계산한다. 표 26-1에서 "I_L, Calculated" 항에 값을 기록한다.

B. 노튼 등가회로를 이용한 측정

B1. 전원을 끄고 S_1을 개방한 상태로, $R_L = 1.2\ k\Omega$가 되게 하여 그림 26-5의 회로를 구성한다. 전류계 A1으로 노튼 전류 I_N을 측정하고, 전류계 A2로 부하전류 I_L을 측정한다. 분압기는 R_N으로 사용된다. 과정 A6에서 구해진 R_N의 저항값이 되도록 분압기를 조정한다.

B2. 전원공급기를 최소전압으로 놓는다. 전원을 켜고 S_1을 닫는다. 전원의 출력을 서서히 증가시켜 전류계 A1에 의해 측정되는 전류가 과정 A4에서 구해진 I_N의 값과 같아지도록 만든다.

B3. 전류계 A2에 의해 측정된 부하전류 I_L을 표 26-1에서 "I_L, Measured, Norton Equivalent Circuit" 아래의 1.2 kΩ 항에 기록한다. 전원을 끈다.

B4. 표 26-1에 나열된 부하저항들에 대해 노튼 등가회로 (그림 26-5)를 구성하고, 각각의 R_L 값에 대한 I_L을 측정한다. 표 26-1에서 "I_L, Measured, Norton Equivalent Circuit"에 값을 기록한다. S_1을 개방하고 전원을 끈다.

07 예비 점검의 해답

(1) (a) 0.3; (b) 24; (c) 0.14
(2) (a) 0.47; (b) 34.6; (c) 0.199

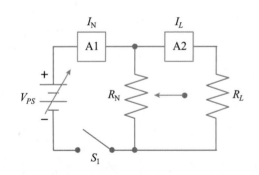

그림 26-5 실험과정 B1에 대한 회로

성 명 _____   일 시 _____

표 26-1   노튼의 정리를 입증하기 위한 측정

R_L, Ω	I_N, Ω		R_N, Ω		I_L, mA		
					Measured		Calculated
	Measured	Calculated	Measured	Calculated	Original	Norton Equivalent Circuit	
1.2k							
390							
560							
1.8k							

실험 고찰

1. 2단자 선형 회로망을 정전류원과 등가저항의 병렬연결인 등가회로로 변환하기 위해 노튼의 정리가 어떻게 사용되는 지 설명하시오.

_____

_____

_____

_____

_____

_____

2. 표 26-1의 데이터를 참조하여, 노튼 등가회로 (그림 26-5)에서 측정된 I_L과 본래 회로 (그림 26-4)에서 측정된 I_L 값을 비교하시오. 측정 결과값들이 같아야 하는가? 그 이유를 설명하시오.

_____

_____

_____

_____

_____

_____

_____

3. 표 26-1을 참조하여, I_N의 계산값과 측정값을 비교하시오. 예상했던 결과가 얻어 졌는가? R_N의 두 값을 같은 방법으로 비교하고 설명하시오.

_____

_____

_____

_____

_____

_____

_____

_____

_____

_____

_____

_____

_____

_____

_____

_____

4. 직류회로에서 부하전류를 구할 때 노튼의 정리를 사용함으로써 얻어지는 장점을 설명하시오.

_____

_____

_____

_____

_____

_____

_____

_____

_____

_____

_____

_____

_____

_____

_____

EXPERIMENT 27

밀만의 정리

01 실험목적

(1) 밀만의 정리를 실험적으로 입증한다.

02 이론적 배경

다수의 병렬가지와 전원이 연결된 두 점 사이의 전압측정이 필요한 경우가 있다. 지금까지의 실험에서는 키르히호프 법칙, 중첩의 정리 등 여러 가지 방법들을 배웠다. 밀만의 정리는 복잡한 회로의 해석을 위한 또 다른 방법을 제공한다. 많은 경우에 있어서, 밀만의 정리는 키르히호프 법칙이나 중첩의 정리 보다 빠르고 직접적인 방법을 제공한다.

1. 밀만의 정리

회로를 두 개의 공통선을 (예를 들면, 전원선과 접지선) 갖는 회로로 볼 수 있다면, 밀만의 정리(Millman's Theorem)는 두 선 사이의 전압을 구하는데 사용될 수 있다. 회로에 단지 하나의 전압원 만이 있는 경우에는, 보통의 방법을 사용하는 것이 가장 좋다. 그러나 다수의 병렬가지에 전압원이 포함되어 있는 경우에는, 보통의 방법으로는 시간이 많이 걸리고 복잡하게 된다. 밀만의 정리는 이러한 경우에 효과적인 방법을 제공한다.

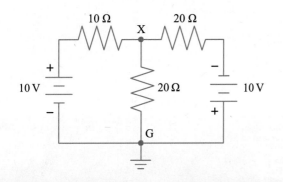

그림 27-1 밀만의 정리는 하나 이상의 전원을 갖는 회로의 해석에 유용하다.

그림 27-1은 두개의 전원을 갖는 회로이다. 만일 X에서 접지까지의 전압을 구하고자 한다면, 앞의 실험에서 사용되었던 방법들을 이용하여 회로해석을 할 수 있다. 그러나, 회로를 그림 27-2와 같이 다시 그리면 밀만의 정리를 쉽게 적용할 수 있다.

밀만의 정리는 다음의 식으로 표현된다.

$$V_{XG} = \frac{\dfrac{V_1}{R_1} + \dfrac{V_2}{R_2} + \dfrac{V_3}{R_3}}{\dfrac{1}{R_1} + \dfrac{1}{R_2} + \dfrac{1}{R_3}} \qquad (27-1)$$

여기서

V_{XG} : 공통선 양단의 전압

V_1 : 첫번째 가지의 전체 전압원

R_1 : 첫번째 가지의 전체 저항

V_2 : 두번째 가지의 전체 전압원

R_2 : 두번째 가지의 전체 저항

V_3 : 세번째 가지의 전체 전압원

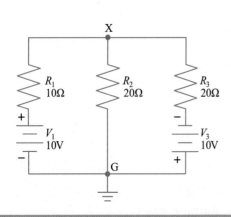

그림 27-2 밀만의 정리를 적용하기 위해 그림 27-1을 다시 그린 회로

R_3 : 세번째 가지의 전체 저항

만약, 어떤 가지가 전압원을 포함하지 않는다면, 전압은 0이 된다. 식 (27-1)은 분자에 V_n/R_n 항을, 그리고 분모에 $1/R_n$ 항을 추가시킴으로써 임의의 가지에 대해 확장될 수 있다.

밀만의 정리의 응용을 알아보기 위해 식 (27-1)을 이용하여 그림 27-2의 회로를 해석해 본다.

$$V_{XG} = \frac{\dfrac{10}{10} + \dfrac{0}{20} - \dfrac{10}{20}}{\dfrac{1}{10} + \dfrac{1}{20} + \dfrac{1}{20}}$$

V_3의 극성은 음(-)이며, 이에 의해 X점은 접지에 대해 음이 된다. (물론 접지를 양(+)으로 생각하면, V_3는 양이 될 것이고 V_1은 음으로 표현된다).

식을 간략화 시키면, 다음과 같이 된다.

$$V_{XG} = \frac{1 + 0 - 0.5}{0.1 + 0.05 + 0.05} = \frac{0.5}{0.2}$$

$$V_{XG} = 2.5 \text{ V}$$

밀만의 공식을 사용하기 위해서는, 가지들이 모두 병렬로 연결되어야 한다. 그러므로, 직-병렬회로에는 밀만의 공식을 직접 적용할 수 없다. 때로는 직-병렬회로를 간략화 시켜 두 단계 계산으로 구해질 수 있다. 다음의 예를 통하여 이 과정을 알아본다.

그림 27-3은 두개의 전압원을 갖는 직-병렬회로이다. 부하 R_L에 흐르는 전류를 밀만의 정리를 사용하여 구할 수 있다. 그림의 회로는 순수한 병렬회로로 보이지 않으므로 일부 소자에 대한 결합이 필요하다. R_2와 R_3를 결합하여 단일 저항으로 바꾸고, R_5와 R_L도 결합하여 단일 저항으로 바꾸면, 밀만의 정리를 적용하여 풀 수 있다.

R_2와 R_3가 같으므로, 등가저항 $R_{2,3}$는 10/2 즉, 5Ω이 된다. 마찬가지로, $R_{5,L}$은 20/2 즉, 10Ω이 된다. 이에 의해, 그림 27-4와 같은 병렬회로가 완성되었다. 밀만의 정리를 적용하면 다음과 같이 된다.

$$V_{XG} = \frac{\dfrac{10}{10} + \dfrac{5}{5} + \dfrac{0}{20}}{\dfrac{1}{10} + \dfrac{1}{5} + \dfrac{1}{20}} = \frac{1 + 1 + 0}{0.1 + 0.2 + 0.05} = \frac{2}{0.35}$$

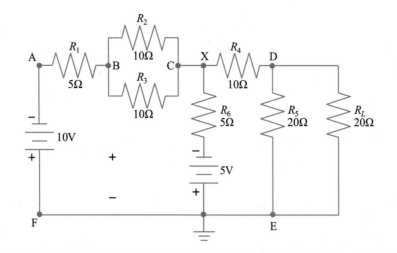

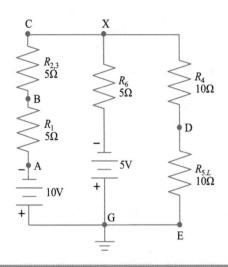

$$V_{XG} = 5.71 \text{ V}$$

이는 그림 27-3의 본래 회로도에서 XE 양단의 전압이다. 회로의 이 부분에 흐르는 전류는 다음과 같다.

$$I = \frac{5.71}{20} = 286 \text{ mA}$$

이는 단자 XD 즉, R_4 저항을 통해 흐르는 전류이다. 이 전류는 점 D에서 반으로 나뉘어, 절반은 R_5로 흐르고, 나머지 절반은 R_L로 통해 흐른다.

$$I_{RL} = \frac{286 \text{ mA}}{2} = 143 \text{ mA}$$

03 요약

(1) 밀만의 정리 공식은 다음과 같다.

$$V_{AB} = \frac{\dfrac{V_1}{R_1} + \dfrac{V_2}{R_2} + \dfrac{V_3}{R_3} + \cdots + \dfrac{V_n}{R_n}}{\dfrac{1}{R_1} + \dfrac{1}{R_2} + \dfrac{1}{R_3} + \cdots + \dfrac{1}{R_n}}$$

여기서, V는 각 가지에서의 총 전압원이고, R은 각 가지에서의 총 저항이다.

(2) 밀만의 공식은 단지 순수한 병렬회로에 대해서만 적용될 수 있다.

(3) 밀만의 공식은 하나 이상의 가지에 전압원이 포함된 병렬회로에 가장 유용하다.

(4) 회로에서 두개의 병렬 선에 극성이 지정되면, 이 선에 반대 극성으로 연결되는 전압원은 밀만의 공식에서 '−' 부호로 표현되어야 한다.

(5) 밀만의 공식은 다단계 과정이 요구되는 회로해석을 위한 지름길로 사용될 수 있다.

04 예비점검

아래의 질문에 답하여 여러분의 이해도를 점검하시오.

(1) 밀만의 정리는 _____ 법칙과 _____ 을 사용해

도 풀 수 있는 회로해석 문제에 적용될 수 있다.

(2) 밀만의 정리는 단지 순수한 _____ 회로 문제를 풀기 위해서 사용된다.

(3) 밀만의 공식으로 얻어진 결과는 _____ 단위로 주어진다.

(4) (그림 27-2 참조) $R_1 = R_2 = R_3 = 10\,\Omega$, $V_1 = 5\,V$, $V_3 = 10\,V$일 때, 밀만의 공식을 사용해서 R_2에 흐르는 전류를 구하면 $I_2 =$ _____ A 이다. 전류의 방향은 _____ 이다. (X에서 G로/G에서 X로)

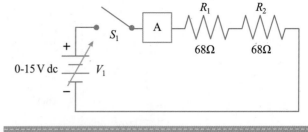

그림 27-5 실험과정 2에 대한 회로-1

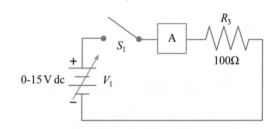

그림 27-6 실험과정 4에 대한 회로-2

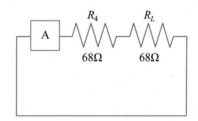

그림 27-7 실험과정 6에 대한 회로-3

05 실험 준비물

전원장치

■ 0-15V 가변 직류전원(regulated) 2개

측정계기

■ DMM 2개

■ VOM 1개

■ 0-100mA 직류전류계(직류전류 측정이 가능한 VOM 또는 DMM도 사용 가능함)

저항기($\frac{1}{2}$-W, 5%)

■ 68Ω 4개

■ 100Ω 1개

기타

■ SPST 스위치 2개

06 실험과정

1. 저항계를 사용해서 실험에 사용될 저항기 5개의 저항값을 측정하여 표 27-1에 기록한다. 저항기 각각에 R_1, R_2, R_3, R_4, R_L의 이름을 정한다.

2. 전원 V_1을 끄고 S_1은 개방한 상태로, 저항 R_1과 R_2를 이용하여 그림 27-5의 회로를 구성한다. 이것을 회로-1 이라고 한다.

3. 전원을 켜고 S_1을 닫는다. V_1의 출력전압을 15V까지 증가시킨다. 회로에 흐르는 전류를 측정하여 표 27-2에 기록한다. S_1을 개방하고 전원을 끈다.

4. 전원 V_2를 끄고 S_2를 개방한 상태에서, 저항 R_3를 이용해서 그림 27-6의 회로를 연결한다. 이것을 회로-2라고 한다.

5. 전원을 켜고 S_2를 닫는다. V_2의 출력전압을 10V까지 증가시킨다. 회로에 흐르는 전류를 측정하여 표 27-2에 기록한다. S_2를 개방하고 전원을 끈다.

6. 저항 R_4와 R_L을 이용해서 그림 27-7의 회로를 구성한다. 이것을 회로-3이라고 한다. 표 27-2에 측정 전류값을 기록한다.

7. 그림 27-8과 같이 전원과 스위치 없이 그림 27-5, 6, 7의 회로를 다시 연결한다. 회로연결 시에는 각 저항기의 위치를 확인한다. 이것을 회로-4라고 한다.

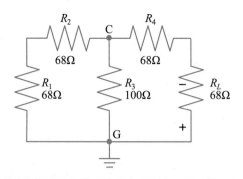

그림 27-8 실험과정 7에 대한 회로-4

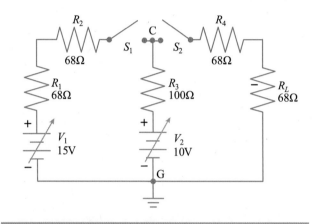

그림 27-9 실험과정 9에 대한 회로-5

8. 저항계를 사용해서 CG 양단의 저항을 측정하여 표 27-2에 기록한다.

9. 전원을 끄고 S_1 와 S_2 를 개방한 상태에서, 그림 27-9의 회로를 연결한다. 이것이 회로-5이다. 과정 7의 회로중 일부분의 연결이 끊어진 상태이며, 전원과 S_1, S_2 가 다시 연결되었음을 주목해야 한다. 두 스위치는 개방상태이다.

10. V_1 을 켜고, 출력전압이 15V가 되도록 한다.

11. V_2 를 켜고, 출력전압이 10V가 되도록 한다.

12. S_2 를 닫은 후 S_1 을 닫는다. 필요하다면, V_1 을 15V, V_2 를 10V로 재조정한다.

13. CG 양단의 전압을 측정하여 표 27-2에 기록한다. 필요한 측정을 완료한 후에 S_1 과 S_2 를 개방하고 전원을 끈다.

14. 회로-1, -2, -3의 총 측정전류와 회로-4의 총 저항을 사용해서 CG 양단의 전압을 계산하여 표 27-2에 기록한다. $V_{CG} = $ (총 측정 전류) × (총 저항)

15. 저항기의 정격값과 밀만의 공식을 사용해서 CG 양단의 전압을 계산하여 표 27-2에 기록한다.

 예비 점검의 해답

(1) 키르히호프; 중첩의 정리
(2) 병렬
(3) 전압
(4) -167; X에서 G로

27
EXPERIMENT

표 27-1 측정 저항값

Resistor	R_1	R_2	R_3	R_4	R_L
Rated value, Ω	68	68	100	68	68
Measured value, Ω					

표 27-2 밀만의 정리 증명

Circuit	Voltage, V	*Measured Current mA	Measured Total Resistance, Ω	Measured Voltage Across CG, V	Calculated V_{CG} Using Measured Current and Resistance, V	Calculated V_{CG} Using Millman's Theorem and Rated Value, V
1	15					
2	10					
3	0					
4	0					
5						

* 주의: 저항기가 뜨거워질 것이다. 전력 소모가 저항기의 정격전력을 초과하게 된다. 실험과정을 신속히 진행하고, 전원을 즉시 끈다.

실험 고찰

1. 밀만의 정리를 이용한 직류회로의 해석방법에 대해 설명하시오. 밀만의 정리를 적용할 때의 제약과 한계에 대해서 설명하시오.

_____

_____

_____

_____

_____

_____

_____

_____

_____

2. 회로-5 (그림 27-9)에 대한 표 27-2의 3개의 V_{CG}값을 비교하시오. 이 값들은 같아야 하는가? 그 이유를 설명하시오.

3. 직류회로의 해석에 밀만의 정리를 사용하는 장점을 설명하시오.

도선의 **전류**와 관련된 **자기장**

01 실험목적

(1) 전류가 흐르는 도선 주위에 자기장이 존재함을 실험적으로 입증한다.
(2) 전류가 흐르는 도선 주위에서 자기장의 방향을 실험적으로 구한다.
(3) 코일 주위의 자력선의 형태를 실험적으로 결정한다.

02 이론적 배경

1. 자기장을 발생하는 전류

물리학자 Hans Christian Oersted는 전류가 흐르는 도선 근처에서 나침반 바늘이 편향되는 것을 관찰했다. 또한, 그는 나침반 바늘이 가리키는 방향은 도선과 나침반의 상대적 위치 그리고 전류의 방향에 의존한다는 사실을 밝혔다.

이러한 관찰들을 그림 28-1(a)에 나타냈다. 전류가 흐르는 도선은 지면으로부터 나오는 방향이며, 도선의 단면은 원 W로 표시되었다. 나침반이 위치-1에 놓이면, 나침반 바늘은 그림에 표시된 방향을 가리킨다. 나침반을 위치-1에서 위치 -2, -3, -4로 이동시키면 나침반 바늘의 방향도 그림과 같이 변한다.

그림 28-1(b)와 같이 코일에 전류가 흐르지 않으면, 나

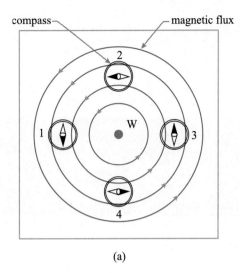

(a)

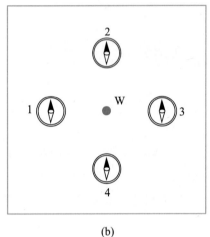

(b)

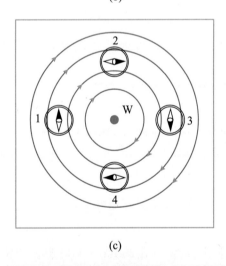

(c)

그림 28-1 전류가 흐르는 도선 주위의 자기장

침반은 위치에 무관하게 북쪽을 가리킬 것이다.

전류가 그림 28-1(a)와 반대 방향으로 흐르면, 나침반 바늘은 그림 28-1(c)에서 보는 것과 같이 28-1(a)의 반대 방향을 가리킬 것이다.

이러한 관찰로부터 다음과 같은 결론을 얻을 수 있다.

(1) 전류가 흐르는 도선 주위에 자기장(magnetic field)이 존재한다.
(2) 자기장의 방향은 도선에 흐르는 전류의 방향에 의존한다.
(3) 자기장은 도선 주위에서 원형(circular)으로 나타난다.

자기장에 대한 연구결과로부터 다음과 같은 사실들이 확인되었다. 첫째, 자기장은 전류가 흐르는 도선과 수직인 평면에 존재한다. 둘째, 자기장은 도선 주위에 원 형태로 존재한다. 셋째, 자기장은 도선 근처에서 가장 세다. 또한, 자기장은 움직이는 전하(도선에 의해 운반되든 아니든)를 둘러싸고 있다는 사실이 밝혀졌다. 예를 들면, 음극선 관 내의 전자빔은 전류가 흐르는 도선과 같이 원형의 자기장을 발생한다.

2. 자기장의 방향

그림 28-1(a)와 (c)에 대한 관찰을 통해, 전류가 흐르는 도선 주위에 발생되는 자기장의 방향 예측에 관한 규칙을 유도할 수 있다. 전류가 '+'에서 '−'로 (통상적인 전류 흐름) 흐른다고 가정했을 때 얻어지는 이 법칙을 흔히 오른손 법칙이라고 한다. 이 책에서는 전류의 흐름을 '−'에서 '+'로 (전자흐름 전류; electron-flow current) 가정하며, 따라서 이 법칙은 왼손을 사용하는 것으로 수정된다.

왼손법칙 "그림 28-2와 같이 전류가 흐르는 도선을 엄지손가락이 세워진 왼손으로 쥐었을 때 엄지손가락이 전자흐름 전류의

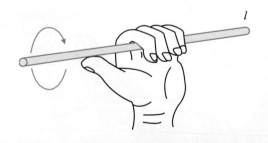

그림 28-2 전류가 흐르는 도선 주위의 자력선의 방향을 결정하기 위한 왼손법칙

방향을 가리킨다면 자기장의 방향은 도선을 감싸고 있는 손가락의
방향이 된다."

오른손법칙은 오른손을 사용하는 것과 엄지가 통상적인
전류의 방향을 가리킨다는 것을 제외하고는 왼손법칙과
동일하다. 어느 법칙을 사용하든 자력선의 방향은 같아질
것이다.

3. 코일에 의해 생성되는 자기장

두개의 자기장을 서로 근접시키면 그들은 상호작용을
일으켜 자력선이 왜곡된다. 또한, 두 자력선들이 같은 방
향일 때는 서로 보강되고, 방향이 반대일 때는 서로 상쇄
된다.

전류가 흐르는 도선이 그림 28-3과 같이 코일의 형태로
감겨져 있는 경우, 자기장 보강, 상쇄의 원리가 적용된다.
도체 주위의 원형 자력선들은 결합되어 그림 28-3에서 보
인 것과 같이 코일 주위에 자력선 패턴이 형성된다. 코일
에 들어가고 나가는 자력선들은 실제로 N극과 S극을 형성
한다. 왼손법칙을 사용하여 자력선의 방향을 결정할 수 있
으며, 따라서 코일 양끝의 N극과 S극을 결정할 수 있다.
코일에 대한 왼손법칙은 다음과 같다.

"엄지손가락을 세우고 손가락이 전자흐름 전류 방향이 되도록
코일을 쥔다. 엄지손가락은 자력선의 방향을 가리킬 것이다. 그러

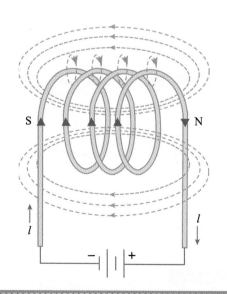

그림 28-3 전류가 흐르는 코일 주위의 자기장

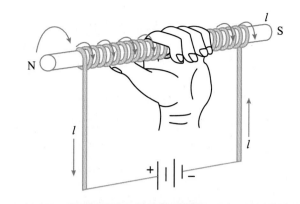

그림 28-4 전류가 흐르는 코일에 형성되는 極을 결정하기 위한
왼손법칙

므로, 엄지손가락이 가리키는 코일의 끝을 N극으로, 그리고 그 반
대 끝을 S극으로 생각할 수 있다." (그림 28-4)

코일을 형성하는 도선은 어떤 종류의 물질에도 감길 수
있으나, 일반적으로 원형 또는 사각형의 비 자성 절연체
관이 사용된다. 관 자체는 속이 비어 있으며 이런 경우에
코일은 공심(air core)을 가졌다고 한다. 많은 경우에, 연
철(soft iron)을 관속에 놓는다. 연철은 자성물질이므로 코
일 심 내의 자력선에 좋은 경로를 제공하며 따라서, 자속
밀도를 증가시켜 강 자석을 형성한다. 그러나 연철은 코일
에 전류가 흐를 때에만 자력을 증가시킨다. 연철은 자기장
안에 있지 않으면, 자신의 자력을 유지하지 못한다. 따라
서, 코일과 연철 심은 일시적인 자석 도는 전자석
(electromagnet)을 만들기 위해 사용된다.

코일에 의해 형성된 자석의 힘은 코일의 감긴 횟수와
흐르는 전류의 양에 의존한다. 자석의 힘은 기자력
(magnetomotive force: mmf)으로 표현하며, 이는 전기회
로의 전압에 비유될 수 있다. 기자력에 대한 수식은

$$mmf = I \times N \qquad (28\text{-}1)$$

여기서, mmf는 기자력(단위 : ampere-turns)이고, I는
코일에 흐르는 전류(단위 : 암페어), 그리고 N은 코일의
감긴 횟수를 나타낸다.

자기 회로에서 기자력은 코일에 의해 생성되는 자속 ϕ
와 자력선이 통과하는 물질의 자기저항(Reluctance) $\Re$에
의존한다. 따라서 기자력은 다음의 공식으로 표현된다.

$$mmf = \phi \times \Re \qquad (28\text{-}2)$$

자력선을 전류로, 그리고 $\mathfrak{R}$을 전기저항으로 비유하면, 식 (28-2)는 자기 회로에 대한 옴의 법칙으로 생각할 수 있다.

연철 심이 있는 코일은 릴레이, 모터 제어 접속기, 경보기 등의 장치에 산업용으로 폭넓게 쓰이고 있다. 움직이는 연철 심이 있는 코일은 문의 개·폐 장치 등에 사용된다. 철심 코일을 솔레노이드(solenoid)라고 부른다.

03 요약

(1) 자기장은 움직이는 전하에 의해서 발생된다.
(2) 원형 자력선은 전류가 흐르는 도선 주위에 생긴다. 자기장은 도선에 직각이며 도선을 감싼다. 자기장은 도선의 전체 길이에 걸쳐 나타난다.
(3) 자력선의 방향은 전류의 방향에 의존한다. 엄지손가락이 전자흐름 전류 방향을 가리키도록 왼손으로 도선을 잡으면, 손가락의 방향이 원형 자력선의 방향이 된다. (그림 28-2)
(4) 코일 형태로 감겨진 도선에 전류가 흐르면, 코일에 의해 자기장이 발생된다. (그림 28-3)
(5) 코일에 의해 형성되는 극은 왼손 손가락이 코일의 전류 방향을 가리키도록 코일을 잡아서 결정할 수 있다. 세워진 엄지손가락은 자석의 N극을 가리킨다. (그림 28-4)
(6) 전류의 방향을 바꾸거나 도선이 감긴 방향을 바꾸면, 코일에 형성된 극이 반대가 된다.
(7) 연철 심에 코일을 감는 경우도 있다. 전류가 흐르면 철심은 일시적인 막대자석과 같이 되며, 전류가 흐르지 않으면 자성이 없어진다.
(8) 코일의 감긴 횟수나 전류를 증가시키면 자기장의 세기가 증가한다.
(9) 자기 회로는 전기회로에 비유 될 수 있다. (a) 기자력은 기전력(electromotive force) V와 등가이고, (b) 자속 ϕ는 전류 I와 등가이며, (c) ϕ에 대한 자기저항 $\mathfrak{R}$은 전기저항 R과 등가이다.
(10) 자기 회로에서

$$mmf = \phi \times \mathfrak{R}$$

그리고,

$$mmf = I \times N$$

여기서, mmf는 기자력(ampere-turns), ϕ는 자속, $\mathfrak{R}$는 자기 저항, I는 전류, N은 도선의 감긴 횟수를 나타낸다.
(11) 전자석의 세기는 코일의 전류 I에 비례하며, I가 증가함에 따라 mmf가 증가한다.

04 예비점검

아래의 질문에 답하여 여러분의 이해도를 점검하시오.

(1) 전류는 자기장을 생성한다. _____ (맞음/틀림)
(2) 전류가 흐르는 도선 주위의 어느 한 점에서, 자기장은 도선에 _____인 평면에 존재한다.
(3) 도선이 책의 지면에 대해 수직이고, 전자흐름 전류가 자신을 향해서 흐른다면 도선 주위의 자기장은 _____ (시계/반시계) 방향을 갖는다.
(4) 연철은 공기보다 투자율이 좋다. 따라서, 연철 심을 갖는 코일은 공심 코일 보다 더 강력한 자장을 갖는다. _____ (맞음/틀림)
(5) 왼손 법칙은 코일의 전류에 의해 형성되는 _____의 위치를 결정하기 위해 사용된다.
(6) 전자석의 세기는 코일의 (a) _____ 또는 (b) _____ 을 증가시킴에 따라 증가된다.

05 실험 준비물

전원장치
- 0-15V, 1A 가변 직류전원(regulated)

측정계기
- DMM, VOM 또는 1A 범위의 전류계

저항기($\frac{1}{2}$-W, 5%)
- 15Ω, 25-W 1개

- SPST 스위치 1개
- 자기 나침반
- 철가루
- #18 구리 자성 도선; 길이 16피트
- 마분지 또는 플라스틱 재질의 속이 빈 원형 튜브; 길이 2인치, 내직경 0.5인치 (코일을 만들기 위해 사용됨)
- 2인치 길이의 원형 연철 심 막대(원형 관속으로 여유 있게 들어갈 수 있을 정도의 외 직경을 가져야 함)
- $8\frac{1}{2}$ x 11 인치 크기의 마분지 또는 플라스틱
- 전기 테이프

06 실험과정

공심 솔레노이드

1. 속이 빈 튜브에 #18 도선을 빈틈없이 감아서 솔레노이드 코일을 만든다. 100번 감긴 코일을 만들기 위해서는 2겹 또는 3겹으로 감아야 할 것이다. 튜브에 감긴 도선의 시작과 끝 부분이 약 8 인치 정도 남도록 한다. 감긴 도선이 풀리지 않도록 전기 테이프로 코일 주위를 감는다(그림 28-5). 테이프 표면에 화살표를 그려서 도선이 감긴 방향을 표시한다. 코일의 양끝에 도선을 감은 "시작"과 "끝"을 표시한다.

2. 전원을 끄고 S_1이 개방된 상태에서, 과정 1에서 만들어진 코일로 그림 28-6의 회로를 구성한다. 코일이 감긴

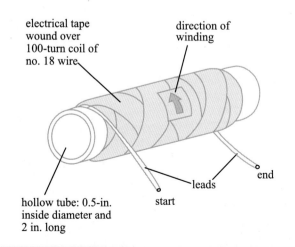

electrical tape
wound over
100-turn coil of
no. 18 wire

direction of
winding

end
leads
start

hollow tube: 0.5-in.
inside diameter and
2 in. long

그림 28-5 실험에서 사용될 솔레노이드 코일의 제작

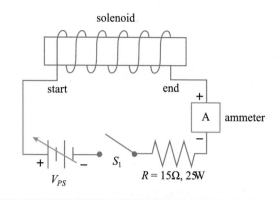

solenoid

start   end   +

A ammeter

－

+ － S_1

V_{PS} $R = 15\Omega, 25W$

그림 28-6 실험과정 2를 위한 솔레노이드를 갖는 회로

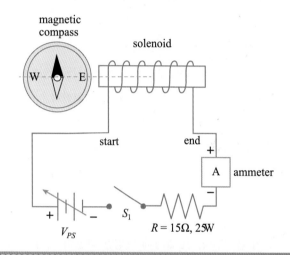

magnetic
compass

solenoid

W E

start   end   +

A ammeter

－

+ － S_1 $R = 15\Omega, 25W$

V_{PS}

그림 28-7 실험과정 3을 위한 나침반과 솔레노이드의 위치

방향을 나타내기 위해서 코일을 단순화된 형태로 나타냈다. 자성 도선은 플라스틱이나 니스의 얇은 막으로 절연되어 있으므로, 코일의 양끝을 회로에 연결할 때는 절연부분을 제거해야 한다.

3. 그림 28-7과 같이 탁자 위에 코일을 놓고 그 끝으로부터 2인치 떨어진 곳에 나침반을 놓는다. 나침반의 서쪽-동쪽 직선이 코일의 중심과 일치하도록 한다. 코일이 감긴 시작위치의 도선 끝을 전원의 '+'단자에 연결한다. 주변에 자석이나 자성물질이 없도록 한다. 코일을 나침반 주위에서 움직여도 나침반 바늘은 아무 영향도 받지 않아야 한다.

4. 전원공급기의 출력전압이 최소가 되도록 하고 전원을 켠다.

5. 전류계에 0.75A가 나타날 때까지 출력전압을 증가시킨다. 나침반 바늘의 위치가 변하는 것을 확인한다. 표 28-1에 나침반 바늘이 가리키는 방향을 기록한다. (방

향은 N, S, E, W로 나타낸다)

6. 코일을 나침반 쪽으로 0.5인치 이동시킨다. 나침반 바늘의 위치를 표 28-1에 기록한다. 이 위치에서 코일이 수 초 이상동안 유지되지 않도록 하며, 곧장 다음과정으로 넘어간다.

7. 나침반과 코일의 위치를 그대로 유지한 상태에서 전류계에 0.1A 나타나도록 전압을 감소시킨다. 표 28-1에 나침반 바늘의 위치를 기록한다.

8. S_1을 개방하여 코일전류가 0이 되도록 한다. 표 28-1에 나침반 바늘의 위치를 기록한다.

연 철심을 갖는 솔레노이드

9. 솔레노이드 코일 속에 2인치의 연 철심을 삽입한다. 과정 3에서와 같이 나침반과 코일을 배열한다.

10. 전원의 출력이 최소가 되도록 하고 S_1을 닫는다. 전류계에 0.75A가 나타날 때까지 전원을 서서히 증가시킨다. 나침반 바늘을 관찰하며 그 방향(N, S, E, W)을 표 28-1에 기록한다.

11. 과정 6에서와 같이 솔레노이드를 나침반 쪽으로 0.5인치 움직인다. 표 28-1에 나침반 바늘의 위치를 기록한다. 수 초 이상동안 이 위치가 유지되지 않도록 한다.

12. 전류계에 0.1A가 나타나도록 전원을 감소시킨다. 표 28-1에 나침반 바늘의 위치를 기록한다.

13. S_1을 개방하여 코일의 전류가 0이 되도록 한 후, 표 28-1에 나침반 바늘의 위치를 기록한다.

14. 코일의 시작과 끝의 연결을 바꾸어 솔레노이드에 반대방향의 전류가 흐르도록 한다. S_1을 닫고 전류계에 0.75A가 나타나도록 전압원을 증가시킨다. 나침반 바늘의 위치를 표 28-1에 기록한다. 즉시 과정 15로 넘어간다.

15. S_1을 개방하고 전원을 끄고 나침반 바늘의 위치를 기록한다.

솔레노이드의 자기장

16. 나침반을 제거한 상태로 솔레노이드의 위치를 과정 15에서와 같게 하고, 코일 주위에 마분지나 플라스틱 판을 코일에 닿지 않게 놓는다. 마분지 위에 철가루 층을 매우 얇게 골고루 형성시킨다.

17. 전원을 켜고 S_1을 닫는다. 전류계에 0.75A가 나타나도록 전원을 조정한다. S_1을 닫았을 때 철가루의 움직임을 관찰한다. 철가루가 일정한 형태를 갖도록 마분지를 가볍게 친다. 종이에 그 형태를 기록한다. 전원을 끄고, S_1을 개방한다.

07 예비 점검의 해답

(1) 맞음
(2) 수직
(3) 시계
(4) 맞음
(5) 극
(6) (a) 감긴 횟수 (b) 전류의 양

성 명 _____   일 시 _____

표 28-1 솔레노이드 주위의 자기장

Step	Current in Solenoid, A	Solenoid Distance from E, in.	Current Polarity		Direction of Pointer
			Start of Winding	End of Winding	
5	0.75	2	+	−	
6	0.75	0.5	+	−	
7	0.10	0.5	+	−	
8	0	0.5	+	−	
10	0.75	2	+	−	
11	0.75	0.5	+	−	
12	0.10	0.5	+	−	
13	0	0.5	+	−	
14	0.75	0.5	−	+	
15	0	0.5	−	+	

실험 고찰

1. 도선의 전류와 자기장 사이의 관계를 설명하시오. 특정 실험 데이터를 인용해서 이 관계를 확인하시오.

_____

_____

_____

_____

2. 그림 28-7에서 S_1을 닫기 전에 솔레노이드의 양끝에서 N극과 S극을 결정하는 것이 가능한가? 가능하지 않다면 추가적
   으로 어떤 정보가 필요한가? 만약, 가능하다면 나침반에 가장 가까운 솔레노이드의 극은 무엇인가?

_____

_____

_____

_____

3. 실험과정 14는 질문 2에 대한 설명에 영향을 미치는가? 만약 그렇다면, 어떻게 영향을 미치는가?

4. 솔레노이드의 극을 판별하기 위한 왼손법칙을 설명하시오. 극을 결정하기 위해 오른손을 사용하면 어떻게 되는가?

5. 다음이 전자석의 세기에 어떤 영향을 미치는지 설명하시오.

    (a) 코일에 흐르는 전류의 양

    (b) 코일에 도선이 감긴 횟수

    (c) 코일의 코어로 사용된 물질의 종류

EXPERIMENT
29

코일의 유도전압

01 실험목적

(1) 자석의 자력선이 코일과 쇄교될 때 코일에 전압이 유도됨을 실험적으로 입증한다.

(2) 코일과 자력선의 쇄교 방향에 따라 유도전압의 극성이 결정됨을 실험적으로 입증한다.

02 이론적 배경

1. 전자기 유도

0-중앙 검류계나 저전류형 디지털 전류계를 구리 도선의 끝에 연결하고, 그림 29-1(a)와 같이 구리 도선을 말굽자석의 극에서 몇 인치 떨어진 곳에 위치시키면, 계기에는 아무 변화도 없을 것이다. 그림 29-1(b)와 같이 구리 도선을 자석의 극 사이에서 빠르게 아래로 이동시키면, 계기는 반응을 보이며, 도체가 움직임을 멈추었을 때 계기는 다시 0점으로 돌아갈 것이다. 만일 도체가 말굽자석의 자기장을 통해서 위쪽으로 움직이면 계기는 이전의 경우와 반대 극성을 나타낼 것이다.

도체를 정지시키고 말굽자석을 도체주위에서 이동시키는 경우에도 동일한 반응이 계기에 일어날 것이다. 도체가 정지된 자기장의 중심에 정지해 있으면, 계기에는 아무 변화도 생기지 않는다.

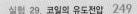

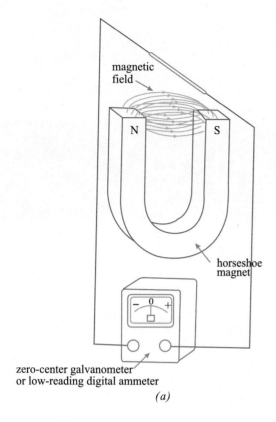

magnetic field

N   S

horseshoe magnet

zero-center galvanometer
or low-reading digital ammeter

(a)

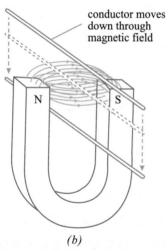

conductor moves
down through
magnetic field

N   S

(b)

그림 29-1 도체가 자기장을 통과하여 빠르게 움직일 때 회로에 전류가 흐른다.

앞의 논의로부터 자기장이 도체와 쇄교되면 도체에 전압이 유도되며, 도체가 폐회로의 일부라면 도체에 전류가 흐른다는 결론을 내릴 수 있다. 이는 도체가 자기장을 가로질러 움직이거나 자기장이 도체를 가로질러 움직일 때 동일하게 일어난다.

기억해야할 요점은 도체가 자기장과 쇄교되어야 한다는 것이다. 만일 도체가 자기장과 평행하게 움직이면 자력선이 잘리지 않으므로 전압이 유도되지 않는다.

2. 유도전압의 극성

검류계에 나타나는 극성은 도체가 움직이는 방향에 따라 변한다는 사실은 도체에 유도되는 전압의 극성은 자력선의 쇄교 방향에 의존한다는 사실을 입증한다. 유도전압의 극성은 렌쯔의 법칙(Lenz' law)으로부터 확립될 수 있다.

렌쯔의 법칙은 "유도전압에 의한 도체 내의 전류방향은 원래 자장의 움직임에 반대되는 자장이 도체 주위에 생성되도록 유도전압의 극성이 결정된다"는 것이다. 예를 통해서 렌쯔의 법칙의 의미를 이해한다.

그림 29-2와 같이 공심 코일의 양끝에 전류방향을 나타낼 수 있는 민감한 전류계를 연결한다. 막대자석의 N극을 왼쪽으로부터 코일의 중심 안으로 빠르게 밀어 넣으면, 그림에서 보이는 극성의 전압이 코일에 유도된다. 유도전류에 의해 코일에 자기장이 형성되고, 코일의 왼쪽 끝에 N극이 생성된다. 따라서, 생성된 N극은 코일 속으로 움직이는 막대자석의 N극을 방해한다. 즉, 막대자석의 움직임에 의해 그 움직임을 방해하는 자기장이 생성된다. 이것은 렌쯔의 법칙을 만족한다. 검류계를 사용하여 유도전압의 극성과 전류의 방향을 실험적으로 입증할 수 있다. 코일에 대해 왼손의 법칙을 사용하면, 코일 끝의 극성을 알 수 있다.

막대자석을 코일의 중심으로부터 왼쪽으로 당기면, 코일에 유도되는 전압의 극성은 반대가 될 것이고 전류는 반대방향으로 흐를 것이다. 이에 의해 코일 끝의 극성이 바뀌게 되어 S극이 코일의 왼쪽 끝에 나타날 것이다. 막대자

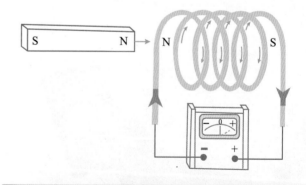

S   N   N   S

그림 29-2 막대자석을 그림에서 보는 것과 같은 방향으로 코일 중심으로 밀어 넣으면 전류가 발생되고, 이에 의해 자기 극이 생성된다. 이 자기 극은 막대자석의 움직임을 방해하는 극성을 갖는다. 이 사실은 렌쯔의 법칙이 입증한다.

석이 코일의 중심으로부터 당겨지면, 코일의 S극은 막대자석의 N극과 작용하여 막대자석의 움직임을 방해할 것이다. 이 상황도 역시 렌쯔의 법칙을 만족한다.

3. 역 기전력

지금까지 논의했던 요점은 영구자석의 자기장과 도체 사이의 상대적인 이동 즉, 도체가 자석의 자력선과 쇄교될 때, 도체에 전압이 유도된다는 사실이다. 사실상, 전자석을 포함한 모든 자석의 자장과 도체 사이의 상대적인 운동이 있을 때 도체에서의 유도효과가 발생된다.

앞의 실험에서, 전류가 흐르는 코일 주위에 자기장이 존재한다는 것을 확인하였다. 이 코일은 사실상 전자석이며, 앞의 예에서 막대자석을 대체할 수 있다.

"상대적 운동"이라 함은 도체 근처에서 자석의 물리적인 움직임이나 자기장 안에서 도체의 움직임만으로 제한되는 것은 아니다. "상대적 운동"은 물리적인 움직임 없이도 존재할 수 있다. 코일에 흐르는 전류가 증가되거나 감소되는 경우(즉, 전류가 일정하지 않은 경우)를 생각해보자. 전류가 증가하면, 코일 주위의 자기장은 증가(확장)되며 이것이 가변 자기장(moving field)이다. 코일에 전류가 감소하면, 코일 주위의 자기장은 감소(감쇠)된다. 이것 역시 가변 자기장이다. 이와 같은 가변 자기장 속에 정지해 있는 도체는 실제로 자력선과 쇄교되는 효과를 가지므로, 도체에는 전압이 유도될 것이다. 확장 자기장과 감쇠 자기장은 서로 반대되는 극성의 전압을 유도한다.

증가 또는 감소 전류가 흐르는 코일 주위의 확장 또는 감쇠 자력선은 코일 자체와 쇄교된다. 따라서, 코일 주위에는 전압이 유도되며, 이 전압의 극성은 렌쯔의 법칙에 의해 결정된다. 코일에 유도된 전압은 코일에 전류가 흐르도록 유발했던 초기의 전압과 반대극성을 갖는다. 따라서 코일에 유도된 전압을 역 기전력(counter electromotive force) 또는 간단히 역 emf라고 부른다.

4. 유도전압의 크기

코일에 유도되는 전압의 크기는 (1) 코일에 도선이 감긴 횟수 N, (2) 코일에 의한 자력선의 쇄교율 등에 의존한다. 즉, 도선이 감긴 횟수를 많게 할수록 코일 양단에 더 큰 전압이 유도될 것이다. 마찬가지로, 권선에 의해 자속이 더 빠르게 쇄교될수록 코일 양단에 더 큰 전압이 유도된다.

03 요약

(1) 도체가 자기장 속에서 자속을 쇄교하면, 도체에 전압이 유도된다. 자속선의 쇄교는 도체나 자기장을 움직여서 이루어질 수 있다.
(2) 도체에 유도되는 전압의 극성은 자속의 쇄교 방향에 의해서 결정된다. 즉, 자속이 아래쪽으로 쇄교되는 도체에 의해 '+'전압이 유도되었다면, 동일 자속을 위쪽으로 쇄교되면 '-'전압이 유도된다.
(3) 코일에 유도되는 전압의 극성은 렌쯔의 법칙에 의해서 예측될 수 있다. 렌쯔의 법칙이란 "유도전압에 의해 생성된 전류는 자기장을 발생하며, 이 자기장의 방향이 원래의 자기장과 반대가 되도록 유도전압의 극성이 결정된다"는 법칙이다.
(4) 코일의 권선이 자속을 쇄교할 때 코일에 유도되는 전압의 크기는 코일의 감긴 횟수와 자속의 쇄교율에 의존한다.

04 예비점검

아래의 질문에 답하여 여러분의 이해도를 점검하시오.

(1) 자속이 도체를 _____ 한다면, 가변 자기장은 도체에 _____ 를 _____ 한다.
(2) 도체에 유도되는 전압의 극성은 도체에 의한 자속 쇄교의 _____ 에 의해 결정된다.
(3) 자기장 속에서 자속과 평행하게 움직이는 도체에는 전압이 유도 _____ (된다./되지 않는다.)
(4) 자기장 속에서 자속을 쇄교하는 코일의 권선 수를 증가시킬수록 유도되는 전압은 증가한다. _____ (맞음/틀림)

(5) 전압을 유도하는 자기장의 극성을 알고 있을 때, 코일에 유도되는 전압의 극성을 예측하기 위해서는 _____의 법칙이 사용될 수 있다.

측정계기

■ 0-중심 검류계(0-중심 마이크로암미터도 사용 가능함)

기타

■ 마분지 또는 플라스틱 원형 관(길이 3인치, 내직경 1인치)에 #18 자성 도선을 100번 감은 솔레노이드 코일
■ 길이 4인치의 막대자석. (코일의 원형관 속에서 움직일 수 있을 정도의 굵기)

1. 그림 29-3과 같이 코일과 검류계 또는 DMM을 연결한다. 도선이 코일에 감긴 방향을 주의한다. 그림에 보인 것과 같이 코일과 막대자석의 N극이 마주보도록 막대자석을 길이방향으로 코일의 끝에서 약 2인치 정도 떼어놓는다.

2. 자석과 코일을 정지시킨 상태에서, 검류계의 바늘을 관찰하여 검류계의 극성과 값을 표 29-1에 기록한다.

3. 코일의 한쪽 끝을 세워서 실험 탁자 위에 놓는다. 권선이 감긴 시작위치가 코일의 밑으로 가도록 해야 한다. 검류계를 계속 관찰하면서 막대자석의 N극을 코일 속

으로 빠르게 삽입한다. 표 29-1에 검류계에 나타나는 최대값과 극성을 기록한다.

4. 코일의 중심에 자석을 놓은 채로 검류계를 관찰하여 검류계에 나타나는 최대값과 극성을 표 29-1에 기록한다.

5. 검류계를 계속 관찰하면서, 코일의 중심으로부터 자석을 빠르게 뺀다. 검류계에 나타나는 최대치와 극성을 표 29-1에 기록한다.

6. 막대자석을 반대로 한다. 검류계를 관찰하면서, 막대자석의 S극을 코일의 중심으로 빠르게 삽입한다. 검류계에 나타나는 최대값과 극성을 기록한다.

7. 코일의 중심에 자석을 놓은 채로 검류계의 값과 극성을 표 29-1에 기록한다.

8. 검류계를 관찰하면서, 자석을 코일의 중심으로부터 빠르게 뺀다. 검류계에 나타나는 최대값과 극성을 표 29-1에 기록한다.

9. 과정 6을 반복하되 앞의 실험보다 더 빠르게 자석을 삽입한다. 검류계에 나타나는 최대치와 극성을 표 29-1에 기록한다.

10. 과정 6을 반복하되 전보다 더 느리게 자석을 삽입한다. 검류계에 나타나는 최대치와 극성을 표 29-1에 기록한다.

11. N극이 위를 향하도록 막대자석을 수직으로 세운다. 검류계가 코일에 연결된 상태에서 자석을 통과하도록 코일을 빠르게 아래로 내린다. 검류계가 흔들리거나 움직이지 않도록 주의한다. 검류계에 나타나는 최대치와 극성을 표 29-1에 기록한다.

12. 검류계를 관찰하면서, 코일을 빠르게 들어 올려 자석으로부터 멀어지게 한다. 검류계에 나타나는 최대치와 극성을 표 29-1에 기록한다.

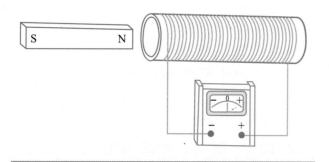

그림 29-3 실험과정 1을 위해 코일과 검류계를 직렬로 연결한다.

(1) 쇄교; 전압; 유도
(2) 방향
(3) 되지 않는다.
(4) 맞음
(5) 렌쯔

성 명 _____   일 시 _____

표 29-1 코일내의 유도 전압

Step	Condition	Voltage, Polarity	Current, Highest Reading, μA
2	Magnet stationary		
3	North pole of magnet inserted into solenoid		
4	Magnet stationary within the solenoid core		
5	Magnet withdrawn form solenoid		
6	South pole of magnet inserted into solenoid		
7	Magnet stationary within the solenoid core		
8	Magnet withdrawn from solenoid		
9	Same as step 6 but more rapidly		
10	Same as step 6 but more slowly		
11	Solenoid plunged down over magnet		
12	Solenoid pulled up, away form magnet		

실험 고찰

1. 권선 속에서 자속이 도체를 가로질러 쇄교할 때 발생되는 결과에 대해 상세히 설명하시오. 특정 조건과 진행 결과를 설명하시오.

_____

_____

_____

_____

_____

2. 렌쯔의 법칙을 설명하시오.

_____

_____

_____

_____

_____

3. 실험결과에 의해 렌쯔의 법칙이 입증되는지 설명하시오. 만약 그렇지 않다면, 렌쯔의 법칙을 입증하기 위해 어떤 과정이 필요로 한가? 렌쯔의 법칙이 실험적으로 입증되었다면 그 결과에 대해 논하시오.

_____

_____

_____

_____

_____

_____

_____

4. 표 29-1의 데이터를 참고하시오. 솔레노이드 권선과 자기장 사이의 상대적 운동에 의해 유도전압이 발생된다는 사실을 증명하는 결과는 어떤 것인가?

_____

_____

_____

_____

_____

_____

_____

_____

5. Faraday의 법칙에 의하면, 권선에 유도되는 전압의 크기는 권수와 쇄교율 (즉, 자속과 권선이 쇄교되는 속도율)에 의해 결정된다. 실험결과에 의해 이 법칙이 입증되었는지 설명하시오. 만약 그렇지 않다면, 이 법칙을 입증하기 위해 어떤 추가적인 과정이 필요한가?

_____

_____

_____

_____

_____

_____

_____

_____

직류 릴레이의 응용

01 실험목적

(1) 직류 릴레이의 특성과 동작에 대해 배운다.
(2) 전기회로에의 직류 릴레이 사용에 대해 배운다.

02 이론적 배경

1. 자성의 응용

자성을 최초로 응용한 것이 자기 나침반이다. 나침반은 항해나 탐험 시에 선원들이 별에 의존하지 않도록 안내자 역할을 했다. 나침반을 사용함으로써 선원들은 밤이든 낮이든 그리고 날씨에 무관하게 길을 찾을 수 있었다.

자성의 응용에 대한 극적인 진전은 전기의 발전에 의해 이루어졌다. 발전기는 도체가 자력선을 쇄교할 때 생성되는 기전력(emf)을 이용하도록 고안된 것이다. 전력회사에서 사용된 초기의 직류 발전기는 구리 권선으로 만들어진 전기자(armature, 이를 회전자라고도 함)가 계자권선(field winding)에 의해 생성된 자장 속에서 회전하여 전자석과 같은 역할을 하였다. 오늘날의 발전기에서는 반대의 배열이 사용된다. 즉, 전기자 권선(armature winding)은 발전기의 틀 속에 고정되어 있고 자력선을 생성하는 계자권선이 회전한다. 두 경우 모두 자력선에 의해 도체가 쇄교되어 전압이 발생된다.

전기모터는 모터의 전기자와 관련된 자장과 계자권선 사이의 상호작용에 의해 동작한다. 가정에서는 난방기의 열 순환 모터, 에어컨의 모터, 세탁기 및 건조기의 모터, 전기시계 모터 등이 사용되고 있다.

전자분야에서도 많은 경우에 자기장을 이용하고 있다. 예를 들면, 음극선 관이 효율적으로 동작하기 위해서는 여러 형태의 자기장을 필요로 한다. 여러 형태의 회로에서 코일과 변압기가 사용되며, 이 두 장치는 전자성 (electromagnetism)의 원리를 이용한다.

2. 릴레이

전자기 장치의 일종인 릴레이는 산업현장이나 가정에서 다양하게 이용된다. 릴레이는 스위칭, 지시, 전달, 회로보호 등에 사용된다. 많은 응용분야에서 반도체 소자가 기계식 전자기 릴레이를 대체하고 있지만, 앞으로도 많은 응용분야에 있어서는 경제성 또는 물리적인 견지에서 릴레이가 반도체 소자로 쉽게 대체되지는 않을 것이다.

릴레이는 하나 또는 다수개의 접점을 갖는 전자기적으로 동작하는 원격제어 스위치이다. 릴레이가 여기되면 그 접점이 열리거나 닫히는 동작이 일어난다. 릴레이가 여기되지 않은 상태에서 열려있는 접점을 "정상개방(normally open; NO)" 접점이라고 부른다. 반대로, 릴레이가 여기되지 않은 상태에서 닫혀있는 접점을 "정상단락(normally closed; NC)" 접점이라고 부른다. 그림 30-1은 개방접점과 단락접점을 나타내는 기호이다.

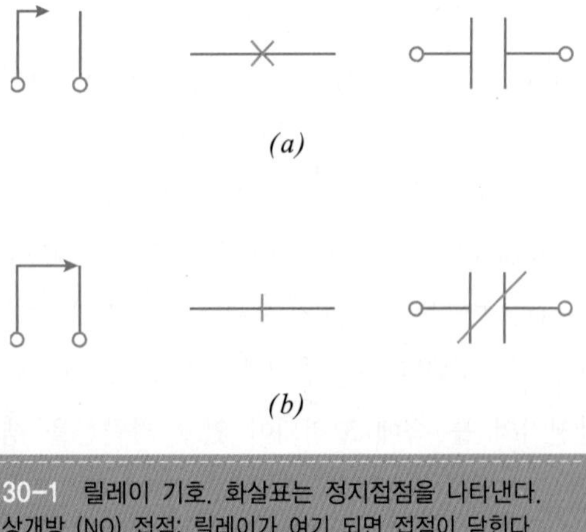

릴레이에 관한 다음의 용어들을 알아둘 필요가 있다. 릴레이가 여기되었을 때를 릴레이가 "pick up"되었다고 한다. "pick up" 값이란 NO 릴레이를 닫고, NC 릴레이를 개방하는데 필요한 최소 구동전류이다. 릴레이에 대한 여기가 없어졌을 때를 "drop out"되었다고 한다. 릴레이 접점은 스프링이나 일종의 중력작용 구조에 의해서 정상위치를 유지한다.

일반적인 릴레이는 전자석, 회전자로 불리는 움직일 수 있는 소형 판, 회전자에 접촉되는 접점들 등으로 구성된다. 전자석이 여기되면 회전자가 전자석에 접촉되며, 릴레이가 NO 형이냐 NC 형이냐에 따라 개방 또는 단락동작을 일으킨다.

그림 30-2(a)는 릴레이의 주요 구성 부품들을 보이고 있다. 스프링은 회전자를 여기되지 않는 정상위치로 복원시키기 위해 사용된다. 강도 조절 나사에 의해 자기력을 미세 조정 할 수 있으며, 따라서 코일이 여기되었을 때 회전자를 움직이기 위해 필요한 코일전류를 조정할 수 있다.

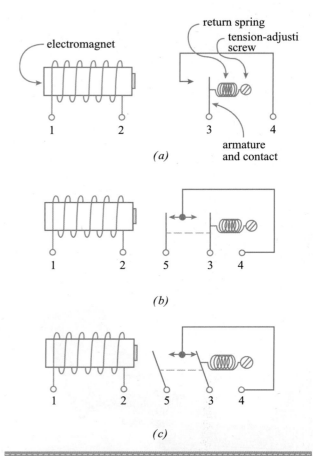

그림 30-2 릴레이의 개략적 표현
(a) SPST 릴레이 (b) SPDT 릴레이 (c) 여기 상태의 SPDT 릴레이

그림 30-1 릴레이 기호. 화살표는 정지접점을 나타낸다.
(a) 정상개방 (NO) 접점; 릴레이가 여기 되면 접점이 닫힌다.
(b) 정상단락 (NC) 접점; 릴레이가 여기 되면 접점이 열린다.

그림 30-2(a)에서 코일이 여기되지 않은 정상상태에 있으면, 단자 3과 4사이의 회로는 개방 스위치와 같게 된다. 전자석이 여기되면, 회전자가 코일에 끌려가므로 단자 3에 연결된 이동접점은 단자 4에 연결된 정지접점에 (화살표 머리) 접촉된다. 따라서, 단자 3과 4사이의 회로는 닫힌 스위치와 같게 된다. 이와 같은 동작은 단일 극, 단일 접점(single-pole, single throw; SPST) 스위치와 유사하다.

그림 30-2(b)에서 기계적으로 결합된 두개의 이동 접점들은 회전자에 접촉되어 있다. 이 그림은 여기되지 않은 릴레이의 정상상태를 나타내고 있다. 이 상태에서 단자 4와 5 사이의 접점은 연결되어 있고, 단자 3과 4 사이의 접점은 개방되어 있다. 코일이 여기되면, 접점들은 30-2(c)와 같은 위치로 움직인다. 이 상태에서 단자 3과 4는 닫힌 회로이고, 4와 5사이의 회로는 개방 회로이다. 그림 30-2(b)와 (c)의 릴레이 동작은 단일 극, 이중 접점(single-pole, double-throw; SPDT) 스위치와 유사하다.

3. 원격조정 동작

릴레이의 중요한 장점 중 하나는 상대적으로 낮은 전압으로 원격위치에서 동작될 수 있다는 것이다. 릴레이의 전자석 코일은 릴레이로부터 멀리 떨어진 전원에 의해 저전류, 저전압으로 여기될 수 있다. 반면에, 접점에 연결된 회로는 더 큰 전압과 전류에 대해 동작될 수 있다. 그림 30-3의 회로는 277V 조명 회로를 제어하기 위해 12V 직류 전원을 사용한다. 릴레이 제어 스위치는 벽에 장착되어 있고, 277V 회로와 릴레이는 방의 천장에 위치한다.

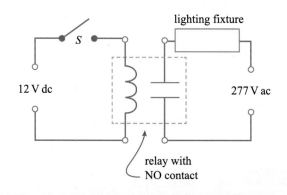

그림 30-3 저전압 직류 릴레이에 의한 고전압 교류 조명 회로의 제어

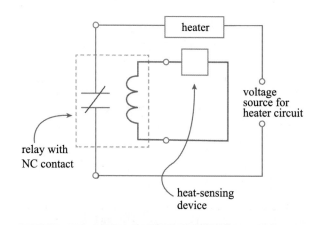

그림 30-4 전기히터의 과열방지를 위해 사용된 NC형 릴레이

릴레이는 회로의 단락뿐만 아니라 개방을 위해서도 사용될 수 있다. 그림 30-4에서 릴레이 코일은 열 센서에 연결되어 있다. 릴레이의 주 접점은 히터의 전원선과 직렬로 연결된다. 센서에 과열상태가 검출되면 이 센서는 릴레이 코일을 여기시키기에 충분한 전류를 공급한다. 이에 의해 NC 릴레이가 개방되고, 따라서 회로를 개방하여 히터의 전원이 차단된다.

4. 릴레이의 사양(specifications)

릴레이 제조회사는 개별 릴레이에 대한 사양서(specification sheet)를 제공한다. 사양서에는 릴레이의 정격, 직류용인지 교류용인지, 접점 위치, 접점의 정격 등에 관한 사양들이 포함된다. 예를 들면, "릴레이 코일 저항이 400Ω인 직류용 SPDT 릴레이", "릴레이 접점은 5A까지 사용가능"과 같이 지정된다.

릴레이 코일과 외부 단자는 육안으로 그 위치를 알 수 있다. 릴레이가 봉함되어 있으면, 육안으로 확인하는 것이 불가능하다. 저항계를 사용해서 단자를 확인할 수 도 있다. 임의의 두 단자 사이의 저항 측정을 위해 저항계가 사용된다. 가능한 두 단자의 조합은 한정되어있다. 코일의 저항은 릴레이 코일에 연결된 두 단자 사이에서 측정된다. 릴레이 코일은 매우 낮은 저항에서 매우 높은 저항까지 가질 수 있다. 정상단락 접점의 저항은 0Ω으로 측정될 것이다. 개방접점은 무한대의 저항값을 나타낼 것이다. 예를 들어, 그림 30-5의 릴레이에서 저항계를 사용하여 단자 4와 5 사이의 코일 저항값을 측정할 수 있다. 단자 1과 2

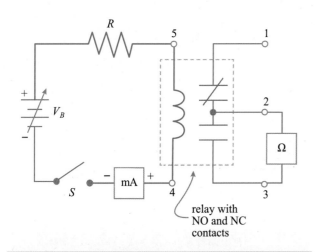

사이의 저항은 0Ω이 될 것이고, 단자 2와 3 사이의 저항 값은 무한대가 될 것이다. 단자 1과 3의 저항도 무한대가 될 것이다. 접점 1과 2 중 어느 것이 이동 접점인지를 육 안으로 결정할 수 없는 경우에는 그 릴레이를 리셋(즉, drop out)시켜야 한다. 그 다음, 그림 30-5의 경우와 같이, 저항측정에 의해 단자 2와 3 사이의 저항은 0Ω, 단자 2와 1 그리고 단자 3과 1 사이의 저항은 무한대라는 것을 알 수 있으므로, 단자 2가 이동 접점임을 확인할 수 있다.

주의 릴레이 단자에 대한 저항측정은 전원을 끈 상태에서 이 루어져야 한다. 그렇지 않으면, 저항계가 손상을 입을 수 있다.

03 요약

(1) 릴레이는 보호장치, 지시장치, 전달장치 등으로 사용 되는 전자기 스위치이다.
(2) 보호 릴레이는 고장난 회로부품의 영향으로부터 정상 부품을 보호해준다.
(3) 전달 릴레이는 통신 시스템에 사용된다.
(4) 지시 릴레이는 고장난 부품의 식별을 위해, 또는 벨이 나 부저 같은 경보장치에 사용된다.
(5) 릴레이는 SPST 또는 복잡한 스위치 조합으로 사용될 수 있다.
(6) 릴레이의 스위치 접점은 정상 개방형(NO)과 정상 단 락형(NC)이 있다. 접점은 스프링이나 중력작용 구조

에 의해서 정상위치를 유지한다.
(7) 릴레이는 교류형과 직류형이 있으며, 일반적으로 전자 석, 이동 회전자, 그리고 접점 등으로 구성된다.
(8) 릴레이의 외부 단자들은 전자석의 권선과 릴레이 스위 치 접점에 대한 연결을 위해 제공된다.
(9) 릴레이가 보통의 스위치에 대해 갖는 장점은 저전력 전원으로 릴레이를 ON/OFF 시킬 수 있다는 것이다.
(10) 릴레이 시스템은 릴레이가 여기되었을 때 부하회로가 개방되는 소위 "개방회로 시스템"으로 설계될 수도 있 으며, 반대로 릴레이가 여기되었을 때 부하회로가 단락 되는 소위 "단락회로 시스템"으로 설계될 수도 있다.

04 예비점검

아래의 질문에 답하여 여러분의 이해도를 점검하시오.

(1) 직류 릴레이는 릴레이 코일의 _____ 전류에 의해 릴레이 구조가 가동된다.
(2) 릴레이의 가변 팔을 _____ 라고 한다.
(3) 10mA에서 "pick up"되는 릴레이는 _____에 10mA의 전류가 흐를 때 _____ (on/off) 되는 릴레이이다.
(4) 릴레이의 전기적 사양은
   (a) 코일의 _____ 과 _____
   (b) 코일의 pickup _____
   (c) _____의 전류 처리 한계
(5) 그림 30-2(b)에서, 릴레이가 여기되었을 때, 스위치 접 점 _____과 _____에 의해 부하회로가 연결된다.
(6) 원격에 위치한 고 전력 부하를 on/off 하기 위해서는 릴레이보다 스위치가 더욱 효과적이다. _____ (맞음/틀림)

05 실험 준비물

전원장치

■ 0-15V 가변 직류전원(regulated)
■ 120V, 60-Hz 전선전압(line voltage) *

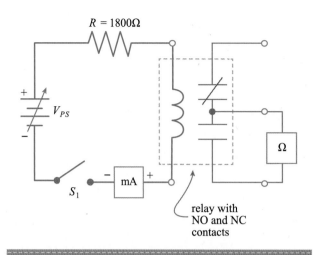

그림 30-6 실험과정 2를 위한 릴레이 회로

R = 1800Ω

V_{PS}

S_1 mA   Ω

relay with
NO and NC
contacts

■ DMM 또는 VOM

저항기($\frac{1}{2}$-W, 5%)

■ 560Ω 1개

■ 1.8 kΩ 1개

릴레이

■ 직류, SPDT, 12V 코일전압, 300-400Ω, 120V 교류,
0.5-A 접점 1개

기타

■ 60-W 백열전등, on-off 스위치, 1-A 퓨즈, 전원코드, 플
러그 등으로 구성된 시험 램프 세트

*참고   조교가 저전압 시험 램프 세트를 나누어 줄 수도 있다.

06 실험과정

1. 이 실험에서는 SPDT 릴레이가 사용된다. 릴레이를 검
사하고 관찰하여 다음을 결정한다.(편의상, 릴레이 단
자에 번호를 붙인다.)
   (a) 릴레이 (필드) 코일 단자
   (b) NO 접점 단자
   (c) NC 접점 단자
   (d) 표찰 데이터 (필요하다면)
   (e) 릴레이 코일 저항 (측정값)
   모든 정보를 표 30-1에 기록한다.

2. 전원을 끄고 S_1을 개방한 상태로 그림 30-6의 회로를
연결한다. 저항계를 낮은 저항범위로 맞춘다. 전원을
최소전압으로 조정한다.

3. 전원을 켜고 S_1을 닫는다. 저항계를 관찰하고 릴레이
의 어떤 변화에 대한 소리를 듣거나 관찰하면서 전원
을 서서히 증가시킨다. 릴레이 코일의 전류가 증가하
는 것이 전류계에 나타날 것이다. 릴레이 코일이 pickup
되기에 충분하도록 여기되는 시점에서 회전자가 움직
여 릴레이 접점이 닫히는 소리를 들을 수 있을 것이다.

저항계가 연결된 NO 접점은 닫히게 되고, 따라서 저항
계의 바늘은 즉시 0으로 떨어질 것이다. 이 동작이 일
어나는 시점에서, 전류계로 pickup 전류를 측정하여
표 30-1에 기록한다. 정격전압이 릴레이 코일에 가해질
때까지 전압을 계속해서 증가시킨다.

4. 전류계와 릴레이의 변화를 관찰하면서 릴레이 코일 양
단의 전압을 서서히 감소시킨다. 회전자가 본래의 여기
되지 않은 상태로 되돌아가는 시점에서 NC 접촉이 다
시 닫히는 소리를 들을 수 있을 것이다. NO 접점은 개
방되고 저항계는 무한대를 나타낼 것이다. 이 시점이
릴레이가 dropout (종종 "tripped"라고 함) 되는 점이
다. 전류계로 drop out 전류를 측정하여 표 30-1에 기
록한다.

5. 과정 3과 4를 반복하여 "pick up" 전류와 "drop out"
전류의 원래 값을 다시 확인한다. 저항계에 변화가 일
어나는 정확한 시점을 주의한다면, pick up 전류와
drop out 전류값은 원래 값과 크게 다르지 않을 것이
다. S_1을 개방하고 전원을 끈다.

6. 전원을 끄고, S_1을 개방하고, 램프회로의 플러그를 뽑
은 상태로, 그림 30-7의 회로를 연결한다. 만약, 저전압
램프 시험 세트를 사용하는 경우에는 플러그와 120V
전원을 저전압원으로 대체하며, 이 경우 퓨즈는 사용하
지 않아도 된다. 회로의 모든 부품들이 그림 30-7과 같
아야 한다. 그림에 표시된 것과 같이 NO 릴레이의 단
자 A, B(사용 중인 릴레이에 이 표시가 없을 수도 있
음) 양단에 램프회로를 연결한다.

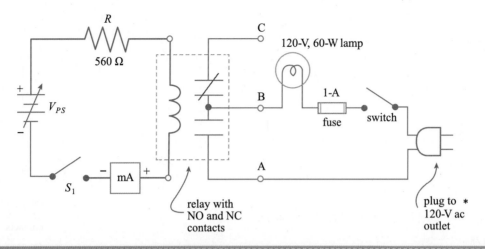

7. **주의** : 특히, 이 부분에서는 인체에 위험한 전압을 취급
하므로 세심한 주의가 요구된다. 또한, 두 손으로 동시
에 회로의 어느 부분이든 만지지 않아야 한다.

플러그를 120V 소켓에 꽂거나 저전압 램프회로의 전원
을 켠다. 램프의 상태 (on/off)를 표 30-2의 해당 빈칸
에 표시하여 기록한다.

8. S_1을 닫고 램프의 상태를 관찰하여 표 30-2에 기록
한다.

9. 램프회로의 스위치를 개방하고, 120V 플러그를 뽑거나
또는 저전압 램프회로의 전원을 끈다. 그림 30-7에서
BC로 표시된 NC 릴레이 단자에 램프 회로를 다시 연
결한다. 사용중인 릴레이에는 이와 같은 표시가 없을
수도 있음)

10. 플러그를 꽂거나 또는 저전압 램프 전원을 켠다. 램프
회로의 스위치를 닫은 후, 램프의 상태를 표 30-2에
기록한다.

11. 릴레이 회로 스위치 S_1을 개방한다. 표 30-2에 램프의
상태를 기록한다. 램프회로의 스위치를 개방하고 120
V 플러그를 뽑거나 저전압 램프 전원을 끈다. 릴레이
전원을 끈다.

07 예비 점검의 해답

(1) 직류
(2) 회전자
(3) 릴레이 코일; on
(4) (a) 저항, 전압 (b) 전류 (c) 접점
(5) 3, 4
(6) 틀림

성 명 _____   일 시 _____

표 30-1 릴레이 특성

Function	Terminal Connection	Relay Characteristics	
Relay coil		Relay coil resistance, Ω	
Normally open contacts		Pickup current, mA	
Normally closed contacts		Dropout current, mA	

Nameplate data:

표 30-2 SPDT 릴레이의 동작

Step	S_1	Circuit Connection to Relay	Status	
			On	Off
7	Open	Across A-B		
8	Closed	Across A-B		
9	Closed	Across B-C		
10	Open	Across B-C		

실험 고찰

1. 릴레이의 pickup 값이 무엇인지 설명하시오.

_____

_____

_____

_____

_____

_____

_____

_____

_____

_____

_____

2. 이 실험에서 사용된 릴레이의 pickup 값을 변경시키는 것이 가능한가? 가능하다면, 어떻게 할 수 있는지 설명하시오. 가능하지 않다면, 그 이유를 설명하시오.

_____

_____

_____

_____

_____

_____

_____

3. 릴레이 접점이 여기되지 않는 상태로 되돌아갈 때 릴레이가 리셋 또는 tripped 됐다고 한다. 릴레이의 리셋 전류에 대한 다른 표현은 무엇인가? 이 값을 실험적으로 어떻게 얻을 수 있는지 설명하시오.

_____

_____

_____

_____

_____

_____

_____

4. 이 실험에서 사용한 릴레이를 10A 난방기 회로의 제어를 위해 사용할 수 있는가? 만약 릴레이가 5V 전원에 연결되었다면, 릴레이가 정상 동작할 지 설명하시오.

_____

_____

_____

_____

_____

선택사항

상점, 실험실, 가정에서 사용하는 장비나 기구 중 릴레이 동작에 의존하는 것들을 열거하시오. 또한, 릴레이 이외에 자성을 이용하여 동작하는 장치들을 열거하시오. 이들 장치를 더 잘 찾기 위해 인터넷 검색 엔진을 사용할 수도 있을 것이다.

EXPERIMENT
31

오실로스코우프 동작

01 실험목적

(1) 오실로스코우프의 동작 조정단자들을 익힌다.
(2) 교류전압 파형을 관측할 수 있도록 오실로스코우프를
설치하고, 조정기들을 적절하게 맞춘다.

02 이론적 배경

음극선 오실로스코우프(Cathode-ray Oscilloscope; CRO) 또는 스코우프는 전자분야에서 가장 다양하게 사용되는 장비 중의 하나이다. 오실로스코우프는 전자제품의 소비자 보호센터, 디지털시스템수선, 제어시스템설계, 물리학연구실등에서 다양하게 사용되고 있다. 오실로스코우프는 신호의 시간과 전압레벨의 측정, 발진기의 주파수 결정, 신호파형의 관찰, 출력신호의 왜곡현상 등을 관찰하기 위하여 사용되고 있다. 전자공학 기술자들은 이 기기의 동작에 익숙해야만 하며 사용용도와 방법을 이해해야만 한다.

오실로스코우프는 디지털형과 아날로그형이 있으며 아날로그 오실로스코우프는 측정할 전압이 스크린을 따라 이동하고 있는 전자빔에 직접 적용된다. 이 전압이 빔을 위아래로 굴절시켜 스크린에 파형을 표시한다. 디지털 오실로스코우프의 경우는 입력파형을 샘플링하고 A/D변환기를 통하여 측정전압을 디지털신호로 변환한다. 이때 디지털신호에 대한 정보는 스크린에 표시될 파형을 재구성

하기 위하여 사용된다. 그림 31-1에 아날로그형과 디지털형 오실로스코우프를 도시하였다.

아날로그형과 디지털형 오실로스코우프는 동일 목적을 위하여 사용될 수 있으며 각 오실로스코우프는 형태에 따라 독특한 특성과 능력을 지니고 있다. 아날로그형 오실로스코우프는 실시간으로 고주파 신호의 변화를 표시할 수 있다. 반면에 디지털형 오실로스코우프는 파형에 대한 정보를 유지하고 저장함으로써 다음 실험에 사용할 수 있는 데이터를 보유할 수 있다. 지금부터는 아날로그형 오실로스코우프를 이용하여 실험할 것이다.

1. 오실로스코우프의 기능

오실로스코우프는 교류전압 파형의 시간에 대한 순시적인 크기를 음극선관 Cathode-ray tube; CRT)의 스크린에 표시하는 장치이다. 기본적으로 오실로스코우프는 그래프 표기장치로써 시간에 대한 신호의 변화를 표시할 수 있는 능력이 있다. 그림 31-2에 도시한 바와 같이 수직축(Y)은

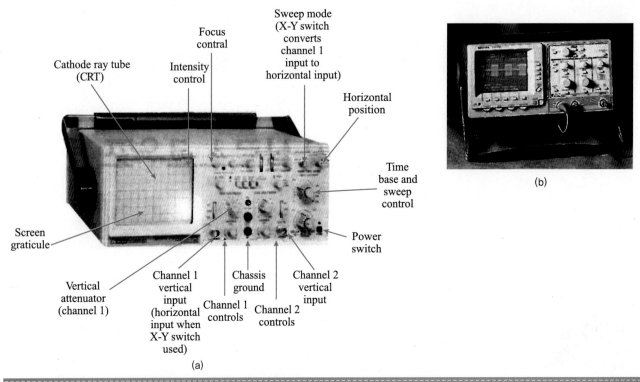

그림 31-1 (a) 아날로그형 오실로스코우프 (b) 디지털형 오실로스코우프

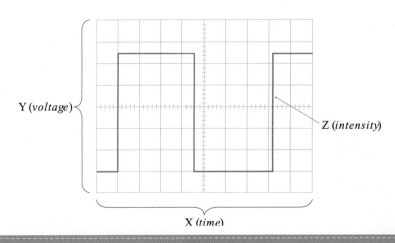

그림 31-2 파형의 X, Y, Z성분들

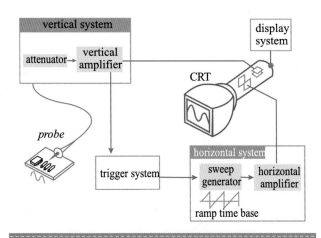

그림 31-3 오실로스코우프의 기본적인 개략도

록은 표시시스템, 수직시스템, 수평시스템 그리고 트리거 시스템으로 구성된다. 전기신호 파형들은 오실로스코우프 의 수직입력에 인가되고, 오실로스코우프 회로내의 수직증 폭기에 의해서 증폭된다. 오실로스코우프는 넓은 범위의 신호전압 크기들을 취급해야 하므로, 수직 감쇄기-가변전 압 분할기-에 의해 관측에 적합한 크기로 설정된다. 수직 편향판에 가해지는 신호전압에 의해 CRT의 전자빔이 수직 으로 편향된다. 수직편향의 정도는 수직입력에 (또는 V 입 력) 가해지는 신호전압의 크기에 직접적으로 비례하므로, 화면상의 빔의 이동경로(이것을 휘선(trace)이라고 부른다) 는 중요하다.

수직증폭기로부터 입력신호의 일부는 수평편향을 위하 여 트리거시스템으로 이동한다. 트리거시스템은 스위프발 생기의 동작시점을 결정한다. 적당한 LEVEL과 SLOPE의 조정에 의하여 스위프는 트리거와 동일한 시간간격으로 시작된다. 이때 그림 31-4와 같은 안정된 파형을 표기할 수 있을 것이다. 스위프발생기는 시간에 선형적인 편향전 압을 발생시킨다. 결과적으로 신호는 수평증폭기에 의하여 증폭될 것이며 CRT의 수평편향단자에 적용될 것이다. 그 러므로 시변환 신호를 오실로스코우프가 표시할 수 있는 것이다. 스위프발생기는 수직증폭기보다는 소스에 의하여 트리거된다. 외부트리거 입력신호 또는 내부 60Hz(line) 소스가 선택될 수 있다.

표시장치는 최적의 신호를 표시할 수 있도록 여러 조정

전압, 수평축(X)은 시간을 표시하며 Z축 또는 강도는 특수 측정을 위하여 사용되고 있다. CRT 내부에는 전자총 기구 와 수직 및 수평 편향판, 형광 스크린 등이 있다.

전자총은 저관성(low-inertia) 전자빔을 방출하며, 이 전 자빔이 CRT 내부의 화학적 코팅표면을 때려서 빛이 방출 된다. CRT 스크린에서 방출되는 빛의 세기는 전자총 기구 의 전압에 의해 결정된다. 이 빛의 밝기는 오실로스코우프 패널에 위치한 조정단자에 의해서 변화될 수 있다.

CRT 화면에서 빔의 움직임은 CRT 밖의 오실로스코우프 회로에서 발생되는 편향전압과 이 편향전압이 가해지는 CRT 내의 편향판에 의해서 조정된다.

그림 31-3은 아날로그형 오실로스코우프의 개략도이다. 개략도는 CRT와 네 개의 블록으로 이루어져 있으며 이 블

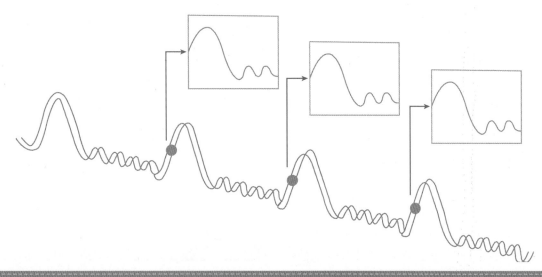

그림 31-4 트리거는 스위프와 동일한 간격으로 시작되므로 안정한 파형을 표시할 수 있다. SLOPE과 LEVE 조정스위치에 의하여 보다 안정된 파형을 표시할 수 있다.

단자를 가지고 있다. 일반적으로 사용되는 조정단자는 강도, 초점, 기울기 등, 파형을 최적으로 표시할 수 있도록 조정하는 스위치이다.

2. Dual-Trace 오실로스코우프

두개의 휘선을 갖는 동기식 오실로스코우프들이 일반적으로 사용된다. 별도의 수직증폭기 두 개에 의하여 두 개의 다른 특성을 지닌 휘선을 전자 스위치에 의해 스코우프 화면상에서 나타낸다. Dual-Trace 오실로스코우프는 회로 내의 다른 두점에서 시간적으로 관련이 있는 두개의 파형을 동시에 관찰하는 것을 가능하게 한다.

3. 트리거 오실로스코우프의 조정단자

오실로스코우프 전면에 있는 조정단자들의 형태, 위치, 기능 등은 생산회사와 제품의 모델에 따라 다르다. 다음의 설명들은 일반적으로 많이 사용되는 범용 오실로스코우프에 관한 것이다.

Intensity(휘도) 이 조정단자는 CRT 상에 표시되는 휘선의 밝기를 설정한다. 이 단자를 시계방향으로 돌리면 밝기가 증가한다. 휘선이 너무 밝으면 CRT 내부의 형광성 코팅을 손상시킬 수 있다.

Focus(초점) 이 조정단자는 화면상에 선명한 휘선을 나타내기 위해 휘도조정 단자와 함께 조정된다. 이 두 조정단자는 상호작용을 일으키므로, 한 단자의 조정은 다른 단자의 조정을 필요로 한다.

Astigmatism(非點收差) 일부 오실로스코우프에서 사용되며, 가장 선명한 휘선을 얻기 위해 초점조정과 함께 사용되는 초점조정 단자이다. 이 비점수차 조정은 수동조정 대신에 나사조정으로 이루어진다.

Horizontal/Vertical Positioning, Centering(수평/수직 위치조정, 중심조정)
이것은 휘선의 위치조정 단자이며, 휘선을 화면상에서 수직 또는 수평으로 이동시키거나 화면의 중앙에 오도록 조정할 때 사용한다. CRT 화면의 앞에 계수선(graticule)이라고 부르는 수직선과 수평선들이 표시되어 있다. 눈금은 면판 중앙의 수직선과 수평선에 표시되어 있다. 눈금관계를 그림 31-5에 도시하였다.

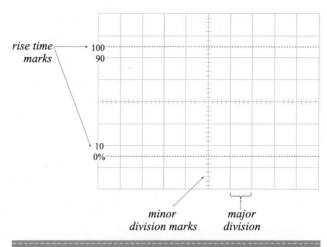

그림 31-5 오실로스코우프의 계수선

Volts/Div 이 조정은 화면상에 표시되는 수직입력 신호파형을 감쇄시킨다. 이것은 수직감도의 단계적 조정을 제공하는 制輪子(click-stop) 스위치이다. dual-trace 오실로스코우프에는 두개의 채널 각각에 대해 별도의 Volts/Div. 조정이 있다. 이 조정을 Volts/Cm 라고 표시하기도 한다.

Variable(가변조정) 이 조정단자는 Volts/Div. 조정단자의 중앙에 위치하거나, 또는 별도로 분리된 단자로 되어 있다. 어느 형태이든 기능은 비슷하다. 가변조정 단자는 화면상의 파형의 수직높이를 미세조정 하기 위해 Volts/Div. 조정과 함께 사용된다. 가변조정 단자는 시계방향 또는 반 시계방향의 끝에 CAL(교정위치; calibrated position)를 갖는다. 이 CAL의 위치에서 Volts/Div. 조정단자는 설정값을 - 예를 들면, 5 mV/div., 10 mV/div., 2 V/div. - 갖는다. 이것에 의해 오실로스코우프가 수직입력 신호의 첨두-첨두 전압 측정에 사용되도록 한다. Dual-Trace 오실로스코우프는 각각의 채널에 대해 독립적인 가변조정 단자를 갖는다.

Input Coupling AC-GND-DC 이 3점 스위치는 수직시스템에 입력신호를 커플링하는 방법을 결정한다.

- *AC*: 입력신호가 수직증폭기에 용량성으로 커플링된다. 그러므로 직류성분이 차단될 것이다.
- *GND*: 수직증폭기의 입력이 접지상태로써 기준선을 제공한다. 입력신호는 접지상태가 아니다.
- *DC*: 이 입력단자는 수직시스템의 입력에 직접 모든 신호를 적용한다.

Vertical MODE Switches 이 스위치는 수직증폭기의 동작형태를 정의한다.

- *CH1*: 채널1에 입력된 신호를 출력한다.
- *CH2*: 채널2에 입력된 신호를 출력한다.
- *Both*: 채널1과 채널2에 입력된 신호를 동시에 출력한다. 이때 ALT, CHOP, ADD 스위치가 동작할 수 있다.
- *ALT*: 교대로 채널1과 채널2의 신호를 출력한다. 하나의 입력은 다른 입력이 들어오기 전까지 표시되며 스위프속도는 눈금당 0.2ms보다 빨라야 한다.
- *CHOP*: 스위프하는 동안 표시화면은 채널1과 채널2를 번갈아 표시한다. 스위칭속도는 대개 500kHz 정도로써 두 신호를 눈금당 0.5ms 정도로 느리게 표시할 때 사용한다.
- *ADD*: 채널1과 채널2의 신호를 산술적으로 합하여 표시할 때 사용한다.
- *INVERT*: ADD모드에서 변화량측정을 위하여 사용한다.

Time/Div. 이것은 수평 스위프 또는 시간축 발생기의 타이밍에 영향을 주는 두개의 동심형 조정단자이다. 동심구조중 외부의 조정단자는 스위프 속도를 단계적으로 선택할 수 있는 制輪子 (click-stop) 스위치이다. 동심구조의 내부에 있는 조정단자는 스위프 속도를 연속적으로 미세조정할 수 있다. 대개, CAL이라 표시되어 있는 시계방향의 끝 위치에서, 스위프 속도가 교정된다. 외부 조정단자의 각 단계는 눈금구간 하나의 시간단위와 같게 된다. 따라서, 휘선이 화면 계수선의 구간 사이를 수평으로 움직이는 시간을 알 수 있다. Dual-Trace 오실로스코우프는 하나의 Time/div. 조정단자를 갖는다. Time/Cm 라고 표시되기도 한다.

Vert. Pos. 이 조정은 휘선의 수직위치를 조정하기 위해서 사용된다. Dual-Trace 오실로스코우프는 일반적으로 각 채널에 별도의 Vert. Pos. 조정단자를 갖는다.

X-Y 스위치 이 스위치가 선택되면 Dual-Trace 오실로스코우프의 한 채널은 수평(또는 X입력) 이 되고, 다른 채널은 수직(또는 Y 입력)이 된다. 이 상태에서 동기 신호원은 영향을 잃는다. 어떤 종류의 오실로스코우프는 Time/Div.스위치를 반시계방향으로 완전히 돌려 놓을 때 이 스위치가 동작한다.

Triggering Controls(트리거 조정단자) 일반적인 Dual-Trace 오실로스코우프에는 동기 신호원의 선택 및 결합방법, 스위프 신호가 동기되는 레벨, 동기 발생시의 기울기 선택 등과 관련된 여러 가지 조정단자들이 있다.

1. Level Control: 이 조정단자는 스위프가 동기되는 동기점을 결정하는 회전식 조정단자이다. 동기신호가 없으면 화면상에는 휘선이 나타나지 않을 것이다. Auto 조정단자는 레벨조정 단자와 관련되어 있으며, 회전식 레벨조정 단자이거나 별도의 푸쉬버튼일 수도 있다. Auto 위치에서는 자동적으로 동기신호가 발생된다. 이 경우에 스위프는 계속 발생되어 동기신호가 없더라도 휘선이 화면상에 나타난다. 동기신호가 있으면 정상 동기과정이 일어난다.

2. Coupling: 이 조정단자는 동기가 신호와 결합되는 방법을 선택하는데 사용된다. 결합의 형태와 이름은 제조회사나 계기의 모델에 따라서 다르다. 예를 들면, 대개의 직류결합은 직류를 차단하는 용량성 결합의 사용을 의미한다. 전원결합(line coupling)은 50~60Hz의 전원전압이 동기로 사용되는 것을 나타낸다.

3. Source: 동기신호는 외부동기와 내부동기로 구분된다. 이미 알고 있는 바와 같이, 전원전압이 동기신호로 사용될 수 있다.

4. Slope: 이 조정단자는 스위프의 동기가 동기신호의 상승부('+' 위치) 에서 발생되는 지, 아니면 하강부('−' 위치)에서 발생되는 지를 결정한다. 스위치에는 대개 '+'와 '−'로 표시된다.

Probe 오실로스코우프의 입력신호는 여러가지 형태의 커넥터와 차폐된 동축 케이블을 통하여 수직입력 단자에 입력된다. 관찰고자 하는 회로에 오실로스코우프를 연결하기 위해 절연된 프로브가 사용된다. 프로브 자체에는 오실로스코우프 화면에 표시되는 파형에 영향을 주는 회로가 포함되기도 한다. 프로브는 신호를 감쇄없이 오실로스코우프에 입력시킬 수도 있으며, 일정 비율로 신호를 감쇄시켜 오실로스코우프에 입력시킬 수 도 있다. 프로브는 측정되는 파형에 왜곡을 유발시킬 수 있으며, 이를 교정할 수 있는 조정나사가 프로브에 붙어있다. 프로브교정이라고 하는 이 조정은 10×프로브에서만 행해진다.

03 요약

(1) 오실로스코우프는 저주파 및 고주파 교류전압, 파형, 시간, 그리고 직류 등을 측정하기 위해 사용된다.

(2) 오실로스코우프는 아날로그형과 디지털형이 있다.

(3) 오실로스코우프는 시간에 대한 교류파형의 크기를 표시한다.

(4) CRT는 오실로스코우프의 화면이다.

(5) CRT 내의 전자총은 전자빔을 발생시켜 화면 내부의 형광성 코팅을 때려 빛을 발생시킨다.

(6) CRT의 수직 편향판에 가해지는 신호전압에 의해 전자 빔이 위, 아래로 편향된다.

(7) 수평 편향판에는 시간축을 발생하는 선형 스위프 전압이 인가된다.

(8) 휘도조정 단자는 화면상에 표시되는 휘선의 밝기를 조정하기 위해 사용된다.

(9) 초점조정 단자는 화면상에 선명한 휘선을 나타내기 위해 사용된다. 초점조정을 위해 비점수차 조정단자가 있는 경우도 있다.

(10) 수직과 수평중심 조정 또는 위치조정 단자들은 CRT 화면상에서 휘선의 위치를 조정하기 위해 사용된다.

(11) CRT 표면에 그려진 수평, 수직선들을 계수선이라고 하며, 선형 교정표시들이 계수선위에 그려져 있다.

(12) Volts/Div. 조정단자에는 수직축을 따라서 신호파형의 진폭을 측정할 수 있도록 교정되어 있다.

(13) Time/Div. 조정단자에는 수평축을 따라 신호파형의 주기를 측정할 수 있도록 교정되어 있다.

(14) 동기조정 단자들은 스위프 발진기를 시동하기 위해 동기펄스가 시작되는 방법을 결정한다.

(15) 동기는 자동적으로 발생될 수 있으며, 이 방법이 많이 사용된다.

(16) 동기 회로는 오실로스코우프 내부회로의 신호에 의해서 가동될 수 있다.

(17) 동기 회로는 외부 신호전압에 의해서 가동될 수도 있다.

(18) 트리거 회로는 오실로스코우프 내부회로의 전원에 의해 가동될 수 있다.

04 예비점검

아래의 질문에 답하여 여러분의 이해도를 점검하시오.

(1) 오실로스코우프는 교류파형의 관측을 위해 사용된다. _____ (맞음/틀림)

(2) 정확한 시간측정은 동기식 오실로스코우프에서 가능하다. _____ (맞음/틀림)

(3) CRT 화면상에 표시되는 파형들은 _____ 대 _____ 를 보여준다.

(4) CRT의 _____ 편향판은 신호에 대한 것이고 _____ 편향판은 시간축 전압에 대한 것이다.

(5) 오실로스코우프의 조정단자들 중, 신호의 크기에 영향을 주는 것은 _____ 이다.

(6) 화선의 선명함을 조정하는 것은 _____ 과 _____ 이다.

(7) CRT 표면의 면판을 _____ 라고 한다.

(8) 동기식 오실로스코우프에서 일반적으로 사용되는 동기 모드는 _____이다.

(9) 파형의 상-하 움직임에 영향을 주는 조정단자는 _____ 이다.

(10) 오실로스코우프 화면상에 나타나는 파형의 크기는 파형의 _____에 직접적으로 비례한다.

05 실험 준비물

전원공급기
- 오실로스코우프용 전원
- 0-15V DC 전원공급기

측정계기
- 트리거 스위프, 교정된 시간축, 교정된 수직 증폭기, 내부전압 교정기, 프로브 등을 갖는 오실로스코우프(single-trace 또는 dual-trace)
- DMM

기타
- 오실로스코우프 사용설명서
- 오실로스코우프용 리이드 및 잭

주의 실험을 시작하기 전에 오실로스코우프의 사용설명서를 자세히 읽는다. 실험진행 중에도 사용설명서를 참고해야 한다.

06 실험과정

1. 오실로스코우프의 전원을 끈다. 오실로스코우프의 전면

표시부분을 주의 깊게 관찰하고 각 조정단자의 기능과 형태를 익힌다. 오실로스코우프의 뒷면에 있는 부가적인 단자들, 스위치, 조정기 등도 관찰한다.

2. 표 31-1에 오실로스코우프에 관한 사항들을 기록한다. 사용설명서를 참고하거나 관찰을 통해서 알 수 있을 것이다.

3. 오실로스코우프의 전원을 켠다. 시간축 스위치를 EXT 또는 X-Y에 맞춘다. Dual-Trace 오실로스코우프를 사용하고 있다면 채널 1(또는 A)에 대한 조정단자를 조정한다. 시동시간이 경과한 후, 화면상에 밝은 휘선이 나타날 것이다. 만약, 아무것도 나타나지 않으면 휘도조정 단자를 시계방향으로 조정한다.

주의 휘도조정을 너무 강하게 하거나, 강한 상태로 너무 오래 방치하지 말아야 한다. 화면의 형광성 코팅이 손상을 입을 수 있다.

여전히 휘선이 나타나지 않으면 휘선이 화면에서 벗어난 것이다. 수직, 수평위치 조정단자를 사용해서 휘선이 화면상에 나타나도록 조정한다.

4. 화면의 중앙에 선명한 휘선이 나타나도록 필요한 조정단자들을 조정한다. 이때 필요한 조정단자들은 수직 위치조정, 수평 위치조정, 초점조정, 비점수차 조정(앞면의 패널상에 존재하는 것만 사용한다.), 휘도조정 등이 포함된다. 주목해야할 것은 초점과 휘도조정(그리고, 사용가능한 경우에 비점수차 조정도) 은 서로 상호작용하므로, 선명하고 예리한 휘선을 얻기 위해서는 두개(또는 세개)의 조정이 필요하다.

5. 시간축 스위치를 자동에 맞춘다.(이것은 단순히 X-Y 스위치를 분리시키는 것이다.) Time/Div. 조정단자를 1ms/div에 맞추고, 동기레벨 조정을 Auto와 '-' 위상에 맞춘다. 휘선이 화면상에 나타나야 한다. 휘도조정 단자를 조정하여 휘선을 관측가능하도록 하되, 휘선의 밝기가 너무 강하지 않도록 한다. 수평위치 조정을 사용하여 휘선의 왼쪽끝을 계수선의 제일 왼쪽 눈금에 맞춘다. 휘선의 회전조정이 필요하다면 적당히 조절한다.

6. 채널1의 파형을 GND위치에 놓고 기준선을 잡는다. 그리고 AC로 스위치를 이동한다.

7. 오실로스코우프의 수직입력을 오실로스코우프의 보정용 구형파 출력전압에 연결한다. 오실로스코우프마다

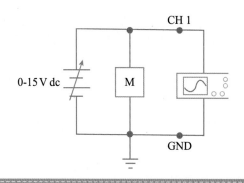

다르지만 대개 500mV의 진폭을 갖는다.

8. 화면상에 나타나는 전압교정기 파형의 첨두-첨두치(진폭)가 약 세칸에서 다섯칸의 눈금을 갖도록 Volts/Div. 조정단자를 조정한다.

9. Volts/Div. 조정단자를 CAL 위치에 두지 말고 조정하여 파형의 변화를 관찰한다. 다시 CAL위치에 놓는다.

10. Time/Div. 조정단자를 한단계 정도 증가시킨다.(예를 들어 1ms/div 였다면, 0.5ms/div에 맞춘다.) 이 변화가 파형에 미치는 영향을 관측한다.

11. Time/Div. 조정단자를 CAL 위치에 두지 말고 조정하여 파형의 변화를 관찰한다. 다시 CAL위치에 놓는다.

12. 수직입력스위치를 DC로 놓는다. 이때 파형의 변화를 관찰한다.

13. 다른 학생이 조정단자를 임의로 조정하게 한 후 과정 3에서 6까지를 반복한다.

14. 오실로스코우프를 다음과 같이 조정한다.

Volts/Div.	1V/div.
Time/Div.	1ms/div.
Triggering	Auto
Slope	+
Vert. Coupling	DC

15. 오실로스코우프의 중심에 0V 기준선을 잡는다.

16. 그림 31-6과 같이 결선한다.

17. DMM으로 관찰하면서 출력전압을 1V로 조정하고 파형의 변화를 관찰한다. 편향의 변화를 주시하면서 출력을 2, 3V로 조정한다.

18. 오실로스코우프 및 전원공급기의 전원을 끈다.

(1) 맞음

(2) 맞음

(3) 진폭; 시간

(4) 수직; 수평

(5) Volts/Div.(또는 Volts/Cm)

(6) 초점; 비점수차

(7) 계수선

(8) 자동

(9) 수직위치 또는 중앙

(10) 진폭(전압)

표 31-1 오실로스코우프의 특징, 기능 및 조정단자

Instrument No. _____ Manufacturer _____ Model _____

Features (Check all that apply)

Single trace _____	Calibrated time base __
Dual trace _____	Calibrated vertical control _____
Triggered sweep _____	Two-channel + / − capability _
Auto sweep _____	10 × probe __
XY operation _____	Direct probe _
Sweep magnification _____	Other probe (describe) _
Internal voltage calibrator _____	_____

Lists of Controls and Their Functions

Cuntrol	*Function*
_____	_____
_____	_____
_____	_____
_____	_____
_____	_____
_____	_____
_____	_____
_____	_____
_____	_____
_____	_____
_____	_____

실험 고찰

1. 강도조정이 너무 강하면 오실로스코우프에 어떠한 변화가 발생하는가?

_____

_____

_____

_____

2. CAL위치에 있지 않을 때 Volts/Div. 및 Time/div.의 변화효과를 설명하시오.

_____

_____

_____

_____

3. 보정용 구형파 출력신호를 관찰하여 수직입력 스위치가 파형에 미치는 효과를 설명하시오.

_____

_____

_____

_____

4. 화면에 표시되는 파형의 주기의 개수와 Time/Div. 조정 사이의 관계에 대해 설명하시오.

_____

_____

_____

_____

5. 표 31-1의 데이타를 참조하시오. 다음의 각각은 어떤 조정단자에 의해 어떻게 조정되는지 설명하시오.

   (a) 화면에 표시되는 파형의 높이

   (b) 파형의 밝기

   (c) 파형의 예리함

   (d) 화면상의 파형의 위치

   (e) 스위프 발생기에 관한 조정

_____

_____

_____

_____

_____

_____

_____

_____

_____

_____

_____

EXPERIMENT 32

신호발생기의 동작원리

01 실험목적

(1) AF 신호발생기의 동작특성을 조사한다.
(2) 함수발생기의 동작특성을 조사한다.
(3) 오실로스코우프를 이용하여 신호발생기의 출력을 관찰한다.

02 이론적 배경

신호발생기는 정해진 주파수에서 다양한 형태의 파형을 갖는 전압을 공급하는 기기이다. 신호발생기는 모든 주파수범위를 수용할 수는 없으나 1Hz에서 수천 MHz대의 주파수를 발생할 수 있다. 발생되는 파형은 정현파, 삼각파, 구형파 등이다. 전원공급기와는 달리 실험용으로 사용하기 때문에 출력전압은 낮다. 함수발생기라고 불리우는 특별한 형태의 신호발생기는 상대적으로 낮은 출력전압의 정현파, 삼각파, 구형파 등의 파형을 광범위한 주파수대에서 발생시킬 수 있다.

신호발생기는 설계된 주파수범위에 의하여 구별된다. AF(Audio Frequency) 신호발생기는 수 Hz에서 20kHz까지의 가청주파수 범위를 수용하며 수 V에서 20V 이상의 출력전압을 갖는 단순한 정현파를 발생한다. 신호발생기는 주로 실험용으로 사용되므로 출력의 정확도와 안정성이 매우 중요하다. 이 장에서 취급할 두 개의 신호발생기는 AF 신호발생기와 함수발생기이다.

및 변조레벨 제어용 스위치가 부착된 것도 있다.

1. AF 신호발생기

AF 신호발생기는 약 20kHz까지의 가청주파수영역에서 동작하도록 설계되었지만 대부분 상용화된 신호발생기는 수백 kHz의 동작주파수영역을 갖는다. 신호발생기는 주로 라디오 수신단의 장애추적을 위한 시험용 신호를 발생하기 위하여 사용되므로 동작주파수는 FM과 AM 방송주파수 범위를 포함하여야 한다. 이와 같은 신호발생기는 변조 신호를 발생할 수 있도록 설계하며 공기 중의 각종 전자파가 신호발생기의 출력에 미치는 영향을 차단하기 위하여 피막전선을 사용하여 실험용 회로에 신호발생기를 연결시킨다.

이 실험에서는 신호발생기의 출력전압, 파형 및 주파수에 관하여 중점적으로 실험할 것이며 출력은 오실로스코우프를 사용하여 관찰할 것이다.

신호발생기의 기능은 제조회사마다 차이가 있으나 다음과 같은 사항에서 대체적으로 공통점을 갖는다.

(1) 전원스위치: 신호발생기는 일반적으로 교류전압(220V, 60Hz)에 의하여 동작되며 스위치를 이용하여 전압을 인가한다. 휴대용에서는 전지를 이용하는 경우도 있다.

(2) 출력조정: 신호발생기의 출력전압을 조정하기 위하여 사용되며 출력단자는 피막전선을 사용하도록 제작한다. 대부분의 출력단자에는 파형측정용 게이지를 부착하지 않으므로 정확한 출력을 측정하기 위하여 전압계 및 오실로스코우프를 이용한다.

(3) 범위조정: 대부분 신호발생기의 출력주파수범위는 최대 주파수까지 수 개의 범위로 나뉘어져 있다. 예를 들어서 10Hz에서 1MHz까지의 동작주파수를 갖는 신호발생기의 경우 다음과 같이 다섯개의 영역으로 구분한다; 10Hz-100Hz, 100Hz-1kHz, 1kHz-10kHz, 10kHz-100kHz, 100kHz-1MHz. 범위제어는 다이얼식이나 버튼식이 대부분이다.

(4) 주파수조정: 이는 범위제어에 의하여 선택된 영역의 주파수대에서 정밀조정을 할 수 있는 가변 로타리다이얼식 스위치에 의하여 행해진다.

AF 신호발생기 중에는 변조선택 스위치(AM, FM, PM)

2. 함수발생기

함수발생기는 실험용 또는 장애추적용 신호를 발생하기 위하여 사용한다. 실험용 회로의 일부 또는 전체의 동작을 추적하기 위하여 신호가 발생되며 발생신호는 다른 신호를 트리거하여 오실로스코우프상에서 신호를 관찰·조사할 수 있다. 함수발생기의 제어는 AF 신호발생기의 제어와 유사하다.

(1) 전원스위치: 함수발생기는 일반적으로 220V, 60Hz의 교류전압에 의하여 동작되며 스위치를 이용하여 전원을 공급한다. 휴대용에서는 전지를 사용하는 경우도 있다.

(2) 파형조정: 함수발생기는 여러가지 파형을 발생할 수 있으며 일반적으로 정현파, 삼각파, 구형파를 발생시킨다.

(3) 파형출력조정: 이는 파형의 출력전압 또는 진폭을 조정한다.

(4) 범위조정: AF 신호발생기의 경우와 마찬가지로 수 개의 영역으로 나뉘어져 있다.

(5) 주파수조정: 이는 선택된 주파수대에서 보다 정확한 주파수를 선택하기 위한 조정이다. 주파수조정에 의하여 정확한 주파수를 효과적으로 선택할 수 있다.

(6) DC 오프셋 조정: 이는 함수발생기에서 공급된 파형에 dc 성분을 가감하기 위하여 사용한다.

(7) dB 감쇠기: 이는 dB 단위로 정상적인 출력을 감쇠시키기 위하여 사용한다. 출력감소는 일반적으로 -20dB에서 -60dB 정도이다.

특수한 함수발생기의 경우, TTL이나 CMOS 디지털회로에 대한 출력신호를 발생할 수 있으며 외부신호가 입력되었을 때 변조된 파형을 출력시킬 수도 있다. 함수발생기의 중요한 특성은 그림 32-1에서 나타낸 바와 같은 내부저항 r_i이다. 일반적으로 내부저항은 50Ω과 600Ω의 값을 가지며 부하저항 R_L이 신호발생기에 병렬로 연결되어있을 때 내부저항과는 직렬로 연결되는 효과를 가진다. 부하저항이 내부저항보다 10배 이상 크지 않다면 내부저항에 의한 전압강하효과는 무시할 수 없게 된다. 그러므로 함수발생

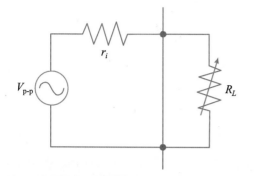

그림 32-1 함수발생기의 내부저항

기 사용시 부하저항값에 유념하여야 한다.

03 요약

(1) 신호발생기는 다양한 주파수대의 매우 정확하고 안정성있는 교류 전압을 출력한다.

(2) AF 신호발생기는 가청주파수영역을 수용한다.(10Hz-20kHz)

(3) 상용 AF 신호발생기는 100kHz까지의 주파수영역을 갖도록 설계한다.

(4) 대부분 신호발생기의 출력파형은 정현파이지만 일부 신호발생기에서는 구형파도 발생시킨다.

(5) 대부분의 신호발생기에는 출력게이지가 부착되어 있지 않기 때문에 오실로스코우프나 전압계를 이용하여 출력을 측정한다.

(6) 다음은 신호발생기의 일반적인 기능이다.
- 전원스위치
- 출력조정
- 범위조정
- 주파수조정

(7) AF 신호발생기는 라디오 수신단의 장애추적용으로 사용되므로 FM 및 AM 주파수를 수용하는 변조기능도 포함된다.

(8) 함수발생기는 각기 다른 모양의 다양한 주파수를 갖는 파형을 발생시킨다.

(9) 일반적으로 함수발생기는 정현파, 삼각파, 구형파를 발생한다.

(10) 함수발생기는 다음과 같은 기능을 갖는다.
- 전원스위치
- 파형조정
- 파형출력조정
- 범위조정
- 주파수조정
- dc 오프셋조정

(11) 신호발생기와 함수발생기는 제작회사마다 설계방식과 기능이 상이하므로 사용설명서에 따른 사용방법을 익혀야 한다.

04 예비점검

다음 질문에 답하시오.

(1) AF 신호발생기는 실험용 또는 _____ 회로의 장애추적용 신호를 발생할 때 사용한다.

(2) 가청주파수범위는 ____Hz에서 ____kHz까지 이다.

(3) 일반적인 AF 신호발생기에서 출력전압을 정하기 위하여 전압계를 사용한다.(예, 아니오)

(4) AF 신호발생기에서 주파수범위를 정하기 위하여 _____ 조정을 이용한다.

(5) 정확한 주파수를 발생시키기 위하여 _____ 스위치를 이용한다.

(6) 함수발생기는 ____ 발생기라고도 한다.

(7) dc _____ 조정은 교류신호에 직류성분을 가감해주는 기능을 한다.

(8) 함수발생기에 의하여 발생되는 가장 일반적인 파형은 ___ 파, ___ 파, ___ 파 등이다.

05 실험 준비물

기기

- AF 신호발생기(정현파 출력)
- 함수발생기(정현파, 삼각파, 구형파 출력)
- 오실로스코우프
- 상기 기기의 사용설명서

■ DMM

■ 십진저항계

06 실험과정

기기에 전원을 공급하기 전에 기기의 사용설명서를 충분히 읽어 숙지한다. 특히 기기 전면에 있는 스위치, 다이얼, 단자, 조정기능에 대하여 주시한다. 실제 기기를 보면서 사용설명서에서 익힌 과정을 연습한다. 강의 담당자는 상기 내용에 대하여 학생의 숙지여부를 확인한다.

A. AF 신호발생기의 동작

A1. 오실로스코우프의 수직입력에 신호발생기의 출력을 연결한다.(다채널 오실로스코우프를 이용한다면 채널 1에 연결한다.) 신호발생기의 출력전압을 중간으로 고정시키고 주파수를 10-100kHz범위로 조정한다. 전원을 인가한다.

A2. 오실로스코우프에 전원을 인가한다. 자동 트리거되도록 오실로스코우프를 조정한다. 100kHz의 정현파로 조정한다. 파형의 진폭이 6 눈금을 차지하도록 파형의 중심을 스크린의 원점에 맞추어 오실로스코우프의 Volts/Div.스위치와 신호발생기의 출력조정스위치를 조정한다. 두 주기의 정현파가 스크린에 나타나도록 오실로스코우프의 Time/Div.스위치를 조정한다.(Volts/Div.스위치와 신호발생기의 출력조정스위치의 조작이 필요할 수도 있다.)

A3. 신호발생기의 출력조정스위치를 서서히 가감하여 파형의 진폭 변화를 관찰한다. 과정 A2의 파형으로 조정한다.

A4. 1000Hz의 파형을 발생시키기 위하여 신호발생기의 범위조정 및 주파수조정 스위치를 조정한다. 오실로스코우프의 Volts/Div. 및 Time/Div.스위치를 조정하여 스크린상에 두주기의 파형이 진폭 6눈금을 차지하도록 한다. 표 31-1에 Time/Div. 눈금과 정현파가 차지하고 있는 눈금의 수를 기록한다.

A5. 주파수를 2000Hz까지 증가시키고 파형의 변화를 관찰한다. Time/Div.스위치를 조정하지 않았을 때 스크린상에 나타난 파형의 주기수와 한 주기의 눈금수를 표 31-1에 기록한다.

A6. 신호발생기의 주파수를 500Hz로 감소시킨다. Time/Div.스위치를 조정하지 않았을 때 스크린상에 나타난 파형의 주기수와 한 주기의 눈금수를 표 31-1에 기록한다. 오실로스코우프와 신호발생기의 전원을 차례로 차단한다.

B. 함수발생기의 동작

B1. 오실로스코우프의 수직입력에 함수발생기의 출력을 연결한다. 신호발생기의 출력전압을 중간으로 고정시키고 1kHz의 정현파로 조정한다. 전원을 인가한다.

B2. 오실로스코우프에 전원을 인가하고 화면상에 한 주기가 나타나도록 Time/Div.스위치를 조정한다. 파형의 진폭이 6 눈금을 차지하도록 Volts/Div.스위치를 조정한다. 스크린상에 나타난 파형을 표 32-2에 기록한다.

B3. 주파수를 2kHz로 조정한다. 이때 Time/Div.스위치를 변화시키지 말아야 한다. 파형을 원점에 맞춘다. 필요하다면 진폭을 조정하여 6 눈금으로 맞춘다. 이때 파형을 표 32-2에 기록한다.

B4. 주파수를 1kHz로 재조정한다.(Time/Div.스위치를 변화시키지 말아야 한다.) 함수발생기를 조정하여 삼각파를 발생시킨다. 이때 파형을 표 32-2에 기록한다.

B5. 주파수를 2kHz로 증가시킨 삼각파에 대하여 과정 3을 반복한다.

B6. 주파수를 1kHz로 재조정한다.(Time/Div.스위치를 변화시키지 말아야 한다.) 함수발생기를 조정하여 구형파를 발생시킨다. 이때 파형을 표 32-2에 기록한다.

B7. 주파수를 2kHz로 증가시킨 구형파에 대하여 과정 3을 반복한다. 오실로스코우프와 함수발생기의 전원을 차례로 차단한다.

B8. DMM을 함수발생기와 병렬로, 오실로스코우프와 직렬로 연결한다. 이때 오실로스코우프의 수직조정스위치를 dc위치에 놓고 Volts/Div 스위치를 5V/div에 놓는다.

B9. 구형파발생스위치를 누른 채로 정현파스위치를 눌러

모든 파형을 제거시킨다.

B10. 함수발생기의 dc스위치를 동작시킨다. DMM과 오실로스코우프로 관찰하면서 최대 (+)(−) 오프셋 dc전압을 측정한다. 표 32-3에 최대 (+)(−) 전압을 기록한다.

B11. dc오프셋전압 조정기를 0(또는 off)로 조정한다. 함수발생기를 조정하여 정현파를 출력시킨다. 이때 오실로스코우프의 Volts/Div. 조정을 1V/div.로 고정하여 진폭이 4칸에 놓이도록 조정한다.

B12. 그림 32-1과 같이 함수발생기와 병렬로 10kΩ의 십진저항계를 연결시킨다. 함수발생기의 출력 진폭이 2칸에 위치하도록 부하저항을 조정한다. 십진저항계를 회로에서 제거하여 저항을 측정한다. 이때 부하저항 RL의 값은 내부저항 r_i와 동일할 것이다. 표 32-3에 이 값을 기록한다.

B13. 함수발생기와 오실로스코우프의 전원을 차단하고 회로를 분리시킨다.

07 예비 점검의 해답

(1) 라디오

(2) 10 ; 20

(3) 아니오

(4) 범위

(5) 주파수조정

(6) 파형

(7) 오프셋

(8) 정현 ; 삼각 ; 구형

표 32-1 AF 신호발생기의 동작

Frequency Setting Signal Generator, Hz	Number of Cycles Displayed on Screen	Time/Div. Setting of Scope, Time Units/Div
1 k	2	
2 k		
500		

표 32-2 함수발생기의 동작

Sine Wave	Sawtooth Wave	Square Wave

1000 Hz

2000 Hz

표 32-3 함수발생기의 특성

dc Offset		Internal Resistance r_i, Ω
+, v	−, v	

1. 실험 결과를 이용하여 AF 신호발생기의 출력주파수와 오실로스코우프의 화면상에 나타난 파형의 주기와의 관계를 설명하시오.

_____

_____

_____

_____

2. 실험과정 A3에서, 과정 A2에서 사용한 신호발생기 출력을 가감하면서 파형을 관찰하였다. 이때 파형의 진폭 및 주기수의 변화에 대하여 설명하시오.

_____

_____

_____

_____

3. 함수발생기의 내부저항 측정방법에 대하여 설명하시오.

_____

_____

_____

_____

4. 실험 B에서 사용된 함수발생기에 다음 기능이 있는지를 조사하고 있다면 그 기능과 형태에 대하여 설명하시오.

   (a) on-off 스위치

   (b) 범위조정용 스위치

   (c) 주파수조정용 스위치

   (d) 출력레벨 스위치

   (e) 파형선택 스위치

_____

_____

_____

_____

_____

_____

_____

EXPERIMENT
33

오실로스코우프를 이용한 전압 및 주파수측정

01 실험목적

(1) 측정을 위하여 오실로스코우프와 프로브를 점검한다.
(2) 오실로스코우프를 이용하여 교류와 직류 전압을 정확히 측정한다.
(3) 오실로스코우프를 이용하여 시간과 주파수를 정확히 측정한다.

02 이론적 배경

1. 안전점검

오실로스코우프는 DMM과 같이 전압을 측정할 수 있으며 측정파형을 관찰할 수도 있다. 30V 이상의 전압측정에 오실로스코우프가 자주 사용되므로 적절한 안전점검이 필요하다.

측정을 시작하거나 회로에 오실로스코우프를 연결하기 전에 반드시 접지 상태를 확인하여야 한다. 이는 과전압에 의하여 오실로스코우프 및 회로에서 발생할 수 있는 손상을 보호할 수 있다. 만약 고전압이 오실로스코우프의 접지되지 않은 케이스에 연결된다면 실험자가 케이스를 만질 때 쇼크를 받을 수 있다. 오실로스코우프를 접지시키기 위하여 어스와 같은 접지에 전기적으로 연결한다. 이는 주로 한 개의 접지단자를 지니고 있는 3구 플러그에 의하여 이

오실로스코우프의 프로브는 보통 1×형과 10×형이 있다. 1×형은 1 : 1프로브로서 측정값과 실제값이 일치하므로 프로브단자의 신호가 직접 오실로스코우프로 전달된다. 1×형은 매우 작은 신호를 측정할 때 주로 사용된다. 10×형은 측정신호를 10 : 1로 감소시켜 측정할 수 있도록 내부회로가 프로브내에 존재하며 회로부하를 감소시키며 1×형보다 고주파에서 사용할 수 있다. 그림 33-2는 일반적인 10×형 프로브의 내부회로이다. 프로브 저항 9MΩ과 오실로스코우프의 저항 1MΩ으로 구성된 전압분배회로는 1/10배로 입력신호를 감소시킨다. 그러므로 입력신호의 1/10이 수직측정눈금에 표시된다. 이와 같은 전압분배회로에 의하여 1×형보다 고전압을 측정할 수 있다. 또한 그림에서 알 수 있듯이 오실로스코우프의 입력저항이 1MΩ에서 10MΩ으로 증가하므로 오실로스코우프에 의한 회로부하를 감소시킬 수 있다. 이는 이전 장에서 논의한 전압계 회로부하와 유사한 경우이다.

루어질 수 있다. 또한 측정의 정확성을 유지하기 위하여 반드시 점검하여야 할 사항이다. 오실로스코우프의 접지는 구성회로와 동일한 접지단자를 사용하여야 한다. 그림 33-1과 같은 휴대용 오실로스코우프의 경우는 케이스와 조정단자가 절연되어 있으므로 별도의 접지단자가 필요하지 않다.

2. 오실로스코우프의 프로브

오실로스코우프의 프로브에는 접지단자가 존재하므로 측정시 별도로 접지를 시킬 필요는 없다. 접지단자는 측정하고자 하는 회로의 금속샤시 등에 연결하여 사용한다. 접지단자가 회로의 주요 부분에 접촉된다면 회로나 오실로스코우프에 손상이 갈 수도 있으므로 주의하여야 한다.

3. 프로브의 교정

그림 33-2에서 오실로스코우프 프로브의 병렬연결 캐패시터와 오실로스코우프의 수직입력 캐패시터는 별도의 전압분배기를 형성한다. 10×형 프로브를 사용하기 전에 프로브의 전기적 특성과 오실로스코우프의 전기적 성질이 평형상태에 있는지 점검하여야 한다. 즉, 10×형 프로브를 오실로스코우프의 구형파 출력에 연결하여 그림 33-3과 같이 완전한 구형파 파형이 출력되도록 프로브를 교정하여야 한다. 프로브 교정이 과부족 상태라면 그림 33-3과 같이 오버슛 현상이나 라운딩 현상이 나타날 수 있다. 그

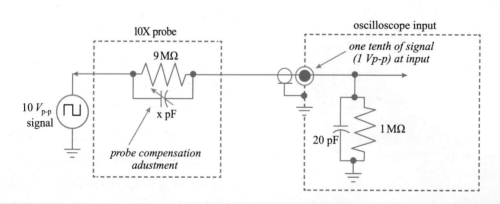

282

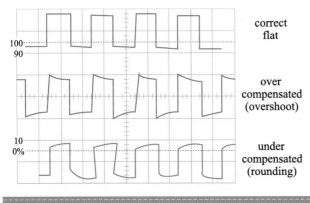

correct
flat

over
compensated
(overshoot)

under
compensated
(rounding)

그림 33-3 프로브 교정

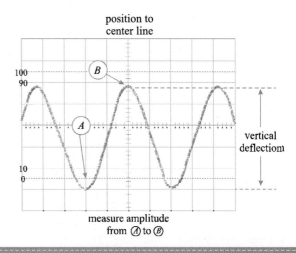

position to
center line

vertical
deflectiom

measure amplitude
from Ⓐ to Ⓑ

그림 33-4 파형의 진폭측정

러므로 10×형 프로브는 오실로스코우프로 측정하기 전에
항상 점검하여야 한다.

4. 전압측정

오실로스코우프는 크기와 시간이라는 값을 측정하기 위
하여 사용된다. 이 두 값을 측정한 후에 다른 값을 유도
할 수 있다. 파형의 진폭을 측정하기 위하여 다음과 같은
과정이 필요하다.

(1) 오실로스코우프의 조정단자를 조절하여 기준선을 얻는다.

(2) 10×형 프로브가 올바르게 사용될 수 있도록 교정한다.

(3) 사용중인 채널을 볼 수 있도록 VERTICAL MODE 스
위치를 조정하고 교류신호를 입력시킨다.

(4) Volts/Div. 스위치를 조정하여 파형이 5에서 6칸 정도
차지할 수 있도록 한다.

(5) 안정된 파형을 얻기 위하여 TRIGGER LEVEL 및
SLOPE 스위치를 조정한다.

(6) 2에서 3주기의 파형을 볼 수 있도록 Time/Div. 스위
치를 조정한다.

(7) 파형의 맨 아래 부분을 수평눈금에 맞추기 위하여
VERTICAL POSITION 스위치를 사용한다.

(8) 파형의 맨 윗부분을 수직눈금에 맞추기 위해 수평으로
파형을 이동시킨다.

(9) 파형의 진폭을 측정한다.

(10) 다음 식을 사용하여 파형의 진폭 V_{p-p}를 계산한다.

V_{p-p} = 눈금수 × Volts/Div.값(10×형과 1×형 프로브
일 때를 확인하여라.)

예를 들어서 눈금이 4.6칸을 차지하며 2V/div로 조정
되어 있었다면

V_{p-p} = 4.6 div × 2V/Div. = $9.2 V_{p-p}$ 이다.

그림 33-4에 상기 내용을 도시하였다.

전압을 측정하기 위하여 동일한 방법을 사용할 수 있
다. AC-GND-DC 스위치를 DC 위치에 놓고 프로브를 측
정하기 원하는 회로의 단자에 접촉시키면 dc 전압값을 측
정할 수 있다. 이때 오실로스코우프의 접지는 회로의 접지
에 연결되어야 한다. 0V에서 (+) 또는 (−)로 파형이 이동
할 것이며 이때 이동한 눈금수에 의하여 dc전압을 측정할
수 있다. ac와 dc항이 동시에 포함되어 있는 파형을 측정
하기 위하여 AC-GND-DC 스위치를 DC에 놓는다. 이때
오실로스코우프의 수직입력에 완전한 신호가 표시될 것이
다. 만약 ac-dc 조합파형의 ac항 또는 변화분만을 측정하
고자 할 때는 dc항을 차단할 수 있도록 AC 위치에 스위치
를 놓아야 한다.

5. 시간과 주파수측정

시간측정이란 파형의 주기, 펄스폭, 증가시간 및 펄스의
형태 등을 측정함을 말한다. 이와 같은 측정은 오실로스코
우프의 수평눈금을 이용한다. 주파수는 주기의 역수이므
로 파형의 주기를 측정하면 주파수를 구할 수 있다. 예를
들어서 측정된 주기가 16.67ms라면 주파수는 1/16.67ms
인 60Hz가 되는 것이다.

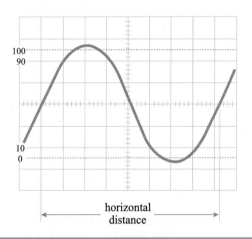

horizontal
distance

그림 33-5 주기측정

다음과 같은 과정에 의하여 시간 또는 주파수를 측정할 수 있다.

(1) 오실로스코우프의 조정단자를 조절하여 기준선을 얻는다.

(2) 10×형 프로브가 올바르게 사용될 수 있도록 교정한다.

(3) 사용중인 채널을 볼 수 있도록 VERTICAL MODE 스위치를 조정하고 교류신호를 입력시킨다.

(4) 안정된 파형을 얻기 위하여 TRIGGER LEVEL 및 SLOPE 스위치를 조정한다.

(5) 1주기 파형을 표시할 수 있도록 Time/Div. 스위치를 조정한다.

(6) 그림 33-5와 같이 기준선에 파형을 위치시킨다.

(7) 1주기의 간격을 측정한다.

(8) 주기를 계산한다.

주기 = 수평눈금수 × Time/Div.값

(9) 파형의 주파수는

주파수 = 1/주기

에서 구할 수 있다.

그 이외의 파형측정에 대해서는 오실로스코우프의 사용설명서를 참고하기 바란다.

03 요약

(1) 오실로스코우프는 전압측정기기이다.

(2) 오실로스코우프는 접지상태에서 사용하여야만 정확히 측정할 수 있으며 과전류에 의한 손상에서 보호할 수 있다.

(3) 오실로스코우프는 측정회로와 동일한 접지상태에서 사용하여야만 한다.

(4) 10×형 프로브는 적당히 조정 또는 교정과정이 요구되는 감쇠회로를 내장하고 있다.

(5) 진폭 및 시간을 정확히 측정하기 위하여 Volts/Div. 스위치와 Time/Div. 스위치는 CAL 위치에 있어야만 한다.

(6) AC-GND-DC 스위치에 의하여 파형의 dc항을 차단시킬 수 있다.

(7) 파형의 주기를 측정하면 주파수를 계산할 수 있다.

주파수 = 1 / 주기

04 예비점검

(1) 안전점검을 위하여 오실로스코우프는 사용 전에 _____상태에 있어야만 한다.

(2) 1×형 프로브는 10×형 프로브보다 고전압을 측정할 때 사용한다. (예, 아니오)

(3) 10×형 프로브의 올바른 사용을 위하여 프로브의 조정과정이 필요하며 이를 프로브 _____라 한다.

(4) 정확한 전압측정을 위하여 Volts/Div. 스위치는 _____ 위치에 있어야만 한다.

(5) 주파수는 _____ 의 역수이다.

(6) AC-GND-DC 스위치가 DC에 있다면 ac와 dc파형이 함께 측정될 수 있다. (예, 아니오)

05 실험 준비물

전원공급기

- 0-15V 범위의 직류전원 공급기

기기

- 오실로스코우프
- 함수발생기
- DMM

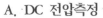

A. DC 전압측정

A1. 오실로스코우프의 조정스위치를 적당한 위치에 놓고 전원을 공급하여 기준선을 찾는다.

A2. 오실로스코우프로 눈금조정된 출력전압을 측정하여 오실로스코우프와 프로브를 교정한다. 만약 10×형 프로브를 사용한다면 프로브 교정과정을 수행한다.

A3. 직류전원 공급기와 DMM을 사용하여 아래 주어진 값으로 전압을 조정한 후 오실로스코우프를 이용하여 dc 전압을 측정한다. 표 33-1에 오실로스코우프의 파형을 그린다. 이때 Volts/Div.값과 측정된 전압값을 기록한다. 또한 각 출력에 해당하는 0V 기준점을 표시한다.

   a. 3V   b. 9V   c. -5V

B. AC 전압측정

B1. 오실로스코우프와 함수발생기를 연결한다. 함수발생기의 출력을 100Hz 정현파로 조정한다. 아래 주어진 값에 대하여 파형의 두 주기가 표시되도록 스위치를 조정한다. 표 33-2에 파형을 그리고 Volts/Div값 및 V_{p-p}값을 기록한다. 또한 각 출력에 해당하는 0V 기준점을 표시한다.

   a. $2V_{p-p}$

   b. $12V_{p-p}$

   c. $2V_{p-p}$ on 4V dc

C. 시간과 주파수측정

C1. 함수발생기를 $5V_{p-p}$의 정현파 출력으로 조정한 후, 아래 주어진 주파수로 함수발생기를 조정하여 각각의 주기를 측정한다. 표 33-3에 파형을 그리고 Time/Div 값, 눈금수, 주기 및 주파수를 기록한다.

   a. 1kHz

   b. 15kHz

   c. 100Hz

D. 증가시간 측정

D1. 함수발생기를 $5V_{p-p}$ 1kHz의 구형파로 조정한다. 구형파의 증가시간을 측정하고 기록한다. 이때 측정방법에 대하여 상세히 서술하시오.

D2. 함수발생기와 오실로스코우프의 전원을 차단하고 결선을 분리시킨다.

07 예비 점검의 해답

(1) 접지

(2) 아니오

(3) 교정

(4) CAL

(5) 주기

(6) 예

표 33-1 DC 전압측정

DC Input Voltage		
3 V	9 V	-5 V
Volts/Div		
Voltage		

표 33-2 AC 전압측정

AC Input Voltage, V_{p-p}		
2 V	12 V	2 V on 4 V DC
Volts/Div		
Voltage		

표 33-3   시간 및 주파수 측정

AC Input		
$5\,V_{p-p}$ 1 kHz	$5\,V_{p-p}$ 15 kHz	$5\,V_{p-p}$ 100 kHz

Time/Div			
# of Div.			
Period			
Frequency			

1. ac전압측정시 Volts/Div.값을 어떻게 조정하는 것이 가장 정확히 측정할 수 있는가?

2. 어떤 환경하에서 10×형 프로브가 1×형 프로브보다 장점을 갖는가?

3. 왜 오실로스코우프를 사용할 때마다 조정스위치 및 프로브를 교정하는 것이 필요한가?

4. ac-dc 조합 파형을 측정할 때 AC-GND-DC 스위치를 DC 위치에 놓는 이유를 설명하라.

교류신호의 최대값, 실효값, 평균값

실험목적

(1) 교류전압 및 전류의 최대값, 실효값, 평균값의 관계를 구한다.
(2) 교류전압의 실효값과 최대값의 관계를 실험을 통하여 확인한다.
(3) 오실로스코우프를 이용하여 전위차를 측정한다.

02 이론적 배경

1. 교류전압 발생

도체가 자기력선을 지날 때 도체에 전압이 유기되어 전기를 발생시킨다. 이 원리를 이용하면 교류전압을 발생시킬 수 있다.

그림 34-1과 같이 N극과 S극 사이의 자장내에서 회전할 수 있도록 설계된 도선을 관찰해 보자. 도선이 회전하면 자기력선을 지나게 되며 이는 도선의 양측에 전압을 유기하며 유기전압의 극성은 자장의 방향과 도체의 회전방향에 의하여 결정된다.

그림 34-1에서 도선은 반시계 방향으로 회전하므로 도선의 좌측은 아래로 우측은 위를 향하고 있다. 그러므로 도선에 유기된 전압의 극성은 좌우측이 반대 극성으로 유기되나 양측 도선이 직렬로 연결되어 있으므로 양측 도선

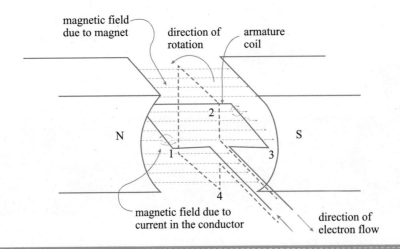

그림 34-1 간단한 발전기

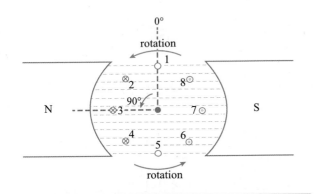

그림 34-2 자기력선내에서 도선의 회전

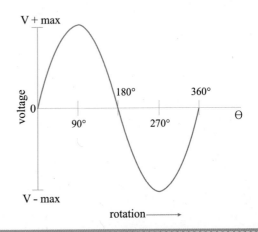

그림 34-3 유기전압의 변화

의 유기전압은 더해진다.

도선에 유기된 전압은 도선이 자기력선을 지나는 비율에 비례한다. 그림 34-2는 각 위치에서 자장내를 회전하는 도선의 단면이며 1과 5, 2와 6, 3과 7, 4와 8은 동일한 도선의 반대측을 나타낸다.

위치 1 (위치 5)에서 순간적으로 도선은 자기력선과 평행으로 움직이므로 도선은 자기력선을 지나지 않는다. 그러므로 유기전압은 발생하지 않는다. 도선이 위치 2 (위치 6)을 지날 때 도선은 자기력선을 임의의 각도로 지나고 있으며 도선에 유기전압이 발생한다. 이 경우 도선 끝에 부하가 있다면 전류가 흐를 것이다. ⊙와 ⊗은 전류의 방향을 나타낸다. 즉, 위치 2에서 전류는 들어가는 방향이며 위치 6에서는 나오는 방향이다. 도선이 위치 3 (위치 7)에서는 기전력선을 수직으로 지난다. 도선의 회전속도가 일정하다면 위치 3에서 단위시간당 도선이 지나는 기전력선의 수는 최대가 되어 가장 큰 유기전압을 발생한다. 위치

3을 지나면 일정한 각도로 기전력선과 만나며 위치 5에서 다시 유도전압이 0V가 된다.

이상의 내용을 참고로 하여 유도전압과 자장내 도선의 위치와의 관계를 그림 34-3에 도시하였다. 도선이 한 바퀴 회전하였을 때를 한 주기라 한다. 한 주기는 360°와 같으며 양의 파형과 음의 파형이 교대로 발생한다.

도선에 유기된 전압은 정현파이며 최대값을 V_M이라 할 때 전압의 시간에 대한 변화는 다음 식 34-1과 같다.

$$V = V_M \sin \theta \qquad (34\text{-}1)$$

이때 θ는 도선의 회전각이다.

위에서 설명한 발전기의 도선은 한 개의 코일로 표현하였으나 실제는 여러 개의 도선을 이용하여 유기전압을 발생시킨다. 도선의 회전은 증기터빈, 가솔린엔진, 풍력 등을 이용하지만 전기회사에서 사용하는 대용량 발전기에서

는 도선을 고정하고 자석을 회전시켜 유도전압을 발생시킨다. 이 경우 도선이 회전하는 경우와 동일한 방법으로 유기전압이 발생하며 전류는 도선을 통하여 흐른다.

2. 교류전압과 전류

그림 34-1의 발전기는 교류전압을 유기하며 부하저항에 교류전류를 흐르게 한다. 교류전압은 양과 음의 파형으로 구성되어 있기 때문에 부하에 흐르는 전류의 방향도 서로 반대로 나타난다. 교류회로에서 오옴의 법칙과 키르히호프의 법칙은 직류회로일 때와 동일하게 적용되나 인가전압의 극성과 크기는 항상 변화한다.

저항회로에서 교류전류와 전압과의 관계를 그림 34-4에 도시하였다. 전압 $V = V_M \sin \theta$가 0에서 V_M까지 증가할 때 전류는 0에서 I_M으로 증가한다. 즉 최대전압에서 최대전류가 흐른다. 전압이 V_M에서 0으로 감소하면 전류도 I_M에서 0으로 감소한다. 음의 파형에서는 저항 R에 흐르는 전류는 반대방향이 된다. 즉, 전압이 음의 최대값($-V_M$)에 도달하면 전류도 음의 최대값($-I_M$)에 도달한다. 다시 전압이 0으로 감소하면 전류도 0으로 감소한다. 그러므로 그림 34-4에서 알 수 있듯이 저항회로에서는 전류의 변화와 전압의 변화가 정확히 일치하며 전류파형도 정현파이다. 전류의 변화는 식 34-2와 같다.

$$I = I_M \sin \theta \qquad (34-2)$$

이상과 같이 저항회로에서 전류와 전압은 동위상에 있으며 뒤에서 언급할 인덕터회로나 캐패시터회로에서는 위상이 일치하지 않는다.

3. 최대값, 실효값, 평균값

직류전압은 단일값으로 표현이 가능하나 교류전압의 경우 위상에 따라 값이 변화하므로 진폭뿐만이 아니라 최대값, 실효값, 평균값으로 크기를 나타낸다. 각각은 다른 특성을 표현하나 상호 밀접한 관계를 갖는다. 즉, 하나의 값을 알고 있다면 나머지도 쉽게 구할 수 있다.

최대값 교류전압의 최대값이 100V라면 100V에서 −100V까지 변화하는 정현파임을 알 수 있다. 최대값과 식 34-1을 이용하여 각 θ에서의 전압을 구할 수 있다. 교류전압의 경우 최대값과 일치하는 직류전압과 비교하면 동일한 전력을 공급하지 못한다. 이는 시간에 따라 크기가 변하기 때문이다.

실효값 같은 값을 갖는 직류전압과 동일한 전력을 공급할 수 있는 크기를 나타내며 실효값(RMS: Root Mean Square)이라 한다. 즉 실효값이 100V인 교류전압은 100V의 직류전압과 동일한 전력을 공급한다. 실효값은 다음과 같이 구할 수 있다.

$$V_{rms} = \sqrt{\frac{V_1^2 + V_2^2 + \cdots + V_n^2}{n}}$$

여기서 V_1, V_2, ..., V_n은 $V_M \sin \theta$의 연속된 순간값이다. 최대값과 실효값은 다음 관계가 있다.

$$V_{rms} = 0.707 V_M \qquad (34-3)$$

$$V_M = 1.414 V_{rms} \qquad (34-4)$$

교류전압을 표시할 때 실효값이 더 광범위하게 사용되며 교류전압계도 실효값으로 눈금이 매겨져 있다.

전력은 전압의 제곱(V_2/R)이나 전류의 제곱($I_2 \times R$)에 비례하므로 제곱에 의하여 유도된 실효값과 동일한 크기의 직류전압을 비교할 수 있다.

평균값 교류파형의 평균을 구함으로써 교류전압을 나타낼 수 있다. 평균값 V_{ave}는 식 33-5와 같이 최대값, 실효값과 상호관계를 갖는다.

$$V_{ave} = 0.636 V_M = 0.899 V_{rms} \qquad (34-5)$$

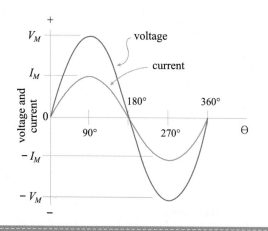

최대값 V_M은 다음과 같이 V_{rms}와 V_{ave}로 나타낼 수 있다.

$$V_M = 1.414 V_{rms} = 1.572 V_{ave} \qquad (34\text{-}6)$$

교류전류는 최대값(I_M), 실효값(I_{rms}), 평균값(I_{ave}) 그리고 진폭(I_{p-p}) 등으로 표시할 수 있으며 V를 I로 대치시켜 상기 식을 이용하여 구할 수 있다.

4. 교류전압과 전류의 측정

교류회로를 설계할 때 전압과 전류는 항상 실효값으로 표시하며 측정한다. 측정기기도 실효값으로 눈금이 매겨져 있다. VOM은 일반적으로 교류전류 측정이 불가능하나 디지탈 VOM은 교류전류 및 전압을 측정할 수 있도록 실효값으로 눈금이 매겨져 있다. 그러나 이는 정현파의 경우만 측정할 수 있다. 어떤 DMM은 RMS미터로 불리어지며 이와 같은 측정기에서는 비정현파형의 rms 크기를 측정할 수 있다. 측정기의 내부회로에 따라 측정값을 눈금으로 직접 읽을 수 있거나 적당한 변환공식에 의하여 측정값을 얻어낼 수도 있다. DMM과 아날로그 테스터는 ac 전압이나 전류를 측정할 때 한계주파수를 가지고 있으며 이는 사용명세서에 표시된 명세사항, 측정방법 등을 상세히 읽어 습득하여야 한다. 오실로스코우프를 이용하면 교류신호의 최대값, 진폭 등을 구할 수 있다.

5. 전위차 측정

전압이란 두 점간의 전위차이며 전압측정 시 접지에 대하여 그 중 한점의 전압을 측정하게 된다. 접지에 대한 전압 V_B가 측정되는 과정을 그림 34-5에 도시하였다. 측정을 위한 오실로스코우프의 연결은 매우 간단하다. 그러나 접지가 포함되어 있지 않은 AB간의 전압 즉, R_1에 걸리는 전압을 측정할 때 어떠한 문제가 발생할 것인가? 오실로스코우프가 그림 34-6과 같이 연결되어 있다면 오실로스코우프와 전원공급기의 접지는 R_2를 통하여 연결되어 있으며 10Ω인 R_1 저항에 의하여 전류가 제한될 것이다. 이 경우 회로, 전원공급기, 오실로스코우프가 손상을 입을 수 있다.

이와 같이 접지되어 있지 않은 두 점간의 전압을 좀 더 안정하게 측정하기 위하여 그림 34-7과 같은 측정방법을 사용할 수 있다. 오실로스코우프의 양 채널단자의 접지는 어스에 연결되어 있는 것을 알 수 있다. 오실로스코우프의 수직 MODE 스위치를 ADD로 위치시키고 양채널의 Volts/Div.를 동일하게 조정한다. 변수조절 스위치가 CAL에 위치함을 확인하라. 채널2을 역전시키고(채널1에 역전 버튼이 있는 오실로스코우프도 있음) 0V로 기준점을 설정한다. 채널과 접지를 적절히 연결시킨다. 이때 양 프로브는 동일한 형태(1× 또는 10×)를 사용하여야 한다. 이때 오실로스코우프는 접지에 대하여 채널1 전압과 역전된 채널2 전압의 합을 표시한다. 그러므로 오실로스코우프는 접지되어 있지 않은 두 점사이의 전위차를 나타낼 수 있다.

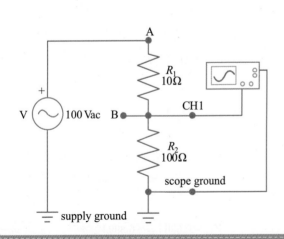

그림 34-5 전압측정 회로

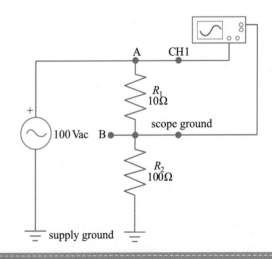

그림 34-6 불안정한 전압측정

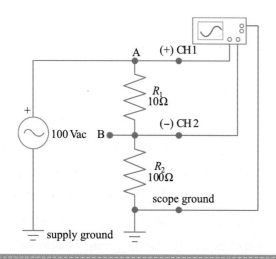

그림 34-7 전위차 측정회로

03 요약

(1) 교류발전기는 정현파를 발생한다.

(2) 발생된 정현파 전압은

$$V = V_M \sin\theta$$

이며 V_M은 최대값, θ는 전압을 측정하는 순간, 도선의 각도이다.

(3) 교류신호의 크기는 다음 네가지로 나타낸다. (a) 최대값 V_M (b) 실효값 V_{rms} (c) 평균값 V_{ave} (d) 진폭 V_{p-p}

(4) 실효값은 같은 크기의 직류전압과 동일한 전력을 발생한다.

(5) 최대값, 실효값, 평균값 및 진폭은 상호 다음과 같은 관계가 있다.

$$V_{rms} = 0.707\, V_M$$
$$V_{ave} = 0.636\, V_M = 0.899\, V_{rms}$$
$$V_{p-p} = 2\, V_M$$

(6) 위의 관계식은 다음과 같이 나타낼 수도 있다.

$$V_M = 1.414\, V_{rms} = 1.572\, V_{ave} = 0.5\, V_{p-p}$$

(7) 측정기기는 실효값을 나타내도록 눈금이 매겨져 있다.

(8) 교류전압에 별도의 표기가 없을 때는 실효값을 나타낸다.

(9) 교류전류의 최대값, 실효값, 평균값에 대한 정의는 교류전압의 경우와 동일하다.

(10) 오옴의 법칙과 키르히호프의 법칙은 저항성 교류회로에 적용 가능하며 관계식은 다음과 같다.

$$I_{rms} = \frac{V_{rms}}{R}$$

교류전류의 최대값 IM도 다음 관계식에서 구할 수 있다.

$$I_M = \frac{V_M}{R}$$

04 예비점검

다음 질문에 답하시오.

(1) 교류전압은 _____와 _____이 항상 변한다.

(2) 발전기에서 발생되는 전압의 파형은 _____ 이다.

(3) 정현파 전류 또는 전압의 실효값과 평균값은 최대값을 이용하여 구할 수 있다. (예, 아니오)

(4) 정현파의 최대값이 25V일 때 실효값은 _____ V이다.

(5) 정현파 전류가 5mA일 때 최대값은 _____ mA이다.

(6) (5)의 정현파의 평균값은 _____ mA이다.

(7) 47Ω에 걸린 전압이 $15\, V_{rms}$이다. 이때 저항에 흐르는 전류의 실효값은 _____ mA이다.

(8) (7)에서 최대전류는 _____ mA이다.

(9) 교류전압계는 항상 _____ 값으로 눈금이 매겨져 있다.

(10) 교류전압의 최대값(V_M)은 _____ 으로 측정할 수 있다.

05 실험 준비물

전원공급기

- 110V, 60Hz 전원
- 독립변압기
- 가변변압기

기기

- 함수발생기
- DMM

- 오실로스코우프
- 교류전류계

저항

- 33Ω   2개
- 47Ω   1개
- 1000Ω   2개
- 1500Ω   1개

기타

- SPST 스위치
- on-off 스위치, 퓨즈, 플러그

06 실험과정

주의 고전압을 다루므로 실험에 주의하고 전기안전수칙을 준수하여라.

A. 60Hz 공급기

A1. 그림 34-8의 회로를 결선한다. 가변변압기의 출력은 최소로 조정하고 S_1은 개방한다.

A2. 플러그를 전원에 연결하고 on-off 스위치를 연결한다. S_1을 연결하고 가변변압기의 출력이 35V가 되도록 조정한다. 과정 A에서 이 전압을 유지한다. 이 전압을 표 34-1의 'Voltage, rms, Measured'란에 기록한다.

A3. 전압계를 이용하여 R_1, R_2, R_3에 걸리는 전압을 측정하여 표 34-1의 'Voltage, rms, Measured'란에 기록한다. 스위치 S_1과 on-off 스위치를 개방한다.

A4. 가변변압기의 출력단에 오실로스코우프를 연결한다. 스위치 S_1과 on-off 스위치를 연결한다. 오실로스코우프의 접지를 D점에 연결하고 전위차 측정방법을 사용한다. 가변변압기의 출력단 파형의 최대값을 측정하여 표 34-1의 'Voltage, peak, Measured'란에 기록한다.

A5. 오실로스코우프를 이용하여 R_1, R_2, R_3에 걸리는 전압을 측정하여 표 34-1의 'Voltage, rms, Measured'란에 기록한다. 스위치 S_1과 on-off 스위치를 개방한다.

A6. R_1에 흐르는 전류를 측정하기 위하여 그림 34-8의 AB단에 전류계를 삽입시킨다. 전류계의 범위를 20mA 이상으로 조정한다. 스위치를 연결하여 전류를 측정하고 표 34-1의 'Current, rms, Measured'란에 기록한다. 스위치 S_1과 on-off 스위치를 개방한다.

A7. 과정 A6과 같이 R_2에 흐르는 전류를 측정하기 위하여 BC단에 전류계를 삽입하고 스위치를 연결하여 전류를 측정하고 표 34-1의 'Current, rms, Measured'란에 기록한다. 스위치 S_1과 on-off 스위치를 개방한다.

A8. 과정 A6과 같이 R_3에 흐르는 전류를 측정하기 위하

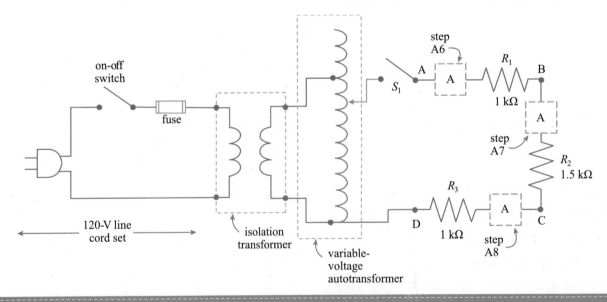

그림 34-8 과정 A1의 회로. 교류전류계는 과정 A6, A7, A8에서 첨가한다.

여 CD단에 전류계를 삽입하고 스위치를 연결하여 전류를 측정하고 표 34-1의 'Current, rms, Measured'란에 기록한다. 스위치 S_1와 on-off 스위치를 개방한다.

A9. 각 저항에 흐르는 전류의 실효값을 계산하여 표 34-1의 'Currnt, rms, Calculated'란에 기록한다.

A10. 각 저항에 걸린 전류의 실효값을 계산하여 표 34-1의 'Voltage, rms, Calculated'란에 기록한다.

A11. 각 저항에 걸린 전압의 최대값을 계산하여 표 34-1의 'Voltage, peak, Calculated'란에 기록한다.

B. 1kHz 공급

B1. 그림 34-9의 회로를 결선한다.

B2. 함수발생기의 전원을 넣고 정현파를 출력하여 주파수를 1kHz로 조정한다.(오실로스코우프로 주파수를 확인한다.) 또한 출력을 5V로 조정하고 교류전압계로 확인한다. 표 34-2의 'Voltage, rms, Measured'란에 값을 기록한다.

B3. 전압계를 이용하여 R_1, R_2, R_3에 걸린 전압을 측정하여 표 34-2의 'Voltage, rms, Measured'란에 값을 기록한다.

B4. 오실로스코우프를 사용하여 함수발생기 출력의 최대값, R_1, R_2, R_3에 걸린 전압의 최대값을 측정하여 표 34-2의 'Voltage, peak, Measured'란에 값을 기록한다. 스위치 S_1을 개방한다.

B5. 그림 34-9와 같이 R_1에 흐르는 전류를 측정하기 위하여 AB단에 전류계를 삽입시킨다. 스위치 S_1을 연결하여 전류를 측정하고 표 34-2의 'Current, rms, Measured'란에 기록한다. 스위치 S_1을 개방한다.

B6. R_2에 흐르는 전류를 측정하기 위하여 BC단에 전류계를 삽입시킨다. 스위치 S_1을 연결하여 전류를 측정하고 표 34-2의 'Current, rms, Measured'란에 기록한다. 스위치 S_1을 개방한다.

B7. R_3에 흐르는 전류를 측정하기 위하여 CD단에 전류계를 삽입시킨다. 스위치 S_1을 연결하여 전류를 측정하고 표 34-2의 'Current, rms, Measured'란에 기록한다. 스위치 S_1을 개방하고 정현파발생기의 전원을 차단한다.

B8. 각 저항에 걸린 전압의 실효값을 계산하여 표 34-2의 'Voltage, rms, Calculated'란에 기록한다.

B9. 각 저항에 걸린 전압의 최대값을 계산하여 표 34-2의 'Voltage, peak, Calculated'란에 기록한다.

B10. 각 저항에 흐르는 전류의 실효값을 계산하여 표 34-2의 'Current, rms, Calculated'란에 기록한다.

07 예비 점검의 해답

(1) 크기, 극성

(2) 정현파

(3) 예

(4) 17.7

(5) 7.07

(6) 4.50

(7) 319

(8) 451

(9) 실효

(10) 오실로스코우프

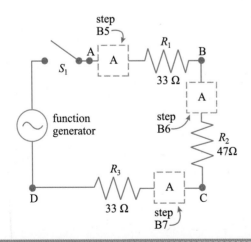

그림 34-9 과정 B1의 회로. 교류전류계는 과정 B5, B6, B7에서 첨가한다.

표 34-1 60Hz 전압과 전류

	Voltage, rms, V		Voltage, peak, V		Current, rms, mA	
	Measured	Calculated	Measured	Calculated	Measured	Calculated
Variable transformer output						
R_1						
R_2						
R_3						

표 34-2 1kHz 전압과 전류

	Voltage, rms, V		Voltage, peak, V		Current, rms, mA	
	Measured	Calculated	Measured	Calculated	Measured	Calculated
Function generator output						
R_1						
R_2						
R_3						

실험 고찰

1. 교류전압의 최대값, 실효값, 평균값의 관계를 설명하시오.

_____

_____

_____

_____

_____

2. 표 34-1의 결과를 이용하여 계산한 최대값과 측정값을 비교하시오.

_____

_____

_____

_____

_____

3. 그림 34-9와 같은 회로에서 전압을 측정할 때 전위차 측정방법을 이용하여야만 하는 이유를 설명하시오.

_____

_____

_____

_____

_____

4. 식 34-3은 V_M과 V_{rms}의 관계식이다.

$$V_{rms} = 0.707 V_M$$

이 식에서 V_{rms} / V_M의 비는 0.707이다. 표 34-1의 측정값을 이용하여 세 저항에 대한 V_{rms} / V_M의 평균값을 계산하고 상수 0.707과 비교하시오.

_____

_____

_____

_____

_____

5. 표 34-2의 결과를 이용하여 고찰 4를 반복하고 상수 0.707과 비교하시오. 또한 차이점을 설명하시오. 계산값에 대해서도 고찰 4를 반복하고 차이점을 설명하시오.

_____

_____

_____

_____

_____

6. 저항성 교류회로에서 오옴의 법칙이 성립함을 표 34-1과 34-2의 결과를 이용하여 증명하시오.

_____

_____

_____

_____

EXPERIMENT
35

인덕턴스의 특성

01 실험목적

(1) 직류 또는 교류회로에서 인덕턴스가 미치는 영향을 관찰한다.

(2) 유도성 리액턴스(reactance)는 다음과 같은 식에서 구할 수 있음을 실험적으로 입증한다.

$$X_L = 2\pi f L$$

(3) 오실로스코우프로 위상변화를 측정한다.

02 이론적 배경

1. 인덕터의 인덕턴스와 리액턴스

저항성 부하는 교류회로와 직류회로에 관계없이 선류-전압관계가 성립한다. 저항뿐만 아니라 리액턴스성분인 인덕터와 캐패시터도 교류회로에서 전류의 흐름을 방해한다.

그림 35-1의 회로에서 정현파 전압 V는 코일에 정현파 전류를 흐르게 하며 코일주변에 자장을 형성한다. 자장의 주기적인 형성과 붕괴현상은 코일의 감은 방향과 수직으로 자속을 형성하며 코일내에 전압 V'를 유발시킨다. 렌츠의 법칙(Lenz's law)에 의하여 이 전압은 인가 전압과 반대 방향의 역기전력(counter emf)이다. 즉, V가 (+)일 때 V'는 V보다 작은 크기의 (-)값을 갖는다. 결과적으로 회

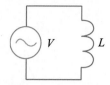

그림 35-1 　정현파 전압이 인가되면 정현파 전류가 코일에 공급된다.

로에 공급되는 전원은 ｜V｜-｜V'｜이므로 결과적으로 역기전력 V'에 의하여 V가 직류일 때보다 작은 전압이 공급된다. 이와 같은 코일을 인덕터라 하며 크기는 인덕턴스로 표시한다.

인덕턴스의 단위는 미국의 물리학자 조셉 헨리의 이름을 인용하여 헨리(henry: H)라 하며 이는 인덕턴스 브릿지, LC미터 또는 Z미터 등의 기기에 의하여 측정할 수 있다. 또한 인덕턴스는 L로 표기하고 역기전력을 유발시키는 인덕턴스의 능력을 유도성 리액턴스라 하며 X_L로 표기한다. 유도성 리액턴스의 단위는 오옴(Ω)이다.

인덕터의 유도성 리액턴스는 상수가 아니며 인덕턴스 L과 인가전압의 주파수 f에 비례한다. 즉,

$$X_L = 2\pi f L \qquad (35\text{-}1)$$

와 같다. 여기서

■ π는 3.14이다.
■ f는 주파수(단위: Hz)이다.
■ L은 인덕턴스(단위: H)이다.

식 35-1로부터 다음과 같은 특성을 알 수 있다. 첫째는 X_L은 주파수과 선형적으로 변화한다는 것이다. 다음 예에서 이와 같은 특성을 도시할 수 있다.

 $L=1.59$H인 인덕턴스의 X_L과 f의 관계를 도시하시오.

풀이　유도성 리액턴스 X_L를 각 주파수에서 계산한다.

즉, $f=0\,Hz$일 때

$$X_L = 2\pi f L = 2(3.14)(0)(1.59) = 0\Omega$$

$f=100\,Hz$일 때

$$X_L = 6.28(100)(1.59) = 1k\Omega$$

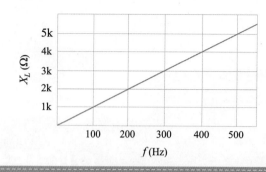

그림 35-2 　주파수와 유도성 리액턴스의 관계

위와 같이 계산하면

$$f = 200Hz, \quad X_L = 2k\Omega$$
$$f = 300Hz, \quad X_L = 3k\Omega$$
$$f = 400Hz, \quad X_L = 4k\Omega$$
$$f = 500Hz, \quad X_L = 5k\Omega$$

이다.

그림 35-2는 X_L과 f의 관계를 도시한 그래프이다. 결과적으로 선형적임을 알 수 있다.

두번째 특성은 직류전압이 인가되었을 때 $f=0\,Hz$이므로 $X_L=0$이다. 이와 같은 특성은 교류에서만 인덕터내에 역기전력이 유도되는 현상과 일치한다. 직류전압이 인덕터에 인가되면 인덕턴스는 직류전류에 영향을 미치지 못하며 $X_L=0$이 된다.

식 35-1은 X_L과 L사이의 관계를 정의한다. 주파수의 경우와 마찬가지로 X_L은 L에 선형적으로 비례함을 알 수 있다.

2. 인덕터의 저항

인덕터는 철심둘레에 도선을 감아서 만들 수 있다. 도선이 수번 감긴 경우도 있고 수천번 감긴 경우도 있다. 감긴 횟수가 증가할수록 인덕턴스는 증가한다. 인덕터를 만들 때 사용한 도선의 지름은 인덕터에 흐를 수 있는 최대전류와 밀접한 관계가 있으며 지름이 클수록 흐를 수 있는 최대전류의 양도 증가한다. 인덕터가 수용할 수 있는 전류의 양을 초과한다면 인덕터는 과열되어 도선의 피복이 벗겨져 단락되거나 도선자체가 끊어져 개방될 것이다. 두 경우 모두 인덕터는 파손될 것이다.

낮은 전류가 흐르는 회로에서는 얇은 도선이 감긴 인덕

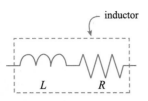

그림 35-3 저항 R과 인덕턴스 L로 구성된 인덕터의 등가회로

터를 사용한다. 도선의 저항은 길이에 비례하므로 도선이 많이 감긴 인덕터의 저항은 매우 크다. 그러므로 인덕터는 인덕턴스와 저항성분이 동시에 존재하며 그림 35-3과 같은 기호로 인덕터를 표기할 수 있다.

인덕터의 저항은 테스터로 측정할 수 있으며 실제 회로에서 인덕터는 그림 35-3과 같이 직렬 등가회로로 표시할 수 있다.

인덕터의 저항은 인덕터의 파손여부를 검사하는 한 가지 방법을 제시한다. 예를 들어서 측정한 저항값이 명시된 기준값과 일치하면 인덕터의 도선은 이상이 없음을 알 수 있다. 그러나 저항이 무한대라면 도선이 개방되어 있음을 알 수 있으며 기준 저항보다 낮게 측정되면 도선이 단락 상태임을 알 수 있다. 실제 인덕터의 저항을 측정하여 도선의 개방 여부를 조사하며 단락 여부는 특수소자를 이용하여 조사한다.

3. X_L의 측정

인덕터의 유도성 리액턴스 X_L은 측정에 의하여 결정할

수 있다. 그림 35-4(a)의 회로에서 인가전압인 정현파 V는 전류 I를 흐르게 하며 인덕터에 걸린 전압 V_L은 $V_L = I \times Z$이므로 오옴의 법칙이 성립한다. 여기서 Z는 임피던스를 나타낸다. 임피던스는 인덕터의 인덕턴스와 저항의 합이며 저항 R이 X_L에 비하여 매우 작다면 $Z = X_L$로서

$$V_L = I \times X_L \qquad (35\text{-}2)$$

이다. 그러므로

$$X_L = \frac{V_L}{I} \qquad (35\text{-}3)$$

이다. 식 35-3을 이용하여 일정한 주파수에 대하여 X_L을 구할 수 있다. 교류전압계를 이용하여 인덕터에 걸리는 전압을 측정하고 교류전류계를 이용하여 흐르는 전류를 측정하여 식 35-3에 대입하면 X_L을 구할 수 있다.

인덕턴스 L은 저항성분을 포함하기 때문에 약간의 오차가 발생하나 X_L의 크기가 $10R$보다 클 경우 R은 무시할 수 있다.

전류계를 사용하지 않고 전류 I를 측정하는 방법도 있다. 즉, 그림 35-4(b)와 같이 저항을 인덕터와 직렬로 연결시키고 이 저항에 걸린 전압을 측정한다. 이때

$$I = \frac{V_R}{R} \qquad (35\text{-}4)$$

와 같이 전류를 구할 수 있다. 계속해서 V_L을 측정하고 식 35-3을 이용하면 X_L을 구할 수 있다.

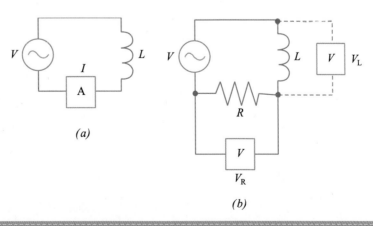

(a)

(b)

그림 35-4 X_L 측정용 회로

4. 위상관계

오옴의 법칙은 저항에 걸린 전압이 변할 때 저항에 흐르는 전류도 비례해서 변한다는 원리이다. 즉, 전압이 두 배로 증가하면 전류도 두배가 되며 전압이 1/3로 감소하면 전류도 1/3으로 감소한다. 이는 교류와 직류에 관계없이 성립한다.

교류전류가 정현파인 경우, 임의의 순간에 전압과 전류는 오옴의 법칙을 따른다. 마찬가지로 다음 순간도 오옴의 법칙을 따른다. 순간전압이 0일 때 순간전류도 0이며 순간전압이 최대일 때 순간전류도 최대이다. 그림 35-5에 이와 같은 관계를 도시하였다. 즉, 교류저항회로에서는 전압과 전류가 동위상임을 알 수 있다.

인덕터가 교류회로에 연결되어 있을 때 인덕터에 걸린 전압과 인덕터에 흐르는 전류는 동위상이 아니다. 완전한 인덕터(즉, 저항성분이 없는 인덕터)의 경우 전압과 전류는 90°의 위상차가 생기며, 보통 전압이 전류를 90° 앞선다. 예를 들어서 순간전압이 최대일 때 전류는 0이며 1/4 주기 후에 전류는 최대값을 나타내며 이때 전압은 0이다. 이 실험에서는 오실로스코우프를 사용하여 그림 35-6과 같이 정현파 전류와 전압의 관계를 관측할 것이다.

저항과 인덕터로 구성된 회로에서 위상차는 저항과 인덕터의 리액턴스 크기에 좌우된다. 저항값이 리액턴스값의 10배라면 위상각은 6°일 것이다. 리액턴스값이 저항값의 10배라면 위상각은 84°이다. 만약 두값이 동일하다면 위상각은 45°가 될 것이다.

5. 위상측정

2채널 오실로스코우프를 이용하여 동일 주파수를 갖는 신호간의 위상을 측정할 수 있다. 측정과정은 다음과 같다.

(1) 오실로스코우프의 조정단자를 이용하여 기준선을 표시한다. 입력신호 중 하나를 기준신호로 선택하기 위하여 Trigger Source를 조정한다. 채널1이 주로 기준으로 사용되며 채널2는 External Trigger로 사용된다.
(2) 입력신호에 따라 Vertical Input Coupling 스위치를 조정하여 동일 위치에 놓는다.
(3) Vertical Mode를 조정한다. 이때 입력신호에 따라 ALT 또는 CHOP를 선택한다.
(4) 반드시 필요하지 않지만 Volts/Div. 스위치를 조정하여 양 신호의 폭을 동일하게 조정한다.
(5) 안정된 신호를 표시할 수 있도록 TRIGGER LEVEL를 조정한다. 기준신호의 초기값을 $0V$로 시작하도록 조정한다.
(6) 기준신호의 한 주기를 표시할 수 있도록 Time/Div. 스위치를 조정한다.
(7) 기준신호가 8 수평눈금을 차지하도록 Position, Time/Div. 등의 스위치를 조정한다. 이 신호는 360°를 표시하며 한 눈금은 45°를 표시할 것이다.
(8) 그림 35-7과 같이 신호를 조정하여 수평눈금의 차를 측정한다.
(9) 다음 공식에 의하여 위상차를 계산한다.

위상차 = 신호간 수평눈금수 차이 × 눈금당 각도

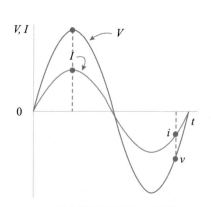

그림 35-5 저항회로에서 전압과 전류는 동위상이다.

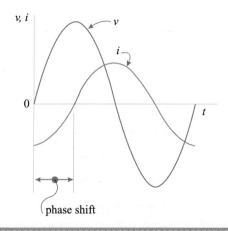

그림 35-6 비저항회로에서 전압과 전류는 위상차가 발생한다.

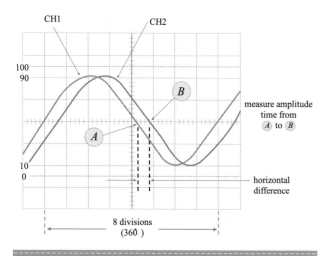

measure amplitude
time from
(A) to (B)

horizontal
difference

8 divisions
(360)

그림 35-7 오실로스코우프를 이용한 위상차 측정

예를 들어서 그림 35-7은 각 눈금당 45°를 표시하며 신호간 눈금차는 0.6이다. 그러므로 위상차는 0.6×45° = 27°이다.

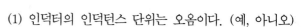

03 요약

(1) 인덕턴스 L은 전류의 변화에 역작용하는 코일의 특성이며 단위는 헨리(H)이다.

(2) 역기전력을 유발시키는 인덕턴스의 능력을 유도성 리액턴스라 하며 X_L로 표기한다. 유도성 리액턴스의 단위는 오옴(Ω)이다.

(3) 유도성 리액턴스 X_L은 상수가 아니며 주파수와 인덕턴스에 따라 선형적으로 비례한다.

(4) 유도성 리액턴스 X_L은 다음 식에서 계산할 수 있다.

$$X_L = 2\pi f L$$

여기서 X_L의 단위는 Ω이며 f의 단위는 Hz, L의 단위는 H이다.

(5) 모든 인덕터는 저항성분을 가지며 직류전류는 인덕터의 인덕턴스에 영향을 미치지 못한다.

(6) 인덕터의 파손 여부는 저항측정에 의하여 검사할 수 있으며 저항이 무한대라면 인덕터는 개방상태이다.

(7) 인덕터에 걸린 교류전압 V_L은 인덕터에 흐르는 교류전류 I와 인덕터의 유도성 리액턴스 X_L의 곱으로 표시한다.

$$V_L = I \times X_L$$

(8) 인덕터에 걸린 교류전압 V_L과 인덕터에 흐르는 교류전류 I를 알 수 있다면 다음 식에 의하여 유도성 리액턴스를 구할 수 있다.

$$X_L = \frac{V_L}{I}$$

이 식은 인덕터의 저항성분을 무시한 경우이다.

(9) 2채널 오실로스코우프를 이용하여 위상차 또는 전압 − 전류의 변위를 측정할 수 있다.

04 예비점검

다음 질문에 답하시오.

(1) 인덕터의 인덕턴스 단위는 오옴이다. (예, 아니오)

(2) 인덕터의 _____ 는 인덕터의 인덕턴스 L이 일정하다면 인가전압의 _____ 에 _____으로 비례한다.

(3) L=2.5H, f=1000Hz라면 X_L=_____Ω 이다.

(4) L이 상수이고 주파수가 두배로 변하면 X_L은 ____ 배로 변한다.

(5) X_L과 f의 그래프는 L이 일정할 경우 _____ 이다.

(6) 인덕터의 저항은 도선의 _____ 에 비례한다.

(7) 인덕터에 걸린 교류전압 V_L이 6V이고 전류 I가 0.02A라면 X_L은 _____ Ω 이다.

(8) f=60Hz, X_L=1000Ω이면 L은 _____ H이다.

05 실험 준비물

전원공급기

■ 110V, 60Hz 전원
■ 가변변압기
■ 독립변압기
■ 0-15V범위의 가변직류전원

기기

■ 오실로스코우프

- 신호발생기
- DMM
- 교류전류계
- 직류전류계

저항

- 3.3kΩ (1/2W, 5%) 1개
- 인덕터의 내부저항과 동일한 저항 1개

인덕터

- 대용량 (7-10H) 1개 (Magnetek-Triad #C8X 7H, 240Ω, 75mA ; Magnetek-Triad #C3X 10H, 500Ω, 50mA 또는 등가)
- 100mH 1개

기타

- SPDT 스위치
- SPST 스위치
- on-off 스위치, 퓨즈 등

06 실험과정

A. 직류전류와 교류전류가 인덕턴스에 미치는 영향

A1. 대용량 인덕터(7-10H)의 저항을 측정하여 표 35-1에 기록한다. 또한 인덕터의 저항과 동일한 저항의 저항값도 기록한다.

A2. 그림 35-8의 회로를 결선한다. 이 때 스위치 S_1은 개방하고 S_2는 Ⓐ의 위치에 놓는다. 가변전압원 V_{PS}의 출력은 최소로 조정한다.

A3. 전원을 인가하고 스위치 S_1을 연결한다. 전류계 A가 20mA를 나타내도록 V_{PS}를 조정하고 다음 과정까지 이 전압을 유지한다. 표 35-1의 'Direct-Current Source'란에 전압 V_{PS}를 기록한다.

A4. 스위치 S_2를 Ⓑ의 위치로 이동하고 인덕터에 흐르는 전류를 측정하여 표 35-1의 'Direct-Current Source'란에 기록한다. 스위치 S_1을 개방하고 V_{PS}를 차단한다.

A5. 그림 35-9의 회로를 결선한다. 이때 on-off 스위치와 스위치 S_1은 개방하고 S_2는 Ⓐ위치에 놓는다. 인덕터와 저항은 그림 35-8의 회로와 동일하며 교류전류와

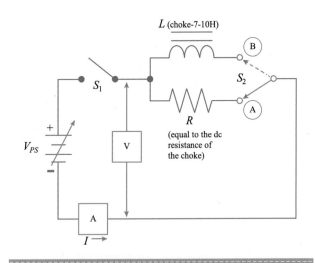

그림 35-8 과정 A2의 회로

전압을 측정할 수 있도록 전류계와 전압계를 연결한다. 가변변압기의 출력은 가장 낮게 조정한다.

A6. on-off 스위치를 연결하고 스위치 S_1을 연결한다. 전류계가 20mA를 나타내도록 가변변압기를 조정한다. 다음 과정까지 가변변압기의 상태를 유지한다. 전압계의 눈금을 읽어 표 35-1의 'Alternating-Current Source'란에 기록한다.

A7. 스위치 S_2를 Ⓑ의 위치로 이동하고 인덕터에 흐르는 전류와 전압을 측정하여 표 35-1의 'Alternating-Current Source'란에 기록한다.

A8. 전류계가 25mA를 나타내도록 가변변압기를 조정하고 이때 전압을 표 35-2에 기록한다. 20mA, 15mA, 10mA로 전류를 감소시켰을 때의 전압을 측정하여 표 35-2에 기록한다. 스위치 S_1을 개방한다.

A9. 표 35-2에 V/I의 계산값과 평균값을 기록한다. 인덕터의 X_L을 계산하여 표 35-2에 기록한다. 이 때 주파수는 60Hz이다.

B. 주파수가 인덕턴스에 미치는 영향

B1. 함수발생기와 오실로스코우프를 이용하여 그림 35-10의 회로를 결선한다.

B2. 표 35-3의 각 주파수에 대해 신호발생기, 저항, 인덕터에 해당하는 전압을 측정하여 표 35-3에 기록한다.

B3. 스위치 S_1을 연결하고 함수발생기의 출력을 $10V_{p-p}$로 조정한다. (신호발생기의 출력을 $10V_{p-p}$까지 올릴 수 없다면 계산이 간단한 전압으로 조정한다.)

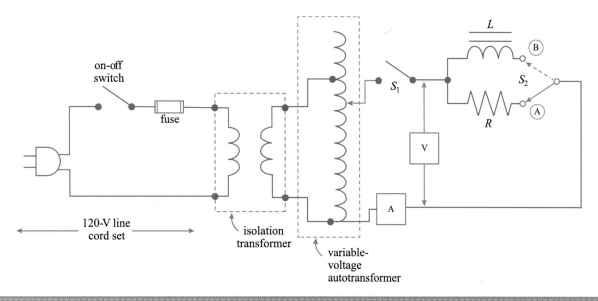

그림 35-9 과정 A5의 회로

B4. 다음 식을 이용하여 전류를 계산한다.

$$I = \frac{V_R}{R}$$

여기서 I는 회로의 전류이며 V_R은 저항에 걸린 전압, R은 측정한 저항값이다. 결과를 표 35-3에 기록한다.

B5. 측정한 전압값과 다음 식을 이용하여 유도성 리액턴스를 계산하고 결과를 표 35-3에 기록한다.

$$X_L = \frac{V_L}{I_L} \; , \quad I_L = I_R = \frac{V_R}{R}$$

$$X_L = \frac{V_L}{\dfrac{V_R}{R}} = \frac{V_L}{V_R} \times R$$

여기서 X_L은 유도성 리액턴스, V_L은 인덕터에 걸리는 전압, I_L은 인덕터에 흐르는 전류이다.

B6. 다음 식에 의하여 유도성 리액턴스를 계산하고 결과를 표 35-3에 기록한다.

$$X_L = 2\pi f L$$

여기서 f는 주파수이며 L은 사용한 인덕터의 값이다.(100mH)

C. 인덕턴스와 위상차의 관계

C1. 위상차를 측정하기 위하여 그림 35-10의 회로를 이용한다. 채널1을 기준신호 입력단자로 사용한다.

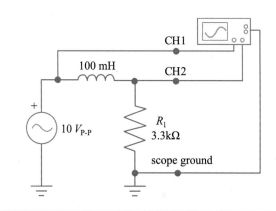

그림 35-10 과정 B1의 회로

C2. 함수발생기를 $10\,V_{p-p}$, 2kHz로 조정한다. R_1에 걸린 전압의 위상차를 채널2를 사용하여 측정한다. 결과를 "Phase Shift Measurement"란에 기록한다.

C3. 입력신호의 주파수를 10kHz로 조정한 후 과정 C2를 반복한다. 측정 결과를 기록한다.

07 예비 점검의 해답

(1) 아니오

(2) 유도성 리액턴스, 주파수, 선형적

(3) 15.7k

(4) 두

(5) 선형적

(6) 감은 횟수

(7) 300

(8) 2.65

표 35-1   직류전류와 교류전류가 인덕턴스에 미치는 영향

Resistance (Measured), Ω		Position of S_2	Component in Circuit	Direct-Current Source		Alternating-Current Source	
				Voltage, V	Current, mA	Voltage, V	Current, mA
Resistor		Ⓐ	R		20 mA		20
Choke		Ⓑ					

표 35-2   60Hz에서 유도성 리액턴스 X_L

Current, mA	25 mA	2.0 mA	15 mA	10 mA	Average $\dfrac{V}{I}$ at Line Frequency, Ω
Voltage, V					
$\dfrac{V}{I}$ Calculated					
Choke X_L Calculated (rated)					

표 35-3   주파수가 인덕턴스에 미치는 영향

Frequency f, Hz	Sine-Wave Generator Voltage, V, V_{p-p}	Voltage across Inductance V_L V_{p-p}	Voltage across Resistor V_R V_{p-p}	Current I Calculated, mA	Inductive Reactance X_L, Ω	
					$\dfrac{V_L}{V_R} \times R$	$2\pi f L$
2						
3						
5						
7						
8						
9						
10						

Phase shift Measurement: Phase Shift @ 2 kHz _____ Measured resistance of Inductor _____

Phase Shift @ 10 kHz _____

1. 직류회로와 교류회로에서 인덕턴스의 효과를 비교 설명하시오.

_____
_____
_____
_____
_____
_____
_____

2. 표 35-1에서 직류전류원과 교류전류원이 인가되었을때 L과 R에 걸리는 전압을 비교 설명하시오.

_____
_____
_____
_____
_____
_____
_____
_____
_____

3. 표 35-2에서 계산한 V/I와 X_L의 차이점을 설명하시오.

_____
_____
_____
_____
_____
_____
_____

4. 표 35-3에서 계산한 I가 실효값인지 최대값인지를 설명하시오.

_____
_____
_____
_____
_____
_____
_____

5. 표 35-2의 결과를 이용하여 인덕터에 걸리는 전압 V_L과 전류 I_L의 그래프를 그리시오. 수평축에 V_L, 수직축에 I_L을 그리고 좌표를 표시하시오.

6. 표 35-3의 결과를 이용하여 유도성 리액턴스 X_L과 주파수 f의 그래프를 그리시오. 수평축에 f, 수직축에 X_L을 그리고 좌표를 표시하시오.

변압기의 특성

01 실험목적

(1) 변압기의 권수비를 실험적으로 결정한다.
(2) 1차코일의 전류와 2차코일의 전류관계를 측정한다.
(3) 변압기의 저항을 측정한다.

02 이론적 배경

1. 이상적인 변압기

변압기는 전원과 부하의 교류전력을 연계시키는 소자로서 일차코일단에 전원을, 이차코일단에 부하를 연결시킨다. 이때 변압기의 구조 그리고 코일의 감은 횟수 등에 따라 변압된다.

변압기는 전자공학에서 자주 사용되며 종류는 전력변압기, 임피던스 정합 변압기, 오디오 변압기, 라디오 주파수 변압기, 절연 변압기 등 여러 가지가 있다. 일반적인 변압기는 철심에 코일을 감아 자기적으로 커플링한 형태이다. 입력단 또는 일차코일단에 인가된 전압은 입력단에 전류를 발생하며 이 전류는 출력단인 이차코일에 자기장을 형성하여 전압을 유도시킨다. 이때 이차코일에 부하가 연결되어 있으면 부하를 통해 전류가 흐르게 된다.

저주파 변압기나 오디오 변압기의 경우는 코아(core)로 철심을 사용하여 코일을 감아주나 고주파에서는 코아를 공기로 사용하는 경우도 있다. 이 코아의 재질은 커플링의 특성을 결정한다.

철심 변압기에서 코일에 흐르는 교류전류는 교대로 번갈아 가면서 자화되며 이 변화하는 자장에 의하여 이차코일단에 전압이 유도되고 부하에 전류를 흐르게 한다.

이상적인 변압기에서 전력손실은 0이며 입력전원의 100%가 부하에 전달된다. 즉,

$$V_P \times I_P = V_S \times I_S \qquad (36-1)$$

이다. 여기서 V_P와 I_P는 입력단의 전압과 전류이며 V_S와 I_S는 출력단의 전압과 전류이다. 손실없는 변압기에서 입력단과 출력단의 전압비는 일차코일의 감은 수 N_P와 이차코일의 감은 수 N_S의 비 a와 같다.

$$\frac{V_P}{V_S} = \frac{N_P}{N_S} = a \qquad (36-2)$$

$a=1$이라면 일차코일과 이차코일의 감은 수가 동일하며 입력단과 출력단의 전압도 동일하다. 이와 같은 1:1 형태의 변압기를 절연 변압기(isolation transformer)라 한다.

$a > 1$이면 이차코일의 전압이 일차코일의 전압보다 작게 되며, 이러한 변압기를 전압감소형(감압형) 변압기(voltage stepdown transformer)라 한다.

$a < 1$이면 이차코일의 전압이 일차코일의 전압보다 크게 되며 이러한 변압기를 전압증가형(승압형) 변압기(voltage stepdown transformer)라 한다.

이상적 변압기에서 식 (36-1)은

$$\frac{V_P}{V_S} = \frac{I_S}{I_P} \qquad (36-3)$$

와 같으며 식 36-2와 36-3으로 부터

$$\frac{V_P}{V_S} = \frac{I_S}{I_P} = a \qquad (36-4)$$

이다. 식 36-4에서 전류와 전압의 비는 역비례함을 알 수 있다. 그러므로 전압증가형 변압기는 전류감소형 변압기와 동일하다. 반면에 전압감소형 변압기는 전류증가형 변압기와 동일하다.

그림 36-1의 회로에서 알 수 있듯이 감소형 변압기는

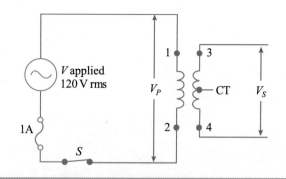

그림 36-1 부하가 없는 감소형 변압기

이차측에 중심탭(Center Tap: CT)이 존재한다. 이 중심탭을 이용하면 전압이 1/2로 감소하여 출력될 수 있다. 변압기의 이차측 부하가 CT와 3번단자 또는 CT와 4번단자간에 연결되어 있다면 변압기의 유효권수비는 변화하게 된다. 즉, CT단자에 의하여 크기는 동일하나 위상이 180° 다른 두 전압을 공급할 수 있을 것이다.

2. 변압기의 전력손실

입력단의 전력을 100% 출력단에 전달하는 이상적변압기는 실제 존재하지 않는다. 변압기의 전력손실은 코일의 저항과 I^2R의 열손실과 관계 있다. 일차코일의 저항에 의한 입력단 손실과 이차코일의 저항에 의한 출력단 손실이 있다. 출력단에 부하가 없다면 전류가 흐르지 않으므로 출력단 손실은 없으나 입력단 손실은 항상 존재하게 된다.

철심변압기의 경우 철심에 맥류가 존재하며 변화하는 자기장에 의하여 회전하는 맥류가 철심에 유도된다. 이 맥류도 I^2R의 열손실을 발생시켜 다른 형태의 손실을 야기시킨다.

철심과 관계된 또 다른 형태의 손실로는 이력손실(hysteresis loss)이 있다. 이는 자기력이 자기회로에서 제거될때 자속의 일부가 철심에 잔류하며, 이 잔류자속은 초기 자기력과 반대방향의 자기력을 철심에 인가함으로써 제거할 수 있다. 이때 필요한 에너지는 손실로 작용하며 코일에 흐르는 자화전류를 감소시킨다.

변압기의 자기누설(magnetic leakage)에 의한 손실도 있다. 이는 일차코일에서 발생된 모든 자기력선이 이차코일에 영향을 미치지 못하기 때문에 발생하는 손실이다.

3. 입출력 전류

그림 36-2의 변압기에서 입력전류는 출력전류와 다음과 같은 관계가 있다.

$$\frac{I_S}{I_P} = a = \frac{N_P}{N_S} \qquad (36-5)$$

$$I_P = \frac{I_S}{a}$$

부하저항 R_2가 감소하여 출력전류 I_S가 증가하면 입력전류 I_P도 증가하여야만 한다. 부하임피던스의 변화는 입력단과 병렬로 연결된 반사임피던스(reflected impedance)로 나타나므로 입력단의 전류가 증가하는 것이다. 입출력단의 전력은 동일하다고 가정하고 전력은 단지 저항에서만 소비된다면 반사임피던스는 R_1로 나타날 것이다.(그림 36-2)

입력전류 I_P는 반사임피던스에 흐르는 전류를 공급할 뿐만이 아니라 철심손실과 자화전류도 공급한다. 이 전류의 페이저 합을 자극전류(exciting current)라 하며 이는 명시된 변압기출력의 3~5% 정도이다. 이것이 식 36-5에 의하여 계산한 것보다 더 큰 양의 1차 전류가 측정되는 이유이다. 시가변 전압과 전류를 나타내기 위하여 벡터를 사용할 때 페이저가 사용된다. 페이저는 실험에서 좀더 자세히 설명할 것이다.

4. 변압기의 저항시험

일이차코일의 개방상태를 점검하기 위하여 각 코일의 저항을 측정한다. 이는 각 코일의 저항값 측정에도 사용한다. 측정한 저항값과 명시된 저항값을 비교하여 변압기의 파손여부를 검사한다. 다음 사항을 비교하여 저항검사를 분석한다.

(1) 저항값이 무한대일 때

이때 코일은 개방상태이다. 개방이 코일의 끝이나 시작에서 발생하였다면 쉽게 수리할 수 있으나 다른 부분에서 개방되었다면 수리가 불가능하며 변압기를 교체하여야 한다.

(2) 저항값이 매우 클 때

명시된 값보다 매우 큰 저항값이 측정되었을 때 변압기는 개방상태이거나 납땜부분의 연결상태가 미흡한 상태이다. 상태를 수정할 수 없다면 변압기를 교체하여야 한다.

(3) 저항값이 매우 작을 때

코일이 어느 부분에서 단락되었거나 몸체에 단락된 경우이다. 명시된 값과 별차이가 없으면 무시해도 무관하다. 즉, 명시값이 120Ω일 때 100Ω 정도로 측정되었다면 측정기의 문제일 수 있다. 그러나 다른 시험을 통하여 하자를 검사할 수도 있다.

(4) 코일간의 저항

코일간에는 서로 차단되어 있으므로 변압기가 회로에 연결되지 않았을 때 무한대의 저항값이 측정되어야만 한다. 만약 두 코일사이에 저항값이 측정되었다면 변압기는 파손된 것이다.

(5) 코일의 저항에 영향을 미치는 요소

코일의 저항은 도선의 지름과 감은 횟수에 따라 변한다. 즉, 저항은 도선지름의 자승에 역비례하고 감은 횟수에 비례한다. 고전류를 흐르게 하기 위해선 굵은 도선이 필요하며 저전류가 흐르는 경우에는 지름이 작은 도선을 사용한다. 전압감소형 변압기의 입력단은 출력단보다 코

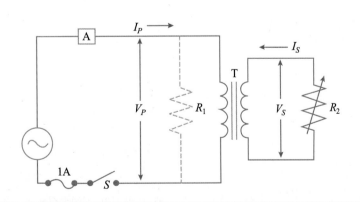

그림 36-2 반사임피던스 R_1에 의하여 2차전류 I_S가 증가할 때 1차전류 I_P도 증가한다.

일의 감은 횟수가 더 많다. 전압감소형은 전류증가형이므로 출력단에 더 많은 전류가 흐른다. 그러므로 입력단의 저항은 출력단의 저항보다 높아야 한다. 높은 정도는 일이 차코일의 지름과 권수비 등에 의존한다.

03 요약

(1) 변압기는 철심에 코일을 감아 구성한다. 저주파응용을 위한 철심은 철을 이용하나 고주파용은 공기를 이용한다.

(2) 교류신호가 1차 코일에 입력되면 2차 코일에 전압이 유기된다. 2차 코일단에 부하가 있다면 전류는 코일을 따라 흐를 것이다.

(3) 변압기는 1차 코일단에 연결된 소스와 2차 코일단의 부하를 결합시키는 효과가 있다.

(4) 이상적 변압기에서는 입력단의 전력이 부하에 100% 전달된다. 그림 36-2에서

$$V_P \times I_P = V_S \times I_S$$

이며 P는 입력단, S는 출력단을 표시한다.

(5) 이상적인 변압기에서 권수비는 입력단의 전압 V_S와 출력단의 전압 V_P의 비와 같다.

$$\frac{N_P}{N_S} = a = \frac{V_P}{V_S}$$

(6) 이상적인 변압기에서 권수비는 입력단의 전류 I_P와 출력단의 전류 I_S의 역수비와 같다.

$$\frac{N_P}{N_S} = a = \frac{I_S}{I_P}$$

(7) 전압 감소형 변압기는 2차단의 전압이 1차단의 전압보다 작다. 전압감소형 변압기는 전류 증가형 변압기라 할 수 있으며 권수비는 $a > 1$이다.

(8) $a < 1$이면 변압기는 전압증가형이며 전류감소형이다.

(9) 변압기에서 발생하는 전력손실은 다음과 같은 사항을 포함한다.

(a) 코일의 저항에 의한 열손실 즉, I^2R

(b) 철심 변압기에서 존재하는 맥류에 의한 손실

(c) 자기력이 자기회로에서 제거될 때 자속의 일부가 철심에 잔류하여 발생하는 이력손실

(d) 1차 코일에서 발생된 모든 자기력선이 2차 코일에 영향을 미치지 못하기 때문에 발생하는 자기누설

(10) I_P가 증가하면 I_S도 증가하며 결과적으로 입력 임피던스가 감소한다. 입력 임피던스의 감소는 2차단에서 1차단으로의 반사 임피던스 때문이다. 그림 36-2에서 알 수 있듯이 반사 임피던스 R_1은 1차코일과 병렬로 연결된다.

(11) 입력전류는 변압기의 손실을 야기시키므로 모든 변압기에서 $I_P > I_S / a$이다.

(12) 각 코일의 저항 검사는 코일의 단락상태를 검사하기 위하여 수행한다.

(13) 변압기의 각 코일은 상호 격리되어 있으며 변압기의 외관 몸체와도 차단되어 있다. 그러므로 변압기가 회로에 사용되고 있지 않으면 각 코일간 저항값은 무한대이다.

(14) 각 코일과 변압기 외관 몸체와의 저항값은 무한대이다.

(15) 코일의 저항값은 감은 횟수 및 코일의 지름에 따라 변화하며 전압 감소형 또는 전류 증가형 변압기의 경우

(a) 2차단보다 1차단이 더 많이 감겨져 있다.

(b) 2차단의 코일지름이 1차단보다 크다

(c) 2차단 코일의 저항이 1차단보다 작다.

04 예비점검

다음 질문에 답하시오.

(1) 이상적 변압기에서 1차단이 2차단보다 10배 감긴 회수가 많다. 1차단에 120V의 전압이 인가되었다면 2차단에 걸린 전압은 _____ V 이다.

(2) (1)번 문제에서 2차단의 전류가 3A라면 1차단의 전류는 _____ A 이다.

(3) (1)번 문제에서 권수비 N_P / N_S는 _____ 이다.

(4) 이상적인 변압기는 없다. (예 / 아니오)

(5) 변압기의 전력손실은

(a) _____

(b) _____

(c) _____

(d) _____ 가 있다.

(6) 2차단의 전류증가는 1차단의 전류 (증가/감소)를 야기시킨다.

(7) 반사임피던스는 (저항/인덕턴스)이다.

(8) 변압기의 전력손실은 _____ 에 의하여 야기된다.

(9) 회로에 연결되어 있지 않은 철심형 변압기에서 1차단과 2차단 코일간의 저항이 10Ω이다. 이 변압기는 (정상이다./정상이 아니다.)

(10) (9)번 문제에서 1차단과 2차단 코일은 _____ 되어 있다.

05 실험 준비물

전원공급기

- 독립변압기
- 가변전압 변압기(Variac의 등가)

기기

- 전류계

저항

- 100Ω, 75Ω, 50Ω, 25Ω의 25W 전력용 저항 각 1개

변압기

- 중심탭이 있는 120V(1차단)/25.2V(2차단) 변압기

기타

- SPST스위치

06 실험과정

변압기의 권수비 a ；

(1) 그림 36-1의 회로를 결선한다.

주의 120V ac 전원이 접지되어 있는지 확인하고 1차단에 입력되었는지도 확인하라. 2차단은 아직 결선하지 않는다.

(2) 1차단에 입력된 전압 V_P와 2차단의 전압(3과 4, 3과 CT, 4와 CT간)을 측정하여 표 36-1에 기록한다.

(3) 권수비 a를 계산하고 기록한다.

1차전류에 대한 부하효과

(4) 그림 36-2와 같이 1차단에 교류전류계를 연결한다. 교류전류계는 처음에 가장 높은 범위로 조정하고 차츰 낮은 범위에서 측정한다. V는 120V-60Hz이며 R_2는 전력용 저항이다.

(5) 표 36-2에 표시된 저항 R_2값에 대한 1차단의 전류 I_P, 전압 V_P, 2차단의 전압 V_S를 측정하여 기록한다. V_P와 V_S는 DMM으로 측정한다.

(6) 2차 전류를 계산($I_S = V_S / R_2$)하고 기록한다. 식 $I_{P_1} = I_S / a$에서 I_{P_1}을 계산하고 기록한다. I_{P_1}은 이상적 변압기에서 1차단의 전류이다.

(7) I_P에서 I_{P_1}을 빼 표 36-2의 ΔI란에 기록한다.

(8) 각 부하저항 R_2에서 소비되는 전력을 계산하고 기록한다. R_2가 100Ω, 50Ω일 때 변압기의 전력효율을 계산한다.

$$\%efficiency = \frac{P_{out}}{P_{in}} \times 100$$

코일의 저항측정

(9) 전원을 차단하고 변압기를 분리한다.

(10) 저항계를 이용하여 1차단과 2차단의 저항을 측정하고 표 36-3에 기록한다. 또한 1차단과 2차단 사이, 그리고 코일과 변압기 외관몸체와의 저항을 측정·기록한다.

07 예비 점검의 해답

(1) 12

(2) 0.3

(3) 10 : 1

(4) 예

(5) (a) 코일의 저항에 의한 열손실 (b) 맥류손실 (c) 이력
손실 (d) 자기누설

(6) 증가

(7) 저항

(8) 입력전압원

(9) 정상이 아니다.

(10) 단락

표 36-1   변압기의 권수비

V_P, V	V_s(3-4), V	V_s(3-CT), V	V_s(4-CT), V	$a = \dfrac{V_P}{V_s\,(3-4)}$	$a = \dfrac{V_P}{V_s\,(3-CT)}$

표 36-2   1차전류에 대한 부하효과

R_2, Ω	I_p, mA	V_p, V	V_s, V	$I_s = \dfrac{V_s}{R_2}$, mA	$I_{p1} = I_s/\alpha$, mA	$\Delta I = I_p/I_{p1}$, mA	power P_s
100Ω							
75Ω							
50Ω							
25Ω							

표 36-3   변압기의 저항

Resistance, Ω							
Primary	Secondary			Primary to Secondary		Primary to Frame	Secondary to Frame
R_{1-2}	R_{3-4}	R_{3-CT}	R_{CT-4}	R_{1-3}	R_{2-4}	$R_{1-Frame}$	$R_{3-Frame}$

실험 고찰

1. 실험자는 전압증가형 또는 전류증가형 변압기를 사용하였는가? 실험데이타를 이용하여 설명하시오.

_____

_____

_____

_____

_____

2. 1차단의 전류와 2차단의 전류 사이에 미치는 영향에 대하여 설명하시오.

3. 정격전류에 근접하게 변압기에 부하가 걸려있을 때 전력효율의 변화에 대하여 설명하시오.

4. 코일의 전류정격과 저항 사이의 관계를 설명하시오. 또한 권수비와 코일저항과의 관계를 설명하시오.

5. 실험과정 2에서 변압기의 정격전압보다 높게 2차단 전압이 측정되는 이유를 설명하시오.

_____

_____

_____

_____

_____

_____

_____

_____

_____

_____

EXPERIMENT
37

인덕턴스의 직병렬 연결

 실험목적

(1) LCR 미터를 이용하여 인덕터를 실험한다.
(2) 두 인덕턴스 L_1과 L_2가 직렬로 연결되었을 때 총인덕
  턴스 L_T는

$$L_T = L_1 + L_2$$

임을 실험적으로 확인한다.
(3) 두 인덕턴스 L_1과 L_2가 병렬로 연결되었을 때 총인덕
  턴스 L_T는

$$\frac{1}{L_T} = \frac{1}{L_1} + \frac{1}{L_2}$$

임을 실험적으로 확인한다.

 이론적 배경

1. 인덕턴스의 직렬연결

저항의 경우와 마찬가지로 인덕터도 직렬연결시킬 수
있다. 직렬연결된 인덕터는 단일 인덕터보다 더 큰 인덕턴
스값을 가지며, 상호 커플링이 없다면 직렬연결된 인덕터
의 인덕턴스를 합하면 총인덕턴스를 구할 수 있다.

$$L_T = L_1 + L_2 + L_3 + \cdots + L_n \qquad (37\text{-}1)$$

그림 37-1 LCR 미터

식 37-1과 같은 총인덕턴스값은 그림 37-1과 같은 LCR 미터 또는 캐패시터/인덕터 분석기를 이용하여 직접 L_T를 측정함으로서 확인할 수 있다. 이 실험에서는 간접적으로 측정할 것이다.

그림 37-2의 회로에서 교류전압원 V_{ac}가 R과 L에 전류를 공급하고 있다. 실험 35와 같이 I와 V_L을 측정하여 식 37-2에 대입하면 X_L을 구할 수 있다.

$$X_L = \frac{V_L}{I} \qquad (37-2)$$

구해진 X_L을 이용하여 인덕턴스 L을 구할 수 있다.

$$L = \frac{X_L}{2\pi f} \qquad (37-3)$$

여기서 L은 인덕턴스로서 단위는 H이고 X_L은 유도성 리액턴스로서 단위는 Ω이며 f는 전원의 주파수로 단위는 Hz이다.

그림 37-2의 회로에서 교류전류계를 이용하여 직접 전류를 측정할 수 있다. 또 다른 측정방법은 R의 저항값과

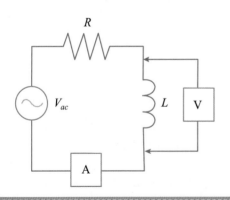

그림 37-2 R-L 직렬회로에서 인덕터의 X_L을 구할 수 있다.

V_R을 측정하여 식 37-4로 계산하면 전류값을 구할 수 있다.

$$I = \frac{V_R}{R} \qquad (37-4)$$

여러 개의 인덕터가 직렬연결된 경우 인덕턴스 측정방법은 결국 저항에 흐르는 전류가 각 인덕터에 흐르게 되므로 단일 인덕턴스 측정법과 동일하다.

2. 인덕턴스의 병렬연결

인덕터는 병렬로 연결할 수도 있으며, 이때 인덕턴스는 저항을 병렬연결한 경우와 동일하게 구할 수 있다. 즉, n개의 인덕터가 병렬로 연결되어 있을 때 총인덕턴스는

$$\frac{1}{L_T} = \frac{1}{L_1} + \frac{1}{L_2} + \frac{1}{L_3} + \cdots + \frac{1}{L_n} \qquad (37-5)$$

이다. 그러므로 총인덕턴스는 병렬연결된 인덕턴스 중 가장 작은 인덕턴스보다 작다.

3. 두 인덕터의 병렬연결

두 인덕터가 병렬연결되었을 때 총인덕턴스 L_T는 다음과 같다.

$$L_T = \frac{L_1 \times L_2}{L_1 + L_2} \qquad (37-6)$$

4. 동일한 인덕터의 병렬연결

두 개 이상의 동일한 인덕터를 병렬로 연결하였을 때 총인덕턴스는 다음과 같다.

$$L_T = \frac{L}{n} \qquad (37-7)$$

여기서 L_T는 총인덕턴스이고 L은 병렬연결된 인덕터의 인덕턴스이며, n은 병렬연결된 인덕터의 수이다.

5. 병렬인덕턴스의 측정

식 37-5, 37-6, 37-7에서 주어진 병렬연결 총인덕턴스는

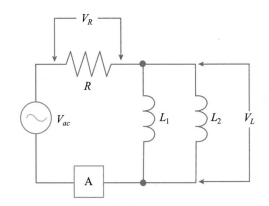

그림 37-3 병렬연결한 인덕턴스

LCR 미터 또는 캐패시터/인덕터 분석기에 의하여 실험적으로 구할 수도 있으며, 병렬연결된 인덕터에 걸린 전압과 회로에 흐르는 전류를 측정하여 간접적으로 구할 수도 있다. 즉 V_L과 I를 측정하여

$$X_L = \frac{V_L}{I}$$

에 대입하면 유도성 리액턴스 X_L을 구할 수 있으며 L_T는 식 (37-8)에서 구할 수 있다.

$$L_T = \frac{X_L}{2\pi f} \tag{37-8}$$

여기서 L_T는 총인덕턴스이고 X_L은 유도성 리액턴스이며 f는 전원의 주파수이다.

그림 37-3의 회로에서 병렬인덕터에 공급된 전류는 전류계로 측정할 수 있으며, 병렬인덕터의 전압은 V_L, 저항에 걸린 전압은 V_R이다.

$$I = \frac{V_R}{R}$$

에서 전류를 구할 수도 있다. 식 37-2와 37-8을 이용하여 L_T를 구할 수 있다.

03 요약

(1) 직렬연결된 인덕터의 총인덕턴스는

$$L_T = L_1 + L_2 + L_3 + \cdots \cdots + L_n$$

이며 L_1, L_2, L_3, ..., L_n은 직렬연결된 각 인덕턴스

이다. 이는 저항의 경우와 동일하다.

(2) 인덕턴스는 LCR 미터 또는 캐패시터/인덕터 분석기에 의하여 직접 측정할 수 있다.

(3) 코일 또는 쵸크의 인덕턴스는 인덕터에 흐르는 전류와 인덕터에 걸린 전압을 측정함으로써 간접적으로 구할 수 있다. 이때 $X_L = V_L / I$에서 X_L이 계산되며, 다음 식에 의하여 L을 계산할 수 있다.

$$L = \frac{X_L}{2\pi f}$$

(4) 두개 이상의 인덕터가 병렬로 연결되어 있을 때 총인덕턴스는

$$\frac{1}{L_T} = \frac{1}{L_1} + \frac{1}{L_2} + \frac{1}{L_3} + \cdots + \frac{1}{L_n}$$

이다.

(5) 병렬연결된 인덕터의 총인덕턴스는 LCR 미터 또는 캐패시터/인덕터 분석기에 의하여 직접 측정할 수 있다.

(6) 총인덕턴스는 회로의 전류와 인덕터에 걸린 전압을 측정하여 간접적으로 구할 수 있다. 이때 유도성 리액턴스 X_L은

$$X_L = \frac{V_L}{I}$$

이다. X_L이 결정되면 L_T는 다음 식에서 구할 수 있다.

$$L_T = \frac{X_L}{2\pi f}$$

04 예비점검

다음 질문에 답하시오.

(1) 4.2H, 2.5H, 8H의 인덕터가 직렬로 연결되어 있다. 상호 커플링이 없다면 총인덕턴스는 _____ H이다.

(2) 인덕터에 걸린 교류전압이 22V이다. 주파수는 60Hz이고 흐르는 교류전류는 0.025A이다. 이때 다음 값을 계산하시오.

(a) $X_L = $ _____ Ω

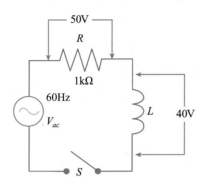

그림 37-4 예비점검 (3)의 회로

(b) L = _____ H

(3) 그림 37-4과 같이 L과 1kΩ의 저항 R이 직렬로 연결되어 있다. 저항에 걸린 전압은 50V이고 인덕터에 걸린 전압은 40V이다. 주파수는 60Hz이다. 이때 다음 값을 계산하시오.

(a) 전류 I = _____ A

(b) 인덕터의 X_L = _____ Ω

(c) 인덕터의 L = _____ H

(4) 4.2H, 2.5H, 8H의 인덕터가 병렬로 연결되어 있다. 상호 커플링이 없다면 총인덕턴스는 _____ H이다.

(5) 동일한 인덕터 4개가 병렬로 연결되어 있다. 각 인덕터는 4H이다. 상호 커플링이 없다면 총인덕턴스는 _____ H이다.

(6) 그림 37-5에서 V_R = 20V, V_L = 30V, f = 1000Hz, R = 10kΩ이라면

(a) 전원에 의하여 공급된 전류는 _____ A이다.

(b) 회로의 유도성 리액턴스는 _____ Ω이다.

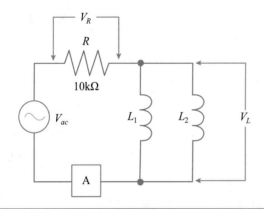

그림 37-5 예비점검 (6)의 회로

(c) 총인덕턴스 L_T는 _____ H이다.

05 실험 준비물

전원공급기
- 함수발생기

기기
- VOM이나 DMM
- 오실로스코우프

저항
- 12kΩ, 1/2W 5% 1개

인덕터
- 100mH 2개

06 실험과정

A. 인덕터 실험

A1. 지급된 인덕터에 표시된 인덕턴스값을 표 37-1의 "Coded value"란에 기록한다.

A2. 각각의 인덕턴스값을 LCR 미터 또는 캐패시터/인덕터 분석기를 이용하여 측정하고 표 37-1의 "Measured Value"란에 기록한다.

A3. DMM을 사용하여 인덕터의 저항을 측정하고 표 37-1에 기록한다.

B. 직렬연결된 인덕터의 특성

B1. 그림 37-6의 회로를 결선한다. 이 회로는 간접적으로 인덕턴스값을 측정하기 위하여 사용한다. 인덕터를 L_1과 L_2로 표시한다. 이 과정에서 사용할 인덕터는 준비한 두 개 중에 하나이다.

B2. 스위치 S_1을 연결하고 5V로 교류전압을 조정한다. DMM과 오실로스코우프를 사용하여 L_1과 저항에 걸린 실효전압을 측정한다. 함수발생기의 전원을 차단

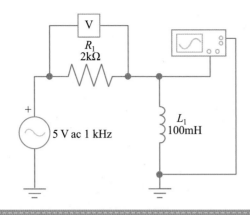

그림 37-6 과정 A1의 회로. 과정 B4에서 L_1은 L_2로 대치된다.

하고 L_1을 제거한다. 결과를 표 37-2에 기록한다.

B3. 회로내 전류와 L_1의 인덕턴스를 계산하여 표 37-2에 기록한다.

B4. 그림 37-6의 회로에 준비한 다른 인덕터 L_2를 연결한다. V_{ac} = 5V임을 확인한다. 과정 B2를 반복하여 측정한 V_{L2}와 V_R을 표 37-2에 기록한다. 함수발생기의 전원을 차단한다.

B5. L_2에 대하여 과정 B3를 반복한다.

B6. 그림 37-7과 같이 L_1과 L_2를 직렬로 연결한 회로를 결선한다. (연결할 때, 가능한 한 L_1과 L_2가 커플링 되지 않도록 충분한 거리를 유지한다.)

B7. 두 인덕터에 걸린 전압 즉, AB간의 전압과 저항에 걸린 전압을 측정하여 표 37-2에 기록한다.

B8. 회로내 전류와 직렬연결된 L_1과 L_2의 총인덕턴스를 계산하여 표 37-2에 기록한다.

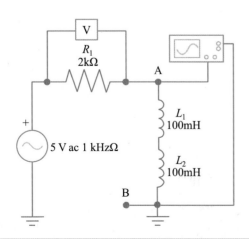

그림 37-7 과정 B6의 회로

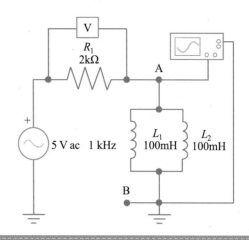

그림 37-8 과정 C1의 회로

C. 병렬연결된 인덕터의 특성

C1. 그림 37-8의 회로를 결선한다. 이때 가능한 한 L1과 L2가 커플링 되지 않도록 충분한 거리를 유지한다.

C2. 두 인덕터에 걸린 전압 즉, AB간의 전압과 저항에 걸린 전압을 측정하여 표 37-2에 기록한다. 전원을 차단한다.

C3. 회로내 전류와 병렬연결된 L_1과 L_2의 총인덕턴스를 계산하여 표 37-2에 기록한다.

07 예비 점검의 해답

(1) 14.7

(2) (a) 880 (b) 2.33

(3) (a) 0.05 (b) 800 (c) 2.12

(4) 1.31

(5) 1.00

(6) (a) 0.002 (b) 15k (c) 2.39

표 37-1   인덕터 실험

Coil	Coded Value, mH	Measured Value, mH	Resistance, Ω
L_1			
L_2			

표 37-2   직병렬 연결된 인덕터의 총인덕턴스 결정

Inductor	Voltage across Inductor(s) V_L, V_{ac}	Voltage across Resistor V_R, V_{ac}	Total Current in Circuit I, mA	Inductance L, mH	Total Inductance L_T, mH
1					
2					
1 and 2 in series					
1 and 2 in parallel					

실험 고찰

1. 인덕터가 단락 되었다면 DMM이나 LCR 미터로 측정할 때 어떤 현상이 발생하는가?

_____

_____

_____

_____

_____

2. 인덕터의 인덕턴스를 실험적으로 구하는 방법에 대하여 설명하시오.

_____

_____

_____

_____

_____

3. 과정 B3와 B5에서 구한 인덕턴스를 비교하시오.

_____

_____

_____

_____

_____

_____

_____

_____

4. 표 37-2의 L_1과 L_2 그리고 식 37-1과 식 37-5를 이용하여 총인덕턴스 L_T를 구하시오. 이때, 표 37-2의 V_L과 I를 이용하여 구한 L_T와 비교하시오.

_____

_____

_____

_____

_____

_____

_____

_____

_____

5. 직병렬 연결된 인덕터의 총인덕턴스를 구하는 식과 직병렬 연결된 저항의 총저항을 구하는 식을 비교하시오.

_____

_____

_____

_____

_____

_____

_____

_____

RC 시정수

실험목적

(1) 저항을 통하여 캐패시터가 충전되는 시간을 실험적으로 결정한다.
(2) 저항을 통하여 캐패시터가 방전되는 시간을 실험적으로 결정한다.

이론적 배경

1. 캐패시터와 캐패시턴스

두 도체사이에 유전체가 삽입되어 있을 때 캐패시턴스가 발생한다. 캐패시턴스는 여러 전기적 조건하에서 발생할 수 있다. 예를 들어 공기 중에서 분리되어 있는 두 전선은 특정 조건하에서 회로에 문제를 일으킬 수 있는 캐패시턴스를 발생시킬 수 있다. 캐패시턴스의 기호는 C 이다.

캐패시턴스의 단위는 영국의 과학자 Michael Faraday의 이름을 따서 F(farad)로 정하였다. 1F은 상당히 큰 양이므로 보통 전자공학에서는 10^{-6}F인 μF, 10^{-9}F인 nF, 10^{-12}F인 pF을 주로 사용한다.

2. 캐패시터의 충전과 방전

전자회로에서 캐패시터는 다양한 용도로 사용된다. 예

를 들어 에너지를 저장하거나 직류신호를 차단하고 교류 신호만 통과시키려고 할 때, 그리고 전류와 전압간의 위상을 변화시킬 때 등 여러 용도로 사용된다. 필터회로나 공진회로에서도 사용되며, 이 실험에서는 시간회로에 대하여 다룰 것이다.

캐패시터는 한 주기동안 전자를 유지할 수 있으며 이와 같은 캐패시터의 동작을 충전이라 한다. 캐패시터가 충전 되면 캐패시터에 일정한 전압이 걸린다. 그림 38-1(a)에 직류전압원과 캐패시터가 포함된 회로를 도시하였다. 3점

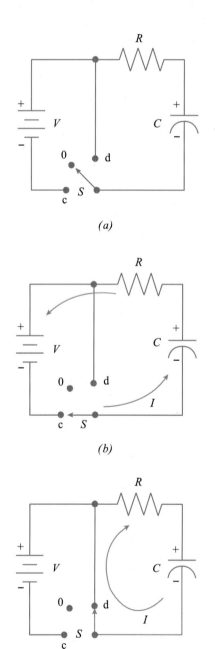

(a)

(b)

(c)

그림 38-1   캐패시터의 충방전 과정

스위치는 전압원과 저항 그리고 캐패시터를 직렬로 연결 시키거나 저항과 캐패시터만을 직렬로 연결시켜 준다. 중간점에서는 회로가 개방상태이다. 그림 38-1(a)에서 스위치는 중간점에 위치한다.

그림 38-1(b)와 같이 스위치를 c점으로 이동시키면 전 자는 전압원에서 캐패시터의 하단까지 흐르며 동시에 동 일한 양의 전자가 캐패시터의 상단에서 전압원까지 흐르게 된다. 이와 같은 과정은 캐패시터가 완전히 충전할 때까지 계속된다. 캐패시터에 공급된 전압과 캐패시터에 걸린 전압의 크기가 반대 부호이며 동일할 때를 완전 충전상태라 한다. 그림 38-1(b)에 충전된 캐패시터의 극성을 나타냈다. 캐패시터에 걸린 전압은 전원의 전압과 동일하기 때문에 더 이상 전자의 이동은 일어나지 않는다. 스위치가 중간점으로 이동되면 캐패시터는 완전 충전상태를 유지한다.

그림 38-1(c)는 캐패시터가 완전 충전상태에 있을때 스위치가 d점으로 이동된 회로이다. 이 회로에서는 캐패시터와 저항만이 포함되어 있다. 캐패시터의 양단간 전하량이 동일할 때까지 전자는 캐패시터의 하단에서 저항을 통해 상단으로 이동한다. 이때 캐패시터는 완전 방전상태에 놓인다. 전압계를 이용하여 캐패시터에 걸린 전압을 측정하면 0V이다. 전류는 전자의 흐름으로 정의되므로 캐패시터의 충방전 과정은 전류의 흐름을 동반한다. 그림 38-1 (b)와 (c)에서 알 수 있듯이 충전시 전류의 흐름과 방전시 전류의 흐름 방향은 반대이다.

3. 캐패시터의 전하

캐패시터의 크기는 캐패시턴스로 주어지며 단위는 F이다. 캐패시터의 전하 Q와 캐패시턴스 C는 다음과 같은 관계가 있다.

$$Q = C \times V \qquad (38\text{-}1)$$

여기서 Q는 전하량으로서 단위는 쿨롱(C)이며 C는 단위 F로 주어지는 캐패시턴스이다. 그리고 V는 캐패시터에 걸린 전압이며, 단위는 볼트(V)이다.

4. 캐패시터를 충전시키기 위하여 필요한 시간

그림 38-2(a)에서 저항에 걸린 전압 V_R과 캐패시터에 걸린 전압 V_C를 측정한다. 캐패시터는 완전히 방전한 상태이며 스위치는 0의 위치에 있다. 스위치를 C로 이동시키고 캐패시터에 걸린 전압을 측정한다. 스위치를 C로 옮기는 순간의 전압은 0이다. 그러나 캐패시터가 충전되면서 전압은 상승한다. 이와 같이 캐패시터에 전하를 충전시킬때 시간이 필요하다는 것을 알 수 있다.

그림 38-2(b)에서 (e)까지의 그래프는 그림 38-2(a)의 회로에서 전류와 전압의 변화 관계를 나타낸다. 스위치를 C의 위치에 옮기는 순간에 전자는 캐패시터의 하단으로 이동하며, 저항만이 전류의 흐름을 방해한다. 이 순간에 캐패시터는 단락회로로 동작하며 저항에 모든 인가전압이 걸린다. 그러므로 전류는 $I_C = V/R$ 이며 캐패시터는 단락회로로 동작하기 때문에 V_C는 0V이다.

캐패시터가 충전됨에 따라 캐패시터에 걸린 전압이 증가하여 저항에 걸린 전압을 감소시키며 따라서 I_C가 감소한다. 캐패시터가 완전히 충전되면 캐패시터에는 인가전압과 크기는 같고 부호만 다른 전압이 걸려 $I_C = 0$, $V_R = 0$이 된다.

그림 38-2(b)는 스위치가 C의 위치에 있을 때 AB간의 전압이다. 그림 38-2(c)의 I_C는 스위치가 C의 위치에 있을 때 순간적으로 I까지 증가하나 캐패시터가 충전되면서 서서히 감소하여 캐패시터가 완전히 충전되면 0이 된다.

그림 38-2(d)는 R에 걸린 전압의 변화를 나타낸 것으로 V로부터 0까지 변화한다. 그림 38-2(e)는 캐패시터에 걸린 전압의 변화이며, 스위치가 C의 위치로 옮겨지는 순간에는 0이나 완전히 충전되면 V까지 증가한다. 전류가 흐르는데 영향을 미치는 전압은 V_A이며, 인가전압과 캐패시터에 걸린 전압의 차이다. 이 관계는 다음과 같다.

$$V_A = V - V_C \qquad (38-2)$$

$V = V_C$일 때 캐패시터는 완전히 충전되며 $V_A = 0$이다.

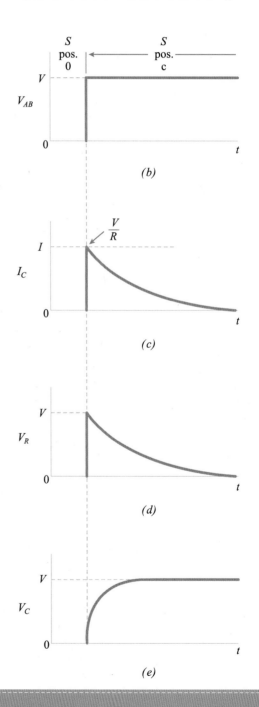

그림 38-2 RC 회로에서 캐패시터의 충전

그림 38-2의 전류-전압 관계에서 이와 같은 관계를 알 수 있다.

그림 38-1(a)와 그림 38-2(a)의 *RC* 회로는 캐패시터를 일정한 값까지 충전하는데 시간이 필요하며, 이때 시간 *τ* 를 시정수(Time Constant)라 한다. 시정수는 다음과 같이 표현된다.

$$\tau = R \times C \qquad (38-3)$$

여기서 *τ*는 시정수이며, 단위는 초(sec)이다.

시정수의 시간에서 캐패시터는 인가된 전압의 63.2%까지 충전된다. 즉, *RC* 회로에서 *R* = 1M*Ω*, *C* = 1*μ*F이라면 시정수는

$$
\begin{aligned}
\tau &= R \times C \\
&= 1 \times 10^6 \times 1 \times 10^{-6} \\
&= 1\,sec
\end{aligned}
$$

이다. 그러므로 1초 후에 캐패시터는 인가전압의 63.2%까지 충전된다. 만약 100V의 전압이 인가되었다면 전압 인가 후 1초가 지나면 캐패시터의 전압은 63.2V가 된다.

5. 캐패시터의 충전율

그림 38-3의 곡선 A는 충전되는 동안 캐패시터에 걸리는 전압의 증가를 나타낸 그래프이다. 캐패시터는 *RC* 회로를 통하여 충전되며, 그래프의 수평축은 *RC* 시정수로 정규화 되었다. 반면 수직축은 완전충전시 전압으로 정규화 되었다.

시정수에서 캐패시터는 완전충전시의 63.2%만큼 충전

된다. 시정수의 2배의 시간에서는 86%, 3배에서는 95%, 4배에서는 98%까지 충전된다. 시정수의 5배인 시간이 되면 거의 완전충전상태인 99% 정도까지 충전된다.

RC 회로에서 V_A는 식 38-2와 같이 인가전압과 캐패시터에 걸린 전압의 차이다. 그러므로 시정수에서 회로에 전류를 흐르게 하는 전압은 100 −63.2 = 36.8(%) 정도이다. *V* = 100V를 인가하였을 때 시정수에서 V_A = 36.8V이며 2배의 시정수에서는 14V, 3배의 시정수에서는 5V, 4배의 시정수에서 2V, 5배의 시정수에서는 0V이다.

6. 캐패시터의 방전율

그림 38-3의 곡선 B는 캐패시터의 방전전압을 나타낸 것이다. 방전과정은 캐패시터가 충전된 후에 발생한다. 즉, 그림 38-4(a)와 같이 스위치가 d의 위치로 이동되어 저항과 캐패시터만이 직렬로 연결되었을 때 방전이 발생한다. 그림 38-4의 (b)에서 (e)까지의 그래프는 방전시 전류와 전압의 변화를 나타낸 것이다. 스위치가 d로 이동되는 순간에 AB 양단의 전압은 인가전압 *V*이며 스위치가 d에 연결되면 0이 된다.

스위치가 0의 위치에 있으면, 어떠한 전류도 흐르지 않는다. 스위치가 d에 놓이면 방전전류 I_d는 캐패시터에 걸린 전압 V_C가 저항에 인가되면서 발생하고 캐패시터가 방전됨에 따라 그림 38-4(c)와 같이 전압 V_C와 전류 I_d는 감소한다. 충전과정 중에 흐르는 전류 I_C의 방향과 반대인

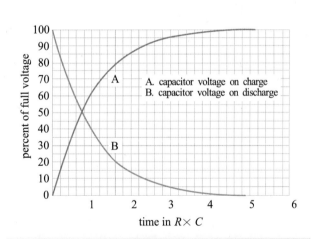

A. capacitor voltage on charge
B. capacitor voltage on discharge

time in *R* × *C*

그림 38-3 캐패시터의 충방전율

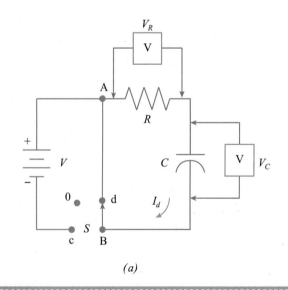

(a)

그림 38-4 *RC* 회로에서 캐패시터의 방전

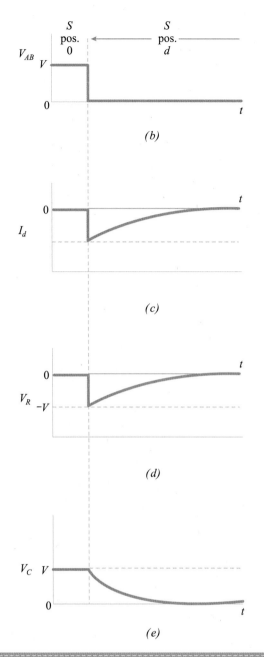

(b)

(c)

(d)

(e)

그림 38-4 계속

I_d 가 흐르는 것을 그림에서 알 수 있다.

스위치가 0의 위치에 놓이면 저항에 흐르는 전류는 0이 며 저항의 전압강하도 0이다. 스위치가 d에 위치하면 저 항에 V_C 와 동일한 최대 전압강하가 생기며, V_C 가 감소 하면 I_d 도 감소하여 저항의 전압강하도 감소한다. 이와 같 은 관계를 그림 38-4(d)에 도시하였다.

그림 38-4(e)에서 완전충전된 캐패시터의 전압은 V_C = V이다. 스위치가 d로 이동하면 캐패시터는 방전을 시작하 며 V_C = 0이 될 때까지 전압이 감소한다.

03 요약

(1) 캐패시터의 전하 Q 는 캐패시턴스 C 와 인가전압 V 의 곱인 $Q = C \times V$ 로 표현된다.

(2) 인가전압의 63.2%까지 캐패시터를 충전하는데 필요한 시간을 시정수라 한다.

(3) RC 회로에서 충전시 시정수는 $\tau = R \times C$ 이다.

(4) 캐패시터가 충전되는 동안 RC 회로에 전류를 흐르게 하는 전압 V_A 는 인가전압과 캐패시터에 걸린 전압의 차이다.

$$V_A = V - V_C$$

(5) 인가전압의 99%까지 충전하기 위하여 시정수의 5배 시간이 필요하다. 실제로 시정수의 5배 시간에서 완전 충전되었다고 간주한다.

(6) RC 회로에서 방전시 시정수는 $\tau = R \times C$ 이다.

(7) 방전시 시정수동안 63.2%가 방전된다.

(8) 시정수의 배수마다 남아 있는 전하의 63.2%가 연속해 서 방전된다.

(9) 시정수의 5배 시간에서 캐패시터는 완전히 방전된다.

(10) 캐패시터의 충방전율은 그림 38-3과 같다.

(11) 시정수는 시간의 절대값이 아닌 상대값이다.

04 예비점검

다음 질문에 답하시오.

(1) 인가전압이 20V이고 직렬연결된 2.2MΩ의 저항을 통 하여 0.25μF의 캐패시터가 충전되고 있다. 이 회로의 시정수는 _____ 초이다.

(2) (1)의 회로의 캐패시터는 시정수에서 _____ V로 충전 된다.

(3) (1)회로의 캐패시터는 _____ 초후에 17.2V로 충전된다.

(4) 100V로 충전된 0.05μF의 캐패시터가 220kΩ의 저항을 통하여 방전되고 있다. _____ 초후에 캐패시터의 전압 이 약 37V로 떨어진다.

(5) (4)에서 방전시 시정수는 _____ 초이다.

(6) 캐패시터가 완전히 방전하기 위하여 시정수의 약 ____
배의 시간이 필요하다.

05 실험 준비물

전원공급기
- 0~15V 범위의 가변직류전압원

기기
- 전압계 또는 테스터
- 함수발생기
- 오실로스코우프

저항($\frac{1}{2}$-W, 5%)
- 1MΩ 1개
- 10kΩ 1개
- 2kΩ 1개

캐패시터
- 1μF (25V 전해콘덴서)   1개
- 0.1μF   1개

기타
- SPST 스위치   2개
- 타이머 (초시계)

06 실험과정

A. 캐패시터의 방전

A1. 그림 38-5의 회로를 결선한다. 스위치 S_1과 S_2는 개방한다. C의 극성을 확인한다.

A2. 스위치 S_1을 연결하고 전압계가 12V를 나타낼 때까지 전원전압을 증가시킨다.

A3. 전원공급기의 출력을 측정하여 표 38-1에 기록한다.

A4. 그림 38-5의 회로는 1MΩ의 저항과 전압계의 내부저항 R_{in}이 직렬로 연결된 간단한 회로이다. 오옴의 법칙에 의하여

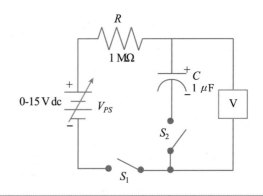

그림 38-5 과정 A1의 회로

$$R_{in} = \frac{12}{V_{PS} - 12} \times 1M\Omega$$

이며, 이때 12는 과정 A2의 12V이다. V_{PS}는 과정 A3에서 측정된 전원공급기 출력이다. R_{in}을 계산하여 표 38-1에 기록한다. 또한 전압계에 명시된 내부저항을 'Rated'란에 기록한다.

A5. 'Rated' R_{in}과 캐패시터값을 이용하여 R_{in}과 C로 구성된 회로의 시정수를 구하여 표 38-1의 'Discharge Time Constant R_{in} C, Calculated, s'란에 기록한다. 표 38-1에는 시정수의 배수가 1에서 10까지 표시되어 있다. 각각의 경과시간을 계산하여 표에 기록한다. 즉, 시정수가 10초라면 2배의 시정수 시간 후는 20초이며 3배의 경우는 30초 등이며 계산 결과를 'Discharge Time, Seconds'란에 기록한다.

A6. S_2를 연결하여 캐패시터를 충전한다. S_2가 연결되는 순간에 캐패시터는 단락상태로 동작하며 전압계는 0으로 감소한다. 캐패시터가 충전될 때, 전압계는 12V까지 증가하며, 이때 캐패시터는 완전히 충전된 상태이다.

주의 다음 과정에서 캐패시터의 방전 실험을 할 것이다. 3회의 방전이 행해지며 캐패시터에 걸린 전압이 각 시정수 간격으로 측정될 것이다.

A7. 스위치 S_1을 개방한다. 이때 캐패시터는 전압계를 통하여 방전하며 초시계를 사용하여 시정수의 1, 2, 3, 4, 5, 10배가 되는 시간 간격마다 캐패시터에 걸린 전압을 측정한다. 측정 결과를 표 38-1의 '1st Trial'란에 기록한다.

A8. S_1을 다시 연결하여 캐패시터에 걸린 전압이 12V가 되도록 재충전한다.

A9. 과정 A7을 반복한다. 결과를 '2nd Trial'란에 기록한다.

A10. 과정 A8을 반복한다.

A11. 캐패시터가 완전히 충전되었으면 과정 A7을 반복하여 6가지 구간에 대한 결과를 표 38-1의 '3rd Trial'란에 기록한다.

A12. 각 구간의 평균값을 계산하여 'Average'란에 기록한다. 또한 각 구간에서 캐패시터에 걸린 전압을 계산하여 'Calculated'란에 기록한다.

B. 캐패시터의 충전

B1. 그림 38-6의 회로를 결선한다. 이때 전원공급기의 출력은 최소로 한다.

B2. 스위치 S_1과 S_2를 연결하고 전압계에 12V가 측정될 때까지 전원을 증가한다. 이때 캐패시터는 완전히 방전된다.

B3. 표 38-2의 'Charge Time, Second'란에 표 38-1에 해당하는 값을 기록한다. 방전시 시정수와 충전시 시정수는 동일하다.

주의 다음 과정에서 캐패시터의 충전 실험을 할 것이다. 3회의 충전이 행해지며 전압계에 걸린 전압이 각 시정수 간격으로 측정될 것이다.

B4. S_2를 개방하면 전압계를 통하여 캐패시터가 충전된다. S_2를 개방하는 순간에 캐패시터는 단락상태이며 모든 전압이 전압계에 걸린다. 캐패시터가 충전되면 전압계의 전압은 감소한다. 이때 표 38-2의 각 시정

수 구간에 해당하는 전압계의 전압을 측정하여 '1st Trial'란에 기록한다. 시정수의 10배인 구간에서는 캐패시터가 완전히 충전될 것이다.

B5. 스위치 S_2를 연결하면 캐패시터는 방전한다. 전압계가 12V를 나타내면 캐패시터는 완전히 방전된 것이다.

B6. 과정 B4를 반복하여 결과를 '2nd Trial'란에 기록한다.

B7. 캐패시터를 방전하기 위하여 과정 B5를 반복한다.

B8. 과정 B4를 반복하여 결과를 '3rd Trial'란에 기록한다. 스위치 S_1과 S_2를 개방하고 전원을 차단한다.

B9. 다음 식을 이용하여 각 구간에서 캐패시터에 걸린 전압을 계산한다.

$$V_C = V_{PS} - V_{R_{in}}$$

여기서 V_C는 캐패시터에 걸린 전압이며 V_{PS}는 전원공급기의 전압, $V_{R_{in}}$은 전압계에 나타나는 전압이다. 결과를 표 38-2에 기록한다.

B10. 각 구간에서 캐패시터에 걸린 전압의 평균값을 계산하여 표 38-2의 'Average'란에 기록한다.

B11. 각 구간에 대하여 캐패시터에 걸린 전압을 계산하여 결과를 표 38-2의 'Calculated'란에 기록한다.

C. 구형파 입력

C1. 그림 38-7의 회로를 결선한다. 이 회로는 스위치를 on/off하는 대신 구형파를 입력시킴으로써 RC 시정수를 구할 때 사용한다.

C2. 함수발생기의 출력을 $5\,V_{p-p}$ – 500Hz로 조정한다. 함수발생기의 dc 옵셋 스위치를 조정하여 구형파의 최고값을 5V, 최저값을 0V로 맞춘다.

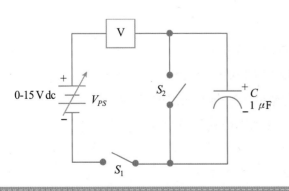

그림 38-6 과정 B1의 회로

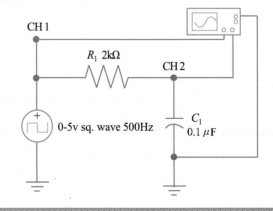

그림 38-7 구형파 입력

C3. 시정수값을 계산하고 표 38-3에 주어진 시정수 주기
　　에 대한 %변화를 기록한다.

C4. 각 시정수에 대하여 C_1에 걸린 전압(예상값)을 계산
　　한다.

C5. 오실로스코우프를 이용하여 C_1에 걸린 전압을 측정하
　　고 표 38-3에 기록한다. 이때 Time/Div.는 0.2ms/
　　Div.로 고정한다.

07 예비 점검의 해답

(1) 0.55

(2) 12.6

(3) 1.1

(4) 11.0×10^{-3}

(5) 11.0×10^{-3}

(6) 5

표 38-1 캐패시터의 방전

Power Supply Voltage V_{PS}, V	Internal Resistance of Meter R_{in}, Ω		Discharge Time constant $R_{in}C$, Calculated, s	Voltage Across Capacitor, V_C, V
	Calculated	Rated		
				12
Discharge Time		Voltage Across Capacitor, V_C, V			
Time Constants	Seconds	1st Trial	2d Trial	3d Trial	Average	Calculated
1						
2						
3						
4						
5						
10						

표 38-2 캐패시터의 충전

Charge Time		Voltmeter Reading $V_{R_{in}}$, V			Voltage Across Capacitor V_C, V				
Time Constants	Seconds	1st Trial	2d Trial	3d Trial	1st Trial	2d Trial	3d Trial	Average	Calculated
1									
2									
3									
4									
5									
10									

표 38-3 구형파 입력

Time Constants	1	2	2	4	5
Time					
% Change					
V_C Calculated					
V_C Measured					

1. 캐패시터의 충전 및 방전과정을 설명하시오.

2. RC 회로의 시정수에 대하여 설명하시오.

3. 이 실험의 정확성에 영향을 미치는 요소에 대하여 설명하시오.

4. 동일한 그래프 용지에 다음과 같은 그래프를 그리시오. 수평축은 시정수, 수직축은 캐패시터에 걸린 전압을 표시하시오.

   (a) 표 38-1의 캐패시터에 걸린 평균 측정전압 대 시정수의 관계

   (b) 표 38-1의 캐패시터에 걸린 계산한 전압 대 시정수의 관계

   (c) 표 38-2의 캐패시터에 걸린 평균 측정전압 대 시정수의 관계

   (d) 표 38-2의 캐패시터에 걸린 계산한 전압 대 시정수의 관계

5. 고찰 4의 그래프와 그림 38-3의 그래프를 비교하시오.

EXPERIMENT
39

캐패시터의 리액턴스 (X_C)

01 실험목적

(1) 다음과 같은 캐패시터의 리액턴스 식을 실험적으로 확인한다.

$$X_C = \frac{1}{2\pi f C}$$

02 이론적 배경

1. 캐패시터의 리액턴스

캐패시터의 용량성 리액턴스 X_C는 교류회로에서 전류의 흐름을 방해하는 정도를 나타낸다. 용량성 리액턴스의 단위는 오옴이지만 유도성 리액턴스 X_L 또는 용량성 리액턴스 X_C는 저항계로 측정할 수 없다. 더욱이 용량성 리액턴스는 교류회로에서 전류에 미치는 영향을 관찰함으로써 간접적으로 측정할 수 있다.

용량성 리액턴스는 다음 식과 같이 주파수에 영향을 받는다.

$$X_C = \frac{1}{2\pi f C} \tag{39-1}$$

여기서 X_C의 단위는 오옴이며 C는 F, f는 Hz의 단위를 갖는다. 캐패시터에 μF 값을 대입시키면

$$X_C = \frac{10^6}{2\pi f C} \tag{39-2}$$

이며, 식 39-2에서 C는 μF의 단위를 갖는다. 예를 들어서 1000Hz에서 0.1μF의 리액턴스는 식 39-2에 의하여

$$X_C = \frac{10^6}{(6.28)(1000)(0.1)} = 1592\Omega = 1.59k\Omega$$

이다.

식 39-1과 39-2에서 주파수가 커지면 리액턴스는 작아짐을 알 수 있다. 즉 반비례관계에 있다. $f = 0$인 직류전류에서 X_C는 무한대이다. 이는 직류회로에서 캐패시터는 개방회로로 동작하므로 직류전류는 캐패시터를 통과할 수 없다는 것을 의미한다.

캐패시터의 리액턴스는 측정에 의하여 구할 수 있다. 그림 39-1에서 정현파 전압 V는 회로에 전류를 흐르게 한다. 교류회로의 오옴의 법칙에 따라

$$I = \frac{V}{Z} \qquad (39\text{-}3)$$

이며 여기서 I는 A, V는 V, Z는 Ω의 단위를 갖는다. 그림 39-1에서 회로의 R이 X_C에 비하여 매우 작다면 캐패시터의 리액턴스는 회로의 임피던스와 같다.

$$X_C = Z \qquad (39\text{-}4)$$

캐패시터에 흐르는 전류는

$$I = \frac{V}{X_C} = \frac{V_C}{X_C} \qquad (39\text{-}5)$$

이며 식 39-5에서

$$X_C = \frac{V_C}{I} \qquad (39\text{-}6)$$

이다.

주어진 주파수에서 교류전류계를 이용하여 회로에 흐르는 전류를 측정하고, 교류전압계를 이용하여 캐패시터에

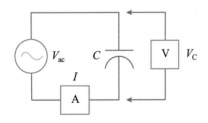

그림 39-1 회로의 R이 X_C에 비하여 작다면 $Z = X_C$, $V_C = V$이다.

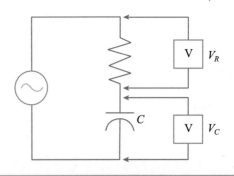

그림 39-2 직렬 RC회로

걸린 전압을 측정하여 식 39-6에 대입하면, 캐패시터의 리액턴스를 구할 수 있다. 그림 39-1에서 전압계는 캐패시터에 직접 연결되어 있으므로 전압계는 V가 아니라 V_C를 측정한다. 전류계의 내부저항을 고려하여 전류계에서도 전압강하가 발생함을 알 수 있다. 특히 전류계의 내부저항이 매우 크다면 전류에 영향을 미칠 것이다. V_C를 측정함으로써 식 39-6에서 X_C를 구할 수 있다.

전류계를 연결하지 않고 측정하는 또 다른 방법이 있다. 그림 39-2의 회로는 직렬회로이다. 그러므로 R과 C에 흐르는 전류는 동일하다. 이 회로에서 캐패시터의 전압 V_C와 저항에 걸린 전압 V_R을 측정함으로써 X_C를 구할 수 있다. R값과 V_R값을 이용하여 오옴의 법칙에 대입하면

$$I = \frac{V_R}{R} \qquad (39\text{-}7)$$

와 같이 전류를 구할 수 있다. 식 39-6에 구한 I와 V_C를 대입하면 X_C를 구할 수 있다. 식 39-6과 39-7을 이용하면 전류를 계산하지 않아도 X_C를 구할 수 있다.

$$X_C = \frac{V_C}{V_R} \times R \qquad (39\text{-}8)$$

식 39-8에 측정한 V_C, V_R과 R을 대입하면 X_C를 구할 수 있다.

03 요약

(1) 교류회로에서 전류의 흐름을 방해하는 정도를 캐패시터의 용량성 리액턴스 X_C라 한다. 용량성 리액턴스 X_C의 단위는 오옴이다.

(2) 캐패시터의 용량성 리액턴스 X_C는 주파수와 캐패시턴스에 따라 변화한다.

(3) 용량성 리액턴스 X_C는 주파수에 역비례한다.

(4) 용량성 리액턴스 X_C는 캐패시턴스에 역비례한다.

(5) 주파수 f, 캐패시턴스 C인 회로의 용량성 리액턴스 X_C는 다음 식과 같다.

$$X_C = \frac{1}{2\pi f C}$$

여기서 C는 F, X_C는 $\varOmega$, f는 Hz의 단위를 갖는다. C를 μF으로 대입시키면

$$X_C = \frac{10^6}{2\pi f C}$$

이다.

(6) 용량성 리액턴스는 직접 측정할 수 없으며, 교류회로에서 간접적으로 측정할 수 있다. 그림 39-1에서 회로의 전류 I와 캐패시터의 전압 V_C를 측정하여 오옴의 법칙에 대입하면 용량성 리액턴스 X_C를 구할 수 있다.

$$X_C = \frac{V_C}{I}$$

(7) 그림 39-2에 용량성 리액턴스 X_C를 구하는 또 다른 방법을 설명하였다. R과 C에 걸리는 전압인 V_R과 V_C를 측정하여 다음 식에 대입하면 캐패시터의 용량성 리액턴스 X_C를 구할 수 있다.

$$X_C = \frac{V_C}{V_R} \times R$$

04　예비점검

다음 질문에 답하시오.

(1) 캐패시터의 단위는 _____ 이다. 용량성 리액턴스 X_C의 단위는 _____ 이다.

(2) 캐패시터의 용량성 리액턴스 X_C는 전압원의 _____ 와 캐패시터의 _____ 에 역비례한다.

(3) 0.1μF의 캐패시터에 주파수 60Hz인 신호를 입력하였

을 때 용량성 리액턴스 X_C는 _____ $\varOmega$이다.

(4) 0.1μF의 캐패시터에 주파수 600Hz인 신호를 입력하였을 때 용량성 리액턴스 X_C는 _____ $\varOmega$이다.

(5) 캐패시터에 걸린 전압은 9.5V이고 흐르는 전류는 0.01A이다. 이때 용량성 리액턴스 X_C는 _____ $\varOmega$이다.

(6) 1000$\varOmega$의 저항과 0.05μF의 캐패시터가 직렬로 연결되어 있다. 저항에 걸린 전압은 5V이며 캐패시터에 걸린 전압은 15V이다. 이때 용량성 리액턴스 X_C는 _____ k$\varOmega$이다.

(7) (6)에서 인가 전압의 주파수는 _____ kHz이다.

05　실험 준비물

전원공급기

■ 절연변압기
■ 가변변압기

기기

■ EVM 또는 DMM
■ 오실로스코우프
■ 0-5mA 범위의 교류전류계
■ 캐패시터 브릿지
■ LCR 미터 또는 캐패시터/인덕터 분석기

저항

■ 5.6kΩ, 1/2W 5%　　1개

캐패시터

■ 0.5μF 또는 0.47μF, 25-WV　　1개
■ 0.1μF, 100-WV　　1개

기타

■ SPST 스위치
■ on-off 스위치, 퓨즈

06　실험과정

1. LCR 미터 또는 캐패시터/인덕터 분석기를 사용하여 두

실험용 캐패시터의 캐패시턴스를 측정한다. 측정값을 표 39-1의 'Measured Value'란에 기록한다.

2. 그림 39-3의 회로를 결선한다. 이때 스위치 S_1은 개방하고 가변변압기의 출력은 최소로 조정한다.

3. 전원을 인가하고 스위치 S_1을 연결시킨다. 2mA의 전류가 전류계에 나타나도록 가변변압기의 출력을 조정한다. 캐패시터에 걸린 전압 V_C를 측정하여 0.5μF란에 기록한다.

4. 3mA에 대하여 과정 3을 반복한다.

5. 4mA에 대하여 과정 3을 반복한다. 스위치 S_1을 개방하고 0.5μF의 캐패시터를 제거한다. 이 회로는 과정 7에서 다시 이용한다.

6. 각 전류 (2mA, 3mA, 4mA)에 대한 캐패시터의 용량성 리액턴스 X_C를 계산한다. 먼저 전압계와 전류계로 측정한 전압과 전류를 이용하여 계산하고, 다음 식에 의하여 다시 계산한다.

$$X_C = \frac{1}{2\pi f C}$$

표 39-1의 0.5μF의 'Voltmeter-Ammeter Value'와 'Reactance Formula Value'란에 각각 해당값을 기록한다.

7. 그림 39-3의 회로에 0.1μF을 연결하여 과정 3, 4, 5, 6을 반복하되, 1, 2, 3mA의 전류값에서 측정한다. 표

39-1의 0.1μF란에 해당값을 기록한다. 측정이 끝났으면 스위치 S_1을 개방한다. 이 회로는 과정 9에서 다시 이용한다.

8. 저항계를 사용하여 5.6kΩ의 저항을 측정한다. 표 39-2에 결과를 기록한다.

9. 과정 7의 회로에 5.6kΩ의 저항을 직렬로 연결하여 그림 39-4의 회로를 결선한다.

10. 스위치 S_1을 연결한다. 가변변압기의 출력을 $10\,V_{rms}$로 증가시킨다. 오실로스코우프를 점 A에 연결하여 저항과 캐패시터의 양단에 걸리는 전압의 진폭을 측정한다. V_R에 대해선 전위차 측정방법을 이용한다. 표 39-2의 0.1μF란에 결과를 기록한다. 스위치 S_1을 개방하고 캐패시터를 제거한다. 이 회로는 과정 12에서 다시 이용한다.

11. 식 39-8을 이용하여 용량성 리액턴스 X_C를 구하고 표 39-2의 'Capacitive Reactance(Calculated)'란에 기록한다.

12. 스위치 S_1을 개방하고 과정 10의 회로에 0.5μF을 연결한다.

13. 과정 10을 반복한다. 표 39-2의 0.5μF란에 결과를 기록한다. 스위치 S_1을 개방하고 전원을 차단한다.

14. 과정 11을 반복한다.

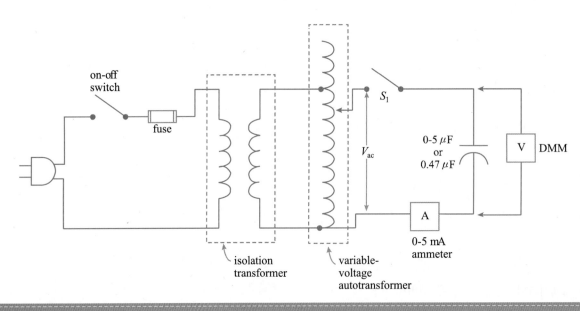

그림 39-3 과정 2를 위한 회로

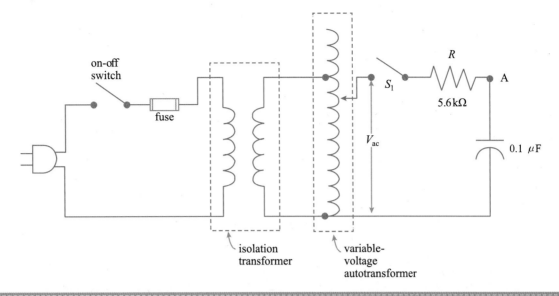

07 예비 점검의 해답

(1) F, Ω

(2) 주파수, 캐패시턴스

(3) 26.5k

(4) 2.65k

(5) 950

(6) 3

(7) 1.06

표 39-1 전압계와 전류계를 이용한 용량성 리액턴스 결정 방법

Capacitance C, μF		Current I, mA	Voltage across Capacitor V_C, V	Capacitive Reactance X_C (Calculated), Ω	
Rated Value	Measured Value			Voltmeter-Ammeter Value	Reactance Formula Value
0.5 or 0.47		2			
		3			
		4			
0.1		1			
		2			
		3			

표 39-2 전압과 저항을 이용한 용량성 리액턴스 결정 방법

Capacitor Rated Value, μF	Resistor R, kΩ		Voltage across Capacitor V_C, V_{p-p}	Voltage across Capacitor V_R, V_{p-p}	Capacitive Reactance X_C (Calculated) Voltage-Ratio formula, kΩ			
	Rated Value	Measured Value						
0.1	5.6							
0.5	5.6							

실험 고찰

1. 용량성 리액턴스를 실험적으로 결정하는 두가지 방법에 대하여 설명하시오. 각 방법에서 주의점을 고찰하시오.

_____
_____
_____
_____
_____
_____
_____
_____
_____

2. 전압계와 전류계를 이용한 용량성 리액턴스 결정 방법의 결과인 표 39-1의 X_C값은 동일한가? 동일하다면 이유를 설명하시오. 동일하지 않다면 차이점을 설명하시오.

_____

_____

_____

_____

_____

_____

_____

_____

3. 표 39-2의 전압과 저항을 이용한 용량성 리액턴스 결정 방법의 두 결과는 표 39-1의 결과와 동일한가? 동일하지 않다면 차이점을 설명하시오.

_____

_____

_____

_____

_____

_____

_____

_____

_____

4. 그림 39-3에서 실험한 캐패시터가 단락된다면 결과는 어떻게 변하는가?

_____

_____

_____

_____

_____

_____

_____

_____

EXPERIMENT
40

캐패시터의 직병렬 연결

01 실험목적

(1) 직렬연결된 캐패시터의 총캐패시턴스는

$$\frac{1}{C_T} = \frac{1}{C_1} + \frac{1}{C_2} + \frac{1}{C_3} + \quad \cdot \quad \cdot \quad \cdot \quad + \frac{1}{C_n}$$

임을 실험적으로 확인한다.

(2) 병렬연결된 캐패시터의 총캐패시턴스는

$$C_T = C_1 + C_2 + C_3 + \quad \cdot \quad \cdot \quad \cdot \quad + C_n$$

임을 실험적으로 확인한다.

02 이론적 배경

1. 직렬연결된 캐패시터의 총캐패시턴스

그림 40-1과 같이 직렬연결된 캐패시터 C_1과 C_2에는 동일한 전류 I가 흐른다. 캐패시터를 직렬연결하면 전체 용량성 리액턴스는 증가하며, 하나의 캐패시터가 있을 때보다 흐르는 전류는 감소한다.

직렬연결된 캐패시터의 전체 용량성 리액턴스 X_{C_T}는 C_1과 C_2의 각 용량성 리액턴스 X_{C_1}과 X_{C_2}의 합으로 주어진다.

$$X_{C_T} = X_{C_1} + X_{C_2}$$

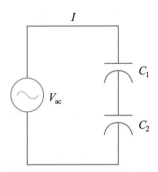

다음 식에 각 용량성 리액턴스를 대입하면

$$\frac{1}{2\pi f C_T} = \frac{1}{2\pi f C_1} + \frac{1}{2\pi f C_2}$$

이며 $2\pi f$항을 소거하면

$$\frac{1}{C_T} = \frac{1}{C_1} + \frac{1}{C_2}$$

이다. 일반적으로 n개의 캐패시터를 직렬연결하면

$$\frac{1}{C_T} = \frac{1}{C_1} + \frac{1}{C_2} + \frac{1}{C_3} + \cdot \cdot \cdot + \frac{1}{C_n} \qquad (40\text{-}1)$$

의 관계가 성립한다.

직렬연결시 리액턴스는 개별 리액턴스보다 증가하므로 총캐패시턴스 C_T는 개별 캐패시턴스보다 작아진다. 총캐패시턴스는 몇 가지 방법에 의하여 실험적으로 구할 수 있다. 가장 간단한 방법은 연결된 캐패시터에 캐패시터 측정계를 연결하여 직접 값을 측정하는 것이다. 그림 40-2와 같은 캐패시터 분석기를 이용하면 고정밀 캐패시터값을 측정할 수 있다.

이 실험에서 사용하는 다른 방법은 용량성 리액턴스 X_{C_T}를 구하는 것이다. X_{C_T}를 구하면 다음 식에 의하여 총캐패시턴스를 구할 수 있다.

$$C_T = \frac{1}{2\pi f X_{C_T}} \qquad (40\text{-}2)$$

본 실험에서는 이 방법을 이용하여 실험할 것이다. 직렬연결된 캐패시터의 총리액턴스는 전류 I_C와 전압 V_C를 측정하여 다음 식에 대입하여 구할 수도 있다.

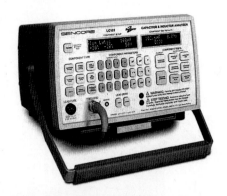

$$X_{C_T} = \frac{V_C}{I_C} \qquad (40\text{-}3)$$

캐패시터에 흐르는 전류는 교류전류계로 측정할 수 있으며, 또는 직렬연결된 저항에 걸린 전압을 측정하여 다음 식에 대입하여 구할 수도 있다.

$$I_C = \frac{V_R}{R} \qquad (40\text{-}4)$$

2. 병렬연결된 캐패시터의 총캐패시턴스

병렬연결된 캐패시터는 전력용 또는 전자회로에서 자주 사용된다. 그림 40-3은 병렬연결된 캐패시터와 전원 V_{ac}의 회로이다. 이 회로에서 각 캐패시터에 걸린 전압은 동일하며, 총전류 I_T는 C_1을 통하는 전류 I_1과 C_2를 통하는 전류 I_2의 합으로 주어진다. 즉 $I_T = I_1 + I_2$이다.

전류는 다음 식과 같이 각 캐패시터의 리액턴스에 의하여 제한된다.

$$I_1 = \frac{V_{ac}}{X_{C_1}}; \quad I_2 = \frac{V_{ac}}{X_{C_2}} \qquad (40\text{-}5)$$

총전류는

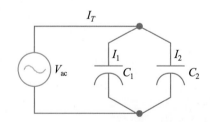

$$I_T = \frac{V_{ac}}{X_{C_1}} + \frac{V_{ac}}{X_{C_2}} \qquad (40\text{-}6)$$

$$= \frac{V_{ac}}{\frac{1}{2\pi f C_1}} + \frac{V_{ac}}{\frac{1}{2\pi f C_2}} =$$

$$= V_{ac}(2\pi f C_1) + V_{ac}(2\pi f C_2)$$

와 같으며, V_{ac}로 나누면

$$\frac{I_T}{V_{ac}} = 2\pi f C_1 + 2\pi f C_2 \qquad (40\text{-}7)$$

이다. 또한

$$\frac{I_T}{V_{ac}} = \frac{1}{X_{C_T}} = 2\pi f C_T$$

을 식 40-7에 대입하면

$$2\pi f C_T = 2\pi f C_1 + 2\pi f C_2$$

이며, $2\pi f$를 소거하면

$$C_T = C_1 + C_2$$

이다. 일반적으로 n개의 캐패시터를 병렬연결하면

$$C_T = C_1 + C_2 + C_3 + \cdots + C_n \qquad (40\text{-}8)$$

의 관계가 성립한다.

3. 캐패시터값 읽기

캐패시터값을 측정하기 전에 다양한 캐패시터값의 표기 방법에 대하여 알아야 한다. 캐패시터값은 마이크로패럿(μF), 피코패럿(pF), 나노패럿(nF) 등으로 표기된다. 전해 콘덴서와 같이 큰 용량의 캐패시터는 주로 μF 단위의 정수로 표기되며, 그 이외의 소용량 캐패시터의 경우는 pF 단위가 주로 사용된다. 필름형 캐패시터는 매우 특별한 표기 방법이 사용된다. 104K로 표기되어 있을 때 처음 두 수는 유효숫자를 나타내며 세 번째 4는 10의 승수를 나타낸다. 이때 K는 10%의 오차범위를 나타내며 단위는 pF이다. 그러므로 이와 같이 표기된 캐패시터는 100,000pF 즉, 0.1μF의 값을 갖는다.

원판모양의 세라믹 캐패시터의 경우는 정수 또는 소수로 표기된다. 정수는 pF, 소수는 μF의 단위이다. 실제 표

기 방법은 제조사에 따라 다양하나 필름형 캐패시터의 경우와 유사하다. 또한 캐패시터에는 동작전압(Working Volts DC: WV DC)과 동작온도 범위가 표기되며, 자세한 표기 방법은 부록 A를 참고한다.

 요약

(1) 직렬연결된 캐패시터의 각각에 흐르는 전류는 동일하다. 직렬연결된 캐패시터의 총리액턴스는 각 캐패시터에 해당하는 리액턴스의 합이다.

(2) 캐패시터를 직렬 연결한 회로의 전체 전류 I_T는 각 캐패시터가 단독으로 연결되어 있을 때의 전류보다 적다.

(3) n개의 캐패시터가 직렬 연결되어 있을 때 총캐패시턴스는

$$\frac{1}{C_T} = \frac{1}{C_1} + \frac{1}{C_2} + \frac{1}{C_3} + \cdots + \frac{1}{C_n}$$

이다.

(4) 직렬연결된 캐패시터의 총캐패시턴스는 병렬연결된 저항의 총저항을 구하는 방법과 유사하다.

(5) 직렬연결된 캐패시터의 총캐패시턴스는 캐패시터/인덕터 분석기를 이용하면 실험적으로 구할 수 있다.

(6) 직렬연결된 캐패시터의 총캐패시턴스를 구하는 또 다른 방법은 총전류 I_T와 총캐패시터에 걸리는 전압 V_C를 측정하여 다음 식에 대입하는 것이다.

$$X_{C_T} = \frac{V_C}{I_T}$$

X_{C_T}와 인가전원의 주파수를 이용하면

$$C_T = \frac{1}{2\pi f X_{C_T}}$$

에서 총캐패시턴스 C_T를 구할 수 있다.

(7) 캐패시터가 병렬연결된 회로의 총전류는 각 캐패시터에 흐르는 전류의 합이다.

(8) 병렬 연결된 캐패시터의 총전류는 각 캐패시터에 흐르는 전류보다 크다.

(9) n개의 캐패시터가 병렬연결되어 있을 때 총캐패시턴스는

$$C_T = C_1 + C_2 + C_3 + \cdots + C_n$$

이다. 이는 직렬 연결된 저항의 총저항을 구하는 방법과 유사하다.

다음 물음에 답하시오.

(1) 그림 40-1회로에서 $C_1 = 0.40\mu F$, $C_2 = 0.05\mu F$이다. 이 때 총캐패시턴스 C_T는 _____ μF이다.

(2) 인가전원의 주파수가 100Hz라면 (1)에서 다음 값을 계산하라.

   (a) X_{C_1} = _____ kΩ

   (b) X_{C_2} = _____ kΩ

   (c) X_{C_T} = _____ kΩ

(3) 그림 40-4의 회로에서 전원의 주파수는 1kHz이며 C_1, C_2, C_3는 동일하다. 저항에 걸린 전압 V_R이 4V이고 총캐패시터에 걸린 전압 V_{C_T}는 6V이다. 이때 각 캐패시터의 크기는 $C_1 = C_2 = C_3 =$ _____ μF이다.

(4) 그림 40-3의 회로에서 C_1에 흐르는 전류 I_1은 0.04A이고 C_2에 흐르는 전류 I_2는 0.02A이다. 이때 총전류 I_T는 _____ mA 이다.

(5) 그림 40-3의 회로에서 $C_1 = 0.5\mu F$, $C_2 = 1.0\mu F$이다. 총 캐패시턴스 C_T는 _____ μF이다.

(6) 그림 40-3의 회로에서 인가 전압 V_{ac}는 12V이며 총전류는 0.01A이다. 주파수가 60Hz일 때 회로의 총리액턴스와 총캐패시턴스를 구하여라.

   (a) X_{C_T} = _____ kΩ

   (b) C_T = _____ μF

기기

- 오실로스코우프
- LCR 미터 또는 캐패시터 분석기
- 교류전류계 또는 DMM
- EVM 또는 DMM
- 함수발생기

저항($\frac{1}{2}$-W, 5%)

- 10kΩ 1개

캐패시터

- 0.022μF, 25-WVDC   1개
- 0.1μF, 25-WVDC   2개
- 0.47μF, 25-WVDC   1개
- 470pF(원판형), 25-WVDC   1개

실험에 사용할 캐패시터에 1에서 5까지의 번호를 표시한다.

A. 직렬연결된 캐패시터의 총캐패시턴스 결정

A1. LCR 미터나 캐패시터 분석기를 사용하여 이 실험에서 사용할 캐패시터의 캐패시턴스를 측정하여 표 40-1에 기록한다. 또한 표시된 값을 기록한다.

A2. 표 40-2에 표시된 5가지의 직렬 조합으로 연결하고 총 캐패시턴스를 측정한다. 결과를 표 40-2의 'Measured' 란에 기록한다.

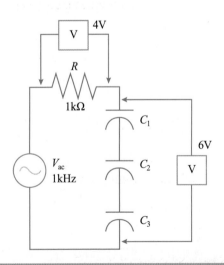

그림 40-4 예비점검 3의 회로

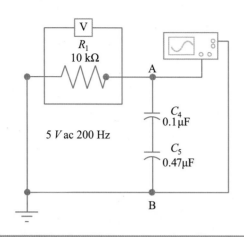

그림 40-5 과정 A4의 회로

A3. 표 40-1의 측정값을 이용하여 표 40-2의 5가지의 직렬 조합에 대한 총캐패시턴스를 계산하고 결과를 'Calculated'란에 기록한다.

A4. 함수발생기의 전원을 차단하고 그림 40-5의 회로를 결선한다. 함수발생기를 가장 낮은 출력으로 조정한다. 이 회로에서 $0.47\mu F$과 $0.1\mu F$는 직렬연결되어 있으며 표 40-2의 $C_4 + C_5$를 나타낸다.

A5. 전원을 인가하고 $V_{ac} = 5V_{rms} - 200Hz$가 되도록 함수발생기의 출력을 증가시킨다.

A6. DMM을 사용하여 저항에 걸린 전압 V_R 및 AB간에 걸린 전압 V_{C_T}을 측정한다. 오실로스코우프를 사용하여 측정값을 확인한다. 이때 rms 전압을 측정하도록 변환된 크기가 관측될 것이다. 측정결과 V_{C_T}와 V_R을 표 40-2에 기록한다. 함수발생기의 전원을 차단한다. 이 회로는 과정 A8에서 다시 사용한다.

A7. 측정한 V_R과 저항값을 이용하여 I_T를 계산하고 표 40-2의 'I_T'란에 결과를 기록한다. I_T와 V_{C_T}를 이용하

여 용량성 리액턴스를 계산하고 표 40-2의 'X_{C_T}'란에 기록한다. X_{C_T}를 이용하여 C_T를 구하고 표 40-2의 'C_T'란에 기록한다. 이때 주파수는 200Hz이다.

A8. 과정 A4의 두 캐패시터와 직렬로 $0.1\mu F$을 추가한다. 새로운 회로는 $0.47\mu F$과 두개의 $0.1\mu F$ 캐패시터를 포함한다. 이는 표 40-2에서 $C_3 + C_4 + C_5$의 경우이다.

A9. 함수발생기에 전원을 인가하고 $V_{ac} = 5V_{rms} - 200Hz$가 되도록 전압을 증가시킨다. 과정 A6과 같이 V_R과 V_{C_T} (AB간의 전압)을 측정하여 표 40-2에 기록한다. 함수발생기의 전원을 차단한다. 이 회로는 과정 B에서 사용될 것이다.

A10. 과정 A7과 같이 I_T, X_{C_T}, C_T를 계산하고 표 40-2에 결과를 기록한다.

B. 병렬연결된 캐패시터의 총캐패시턴스 결정

B1. 함수발생기의 전원을 차단하고 그림 40-6의 회로를 결선한다. 함수발생기를 가장 낮은 출력으로 조정한다. $0.47\mu F$과 $0.1\mu F$이 병렬연결되어 있으며 표 40-3의 $C_4 + C_5$의 경우이다.

B2. 전원을 인가하고 $V_{ac} = 5V_{rms} - 200Hz$가 되도록 함수발생기의 출력을 증가시킨다. 캐패시터의 양단에 걸린 전압과 회로의 총전류를 측정하여 표 40-3에 결과를 기록한다. 전원을 차단한다.

B3. 오옴의 법칙과 측정한 I_T와 V_{C_T}를 이용하여 X_{C_T}를 계산한다. 결과를 표 40-3에 기록한다. 전원의 주파수가 200Hz일 때 총캐패시턴스를 계산하여 표 40-3의 'Voltmeter-Ammeter Method'란에 기록한다. 공식 $C_T = C_1 + C_2 + ... + C_n$에 표 40-1의 C_4와 C_5값을 대

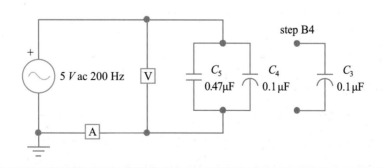

그림 40-6 과정 B1의 회로

입하여 C_T를 구한 다음 표 40-3의 'Formula Value'란에 기록한다.

B4. 그림 40-6과 같이 0.1μF의 캐패시터를 병렬로 추가시킨다. 이는 표 40-3의 $C_3 + C_4 + C_5$의 경우이다. 과정 B2를 반복한다. 표 40-3에 결과를 기록한 후, 전원을 차단한다.

B5. 병렬로 연결된 캐패시터 $C_3 + C_4 + C_5$에 대하여 과정 B3을 반복한다.

B6. $C_4 + C_5$의 캐패시터를 회로에서 분리하고 LCR 미터 또는 캐패시터 분석기로 값을 측정하여 표 40-3의 'Measured Value'란에 기록한다.

B7. $C_3 + C_4 + C_5$의 캐패시터에 대하여 과정 B6를 반복한다.

07 예비 점검의 해답

(1) 0.044

(2) (a) 3.98 (b) 31.8 (c) 35.8

(3) 0.32

(4) 60

(5) 1.5

(6) (a) 1.2 (b) 2.2

성 명 _____   일 시 _____

표 40-1   캐패시턴스의 측정값

Capacitor Number	Rated Value	Measured Value	Coded Value
1	470 pF		
2	0.002 μF		
3	0.1 μF		
4	0.1 μF		
5	0.47 μF		

표 40-2   직렬연결된 캐패시터의 총캐패시턴스 결정

Series Combination	Method 1		Method 2				
	Total Capacitance C_T, μF		Voltage across Resistor V_R, V_{ac}	Voltage across Series Combination V_{C_T}, V_{ac}	Current I_T, mA	Total Capacitive Resistance X_{C_T}, Ω	Total Capacitance C_T, μF
	Measured	Calculated					
$C_1 + C_2$							
$C_2 + C_3$							
$C_2 + C_3 + C_4$							
$C_4 + C_5$							
$C_3 + C_4 + C_5$							

표 40-3   병렬연결된 캐패시터의 총캐패시턴스 결정

Parallel Combination	Total Current I_T, mA	Voltage across Parallel Combination V_{C_T}, V_{ac}	Total Capacitive Resistance (Calculated) X_{C_T}, Ω	Method 2		
				Voltmeter-Ammeter Method	Formula Value	Measured Value
$C_4 + C_5$						
$C_3 + C_4 + C_5$						

실험 고찰

1. 병렬로 캐패시터를 추가하였을 때, 총전류 및 각 캐패시터에 흐르는 전류와 전압에 미치는 영향을 설명하시오. 전원은 일정하다고 가정한다.

_____

_____

_____

2. 직렬로 캐패시터를 추가하였을 때, 총전류 및 각 캐패시터에 흐르는 전류와 전압에 미치는 영향을 설명하시오. 전원은
   일정하다고 가정한다.

_____

_____

_____

_____

_____

3. 표 40-2의 'Method 1'의 결과를 이용하여 계산값과 측정값을 비교하시오. 값에 차이가 있다면 이유를 설명하시오.

_____

_____

_____

_____

_____

4. 표 40-2의 'Method 2'의 결과를 이용하여 계산값과 측정값을 비교하시오. 값에 차이가 있다면 이유를 설명하시오.

_____

_____

_____

_____

_____

5. 표 40-3의 결과를 이용하여 캐패시턴스를 구하는 가장 정확한 방법은 무엇인지와 그 이유를 설명하시오.

_____

_____

_____

_____

_____

6. 직병렬연결된 캐패시터의 총캐패시터를 구하는 방법과 직병렬연결된 저항의 총저항을 구하는 방법을 비교하시오.

_____

_____

_____

_____

EXPERIMENT
41
캐패시터의 전압분배

01 실험목적

(1) 직렬연결된 캐패시터에서 C_1에 걸린 전압 V_1은

$$V_1 = V \times \frac{C_T}{C_1} \quad \cdots \cdots \cdots (1)$$

임을 확인한다. 여기서 V는 인가전압이며 C_T는 총캐패시턴스이다.
(2) 식 (1)을 실험적으로 확인한다.

02 이론적 배경

1. 캐패시터와 교류전압

교류회로에 적용되는 오옴의 법칙은 "회로에 흐르는 전류 I는 인가전압 V를 전류의 흐름을 방해하는 성분으로 나눈 것과 같다"이다. 이 때 방해 성분을 임피던스(impedance)라 하며 기호 Z를 사용한다. 즉,

$$I = \frac{V}{Z} \quad (41\text{-}1)$$

이다. 그림 41-1과 같이 캐패시터 C만 포함된 회로에서 임피던스는 캐패시터 C의 리액턴스 X_C이다. 그러므로 Z와 X_C는 동일하며

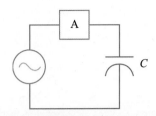

$$I = \frac{V_C}{X_C} \qquad (41\text{-}2)$$

이다. 식 41-2에서 캐패시터의 전압강하 V_C는 캐패시터에 흐르는 전류 I와 캐패시터의 리액턴스 X_C의 곱이다.

$$V_C = I \times X_C \qquad (41\text{-}3)$$

2. 캐패시터의 전압분배

그림 41-2와 같이 직렬연결된 캐패시터에 교류전압을 인가하면 각 캐패시터에서 전압강하가 발생한다. 이 전압강하는 전류와 각 캐패시터의 리액턴스의 곱과 같다. 직렬연결시 전류는 회로의 모든 부분에서 동일하므로 각 캐패시터에 걸린 전압은

$$\begin{aligned} V_1 &= I \times X_{C_1} \\ V_2 &= I \times X_{C_2} \end{aligned} \qquad (41\text{-}4)$$

와 같다.

캐패시턴스가 작아지면 리액턴스는 증가하며 전압강하도 증가한다. 그림 41-2에서 $0.05\mu\mathrm{F}$의 리액턴스는 $0.1\mu\mathrm{F}$의 두배이므로 $V_1 = 2V_2$이다. 이 회로에 $18V$를 인가하였다면 $V_1 = 12V$, $V_2 = 6V$로서 V_1과 V_2의 합은 $18V$이다.

식 (41-4)를 각 캐패시턴스값으로 다시 정리하면

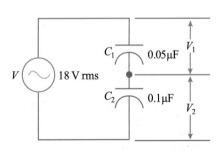

$$\begin{aligned} V_1 &= I \times X_{C_1} = I \times \frac{1}{2\pi f C_1} \\ V_2 &= I \times X_{C_2} = I \times \frac{1}{2\pi f C_2} \end{aligned} \qquad (41\text{-}5)$$

이다. 각 캐패시터의 전압강하 비는

$$\frac{V_1}{V_2} = \frac{\dfrac{1}{2\pi f C_1}}{\dfrac{1}{2\pi f C_2}} = \frac{2\pi f C_2}{2\pi f C_1}$$

이며, $2\pi f$를 소거하면

$$\frac{V_1}{V_2} = \frac{C_2}{C_1} \qquad (41\text{-}6)$$

가 된다.

여러 개의 캐패시터가 직렬로 연결된 경우 임의의 두 캐패시터의 전압강하비는

$$\frac{V_a}{V_b} = \frac{C_b}{C_a}$$

이며 V_a는 C_a에서의 전압강하이며 V_b는 C_b에서의 전압강하이다. 직렬연결된 캐패시터의 총리액턴스 X_{C_T}는 전압과 전류에 대하여 다음 식과 같은 관계를 갖는다. 여기서 V는 인가전압이며 I는 총전류이다.

$$V = I \times X_{C_T} \qquad (41\text{-}7)$$

$V_1 = I \times X_{C_T}$이므로 V_1을 V로 나누면

$$\frac{V_1}{V} = \frac{I \times X_{C_1}}{I \times X_{C_T}} = \frac{X_{C_1}}{X_{C_T}} = \frac{\dfrac{1}{2\pi f C_1}}{\dfrac{1}{2\pi f C_T}}$$

이며

$$\frac{V_1}{V} = \frac{C_T}{C_1}$$

이다. 그러므로

$$V_1 = V \times \frac{C_T}{C_1} \qquad (41\text{-}8)$$

이다.

식 41-8에서 알 수 있듯이, 직렬연결된 캐패시터 중 C_1에서의 전압강하는 인가전압에 C_T와 C_1의 비를 곱함으로

써 구할 수 있다. 이는 저항에 의한 전압분배와 유사하며, 저항회로에서 저항 R_1에 걸리는 전압강하는

$$V_1(across R_1) = V \times \frac{R_1}{R_T}$$

이다. 여기서 C_1과 C_T의 위치가 R_1과 R_T에서는 바뀌어진다.

그림 41-2의 회로에 식 41-8을 적용하면

$$\frac{1}{C_T} = \frac{1}{C_1} + \frac{1}{C_2} = \frac{1}{0.05} + \frac{1}{0.1}$$
$$C_T = \frac{1}{30} = 0.0333 \mu F$$

이며 $C_T = 0.033$, $C_1 = 0.05$, $V = 18V$을 대입하면

$$V_1 = 18 \times \frac{0.0333}{0.05} = 12V$$

이다. 마찬가지로 $V_2 = 6V$이다. 결과는 전술한 바와 같다.
식 41-6인

$$\frac{V_1}{V_2} = \frac{C_2}{C_1}$$

을 이용하면

$$\frac{12}{6} = \frac{0.1}{0.05} = \frac{2}{1}$$

와 같이 예상했던 결과를 얻을 수 있다.

03 요약

(1) 캐패시터 전압분배회로에서 C_1에 걸린 전압 V_1은 $V_1 = I \times X_{C_1}$이다. 여기서, I는 캐패시터에 흐르는 전류이며 X_{C_1}은 C_1의 리액턴스이다.
(2) 직렬연결된 캐패시터 회로에서 전압강하 비는

$$\frac{V_a}{V_b} = \frac{C_b}{C_a}$$

이며 V_a와 V_b는 각각 C_a와 C_b에서의 전압강하이다.
(3) 인가전압이 V, 총캐패시턴스가 C_T일 때 흐르는 전류가 I라면

$$I = \frac{V}{X_{C_T}}$$

이다.
(4) 직렬연결된 캐패시터의 전압분배회로에서 캐패시터 C_1에 걸린 전압 V_1은

$$V_1 = V \times \frac{C_T}{C_1}$$

이며 C_T는 총캐패시턴스이다.

04 예비점검

다음 질문에 답하시오.

(1) 그림 41-1회로에서 $V = 10V$, $X_C = 500\Omega$이면 전류는 _____ A 이다.
(2) 그림 41-2회로에서 $X_{C_1} = 1.5k\Omega$이면
  (a) X_{C_2} = _____ Ω
  (b) X_{C_T} = _____ Ω
  (c) I = _____ mA
(3) 그림 41-3과 같은 캐패시터의 전압분배회로에서 $C_1 = 1.0\mu F$, $C_2 = 5.0\mu F$, $C_3 = 2.5\mu F$이며 $V = 12V$일 때
  (a) V_1 = _____ V
  (b) V_2 = _____ V
  (c) V_3 = _____ V

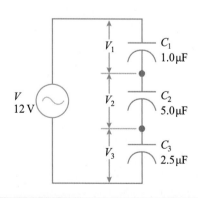

그림 41-3 예비점검 3의 회로

- DMM
- LCR 미터 또는 캐패시터 분석기
- 함수발생기

캐패시터

- 0.47μF, 25-WV DC   1개
- 0.1μF, 25-WV DC   2개
- 0.047μF, 25-WV DC   1개

06 실험과정

실험에 사용할 4개의 캐패시터에 번호를 표기한다.

1. LCR 미터 또는 캐패시터 분석기를 사용하여 실험에서 사용할 4개 캐패시터에 대하여 캐패시턴스를 측정하고 결과를 표 41-1에 기록한다.
2. 그림 41-4의 회로를 결선하고 함수발생기의 전원을 차단한다. 함수발생기의 출력은 최소로 조정한다.
3. 전원을 인가하고 V_{ac} = 5V –200Hz가 되도록 함수발생기를 조정한다. 이 전압을 전체 실험과정에 유지한다.
4. C_1과 C_2에 걸리는 전압을 측정하여 표 41-2의 C_1+C_2란에 각각 기록한다. 함수발생기의 전원을 차단한다.
5. C_1과 C_2에 0.1μF의 캐패시터(C_3)를 직렬연결시킨다.
6. C_1과 C_2 그리고 C_3에 걸리는 전압을 측정하여 표 41-2의 $C_1+C_2+C_3$란에 각각 기록한다.

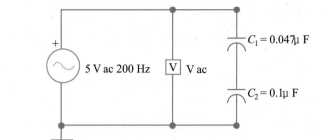

그림 41-4   과정 2의 회로

7. C_1을 C_4(0.47μF)로 대치한다. 이는 표 41-2의 $C_2 + C_3 + C_4$란에 해당한다.
8. V_{ac}=5V인지를 확인한다. C_2과 C_3 그리고 C_4에 걸리는 전압을 측정하여 표 41-2의 $C_2+C_3+C_4$란에 각각 기록한다. 전원을 차단한다.
9. 측정한 C_1, C_2, C_3, C_4에 대하여 각 경우의 총캐패시턴스를 계산하여 기록한다.
10. 계산한 C_T와 식 41-8을 이용하여 각 캐패시터에 걸린 전압을 계산하여 표 41-2의 'Calculated Voltage'란에 기록한다.

07 예비 점검의 해답

(1) 0.02
(2) (a) 750 (b) 2.25k (c) 8
(3) (a) 7.5 (b) 1.5 (c) 3.0

표 41-1 캐패시턴스의 측정값

Capacitor Number	1	2	3	4
Related value, μF	0.047	0.1	0.1	0.5
Measured value, μF				

표 41-2 직렬연결된 캐패시터의 전압분배

Series Combination	Measured Voltage, V					Total Series Cap. (Cal.) C_T, μF	Calculated Voltage, V			
	V_{ac}	V_1	V_2	V_3	V_4		V_1	V_2	V_3	V_4
$C_1 + C_2$	5									
$C_1 + C_2 + C_3$	5									
$C_2 + C_3 + C_4$	5									

실험 고찰

1. 캐패시터 전압분배회로에서 인가전압과 각 캐패시터에 걸린 전압의 관계를 설명하시오.

_____

_____

_____

_____

_____

_____

2. 그림 41-4에서 C_2값이 감소하면 캐패시터에 걸린 전압강하는 어떻게 변화하는가?

_____

_____

_____

_____

_____

_____

3. 표 41-2의 결과에서 고찰 1의 전압분배를 확인하였는가?

4. 표 41-2의 결과를 이용하여 $V_1 \sim V_4$ 전압의 합은 무엇을 의미하는지 설명하시오.

직렬 *RL* 회로의 임피던스

01 실험목적

(1) 직렬 *RL*회로의 임피던스 *Z*는

$$Z = \sqrt{R^2 + X_L^2}$$

임을 실험적으로 확인한다.

(2) 임피던스, 저항, 유도성 리액턴스, 위상의 관계를 확인한다.

02 이론적 배경

1. 직렬 *RL*회로의 임피던스

교류회로에서 흐르는 전류를 방해하는 성분을 임피던스 *Z*라 한다. 교류회로에 오옴의 법칙을 적용하면

$$I = \frac{V}{Z}$$
$$V = I \times Z$$
$$Z = \frac{V}{I}$$

이다.

그림 42-1에서 내부저항이 0이고 인덕턴스가 *L*인 인덕터의 임피던스는 X_L이다. *L* = 8H, *f* = 60Hz라면

$$X_L = 2\pi f L = 6.28(60)(8) = 3014\Omega = 3.014k\Omega$$

이다.

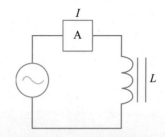

그림 42-1 인덕터 회로에서 전류는 L에 의한 X_L에 의하여 제한된다.

$V = 10V$라면 흐르는 전류는 얼마인가? 오옴의 법칙을 적용하면

$$I = \frac{V}{X_L} \tag{42-1}$$

이다. 여기서 I의 단위는 A, V의 단위는 V, X_L의 단위는 Ω이다. 그러므로

$$I = \frac{10V}{3.014k} = 3.32mA$$

이다.

그림 42-2와 같이 인덕터와 직렬로 3kΩ의 저항을 연결하면 전류는 3.32mA보다 작아진다. X_L이 동일하다면 흐르는 전류는 얼마인가? 전류계를 이용하여 측정하면 전류는 2.351mA이며 이때 임피던스는

$$Z = \frac{V}{I} = \frac{10V}{2.35mA} = 4.253k\Omega$$

이다. 이 임피던스는 R과 X_L의 합 (6.014kΩ)보다 작으므로 저항과 리액턴스가 동일한 단위이지만 단지 합산하여

총임피던스를 구하는 것은 아님을 알 수 있다.

저항 R에 흐르는 전류는 X_L에 걸린 전압과 90°의 위상차를 보인다. 교류전류와 교류전압은 페이져(phasors)로 표시한다.

그림 42-3의 페이져 선도를 관찰하면 R과 X_L이 90°의 위상차를 만드는 것을 알 수 있다. R을 수평축에 표시하면 유도성 리액턴스 X_L은 90° 반시계방향으로 증가하며, 용량성 리액턴스 X_C는 90° 시계방향으로 증가한다. 임피던스 Z는 R과 X의 페이져 합이므로 그림 42-3에서 R과 X_L의 페이져합은 Z축상에 있다. 각 θ는 R과 Z의 위상차이다.

페이져 R, X_L, Z는 직각삼각형을 형성하므로 피타고라스 정리가 성립한다. 그림 42-3에서 각 변의 길이 R, X_L, Z에 피타고라스 정리를 적용하면

$$Z^2 = R^2 + X_L^2$$

이며, 이때 임피던스 Z는

$$Z = \sqrt{R^2 + X_L^2} \tag{42-2}$$

이다. 그림 42-2의 회로에 식 42-2를 적용하면 다음과 같이 Z를 구할 수 있다.

$$Z = \sqrt{(3k)^2 + (3.014k)^2}$$
$$Z = 4.253k\Omega$$

그림 42-2의 회로에 10V를 인가하면

$$I = \frac{V}{Z} = \frac{10V}{4.253k\Omega}$$
$$I = 2.351mA$$

이므로 측정한 전류와 동일한 값을 구할 수 있다.

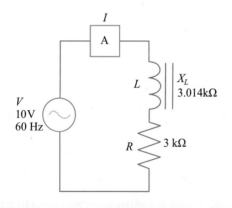

그림 42-2 R과 L을 포함한 회로의 임피던스는 L로만 구성되는 회로보다 크다.

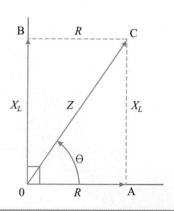

그림 42-3 RL회로의 페이져 선도

식 42-2와 상기 예에서 직류회로와 교류회로의 차이점을 관찰할 수 있다. 저항이 직렬연결된 직류회로에서 총저항은 R_1, R_2 등의 합으로 주어지지만 인덕터와 저항이 직렬연결된 교류회로에서 임피던스는 R과 X_L의 합이 아니라 각 페이저의 합이다.

2. 직렬 RL회로의 임피던스를 구하는 다른 방법

R과 X_L로 구성된 직각삼각형의 양변을 알고 있다면 식 42-2를 사용하지 않고도 임피던스 Z를 구할 수 있다. R과 Z사이의 각도는 위상이며 다음과 같이 구할 수 있다.

$$\tan\theta = \frac{X_L}{R}$$

상기 예에서 X_L = 3.014kΩ, R = 3kΩ이므로

$$\tan\theta = \frac{3.014k}{3k} = 1.005$$

이며 계산기의 $\tan^{-1}$ 기능을 이용하면 쉽게 θ를 구할 수 있다. 계산기를 이용하여 구한 θ는

$$\theta = \tan^{-1}(1.005)$$

이며 결과는 45.143°이다. 이 각도는 R과 Z의 위상각이다.

R을 Z로 나누면 코사인값을 구할 수 있다.

$$\cos\theta = \frac{R}{Z}$$

또는

$$Z = \frac{R}{\cos\theta} = \frac{3k\Omega}{\cos(45.143)} = 4.253k\Omega$$

이다. 위 식에서 계산기를 이용하여 Z를 구하면 4253Ω이며 이 값은 측정값과 동일하다.

 문제 R=40Ω, X_L=25Ω인 RL회로에서 임피던스를 구하라.

풀이 그림 42-4와 같은 페이저 선도를 그린다. 이때

$$\theta = \tan^{-1}\left(\frac{X_L}{R}\right) = \tan^{-1}\left(\frac{25}{40}\right) = 32.0°$$

$$Z = \frac{40}{\cos(32.0)} = 47.2\Omega$$

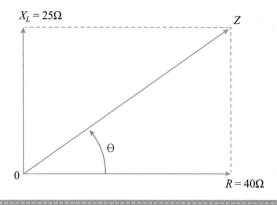

그림 42-4 상기 문제의 페이저 선도

이다. 식 42-2를 이용하면

$$Z = \sqrt{40^2 + 25^2} = 47.170\Omega$$

와 같이 동일한 값이 얻어진다.

03 요약

(1) 교류회로에서 전류의 흐름을 방해하는 성분을 임피던스라 하며 기호는 Z, 단위는 Ω이다.

(2) 교류회로에서 오옴의 법칙을 이용하면 전류 I는 인가전압 V와 임피던스 Z의 비이다. 즉,

$$I = \frac{V}{Z}$$

(3) RL회로에서 임피던스 Z는 R과 X_L의 페이저 합이며 R과 X_L은 90°의 위상차를 갖는다.

(4) Z값은 그림 41-3과 같은 직각삼각형에서 피타고라스 정리를 이용하여 구할 수 있다.

$$Z = \sqrt{R^2 + X_L^2}$$

(5) 그림 41-3에서 R과 Z의 위상차 θ 는

$$\theta = \tan^{-1}\left(\frac{X_L}{R}\right)$$

이다.

(6) θ와 R을 알고 있으면 임피던스 Z을 구할 수 있다.

$$Z = \frac{R}{\cos\theta}$$

여기서 θ는 (5)를 이용하여 구해진다.

다음 질문에 답하시오.

(1) 그림 42-2의 RL회로에서 X_L=100Ω, R=200Ω이면 Z
 =_____Ω이다.
(2) (1)에서 θ = _____ °이다.
(3) (1)에서 $R/\cos\theta$ = _____ Ω이다.
(4) $R/\cos\theta$는 그림 42-2회로의 _____ 이다.
(5) RL 직렬회로에서 R = 45Ω, X_L = 45Ω이며 인가전압은
 10V이다. 이때 회로에 흐르는 전류 I는 _____ A이다.
(6) 그림 42-2의 회로에서 V_R = 15V이다. 이때 인덕터에
 흐르는 전류는 _____ mA이다.

05 실험 준비물

기기

■ DMM
■ 함수발생기
■ LCR 미터 또는 캐패시터/인덕터 분석기

저항

■ 3.3kΩ, 1/2W 5%　　　1개

인덕터

■ 47mH　　　1개
■ 100mH　　　1개

06 실험과정

1. LCR 미터 또는 캐패시터/인덕터 분석기를 이용하여
 47mH와 100mH의 인덕터의 인덕턴스값을 측정하여
 표 42-1에 기록한다.
2. 그림 42-5의 회로를 결선한다.
3. 전원을 인가하고 오실로스코우프를 이용하여 함수발생
 기의 출력을 5V_{p-p} - 5kHz로 조정한다. 이때 입력 V_{in}

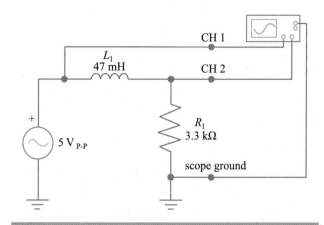

그림 42-5　과정 2의 회로

을 측정하여 표 42-1의 V_{in}란에 기록한다.
4. 저항과 인덕터에 걸린 전압을 측정한다. L_1에 대한 측
 정시 오실로스코우프의 ADD mode와 INVERT 버튼을
 사용한다. 결과를 표 42-1에 기록한다.
5. 측정된 R_1에 걸린 전압과 R_1값을 사용하여 전류를 계
 산한다. 이때 저항은 인덕터와 직렬연결되어 있으므로
 동일한 전류가 흐를 것이다.
6. 측정된 L_1에 걸린 전압과 전류를 이용하여 L_1의 리액
 턴스값을 계산하고 기록한다.
7. 회로의 임피던스를 계산하기 위하여 오옴의 법칙과 식
 (42-2)를 사용한다. 계산된 값을 표 42-1에 기록한다.
8. 47mH를 100mH로 교환한다.
9. 과정 2에서 7까지를 반복하여 표 42-1에 기록한다.
10. 표 42-1의 측정 저항값과 임피던스값을 이용하여 위
 상각 θ와 임피던스 Z을 구하여 표 42-2에 각각 기록
 한다.

07 예비 점검의 해답

(1) 223.6
(2) 26.6
(3) 223.6
(4) 임피던스
(5) 0.157
(6) 5

성 명 _____　　　일 시 _____

표 42-1　직렬 RL 회로의 임피던스 수식 확인

Inductor Value, mH		V_{in}, V_{p-p}	Voltage Across Resistor V_R, V_{p-p}	Voltage Across Inductor V_L, V_{p-p}	Current Calculated V_R/R mA	Inductive Reactance (calculated) V_I/I_L, Ω	Circuit Impedance (calculated) Ohm's Law V_T/I_T, Ω	Circuit Impedance (calculated) $R-X_L$, Ω
Rated	meas.							
47								
100								

표 42-2　위상각과 임피던스 결정

Inductor Value, mH		Inductive Reactance (from Table 42-1) Ω	$\tan \theta = \dfrac{X_L}{R}$	Phase angle θ degrees	Impedance $Z = \dfrac{R}{\cos \theta}$, Ω
Rated	meas.				
47					
100					

1. 직렬 RL회로에서 저항, 유도성 리액턴스, 임피던스의 상호관계를 설명하시오.

2. 직렬 RL회로에서 X_L이 일정할 때 인덕턴스의 증감이 위상각에 미치는 영향을 설명하시오.

3. 그림 42-5에서 사용된 인덕턴스가 단락된다면 회로의 임피던스와 위상각에 어떠한 변화가 일어나는가?

4. 어떠한 조건하에서 임피던스 각 θ가 $45°$가 되는가. 자료를 이용하여 설명하시오.

5. 이 실험의 결과에서 식 42-2를 확인하였는가? 표 42-1과 표 42-2의 결과를 이용하여 설명하시오.

직렬 RL 회로에서 전압관계

01 실험목적

(1) 직렬 RL회로에서 인가전압 V와 전류 I의 위상각 θ를 측정한다.

(2) 인가전압 V, 저항에 걸린 전압 V_R, 인덕터에 걸린 전압 V_L의 관계가 다음과 같음을 실험적으로 확인한다.

$$V = \sqrt{V_R^2 + V_L^2}$$
$$V_R = V \times \frac{R}{Z}$$
$$V_L = V \times \frac{X_L}{Z}$$

02 이론적 배경

1. 페이져

페이져는 크기와 방향으로 표시되며 전자공학에서 정현파 전압과 전류를 페이져로 표시한다. 임피던스도 페이져로 표시될 수 있으며, 동일한 주파수의 전압과 전류가 페이져로 표시되어 있으면 서로 가감이 가능하다.

2. 직렬 RL회로에서 인가전압과 전류의 위상각

직렬회로에서 전류는 모든 부분에서 동일하므로 RL회로에서 인가전압 V, V_L, V_R의 위상관계를 관찰할 때 전류가 기준 페이져로 사용된다(그림 43-1(a)). 인덕턴스의

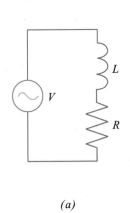

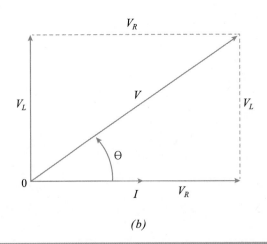

(a)　　　　　　　　　　*(b)*

그림 43-1 직렬 RL회로에서 위상관계

전류는 인덕턴스에 걸린 전압과 90°의 위상차가 발생하며 그림 43-1(b)의 페이져 V_L은 I를 90° 앞선다. 그러므로 V_L은 V_R을 90° 앞선다.

3. V_R과 V_L의 페이져 합과 인가전압 V

그림 43-1(a)의 직렬 RL회로에서 V_R과 V_L은 각각 R과 L에 걸리는 전압이다. V_R과 V_L의 합은 인가전압 V와 같지 않으며, V_R과 V_L은 90°의 위상차를 가지므로 V_R과 V_L의 페이져 합이 인가전압 V와 같다. 그림 43-1(b)에서 V_R과 V_L은 직각삼각형의 양변이며 피타고라스 정리에 의하여

$$V = \sqrt{V_R^2 + V_L^2} \qquad (43\text{-}1)$$

이다.

RL회로에서 인가전압 V와 전류 I의 위상관계는 그림 43-1(b)에서 알 수 있듯이 θ만큼 위상차가 생긴다. 이 각도 θ는 그림 43-2의 임피던스 페이져 선도에서 R과 Z의 위상차와 같다.

그림 43-2(a)는 그림 43-1(b)를 다시 구성하여 그린 그래프이다. 여기서 V_R은 I와 R의 곱이며 V_L은 I와 X_L의 곱이다. 그리고 V는 I와 Z의 곱이다. 전류 I는 공통항이므로 소거하면 그림 43-2(b)와 같은 임피던스 페이져 선도를 구할 수 있다. 여기서 그림 43-1(b)와 그림 43-2(b)의 각 θ는 동일하다.

그림 43-1(b)에서 V, V_R, V_L, θ의 관계는 다음과 같다.

전압의 페이져 선도에서

$$\frac{V_R}{V} = \cos\theta \qquad (43\text{-}2)$$

이다. 임피던스 삼각형에서

$$\cos\theta = \frac{R}{Z}$$

이므로

$$\frac{V_R}{V} = \frac{R}{Z}$$

또는

$$V_R = V \times \frac{R}{Z} \qquad (43\text{-}3)$$

이다.

전압 삼각형 (그림 43-1(b))에서

$$\frac{V_L}{V_R} = \tan\theta = \frac{X_L}{R}$$

이므로

$$V_L = V_R \times \frac{X_L}{R}$$

이다. 식 43-3을 윗식에 대입하면

$$V_L = V \times \frac{R}{Z} \times \frac{X_L}{R} \qquad (43\text{-}4)$$
$$V_L = V \times \frac{X_L}{Z}$$

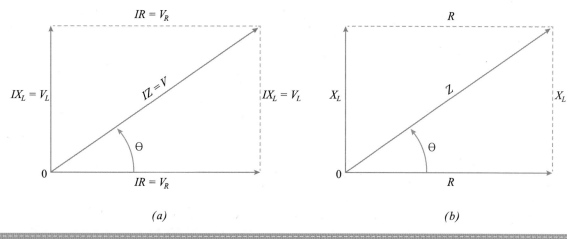

(a)   (b)

그림 43-2 전압과 임피던스의 페이져 선도

이다. 식 43-3과 식 43-4을 이용하면, RL회로에서 V_R과 V_L을 구할 수 있다.

 $R = 40\,\Omega$, $X_L = 25\,\Omega$인 RL 직렬회로에 15V의 전압을 인가하였다. 이때 V와 I, V_R, V_L의 위상각 θ을 구하시오.

풀이 식 43-3과 식 43-4을 이용하면 V_R과 V_L을 구할 수 있다.

$$\theta = \tan^{-1}\frac{X_L}{R} = \tan^{-1}\frac{25}{40} = 32.005^o$$
$$Z = \frac{R}{\cos\theta} = \frac{40}{\cos(32.005^o)} = 47.170\,\Omega$$

이다. 그러므로

$$V_R = V \times \frac{R}{Z}$$
$$= 15 \times \frac{40}{47.170} = 12.720\,V$$
$$V_L = V \times \frac{X_L}{Z}$$
$$= 15 \times \frac{25}{47.170} = 7.950\,V$$

이다.
식 43-1을 이용하여 검산하면

$$V = \sqrt{12.720^2 + 7.950^2}$$
$$= 15.000\,V$$

이므로 계산한 전압은 인가전압과 동일하며 계산결과는 타당하다.

 요약

(1) RL 직렬회로에서 전류 I와 인가전압 V는 θ만큼의 위상차를 갖는다.

(2) RL 직렬회로에서 V와 I의 위상차 θ는 Z와 R의 위상차와 동일하다. 그림 42-1(b)에서 V와 V_R의 위상차는 θ이다.

(3) 위상차 θ는 X_L, R, L 값에 따라 다음과 같이 결정된다.

$$\theta = \tan^{-1}\left(\frac{X_L}{R}\right)$$

(4) RL 직렬회로에서 인덕터의 전압강하 V_L은 저항의 전압강하 V_R과 90°의 위상차를 갖는다.

(5) V_R과 V_L의 페이져 합은 인가전압 V이다.

(6) 인가전압 V와 V_R, V_L의 관계는 다음과 같다.

$$V = \sqrt{V_R^2 + V_L^2}$$

(7) RL 직렬회로에서 인가전압 V, R, X_L, Z가 주어지면 V_R과 V_L을 다음 식에 의하여 구할 수 있다.

$$V_R = V \times \frac{R}{Z}$$
$$V_L = V \times \frac{X_L}{Z}$$

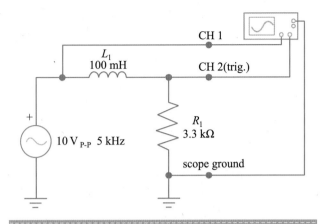

그림 43-3 과정 2의 회로

04 예비점검

다음 질문에 답하시오.

(1) 그림 43-1의 회로에서 $V_R = 30V$, $V_L = 20V$로 측정되었다. 인가전압은 _____ V이다.

(2) RL 직렬회로에서 V와 V_R사이의 위상각은 V와 I의 위상각과 동일하다. (예, 아니오)

(3) (1)에서 V와 I의 위상각 θ는 _____ °이다.

(4) 그림 43-1에서 $X_L = 68\Omega$, $R = 82\Omega$, $V = 12V$이다. 이때

    (a) Z = _____ Ω

    (b) θ = _____ °

    (c) V_R = _____ V

    (d) V_L = _____ V

05 실험 준비물

기기

- 2채널 오실로스코우프
- DMM
- 함수발생기

저항($\frac{1}{2}$–W, 5%)

- 1kΩ 1개
- 3.3kΩ 1개

인덕터

- 100mH

06 실험과정

1. 저항계를 이용하여 1kΩ과 3.3kΩ의 저항값을 측정하고 표 43-1에 기록한다.

2. 그림 43-3의 회로를 결선하고 전원을 차단한다.

3. 함수발생기에 전원을 공급하고 오실로스코우프의 채널 1을 사용하여 출력을 $10\,V_{p-p}$ – 5kHz로 조정한다. 1주

기를 완전히 나타낼 수 있도록 오실로스코우프의 조절 단자를 조정한다.

4. 채널 2에 트리거 입력을 연결한다. 직렬연결회로에서 전류는 동일하므로 기준점($0°$)으로 사용될 것이다. R_1에 걸린 전압을 이용하여 전류를 구할 수 있다.

5. V_{R1}의 1주기가 표시될 수 있도록 오실로스코우프의 LEVEL과 SLOPE 스위치를 조정한다. 대부분의 오실로스코우프는 10개의 수평눈금으로 표시되므로 1눈금당 $36°$를 나타낸다.

6. Vertical Mode 스위치를 DUAL-ALT로 고정하고 회로에 흐르는 전류와 입력전압(V_{in})의 위상차를 측정하여 표 43-1의 3.3kΩ란에 기록한다.

7. 그림 43-3회로에서 3.3kΩ을 1kΩ으로 대체하여 과정 2에서 과정 6을 반복한다.

8. 1kΩ 저항에 걸린 전압과 인덕터에 걸린 전압을 측정하여 표 43-2의 1kΩ란에 기록한다. 전원을 차단한다.

9. 측정한 V_R값을 이용하여 오옴의 법칙에서 전류를 구한다. 결과를 표 43-2의 1kΩ란에 기록한다.

10. 측정한 V_L값과 오옴의 법칙을 이용하여 유도성 리액턴스 X_L을 구한다. 결과를 표 43-2의 1kΩ란에 기록한다.

11. 과정 10의 X_L값과 측정한 R값을 이용하여 다음 식으로 위상각 θ를 구한다.

$$\theta = \tan^{-1}\left(\frac{X_L}{R}\right)$$

결과를 표 43-2의 1kΩ란에 기록한다.

12. 3.3kΩ에 대하여 과정 8에서 11까지를 반복한다.

13. 1kΩ일 때 측정한 V_R과 V_L을 이용하여 다음 식에서 V_{p-p}를 구한다.

$$V = \sqrt{V_R^2 + V_L^2}$$

결과를 표 43-2의 'Applied Voltage(Calculated)'란에 기록한다. 3.3kΩ일 때도 계산하여 표 43-2에 기록한다.

14. 표 43-2 아래 빈 공간에 임피던스와 전압에 대한 페이져 선도를 1kΩ과 3.3kΩ에 대하여 그린다.

07 예비 점검의 해답

(1) 36.1

(2) 예

(3) 33.7

(4) (a) 106.5 (b) 39.7 (c) 9.24 (d) 7.66

표 43-1 직렬 RL회로에서 오실로스코우프를 이용한 위상각 θ 측정

저항 R, Ω		Width of Sine Wave D, Divisions	Distance Between Zero Points d, divisions	Phase Angle θ, degrees
Rated Value	Measured Value			
3.3 k				
1 k				

표 43-2 직렬 RL회로에서 위상각 θ와 전압의 관계

Resistor Rated Value, Ω	Applied Voltage V_{pp}, V	Voltage across Resistor V_R, V_{pp}	Voltage across Inductor V_L, V_{pp}	Current (Calculated) I, mA	Inductive Reactance X_L, (Calculated), Ω	Phase Angle θ (Cal. from X_L and R), degrees	Applied Voltage (Calculated) V_{pp}, V
3.3 k							
1 k							

1. 직렬 RL회로에서 저항에 걸린 전압과 인덕터에 걸린 전압 그리고 인가전압의 관계에 대하여 설명하시오.

2. 표 43-1과 43-2에서 오실로스코우프를 사용하여 구한 θ와 저항/리액턴스 공식에 의하여 구한 θ를 비교하시오.

3. L_1값이 100mH에서 5mH로 변화하면 R_1에 걸린 전압은 어떻게 변화하는가?

4. 식 43-1을 확인하였는가? 실험 결과를 이용하여 설명하시오.

EXPERIMENT
44

직렬 RC회로의 임피던스

01 실험목적

(1) 직렬 RC회로의 임피던스가

$$Z=\sqrt{R^2+X_C^2}$$

임을 실험적으로 확인한다.
(2) 임피던스, 저항, 용량성 리액턴스, 위상각의 관계를 확인한다.

02 이론적 배경

직렬 RC회로의 임피던스는 직렬 RL회로와 동일하게 구할 수 있다. 즉, 식 44-1과 같이 X_L에 X_C를 대입하여 구할 수 있다.

$$Z=\sqrt{R^2+X_C^2} \qquad (44-1)$$

R과 X_C는 페이져의 크기이며 Z를 구하기 위하여 더해진다.

그림 44-1(a)는 임피던스가 그림 44-1(b)으로 표시되는 RC회로이다. X_C는 수직으로 아래를 향하고 있음을 주목하라. (X_L은 수직으로 위를 향하였다.)

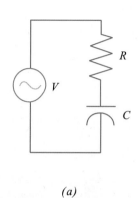
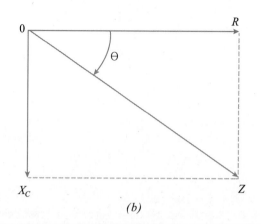

(a)   *(b)*

그림 44-1   직렬 RC회로에서 위상관계

 문제 1. 그림 44-1(a)의 회로에서 $R = 300\Omega$, $X_C = 400\Omega$ 그리고 $V = 25V$일 때 Z와 I를 구하시오.

풀이 식 44-1에서

$$Z = \sqrt{R^2 + X_C^2}$$
$$= \sqrt{300^2 + 400^2} = \sqrt{250{,}000}$$
$$Z = 500\Omega$$

이며 오옴의 법칙을 이용하면

$$I = \frac{V}{Z} = \frac{25V}{500\Omega}$$
$$I = 0.05A \ \text{또는} \ 50mA$$

이다.

1. 임피던스를 구하는 다른 방법

직렬 RL회로와 유사하게 계산기의 $\tan^{-1}$기능을 이용하여 다음 식 44-2에서 위상각 θ을 구할 수 있다.

$$\theta = \tan^{-1}\left(\frac{-X_C}{R}\right) \tag{44-2}$$

이때 임피던스 Z는 다음 식으로 구할 수 있다.

$$Z = \frac{R}{\cos\theta} \tag{44-3}$$

 문제 2. 문제 1의 회로에서 Z와 I를 1절의 방법을 이용하여 구하여라.

풀이 $\theta = \tan^{-1}\left(\dfrac{-X_C}{R}\right)$

$$= \tan^{-1}\left(\frac{(-400)}{300}\right)$$
$$= -53.130^o$$
$$Z = \frac{R}{\cos\theta} = \frac{300\Omega}{\cos(-53.130^o)}$$
$$= 500\Omega$$

와 같이 문제 1과 동일한 결과를 얻을 수 있다. $I = V/Z$에서

$$I = \frac{V}{Z} = \frac{25V}{500\Omega} = 50mA$$

이다.

2. I, V, Z와 오옴의 법칙

오옴의 법칙은

$$Z = \frac{V}{I} \tag{44-4}$$

이며 이 식은 R, X_C, Z의 관계를 확인하기 위하여 사용된다. 그림 44-1(a)에서 R과 C에 걸린 전압과 회로에 흐르는 전류를 측정하면 식 44-4에서 임피던스를 구할 수 있다. 이와 같이 계산된 값이 식 44-1과 44-3에서 구한 값과 일치한다면 θ, X_C, R의 관계식은 타당한 것이다.

문제 3. 그림 44-1(a)의 회로에서 $R = 50\Omega$, $X_C = 120\Omega$ 그리고 $V = 10V$일 때 회로에 흐르는 전류는 77mA가 측정되었다. 이때 θ, X_C, R의 관계를 확인하여라.

풀이 식 44-1에서 임피던스는

$$Z = \sqrt{R^2 + X_C^2}$$
$$= \sqrt{50^2 + 120^2}$$
$$Z = 130\,\Omega$$

이며, 오옴의 법칙에서

$$Z = \frac{V}{I} = \frac{10\,V}{77\,mA}$$

$$Z = 129.870, \text{ 또는 } Z = 130\,\Omega$$

이다. 이는 식 44-1에서 구한 값과 일치한다. 식 44-2에서 θ를 구할 수 있다.

$$\theta = \tan^{-1}\left(\frac{-120}{50}\right)$$
$$= -67.380^o$$

이다. 이때 임피던스 Z는

$$Z = \frac{R}{\cos\theta} = \frac{50\,\Omega}{\cos(-67.380^o)} = 130\,\Omega$$

이다. 이상과 같이 위의 어떤 식을 사용하여도 결과는 동일하다.

03 요약

(1) 직렬 RC회로에서 임피던스 Z는 R과 X_C의 페이져 합이며, X_C와 R은 $90°$의 위상차를 갖는다.[그림 44-1(b)]

(2) 그림 44-1(b)의 직각삼각형에서 임피던스 Z는

$$Z = \sqrt{R^2 + X_C^2}$$

이다.

(3) 그림 44-1(b)에서 Z와 R 사이의 위상각이 θ라면

$$\theta = \tan^{-1}\left(\frac{-X_C}{R}\right)$$

이다.

(4) 위상각 θ와 R을 알고 있다면 임피던스는

$$Z = \frac{R}{\cos\theta}$$

이다.

(5) RC회로에서 전압과 전류를 측정하여 오옴의 법칙을 사용하면 임피던스를 구할 수 있다.

$$Z = \frac{V}{I}$$

(6) 위에서 서술한 모든 방법에서 동일한 임피던스를 구할 수 있다면 직각삼각형에서 Z, X_C, R의 관계를 확인할 수 있다.

04 예비점검

다음 질문에 답하시오

(1) 그림 44-1(a)의 직렬 RC회로에서 $R = 300\,\Omega$, $X_C = 120\,\Omega$이면 $Z =$ _____ Ω이다.

(2) (1)에서 $\theta =$ _____ $°$ 이다.

(3) (1)에서 $R/\cos\theta =$ _____ Ω이다.

(4) $R / \cos\theta$는 그림 44-1(a)회로의 _____ 이다.

(5) 직렬 RC회로에서 $R = 120\,\Omega$, $X_C = 150\,\Omega$이며 인가전압이 5V라면 전류는 _____ mA이다.

(6) (1)에서 $V_R = 45$V이다. 캐패시터에 흐르는 전류는 _____ mA이다.

05 실험 준비물

기기
- DMM
- 함수발생기
- LCR 미터 또는 캐패시터/인덕터 분석기

저항
- 2kΩ, 1/2-W   1개

캐패시터
- 0.033μF   1개
- 0.1μF   1개

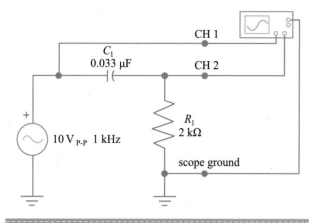

그림 44-2 과정 2의 회로

06 실험과정

1. LCR 미터 또는 캐패시터/인덕터 분석기를 이용하여 0.033μF과 0.1μF 캐패시터의 정확한 캐패시턴스를 측정하여 표 44-1에 기록한다.

2. 함수발생기의 전원을 차단한 후, 그림 44-2의 회로를 결선한다.

3. 함수발생기에 전원을 공급하고 오실로스코우프를 이용하여 출력을 $10\,V_{p-p}$ - 1kHz로 조정한다. 이 입력값을 표 44-1의 V_{in} 란에 기록한다.

4. 저항과 캐패시터에 걸린 전압 V_{p-p}를 측정한다. C_1에 걸린 전압을 측정할 때 ADD Mode 및 INVERT 버튼을 사용해야 한다. 측정값을 표 44-1에 기록한다.

5. R_1에 걸린 전압과 저항값을 이용하여 전류를 계산하고 기록한다. 이 전류는 C_1에도 흐를 것이다.

6. $X_C = \dfrac{1}{2\pi f C_1}$를 이용하여 C_1의 리액턴스값을 계산한다. 또한 C_1에 걸린 전압과 전류를 이용하여 다시 한 번 계산하여 표 44-1에 기록한다.

7. 회로의 임피던스를 추정하기 위하여 오옴의 법칙과 리액턴스식을 이용한다. 구한 값을 표 44-1에 기록한다.

8. 0.033μF을 0.1μF으로 대체한다.

9. 과정 3에서 7까지를 반복한 후, 표 44-1의 0.1μF란에 기록한다.

10. 표 44-1의 임피던스(V_C/I_C에 의하여 계산된 값)을 사용하여 위상각과 임피던스를 계산하여 표 44-2를 완성한다.

11. 표 44-2 아래의 빈 공간에 임피던스 페이져 선도를 각 회로에 대하여 그린다.

07 예비 점검의 해답

(1) 323

(2) -21.8

(3) 323

(4) 임피던스

(5) 26

(6) 150

표 44-1 직렬 RC회로의 임피던스 결정

Capacitor Value, μF		V_{in}, V_{p-p}	Voltage Across Resistor V_{Rp-p}	Voltage Across Capacitor V_{Cp-p}	Current Calculated V_R/R mA_{p-p}	Capacitive Reactance (Calculated) X_C, Ω	Capacitive Reactance (Calculated) V_C/I_C, Ω	Circuit Impedance (Calculated) Ohm's Law V_T/I_T, Ω	Circuit Impedance (Calculated) $R-X_C$, Ω
Rated	Measured								
0.033									
0.1									

표 43-2 직렬 RC회로의 임피던스와 위상각 결정

Capacitor Value, μF		Capacitive Reactance (from Table 44-1) Ω	$\tan \theta = \dfrac{X_C}{R}$	Phase Angle θ degrees	Impedance $Z = \dfrac{R}{\cos \theta}$ Ω
Rated	Measured				
0.033					
0.1					

1. 직렬 RC회로에서 저항, 용량성 리액턴스, 임피던스의 관계를 설명하시오.

2. 용량성 리액턴스의 증감이 직렬 RC회로의 위상각에 미치는 영향을 설명하시오.

3. 표 44-1과 44-2의 결과를 참고하여 $0.033\mu F$을 사용한 회로가 용량성인지 저항성인지를 판단하라.

4. $2k\Omega$의 저항이 $4k\Omega$까지 증가할 때 회로의 임피던스와 위상각에 미치는 효과를 설명하시오.

5. 이 실험에서 오차 발생 원인을 설명하시오.

직렬 RC 회로에서 전압관계

 실험목적

(1) 직렬 RC회로에서 인가전압 V와 전류의 위상각 θ를 측정한다.

(2) 인가전압 V, 저항에 걸리는 전압 V_R, 캐패시터에 걸리는 전압 V_C의 관계가 다음과 같음을 실험적으로 확인한다.

$$V = \sqrt{V_R^2 + V_C^2}$$
$$V_R = V \times \frac{R}{Z}$$
$$V_C = V \times \frac{X_C}{Z}$$

 이론적 배경

직렬 RC회로와 직렬 RL회로에서 R, X, Z, θ의 관계는 유사하다. 차이점은 RL회로에서는 전압이 전류를 앞서나 RC회로에서는 반대로 전류가 전압을 앞선다는 것이다.

1. 직렬 RC회로에서 인가전압과 전류의 위상관계

그림 45-1(a)회로에서 전류 I는 회로의 모든 부분에서 동일하다. 그러므로 V_R과 V_C의 페이져 선도에서 전류는 기준 페이져로 사용된다. 저항에서 전류와 전압은 동위상이므로 페이져 V_R은 그림 45-1(b)와 같이 전류 페이져와

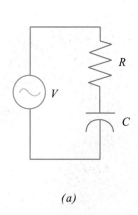

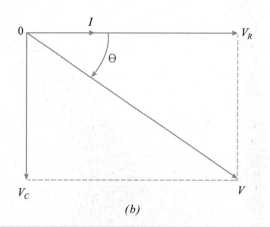

(a)   *(b)*

그림 45-1 직렬 RC회로의 위상관계

동일 축상에 있다. 그러나 캐패시터의 전류는 캐패시터에 걸린 전압보다 $90°$ 앞선다. 그러므로 페이져 V_C는 전류 I 나 V_R에 비하여 $90°$ 뒤쳐진다.

RC 전압분배회로에서 V_C는 C에 걸린 전압이고 V_R는 R에 걸린 전압이다. (그림 45-1(a)) RL회로의 경우와 마찬가지로, 인가전압 V는 V_R과 V_C의 페이져 합이며 관계는 그림 45-1(b)와 같다. 피타고라스 정리에 의하여

$$V = \sqrt{V_R^2 + V_C^2} \qquad (45\text{-}1)$$

이다.

그림 45-1(b)는 직렬 RC회로에서 전류 I와 전압 V의 위상관계를 도시한 것과 일치한다. 전류 I는 인가전압 V 보다 θ 만큼 앞선다. 이 위상각 θ는 임피던스 페이져 Z 와 저항 페이져 R의 위상차와 동일하다. V_R, V_C, V 의 관계를 나타낸 그림 45-2는 그림 45-1(b)를 다시 나타낸

것이다. 각 항에 포함된 전류 I를 소거하면 그림 45-2(b) 의 임피던스 선도가 된다. 여기서 θ는 그림 45-1(b)에서의 θ와 같다.

그림 45-1(b)는 V, V_R, V_C 그리고 θ의 관계를 나타낸 그래프이다. 그림 45-1(b)에서

$$\frac{V_R}{V} = \cos\ \theta \qquad (45\text{-}2)$$

이며 그림 45-2(b)에서

$$\cos\ \theta = \frac{R}{Z}$$

이다. 그러므로

$$\frac{V_R}{V} = \frac{R}{Z}$$

또는

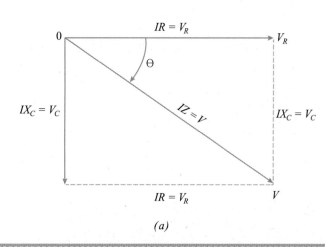

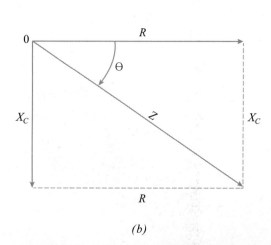

(a)   *(b)*

그림 45-2 전압 페이져와 임피던스 페이져

$$V_R = V \times \frac{R}{Z} \qquad (45\text{-}3)$$

이다. 그림 45-1(b)에서

$$\frac{V_C}{V_R} = \tan\theta = \frac{-X_C}{R}$$

이므로

$$V_C = V_R \times \frac{X_C}{R}$$

이다. 식 45-3을 대입하면

$$V_C = V \times \frac{R}{Z} \times \frac{X_C}{R} \qquad (45\text{-}4)$$
$$V_C = V \times \frac{X_C}{Z}$$

이다.

식 45-3과 식 45-4는 직렬 RC회로에서 인가전압 V, 저항 R, 용량성 리액턴스 X_C 등을 알고 있을 때 V_R과 V_C를 구하기 위하여 사용된다.

문제 직렬 RC회로에서 $R = 47\Omega$, $X_C = 100\Omega$이며 인가전압은 12V이다. 이때 V와 I의 위상차, 저항에 걸린 전압 V_R, 캐패시터에 걸린 전압 V_C를 구하여라.

풀이 식 45-3과 식 45-4를 사용하면 구할 수 있다.

$$\theta = -64.826^o$$
$$Z = \frac{47}{\cos(-64.826^o)} = 110.494\Omega$$
$$V_R = V \times \frac{R}{Z} = 12V \times \frac{47\Omega}{110.494\Omega}$$
$$= 5.104V$$
$$V_C = V \times \frac{X_C}{Z} = 12V \times \frac{100\Omega}{110.494\Omega}$$
$$= 10.860\Omega$$

이다.
식 45-1을 이용하여 검산하면 다음 식과 같다.

$$V = \sqrt{5.104^2 + 10.860^2}$$
$$= 12.000V$$

이는 인가전압과 동일하므로 위에서 구한 값은 정확하다고 할 수 있다.

03 요약

(1) RC 직렬회로에서 전류 I와 인가전압 V는 θ 만큼의 위상차를 갖는다.

(2) RC 직렬회로에서 V와 I의 위상차 θ는 Z와 R의 위상차와 동일하다. 그림 45-1(b)에서 V와 V_R의 위상차는 θ이다.

(3) 위상차 θ는 X_C, R, C값에 따라 다음과 같이 계산된다.

$$\theta = \tan^{-1}\left(\frac{-X_C}{R}\right)$$

(4) RC 직렬회로에서 캐패시터의 전압강하 V_C는 저항의 전압강하 V_R과 90°의 위상차를 갖는다.

(5) V_R과 V_C의 페이져 합은 인가전압 V이다.

(6) 인가전압 V와 V_R, V_C의 관계는 다음과 같다.

$$V = \sqrt{V_R^2 + V_C^2}$$

(7) RC 직렬회로에서 인가전압 V, R, X_C, Z가 주어지면 V_R과 V_C를 다음 식에 의하여 구할 수 있다.

$$V_R = V \times \frac{R}{Z}$$
$$V_C = V \times \frac{X_C}{Z}$$

04 예비점검

다음 질문에 답하시오.

(1) 그림 45-1(a)의 회로에서 V_R = 5V, V_C = 12V로 측정되었다. 인가전압은 _____ V이다.

(2) RC 직렬회로에서 V와 _____ 은 V와 I의 위상각과 동일하다.

(3) (1)에서 V와 I의 위상각 θ는 _____ °이다.

(4) 그림 45-1(a)에서 X_C = 200Ω, R = 300Ω, V = 6V이다. 이때

  (a) Z = _____ Ω

  (b) θ = _____ °

  (c) V_R = _____ V

(d) $V_C =$ _____ V

(5) RC회로에서 $X_C/R = R/Z$이다. (예, 아니오)

05 실험 준비물

기기

- 2채널 오실로스코우프
- DMM
- 함수발생기

저항($\frac{1}{2}$-W, 5%)

- 1kΩ   1개
- 6.8kΩ   1개

캐패시터

- 0.033μF   1개

06 실험과정

1. 저항계를 이용하여 1kΩ과 6.8kΩ의 저항값을 측정하고 표 45-1에 기록한다.
2. 그림 45-3의 회로를 결선하고 전원을 차단한다.
3. 함수발생기에 전원을 공급하고 오실로스코우프의 채널 1을 사용하여 출력을 $10 V_{p-p}$ - 1kHz로 조정한다. 1주기를 완전히 나타낼 수 있도록 오실로스코우프의 조절

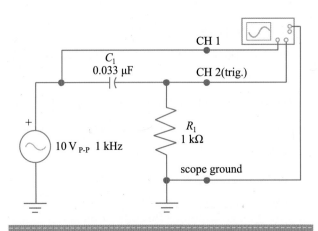

단자를 조정한다.

4. 채널 2에 트리거 입력을 연결한다. 직렬연결회로에서 전류는 동일하므로 기준점(0°)으로 사용될 것이다. R_1에 걸린 전압을 이용하여 전류를 구할 수 있다.
5. V_{R1}의 1주기가 표시될 수 있도록 오실로스코우프의 LEVEL과 SLOPE 스위치를 조정한다. 대부분의 오실로스코우프는 10개의 수평눈금으로 표시되므로 1눈금당 36°를 나타낸다.
6. Vertical Mode 스위치를 DUAL-ALT로 고정하고 회로에 흐르는 전류와 입력전압(V_{in})의 위상차를 측정하여 표 45-1의 1kΩ란에 기록한다.
7. 그림 45-3 회로에서 1kΩ을 6.8kΩ으로 대체하여 과정 2에서 과정 6을 반복한다.
8. 6.8kΩ 저항에 걸린 전압(V_R)과 캐패시터에 걸린 전압(V_C)를 측정하여 표 45-2의 6.8kΩ란에 기록한다. 전원을 차단한다.
9. 측정한 V_R값을 이용하여 오옴의 법칙에서 전류를 구하여 표 45-2의 6.8kΩ란에 기록한다.
10. 측정한 V_C값을 이용하여 오옴의 법칙에서 용량성 리액턴스 X_C를 구하여 표 45-2의 6.8kΩ란에 기록한다.
11. 과정 10의 X_C값과 측정한 R값을 이용하여 다음 식에서 위상각 θ를 구한다.

$$\theta = \tan^{-1}\left(\frac{-X_C}{R}\right)$$

결과를 표 45-2의 1kΩ란에 기록한다.

12. 함수발생기에 전원을 공급하고 과정 3의 출력으로 조정한다. 1kΩ에 대하여 과정 8에서 11까지를 반복한다.
13. 1kΩ일 때 측정한 V_R과 V_C를 이용하여 다음 식에서 V_{p-p}를 구한다.

$$V = \sqrt{V_R^2 + V_C^2}$$

결과를 표 45-2의 'Applied Voltage(Calculated)'란에 기록한다. 6.8kΩ일 때도 계산하여 표 45-2에 기록한다.

14. 표 45-2 아래의 빈 공간에 임피던스와 전압에 대한 페이저 선도를 1kΩ과 6.8kΩ에 대하여 그린다.

그림 45-3 과정 2의 회로

(1) 13

(2) V_R

(3) -67.4

(4) (a) 361 (b) -33.7 (c) 5.0 (d) 3.32

(5) 아니오

표 45-1 직렬 RC회로에서 오실로스코우프를 이용한 위상각 θ 측정

Resistance R, Ω		Capacitance C, μF	D, cm	Width of Sine Wave Points d, cm	Distance Between Zero Phase Angle θ, degrees
Rated Value	Measured Value				
0.1 k					
6.8 k					

표 45-2 직렬 RC회로에서 위상각 θ와 전압의 관계

Resistance Rated Value Ω	Capacitance (Rated Value) C, μF	Applied Voltage V_{p-p}, V	Voltage across Resistor V_R, V_{p-p}	Voltage across Capacitor V_C, V_{p-p}	Current (Calculated) I, mA	Capacitive Reactance (Calculated) X_C, Ω	Phase Angle θ (Calculated from X_C and R) degrees	Applied Voltage (Calculated) V_{p-p}, V
1 k								
6.8 k								

Impedance and Voltage Vector Diagrams for $R = 1$kΩ

Impedance and Voltage Vector Diagrams for $R = 1k\Omega$

1. 직렬 RC회로에서 저항에 걸린 전압, 캐패시터에 걸린 전압 그리고 인가전압의 관계를 설명하시오.

2. 6.8kΩ을 사용한 회로가 용량성인지 저항성인지를 판단하라.

3. 임피던스각이 −30°인 직렬회로에서 인가전압과 전류 사이의 관계에 대하여 설명하시오.

4. 식 45-1을 확인하였는가? 실험 결과를 이용하여 설명하시오.

5. 위상각 θ을 구할 때 발생할 수 있는 오차에 대하여 설명하시오.

교류회로의 소비전력

01 **실험목적**

(1) 교류회로에서 유효전력과 피상전력을 구별한다.
(2) 교류회로에서 전력을 측정한다.

02 **이론적 배경**

1. 교류회로의 소비전력

직류 저항회로에서 소비전력은 전압과 전류의 곱으로 표시된다. 즉,

$$P = I \times V \qquad (46\text{-}1)$$

여기서 P의 단위는 W이며 V는 V, I는 A의 단위를 갖는다.

전력은 다음 식과 같이 계산될 수도 있다.

$$P = I^2 R$$
$$P = \frac{V^2}{R} \qquad (46\text{-}2)$$

직류회로에서 V와 I는 상수이며 교류회로에서 V와 I는 연속적으로 변화하며 서로 위상차가 생길 수도 있다. 교류회로는 저항뿐만 아니라 리액턴스 성분도 포함한다. 저항성분은 직류회로와 동일하게 교류회로에서 전력을 소비하나 리액턴스 성분에 의한 실제 소비전력은 0이다. 즉,

파형의 반주기 동안 리액턴스 성분이 전력을 소비한다면 나머지 반주기 동안은 회로에 전력을 공급하므로 리액턴스 성분에 의한 전체 전력소비는 0이 된다.

2. 피상전력

피상전력 P_A는 교류회로의 입력전력이다. 즉, 교류회로에서 전압 V와 전류 I의 곱으로 표시된다.

$$P_A = V \times I$$

실제 전력의 단위 W와 혼동을 피하기 위하여 볼트암페어(VA) 단위를 사용한다. 리액턴스를 통과하는 전류는 다음과 같은 리액턴스성 전력을 생산한다.

$$P_X = V_X \times I$$

이때 단위는 VAR이다.

3. 유효전력과 역률(Power Factor)

저항성분과 리액턴스 성분으로 구성된 수동 전기소자에 의하여 실제 소비된 전력은 W로 표기한다. 저항과 리액턴스를 동시에 포함한 회로에서 유효전력은 피상전력과 같거나 작게 나타나며, 실제 소비전력은 피상전력에 역률을 곱하여 구할 수 있다. 즉, 역률 PF는

$$PF = \frac{유효전력}{피상전력} = \frac{P(W)}{P_A(VA)}$$

이며

$$P = P_A \times PF = V \times I \times PF \qquad (46\text{-}3)$$

이다.

그림 46-1(a)의 전압 페이져 선도는 각 변에 전류 I를 곱하여 그림 46-1(b)와 같은 전력 선도로 변환시킬 수 있다. 즉

$$\cos\theta = \frac{P(W)}{P_A(VA)} \qquad (46\text{-}4)$$

이다. 그러나 그림 46-1(a)와 실험 43에서

$$\cos\theta = \frac{V_R}{V} = \frac{R}{Z} \qquad (46\text{-}5)$$

이므로 역률은

$$PF = \frac{R}{Z} \qquad (46\text{-}6)$$

이다.

PF=1이면 회로의 전체 임피던스는 저항과 동일함을 알 수 있으며, PF = 0이면 $R = 0$으로서 회로에서 소비되는 실제 전력은 0이 된다. R은 Z보다 항상 작기 때문에 PF는 1보다 항상 작다. 또한 R과 Z는 항상 양수이므로 PF도 항상 양수이다.

P로 표기되며 단위가 W인 유효전력은 직류회로의 경우와 동일하게 다음 식을 이용하여 구할 수 있다.

$$\begin{aligned} P &= I^2 R \\ P &= V_R I \\ P &= \frac{V_R^2}{R} \end{aligned} \qquad (46\text{-}7)$$

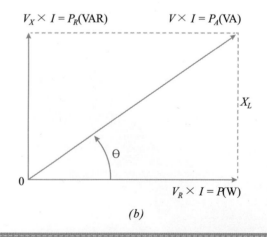

(a)　　　　　　　　　*(b)*

그림 46-1　전압 페이져 선도와 전력 선도

식 46-7은 저항에서는 전류와 전압이 동위상이므로 교류회로에서도 사용할 수 있다. 다음 두 예에서 교류회로의 소비전력을 구하는 방법을 알아보자.

문제 1. 그림 46-2 회로에서 코일의 인덕턴스 $X_L = 1000\Omega$, $R = 250\Omega$이며 전원은 $20\,V_{ac}$이다. 전원에 의하여 공급된 유효전력과 피상전력 그리고 역률 PF, 전류와 전압의 위상차를 구하시오.

풀이 회로의 임피던스는

$$Z = \sqrt{R^2 + X_L^2} = \sqrt{(250)^2 + (1k)^2}$$
$$= 1.03k\Omega$$

이며 전류는

$$I = \frac{V}{Z} = \frac{20\,V}{1.03k\Omega}$$
$$= 19.4mA$$

이고 위상각 θ는

$$\theta = \tan^{-1}\left(\frac{X_L}{R}\right) = \tan^{-1}\left(\frac{1k}{250}\right) = 75.96^o$$

이다. RL회로이므로 전압이 전류를 75.96° 앞선다. 피상전력 P_A는

$$P_A = VI = 20\,V \times 19.4mA = 0.388\,VA$$

이며 유효전력 P는

$$P = I^2 R = (19.4mA)^2 \times 250\Omega = 94.1mW$$

이다. 이때 역률 PF는

$$PF = \frac{R}{Z} = \frac{250}{1.03k}$$
$$= 0.242$$

와 같이 구할 수 있다. 역률은 100을 곱하여 %단위

로 표현되므로

$$\%PF = PF \times 100$$

이다. 그러므로 % PF는

$$\%PF = PF \times 100$$
$$= 0.242 \times 100$$
$$= 24.2\%$$

이며 %역률은 100%보다 클 수 없다.

문제 2. 그림 46-3의 직렬 RC회로에서 $X_C = 300\Omega$, $R = 500\Omega$ 이며 인가전압은 12Vac이다. 이때 P_A, P, PF, θ을 구하시오.

풀이 공식을 이용하여 Z을 구해보면

$$\theta = \tan^{-1}\left(\frac{-X_C}{R}\right)$$
$$= \tan^{-1}\left(\frac{-300}{500}\right)$$
$$= -30.96^o$$

그러므로 Z는

$$Z = \frac{R}{\cos\theta} = \frac{500}{\cos(-30.96°)} = 583.10\Omega$$

이며

$$I = \frac{V}{Z} = \frac{12\,V}{583.1\Omega} = 20.6mA$$

$$P_A = VI = 12\,V \times 20.6mA = 0.247\,VA$$

$$P = P_A \frac{R}{Z} = 0.247 \times \frac{500\Omega}{583.1\Omega}$$

$$P = 0.212\,W$$

이다. 다음 공식을 사용하여도 동일한 결과가 얻어진다.

$$P = I^2 R = (20.6mA)^2 \times 500\Omega$$
$$= 0.212\,W$$

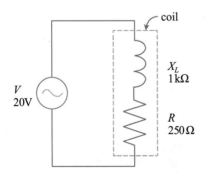

그림 46-2 문제 1의 회로

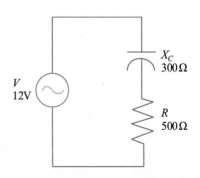

그림 46-3 문제 2의 회로

역률 PF는

$$PF = \frac{R}{Z} = \frac{500\,\Omega}{583.1\,\Omega} = 0.857 \quad \text{또는} \quad 85.7\%$$

$$PF = \frac{P}{P_A} = \frac{0.212\,W}{0.247\,VA} = 0.858 \quad \text{또는} \quad 85.8\%$$

이다.(0.1의 차이는 계산과정에서 발생한 오차이다.)

4. 교류전력 측정 ; 전압-전류방법

교류전력은 전압계나 오실로스코우프 등을 이용한 일련의 측정으로 구할 수 있다. 전압계를 이용하여 저항에 걸린 전압과 인가전압을 측정한다. 측정한 결과를 이용하여 역률 PF를 다음과 같이 구한다.

$$PF = \frac{V_R}{V}$$

저항에 흐르는 전류는

$$I = \frac{V_R}{R}$$

이므로 다음 식에 대입하여 실제 소비전력을 구할 수 있다.

$$P = V \times I \times PF$$

또한 측정한 V_R과 R을 이용하여 다음 공식에서 P를 계산할 수 있다.

$$P = \frac{V_R^2}{R}$$

전력측정방법은 매우 간단하며 계산도 간단하다.

회로에서 위상차를 구하기 위하여 실험 43과 동일하게 오실로스코우프를 사용한다. 즉, 인가전압의 파형과 저항에 걸린 전압의 파형을 오실로스코우프의 화면에 동시에 나타나게 하여 위상차를 측정할 수 있다.

5. 전력계

전력계를 이용하면 전력을 직접 측정할 수 있다. 50~60Hz 정도의 저주파 측정에서는 두개의 코일을 갖는 아날로그 측정기를 주로 사용한다. 그림 46-4에 나타낸 바와 같이 매우 간단한 구조이며 3 또는 4단자를 갖는다. 그림 46-4의 AB단자에 부하를 병렬연결하며 CD단자에 부하를

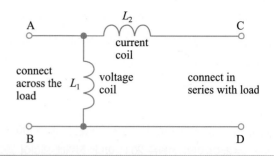

그림 46-4 저주파용 전력계의 개략도

직렬연결한다. AB단자에서 전압 V를 측정하며 CD단자에서 전류 I를 측정한다. 그러므로 유효전력은 $P = V \times I \times PF$이다.

03 요약

(1) 교류회로에서 전력의 소비는 저항에서만 이루어진다.
(2) 교류회로에서 피상전력 P_A는 인가전압과 전류의 곱 $P = V \times I$으로 표현할 수 있다.
(3) 회로에서 소비된 실제전력(유효전력)은 전압 V와 전류 I 그리고 역률 PF의 곱으로 표현되며, 역률은 전압과 전류의 위상차의 코사인값과 같다.

$$P = V \times I \times \cos\theta$$

(4) 실제 소비전력은

$$P = I^2 R = \frac{V_R^2}{R}$$

으로 나타낼 수도 있으며, 여기서 I는 단위가 A인 전류이며 R은 회로의 총저항이고 V_R은 저항에 걸린 전압이다.
(5) 교류회로의 역률($\cos\theta$)는 전압과 전류의 위상각 θ를 측정하여 $\cos\theta$를 계산하면 구할 수 있다.
(6) 역률은 다음 식으로 구할 수도 있다.

$$PF = \cos\theta = \frac{R}{Z} = \frac{V_R}{V} = \frac{P}{P_A}$$

(7) 교류회로의 유효전력은 다음 식으로 구할 수 있다.

$$P = V \times I \times \cos\theta$$

(8) 전력계를 사용하여 유효전력을 직접 측정할 수 있다.

다음 질문에 답하시오.

그림 46-5의 회로에서 $L = 8H$, $R = 1000\Omega$이며 인가전압은 60Hz, $12V$이다.

(1) 유도성 리액턴스는 _____ Ω 이다.

(2) 회로의 임피던스는 _____ Ω 이다.

(3) 회로에 흐르는 전류는 _____ mA 이다.

(4) $P_A =$ _____ VA

(5) 회로의 역률은 _____ % 이다.

(6) 회로의 위상각은 _____ °이다.

(7) $I^2 R =$ _____ W

(8) 피상전력과 유효전력의 비를 _____ 라 한다.

05   실험 준비물

전원공급기
- 절연변압기
- 가변변압기

기기
- 2채널 오실로스코우프
- VOM 또는 DMM
- 전력계
- 0-25mA 범위의 전류계

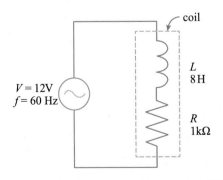

그림 46-5   예비점검의 회로

저항
- 100Ω, 5W   1개

캐패시터
- 5μF 또는 4.7μF, 100V 1개
- 10μF, 100V 1개

기타
- SPST 스위치
- on-off 스위치, 퓨즈

06   실험과정

A. 전압-전류측정에 의한 전력 결정

A1. 저항계를 사용하여 100Ω 저항의 저항값을 측정하여 표 46-1에 기록한다.

A2. 그림 46-6의 회로를 결선하고 스위치 S_1을 개방한다. 가변변압기의 출력을 최소로 조정한다. 전류계는 25 mA 범위로 조정한다.

A3. 스위치 S_1을 연결하고 $V_{AB} = 50V$까지 가변변압기의 출력을 증가시킨다. V_R과 I를 측정하여 표 46-1의 5 μF란에 기록한다. 스위치 S_1을 개방하고 5μF의 캐패시터를 제거한다.

A4. 피상전력 P_A, 유효전력 P, 역률 PF, 위상각 θ을 계산하여 표 46-1의 5μF란에 기록한다. 이때 측정한 V_{AB}, V_R, I 등을 이용한다.

A5. 스위치 S_1을 개방하고 가변변압기의 출력을 최소로 조정한다. 10μF의 캐패시터를 100Ω의 저항과 직렬로 연결한다.

A6. 스위치 S_1을 연결하고 $V_{AB} = 25V$가 되도록 가변변압기의 출력을 증가시킨다. V_R과 I를 측정하여 표 46-1의 10μF란에 기록한다. 스위치 S_1을 개방한다.

A7. 100Ω/10μF의 직렬회로에 대하여 과정 A4를 반복한다. 결과를 표 46-1의 10μF란에 기록한다.

B. 전력계를 이용한 전력측정

B1. 그림 46-7의 회로를 결선하고 스위치 S_1을 개방한다.

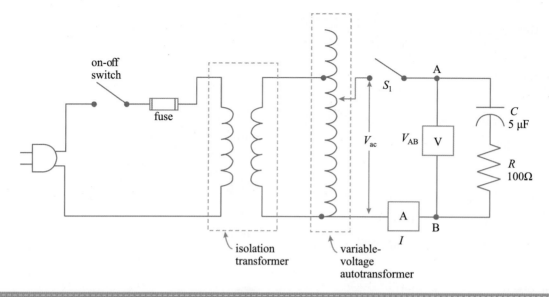

전력계는 그림과 같이 직렬로 연결한다. 가변변압기
의 출력을 최소로 조정한다. 전력계의 사용설명서를
완전히 숙지한 후에 사용한다.

B2. 스위치 S_1을 연결하고 $V_{AB} = 25\,V$가 되도록 가변변
압기의 출력을 증가시킨다. 전력계를 이용하여 실제
소비전력 P와 V_R을 측정하여 표 46-2의 10μF란에
기록한다. 스위치 S_1을 개방하고 10μF의 캐패시터를
제거한다.

B3. 측정한 V_R과 R을 사용하여 유효전력을 계산한다.
V_R과 V_{AB}를 이용하여 역률을 계산하여 표 46-2의 10

μF란에 기록한다.

B4. 스위치 S_1을 개방하고 5μF의 캐패시터를 100Ω 저항
과 직렬로 연결한다.

B5. 스위치 S_1을 연결하고 $V_{AB} = 50\,V$까지 가변변압기의
출력을 증가시킨다. 전력계를 이용하여 전력과 V_R를
측정하여 표 46-2의 5μF란에 기록한다. 스위치 S_1을
개방한다.

B6. 측정한 V_R과 R을 사용하여 유효전력을 계산한다.
V_R과 V_{AB}를 이용하여 역률을 계산하여 표 46-2의 5
μF란에 기록한다.

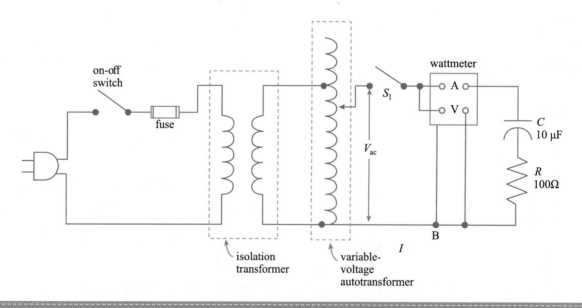

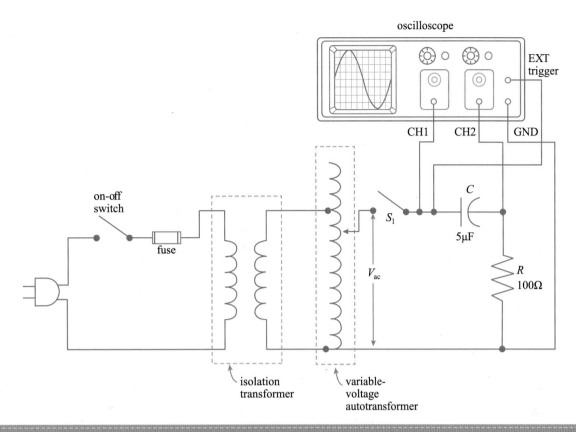

그림 46-8 과정 C1의 회로

C. 오실로스코우프를 사용한 역률 측정

C1. 그림 46-8과 같이 오실로스코우프를 RC회로에 연결한다. 가변변압기의 출력은 최소로 조정하고 트리거 스위치는 EXT에 놓는다.

C2. 스위치 S_1을 연결하고 가변변압기의 출력을 10Vrms로 조정한다. 채널 1은 기준전압 채널이다. 오실로스코우프에 전원을 인가하고 정현파의 한 주기가 보이도록 스위치를 조정한다. 이때 진폭은 6눈금을 차지하도록 조정한다. 파형을 화면의 중앙에 위치하도록 수평, 수직조정 스위치를 조정한다.

C3. 채널 2는 전류채널이다. 정현파의 한 주기가 보이도록 스위치를 조정한다. 이때 진폭은 4눈금을 차지하도록 조정한다. 파형을 화면의 중앙에 위치하도록 수직조정 스위치를 조정한다. 수평조정 스위치는 조정하지 않는다.

C4. 채널 1과 채널 2의 파형이 동시에 보이도록 스위치를 조정한다. 그림 46-9와 같이 두 파형의 최대값의 간격 d를 cm 단위로 측정한다. 두 파형의 0값에서 간격 d를 구하여 확인한 후 결과를 표 46-3의 5μF란에 기록

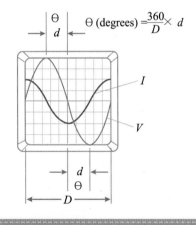

$$\theta \text{ (degrees)} = \frac{360}{D} \times d$$

그림 46-9 오실로스코우프를 이용한 역률 결정

한다. 전압파형의 0에서 360°까지의 거리 D를 측정하여 표 46-3에 기록한다. 오실로스코우프의 전원을 차단하고 스위치 S_1을 개방한다. 5μF의 캐패시터를 제거한다.

C5. 그림 46-9에 주어진 식을 이용하여 그림 46-8 회로의 전류와 전압의 위상차 θ를 계산하고, 계산한 θ값을 이용하여 회로의 역률을 구하여 표 46-3에 기록한다.

C6. 그림 46-8회로에서 5μF을 10μF으로 대체한다.

C7. 스위치 S_1을 연결하여 과정 C3, C4, C5를 반복한다. 전원을 차단하고 스위치 S_1을 개방한다. 그리고 오실로스코우프를 분리한다.

C8. 10μF에 대하여 과정 C5를 반복한다.

07 예비 점검의 해답

(1) 3.02k

(2) 3.18k

(3) 3.78mA

(4) 0.0454

(5) 31.5

(6) 71.65

(7) 14.3mA

(8) 역률(PF)

표 46-1 전압-전류측정에 의한 전력측정

Resistance R, Ω		Capacitance (Rated Value) C, μF	Applied Voltage V_{AB}, V	Voltage across Resistor V_R, V	Current (Measured) I, mA	Apparent Power P_A, VA	True Power P, W	Power Factor PF	Phase Angle θ, degrees
Rated Value	Measured Value								
100		5							
100		10							

표 46-2 전력계를 이용한 전력측정

Resistance R (Rated Value), Ω	Capacitance (Rated Value) C, μF	Applied Voltage V_{AB}, V	Voltage Across Resistor V_R, V	Power (Measured) P, W	Power (Calculated) P, W	Power Factor PF, %
100	5	50				
100	10	25				

표 46-3 오실로스코우프를 이용한 역률 측정

Resistance (Rated Value) R, Ω	Capacitance (Rated Value) C, μF	Distance Between Zero Points, d, cm	Width of Sine Wave D, cm	Phase Angle (Calculated) θ, degrees	Power Factor (Calculated) PF, %
100	5				
100	10				

실험 고찰

1. 교류회로에서 실제 소비전력(유효전력)과 피상전력의 차이점에 대하여 설명하시오.

_____

_____

_____

_____

_____

_____

2. 표 46-1과 표 46-2의 결과를 비교하시오.

_____
_____
_____
_____
_____
_____

3. 교류회로에서 전류와 전압 그리고 전력의 위상관계에 대하여 설명하시오. 표 46-1과 표 46-2의 결과를 사용하여 설명하시오.

_____
_____
_____
_____
_____
_____
_____

4. 교류회로에서 역률의 중요성을 설명하시오. 역률은 변화할 수 있는가? 있다면 방법을 설명하시오.

_____
_____
_____
_____
_____
_____

5. 위상각과 역률의 관계를 설명하시오.

_____
_____
_____
_____
_____
_____

EXPERIMENT 47

리액턴스회로의 주파수 응답

01 실험목적

(1) 직렬 RL회로에서 주파수의 변화가 전류와 임피던스에 미치는 영향을 확인한다.
(2) 직렬 RC회로에서 주파수의 변화가 전류와 임피던스에 미치는 영향을 확인한다.

02 이론적 배경

1. 직렬 RL회로의 임피던스

직렬 RL회로의 임피던스는 다음 식과 같다.

$$Z = \sqrt{R^2 + X_L^2} \tag{47-1}$$

R이 일정하다면 임피던스는 X_L에 따라 변화하며 X_L이 증가하면 Z도 증가하고 X_L이 감소하면 Z도 감소한다.

$$X_L = 2\pi f L \tag{47-2}$$

이므로 주파수가 일정하면 L의 변화에 따라 X_L도 변화하며 L이 일정하면 주파수의 변화에 따라 X_L이 변화한다.

식 47-2에서 알 수 있듯이 L이 일정할 때 주파수가 증가하면 X_L은 증가하고 주파수가 감소하면 X_L은 감소한다. 그러므로 임피던스 Z의 증감도 주파수의 증감을 따른다.

문제 그림 47-1의 회로에서 $R = 30\,\Omega$, $L = 63.7\text{mH}$이다. 주파수가 0에서 500Hz까지 변할 때 임피던스의 변화를 조사하시오.

풀이 식 47-1과 식 47-2를 이용하여 각 주파수에서 Z와 X_L를 계산한다. 결과를 표 47-1에 정리하였다. 그림 47-2에 표 47-1을 그래프로 나타냈다. 주파수가 증가함에 따라 임피던스도 증가함을 알 수 있다.

2. RL회로에서 전류와 주파수 관계

교류회로에서 전류는

$$I = \frac{V}{Z} \tag{47-3}$$

이다. 전류는 Z에 역비례하며 Z는 RL회로에서 주파수에 비례하므로 전류는 주파수에 역비례한다. 문제에서 전압이 100V일 때 회로내 전류를 표 47-1에 나타내었다. 그림 47-2와 같이 주파수와 전류의 관계를 나타내는 그래프를

주파수 응답곡선이라 한다.

3. 직렬 RC회로의 임피던스

직렬 RC회로의 임피던스는 다음 식으로 주어진다.

$$Z = \sqrt{R^2 + X_C^2} \tag{47-4}$$

식 47-1과 식 47-4는 X_L이 X_C로 대치된 정도의 차이지만 주파수에 따른 임피던스의 변화는 매우 다르다. 그 이유는 X_C는 주파수에 역비례하기 때문이다. X_C에 대한 식

$$X_C = \frac{1}{2\pi f C} \tag{47-5}$$

에서 알 수 있듯이 주파수가 증가하면 X_C는 감소하며, 주파수가 감소하면 X_C는 증가한다. 그러므로 RC회로에서 주파수가 감소할 때 임피던스는 증가하며, 주파수가 증가할 때 임피던스는 감소한다.

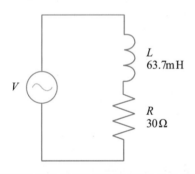

그림 47-1 문제의 회로

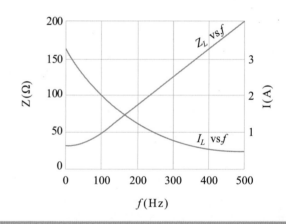

그림 47-2 주파수와 임피던스 및 주파수와 전류의 관계

표 47-1 주파수에 따른 X_L과 전류의 변화

f, H_z	X_L, Ω	$Z = \sqrt{R^2 + X_L^2}$, Ω	$I = \dfrac{V}{Z}$, A
0	0	30	3.33
100	40	50	2.00
150	60	67.1	1.49
200	80	85.4	1.171
250	100	104.4	0.958
300	120	123.7	0.808
400	160	162.8	0.614
500	200	202.2	0.495

4. RC회로에서 전류와 주파수 관계

직렬 RC회로에서 주파수가 감소하면 X_C는 증가하며 Z도 증가하므로 전류 I는 감소한다. 주파수가 증가하면 X_C는 감소하며 Z도 감소하므로 전류 I는 증가한다. 직렬 RL회로와 정반대의 현상이 발생한다.

전술한 바와 같이 RC회로와 RL회로에서의 전류에 미치는 인덕터와 캐패시터의 효과는 정반대이다. 이와 같은 사실은 전압과 전류의 위상관계에서도 알 수 있다. 즉, 인덕터에서는 전압의 위상이 전류를 앞선다. 그러나 캐패시터에서는 전류의 위상이 전압을 앞선다.

03 요약

(1) R과 L이 일정한 직렬 RL회로에서 임피던스 Z는 X_L이 증가할 때 증가한다.

(2) X_L은 주파수에 비례한다.

(3) 직렬 RL회로에서 주파수가 증가하면 임피던스 Z는 증가한다.

(4) 직렬 RL회로에서 전류 I는 주파수가 증가하면 감소한다.

(5) R과 C가 일정한 직렬 RC회로에서 주파수가 감소하면 임피던스 Z는 증가한다.

(6) X_C는 주파수에 역비례한다.

(7) 직렬 RC회로에서 전류 I는 주파수가 증가하면 증가한다.

(8) 인덕터의 리액턴스는

$$X_L = 2\pi f L$$

이며, 직렬 RL회로의 임피던스는

$$Z = \sqrt{R^2 + X_L^2}$$

이다.

(9) 캐패시터의 임피던스는

$$X_C = \frac{1}{2\pi f C}$$

이며, 직렬 RC회로의 임피던스는

$$Z = \sqrt{R^2 + X_C^2}$$

이다.

(10) 주파수 응답곡선은 수평축에 주파수, 수직축에 전류를 표시한다.

04 예비점검

다음 질문에 답하시오.

(1) 3.19H의 X_L은 100Hz에서 _____ Ω이다.

(2) $R = 1000\Omega$, $L = 3.19$H인 직렬 RL회로의 임피던스는 1kHz에서 _____ Ω 이다.

(3) (2)에서 2kHz일 때는 _____ Ω 이다.

(4) 직렬 RL회로에서 임피던스는 주파수가 증가할수록(증가한다., 감소한다.)

(5) (2)에서 인가전압이 15V라면 전류는 _____ mA이다.

(6) (3)에서 인가전압이 12V라면 전류는 _____ mA이다.

(7) 직렬 RL회로에서 주파수가 증가할수록 전류는 (증가한다., 감소한다.)

(8) 주파수 100Hz에서 직렬 RC회로의 $X_C = 1000\Omega$이다. 주파수 200Hz에서 동일한 캐패시터의 X_C는 _____ Ω 이며 주파수 50Hz에서는 _____ Ω이다.

(9) R과 C가 일정한 직렬 RC회로에서 임피던스는 주파수가 증가할수록(증가한다., 감소한다.)

(10) 직렬 RC회로에서 임피던스 Z가 1kHz에서 1410Ω이라면 2kHz에서는 1410Ω보다 (작다., 크다.)

(11) (10)의 RC회로에서 주파수가 50Hz에서 100Hz로 증가할 때 전류 I는 (증가한다., 감소한다.)

05 실험 준비물

기기

■ DMM

■ 함수발생기

저항(½-W, 5%)
- 3.3kΩ   1개

캐패시터
- 0.01μF   1개

인덕터
- 100mH 코일

06 실험과정

A. 직렬 RL회로의 주파수응답

A1. DMM을 이용하여 3.3kΩ 저항의 저항값을 측정하여 표 47-2에 기록한다.

A2. 그림 47-3의 회로를 결선한다. 함수발생기의 출력은 최소로 조정한다.

A3. 함수발생기에 전원을 인가하고 1kHz로 조정한다. 인가전압이 $10 V_{p-p}$가 되도록 출력을 증가시킨다. 전체 실험과정 동안 이 전압을 유지한다. 채널 2를 사용하여 V_R을 측정하여 표 47-2의 1kHz란에 기록한다.

A4. 주파수를 2kHz로 조정한다. 함수발생기의 출력은 10 V_{p-p}로 유지한다. V_R을 측정하여 표 47-2의 2kHz란에 기록한다.

A5. 1kHz 간격으로 주파수를 증가시키면서 과정 A4를 반복한다 : 3k, 4k, 5k, 6k, 7k, 8k, 9k, 10kHz. 각각의 주파수에서 V_R을 측정하여 표 47-2의 해당 주파수란

에 기록한다. 측정이 끝나면 신호발생기의 전원을 차단한다.

A6. 측정된 V_R과 R을 이용하여 각각의 주파수에 해당하는 전류를 계산하여 표 47-2에 기록한다.

A7. 계산된 I와 V를 이용하여 각각의 주파수에 해당하는 임피던스를 계산하여 표 47-2에 기록한다.

B. 직렬 RC회로의 주파수응답

B1. 그림 47-4의 회로를 결선한다. 함수발생기의 출력은 최소로 조정한다.

B2. 함수발생기에 전원을 인가하고 1kHz로 조정한다. 인가전압이 $10 V_{p-p}$가 되도록 출력을 증가시킨다. 전체 실험과정 동안 이 전압을 유지한다.

B3. V_R을 측정하여 표 47-3의 1kHz란에 기록한다.

B4. 주파수를 2kHz로 조정한다. 함수발생기의 출력은 10 V_{p-p}로 유지한다. V_R을 측정하여 표 47-3의 2kHz란에 기록한다.

B5. 1kHz 간격으로 주파수를 증가시키면서 과정 B4를 반복한다 : 3k, 4k, 5k, 6k, 7k, 8k, 9k, 10kHz. 각각의 주파수에서 V_R을 측정하여 표 47-3의 해당 주파수란에 기록한다. 측정이 끝나면 함수발생기의 전원을 차단한다.

B6. 측정된 V_R과 R을 이용하여 각각의 주파수에 해당하는 전류를 계산하여 표 47-3에 기록한다.

B7. 계산된 I와 V를 이용하여 각각의 주파수에 해당하는 임피던스를 계산하여 표 47-3에 기록한다.

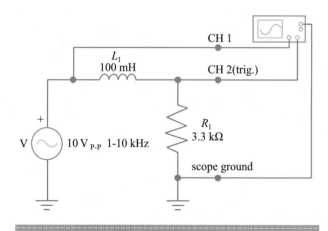

그림 47-3 과정 A2의 회로

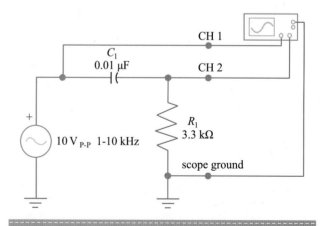

그림 47-4 과정 B1의 회로

(1) 2k

(2) 20.06k

(3) 40.08k

(4) 증가한다.

(5) 0.748

(6) 0.3

(7) 감소한다.

(8) 500 ; 2000

(9) 감소한다.

(10) 작다

(11) 증가한다.

표 47-2 직렬 RL회로의 주파수응답

Frequency f, Hz	Applied Voltage V, V_{p-p}	Voltage Across R V_R, V_{p-p}	Circuit Current (Calc.) I, mA	Circuit Imped. (Calc.) Z, Ω
1 k	10			
2 k	10			
3 k	10			
4 k	10			
5 k	10			
6 k	10			
7 k	10			
8 k	10			
9 k	10			
10 k	10			

R (rated) = 3.3 kΩ: R (measured)

표 47-3 직렬 RC회로의 주파수응답

Frequency f, Hz	Applied Voltage V, V_{p-p}	Voltage Across R V_R, V_{p-p}	Circuit Current (Calc.) I, mA	Circuit Imped. (Calc.) Z, Ω
1 k	10			
2 k	10			
3 k	10			
4 k	10			
5 k	10			
6 k	10			
7 k	10			
8 k	10			
9 k	10			
10 k	10			

실험 고찰

1. 직렬 RL회로에서 주파수에 따른 임피던스와 전류의 변화를 설명하시오.

_____

_____

_____

_____

_____

_____

_____

_____

2. 직렬 RC회로에서 주파수에 따른 임피던스와 전류의 변화를 설명하시오.

_____

_____

_____

_____

_____

_____

_____

_____

3. 그래프 용지에 표 47-2의 결과를 그리시오. 수평축은 주파수, 수직축은 임피던스를 표시하시오. 동일한 용지에 주파수와 전류의 그래프를 그리시오.

4. 그래프 용지에 표 47-3의 결과를 그리시오. 수평축은 주파수, 수직축은 임피던스를 표시하시오. 동일한 용지에 주파수와 전류의 그래프를 그리시오.

5. 고찰 3과 4에서 그린 그래프를 비교하시오.

_____

_____

_____

_____

_____

_____

6. 직렬 RC회로와 직렬 RL회로에 대하여 임피던스와 주파수의 그래프를 비교하시오. 고찰 3과 4에서 그린 그래프를 이용하시오.

_____

_____

_____

_____

_____

_____

7. 표 47-2와 47-3을 이용하여 회로의 임피던스가 동일한 값이 되는 입력주파수를 결정하시오. 이 주파수에서 X_L과 X_C를 구하시오.

_____

_____

_____

_____

_____

_____

직렬 RLC 회로의 임피던스

01 실험목적

(1) 직렬 RLC 회로의 임피던스는

$$Z = \sqrt{R^2 + (X_L - X_C)^2}$$

임을 실험적으로 확인한다.

02 이론적 배경

1. 직렬 RLC 회로의 임피던스

직렬로 연결된 RLC 회로에서 교류신호의 동작을 이해
하기 위해서는 연결된 각 소자의 특성을 알아야 한다.

교류회로에서 저항의 전압과 전류는 동위상이므로 직류
회로에서와 동일하게 동작한다. 저항으로만 이루어진 전
압분배회로에서 각 저항의 전압강하 합은 전체 저항에서
발생한 전압강하와 동일하다.

교류회로에서 리액턴스는 전원의 주파수에 따라 변하며
리액턴스에 흐르는 전류와 전압은 동위상이 아니다. 순수
인덕턴스(즉, $R = 0$)에 걸리는 전압은 인덕터에 흐르는 전
류보다 위상이 90° 앞선다. 순수 캐패시턴스(즉, $R = 0$)에
걸리는 전압은 캐패시터에 흐르는 전류보다 위상이 90° 뒤
진다.

교류회로에서 저항과 직렬로 연결된 인덕터의 영향은

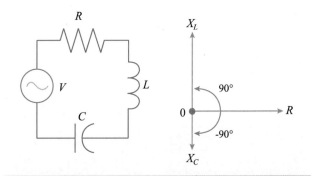

그림 48-1　*RLC* 회로와 임피던스 선도

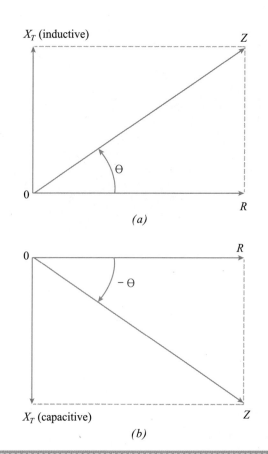

그림 48-2　*RLC* 회로에서 임피던스의 페이져 선도

주파수와 인덕턴스에 따라 변화하며, 직렬 *RL*회로에서 전류는 전압보다 90°보다 작은 위상차만큼 뒤쳐진다.

캐패시터가 저항과 직렬로 연결되어 있을 때 캐패시터의 리액턴스는 교류전류에 영향을 미치며 캐패시턴스와 주파수에 따라 영향의 정도가 결정된다. 직렬 *RC* 회로에서 전류는 90°보다 작은 위상차로 전압을 앞선다.

인덕턴스와 캐패시턴스는 교류회로에서 전압과 전류에 반대효과를 발생하는 특성이 있다. 이와 같은 특성은 그림 48-1의 직렬 *RLC* 회로에서 X_L과 X_C의 페이져 선도를 관찰하면 알 수 있다.

X_C와 X_L의 페이져 합은 각 페이져의 산술적 합산으로 구할 수 있으며, X로 표기하는 결과 페이져는 X_C와 X_L 중에 값이 큰 리액턴스 방향으로 향할 것이다. X_L이 X_C 보다 크다면 결과적으로 원점에서 수직으로 위를 향하는 페이져일 것이다. 이 경우 회로는 그림 48-2(a)와 같이 유도성이며 전압의 위상이 전류의 위상을 앞선다. X_C가 X_L 보다 크다면 결과적으로 원점에서 수직으로 아래를 향하는 페이져일 것이다. 이 경우 회로는 그림 48-2(b)와 같이 용량성이며 전류의 위상이 전압의 위상을 앞선다.

그림 48-2에서 *RLC* 회로의 임피던스 *Z*는

$$Z = \sqrt{R^2 + (X_L - X_C)^2}$$

또는

$$Z = \sqrt{R^2 + X_T^2} \qquad (48\text{-}1)$$

이며 여기서 X_T는 X_L과 X_C의 차이다.

식 48-1에서 $X_T = 0$이면 회로의 임피던스는 저항성분만을 갖는다. 즉, *Z* = *R*이다. 직렬 *RLC* 회로에서 $X_L = X_C$

이면 $X_T = 0$이다. 다시 말해서 유도성 리액턴스 성분과 용량성 리액턴스 성분이 서로 상쇄되면 회로는 결국 저항만의 회로가 된다. 이때 회로의 임피던스가 가장 작다.

2. *RLC* 회로에서 임피던스를 구하는 다른 방법

이전 실험에서 위상각 *θ*를 이용하여 임피던스를 계산하였다. *RLC* 회로에서도 유사한 방법을 이용하여 임피던스를 구할 수 있다. 그림 48-2의 페이져 선도에서 위상각은

$$\theta = \tan^{-1}\left(\frac{X_T}{R}\right) \qquad (48\text{-}2)$$

이며

$$Z = \frac{R}{\cos\theta} \qquad (48\text{-}3)$$

이다.

X_T는 X_L과 X_C의 차이므로, 먼저 $X_L - X_C$를 구하여 그림 48-2와 같은 위상각을 구한다. *θ*가 음수이면 용량성 회로이며 *θ*가 양수이면 유도성 회로이다. 계산기를 이용

하여

$$\theta = \tan^{-1}((X_L\text{-}X_C)/R)$$
$$Z = R \ / \ \cos\theta$$

를 구한다.

3. RLC 회로의 예제

식 48-1, 식 48-2와 식 48-3을 적용해서 다음 문제를 풀어본다.

문제 1. 그림 48-3의 RLC 회로에서 $R = 82\Omega$, $X_L = 70\Omega$, $X_C = 45\Omega$이다. 인가전압이 12V일 때 회로의 임피던스가 용량성인지 아니면 유도성인지 결정하고, 전류와 전압의 위상차, 역률 PF와 유효전력을 구하시오.

풀이 식 48-1에서

$$Z = \sqrt{R^2 + X_T^2}$$

이며 X_L-X_C인 X_T는

$$X_T = X_L - X_C = 70 - 45 = 25\Omega$$

이다. 식 48-1에 이 값을 대입하면

$$Z = \sqrt{82^2 + 25^2}$$
$$= 85.73\Omega$$

$$PF = \frac{R}{Z} = \frac{82}{85.73} = 0.9565 = 95.65\%$$

$$P = \frac{V^2}{Z} \times PF = \frac{12^2}{85.73} \times 0.9565$$
$$= 1.680 \times 0.9565$$
$$= 1.607 W$$

이다. 위상차는 PF= $\cos\theta$로부터

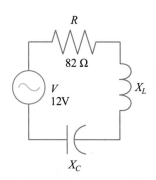

그림 48-3 문제 1과 2의 회로

$$\theta = \cos^{-1}(PF) = \cos^{-1}(0.9565) = 16.96°$$

이다. θ는 양수이므로 회로는 유도성이며 전압이 전류를 16.96° 앞선다.

문제 2. 그림 48-3의 회로에서 $X_L = 45\Omega$, $X_C = 70\Omega$일 때 문제 1을 반복하시오.

풀이 식 48-2와 식 48-3에서

$$\theta = \tan^{-1}\left(\frac{X_T}{R}\right)$$

이며 여기서 $X_T = X_L - X_C = 45 - 70 = -25 \ \Omega$이다. 그러므로

$$\theta = \tan^{-1}\left(\frac{-25}{82}\right)$$
$$\theta = -16.96°$$

이다. θ가 음수이므로 회로는 용량성이며 전류가 전압을 16.96°만큼 앞선다. 임피던스 Z는

$$Z = \frac{R}{\cos\theta} = \frac{82}{\cos(-16.96°)}$$
$$Z = 85.73\Omega$$

이다.

문제 1에서 구한 임피던스값과 동일하며 이는 X_T와 R 값이 같기 때문이다. 문제 1과 R, X_T, Z가 같기 때문에 유효전력과 역률은 같다.

03 요약

(1) 인덕터 L과 캐패시터 C는 교류회로에서 서로 반대 효과를 나타낸다. 인덕터에서는 전압의 위상이 앞서지만 캐패시터에서는 전류의 위상이 앞선다.

(2) 직렬 RLC 회로에서 총리액턴스 X_T는 X_L과 X_C의 차이다.

(3) 직렬 RLC 회로에서 X_L이 X_C보다 크다면 회로는 유도성이며 전압이 위상각 θ만큼 전류를 앞선다.

(4) 직렬 RLC 회로에서 X_C가 X_L보다 크다면 회로는 용량성이며 전류가 위상각 θ만큼 전압을 앞선다.

(5) X_L이 X_C보다 크다면 위상각 θ는 양수이며 X_C가 X_L

보다 크다면 θ는 음수이다.

(6) 직렬 RLC 회로에서 임피던스는 다음 식과 같다.

$$Z = \sqrt{R^2 + X_T^2}$$

(7) 임피던스는 다음 식과 같이 위상각을 사용하여 구할 수도 있다.

$$\theta = \tan^{-1}\left(\frac{X_T}{R}\right)$$

$$Z = \frac{R}{\cos\theta}$$

04 예비점검

다음 질문에 답하시오

(1) 직렬 RLC 회로에서 $X_L = 40\Omega$, $X_C = 70\Omega$, $R = 40\Omega$이라면 이 회로의 리액턴스는 _____ Ω 이다. 리액턴스는 (용량성, 유도성)이다.

(2) (1)에서 임피던스는 _____ Ω 이다.

(3) (1)의 회로는 (RL, RC) 회로와 같다.

(4) 직렬 RLC 회로에서 $X_L = 10\Omega$, $X_C = 15\Omega$, $R = 12\Omega$이라면 이 회로의 (용량성, 유도성) 리액턴스는 _____ Ω 이다. 임피던스의 페이져는 저항을(에) (앞선다., 뒤진다.)

(5) (4)에서 위상각 θ는 _____ °이며 (음수, 양수)이다.

(6) (4)의 회로에서 $Z =$ _____ Ω이다.

(7) θ가 음수일 때 $X_L - X_C$는 (음수, 양수)이다.

05 실험 준비물

기기

■ DMM

■ 함수발생기

저항

■ 2kΩ, 1/2W 5%　　　1개

캐패시터

■ 0.022μF　　　1개

인덕터

■ 100mH 코일

06 실험과정

1. 그림 48-4(a)의 회로를 결선한다. 함수발생기의 출력을 최소로 조정한다.

2. 전원을 연결하고 $V_{AB} = 10V_{p-p}$가 되도록 함수발생기의 출력을 증가시킨다. 이 전압은 전체 실험과정 동안 일정하게 유지한다.

3. V_R과 V_L를 측정하여 표 48-1에 기록한다. 전원을 차단한다.

4. 측정된 V_R과 R을 이용하여 전류를 계산하여 표 48-1에 기록한다.

5. 계산된 I와 V_L을 사용하여 X_L을 구하고 표 48-1의 'RL'란에 기록한다.

6. 오옴의 법칙(계산된 I와 인가전압 V_{AB} 이용)과 평방근 공식(R과 X_L 이용)을 사용하여 총임피던스를 구하고 표 48-1의 'RL'란에 기록한다.

7. 전원을 차단하고 그림 48-4(b)와 같이 0.022μF의 캐패시터를 직렬로 추가한다.

8. 전원을 인가하고 $V_{AB} = 10V$임을 확인한다. V_R, V_L, V_C를 측정하여 표 48-1의 'RLC'란에 기록한다. 전원을 차단한다.

9. 과정 4,5처럼 I, X_L을 계산한다. 측정된 V_C와 계산된 I를 이용하여 회로의 용량성 리액턴스를 계산하고 결과를 표 48-1의 'RLC'란에 기록한다.

10. 오옴의 법칙(계산된 I와 인가전압 V_{AB} 이용)과 평방근 공식(R, X_C, X_L 이용)을 사용하여 총임피던스를 구하고 표 48-1의 'RLC'란에 기록한다.

11. 전원을 차단하고 인덕터를 제거한다. 결과적으로 회로는 그림 48-4(c)와 같다.

12. 전원을 인가하고 $V_{AB} = 10V$임을 확인한다. V_R, V_C를 측정하여 표 48-1의 'RC'란에 기록한다. 전원을

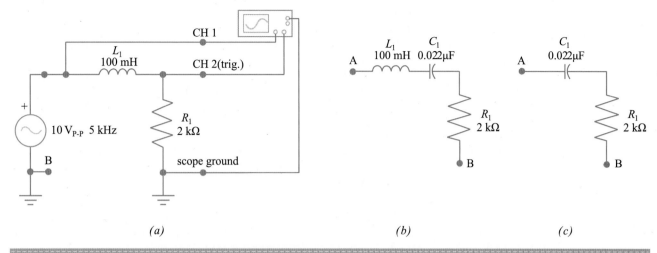

그림 48-4 (a) 과정 1의 회로 (b) 과정 7의 회로 (c) 과정 11의 회로

차단한다.

13. 측정된 V_R과 V_C 그리고 R을 이용하여 전류를 계산한다. 계산된 전류를 이용하여 X_C를 구하고 결과를 표 48-1의 'RC'란에 기록한다.

14. 오옴의 법칙(계산된 I와 인가전압 V_{AB} 이용)과 평방근 공식(R, X_C 이용)을 사용하여 총임피던스를 구하고 표 48-1의 'RC'란에 기록한다.

07 예비 점검의 해답

(1) 30, 용량성

(2) 50

(3) RC

(4) 용량성, 5Ω, 뒤진다.

(5) -22.6, 음수

(6) 13

(7) 음수

성 명 _____   일 시 _____

표 48-1 직렬 RLC 회로의 임피던스 결정

Circuit	Component			Applied Voltage V_{AB}, V_{p-p}	Voltage Across Resistor V_R, V_{p-p}	Voltage Across Inductor V_L, V_{p-p}	Voltage Across Capacitor V_C, V_{p-p}	Current I, mA	Reactance, Ω		Impedance Z, Ω	
	R, Ω	L, mH	C, μF						Ind. X_L	Cap. X_C	Ohm's Law	Square-Root Formula
RL	2 k	100	✕	10			✕				✕		
RLC	2 k	100	0.022	10									
RC	2 k	✕	0.022	10		✕				✕			

실험 고찰

1. 직렬 RLC 회로에서 저항, 캐패시턴스, 인덕턴스, 임피던스의 관계를 설명하시오.

_____
_____
_____
_____
_____
_____
_____
_____

2. 직렬 RL 회로에 캐패시터를 추가하면 임피던스는 어떻게 변화하는가?

_____
_____
_____
_____
_____
_____
_____
_____

3. 그림 48-4(b)에서 임피던스가 가장 낮은 경우는 어떤 조건인가? 이때 임피던스값은 얼마인가? (R, L, C는 일정한 값을 갖는다.)

_____

_____

_____

_____

_____

_____

4. 그림 48-4(b)에서 전류가 가장 많이 흐르는 경우는 어떤 조건인가? 이때의 전류의 최대값은 얼마인가? (R, L, C는 일정한 값을 갖는다.)

_____

_____

_____

_____

_____

_____

5. 표 48-1의 결과, 회로는 유도성인가 아니면 용량성인가? 아니면 저항성인가?

_____

_____

_____

_____

_____

6. 별도의 종이에 그림 48-4(a), (b), (c) 회로에 대한 임피던스 페이져 선도를 그리시오.

직렬 RLC 회로에서 주파수가 임피던스와 전류에 미치는 영향

01
실험목적

(1) 직렬 RLC 회로에서 주파수가 임피던스와 전류에 미치는 영향을 실험적으로 확인한다.

02
이론적 배경

실험 48에서 직렬 RLC 회로 (그림 49-1)의 임피던스는

$$Z = \sqrt{R^2 + X_T^2} \qquad (49\text{-}1)$$

임을 확인하였다. 여기서 X_T는 X_L과 X_C의 차이다. 이 실험에서는 직렬 RLC 회로의 임피던스와 전류에 미치는 주파수의 영향을 관찰할 것이다.

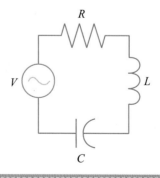

그림 49-1 RLC 회로

1. 직렬 RLC 회로에서 주파수가 임피던스에 미치는 영향

식 49-1에서 R이 일정하다면 $X_L = X_C$ 또는 $X_L - X_C = 0$일 경우 임피던스는 최소가 된다. 이때 $Z = R$이며 회로는 순수 저항만의 회로로서 동작한다. 전류는 저항에 의하여 제한되므로 $X_L = X_C$일 때 전류는 최대이다.

유도성 리액턴스와 용량성 리액턴스는 주파수에 따라 변화하며 $X_L = X_C$일 때 주파수를 f_R이라 한다. 이 실험에서는 f_R보다 크거나 작은 주파수에서 임피던스의 변화를 실험할 것이다. 앞으로 진행할 실험에서 $f = f_R$일 때의 임피던스에 미치는 영향도 실험할 것이다.

직렬 RLC 회로에서 인가전압원의 주파수 f가 f_R보다 큰 값으로 증가할 때 X_L은 증가하고 X_C는 감소한다. 이때 회로는 주파수가 증가할 때 리액턴스가 증가하는 인덕턴스 회로처럼 동작한다. 주파수 f가 f_R보다 작은 값으로 감소할 때 X_C는 증가하고 X_L은 감소한다. 이때 회로는 주파수가 감소할 때 리액턴스가 증가하는 캐패시턴스 회로처럼 동작한다.

그림 49-2는 직렬 RLC 회로에서 임피던스 대 주파수의 그래프를 보이고 있다. 그래프에서 알 수 있듯이 f_R에서 임피던스가 최소이며 f_R보다 작은 주파수에서 임피던스는 용량성(Z_C)이며 f_R보다 큰 주파수에서는 유도성(Z_L)이다.

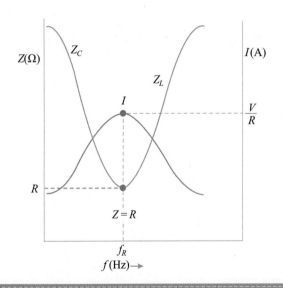

그림 49-2 주파수에 따른 임피던스와 전류의 변화

그림 49-2에 전류와 주파수의 관계도 함께 도시하였다.

(1) 직렬 RLC 회로에서 $X_L = X_C$일 때 전원의 주파수를 f_R이라고 하며, 이때 임피던스 Z는 최소가 되고 $Z = R$이다.

(2) 직렬 RLC 회로에서 주파수가 f_R보다 클 때 X_L은 증가하며, X_C는 감소하여 인덕턴스 회로로 동작한다.

$$Z = \sqrt{R^2 + X_T^2}$$

주파수가 f_R보다 매우 크면 Z는 R보다 매우 커진다.

(3) 직렬 RLC 회로에서 주파수가 f_R보다 작을 때 X_C는 증가하며, X_L은 감소하여 캐패시턴스 회로로 동작한다. 주파수가 f_R보다 매우 작아지면 Z는 R보다 매우 커진다.

(4) 직렬 RLC 회로에서 전류는 오옴의 법칙을 이용하여 다음과 같이 계산한다.

$$I = \frac{V}{Z}$$

여기서 V는 인가전압이며 Z는 임피던스이다.

다음 질문에 답하시오.

(1) 그림 49-1회로에서 주파수가 f_R일 때 $X_L = X_C = 1000$ Ω, $R = 4.7\text{k}\Omega$이다. 이때 임피던스 Z는 _____ Ω이다.

(2) (1)의 회로는 순수한 _____ 회로이다.

(3) (1)에서 주파수가 $f_R + 100\text{Hz}$이면 임피던스는 4700Ω보다 (크며, 작으며) 회로는 (용량성, 유도성) 이다.

(4) (1)에서 주파수가 $f_R - 100\text{Hz}$이면 임피던스는 4700Ω보다 (크며, 작으며) 회로는 (용량성, 유도성) 이다.

(5) 주파수가 f_R 이상으로 증가하거나 f_R 이하로 감소하면 전류는 (감소한다., 증가한다., 일정하다.)

05 실험 준비물

기기

- 함수발생기
- 오실로스코우프

저항

- 2kΩ, 1/2W 5%   1개

캐패시터

- 0.01μF   1개

인덕터

- 100mH 코일

06 실험과정

1. 그림 49-3의 회로를 결선하고 전원을 차단한다. 오실로스코우프는 채널 1에서 트리거된다.

2. 함수발생기에 전원을 인가하고 정현파로 조정한다. 스위치 S_1을 연결한다. 함수발생기의 출력을 $10V_{p-p}$ - 4kHz로 조정한다. 오실로스코우프를 조정하여 화면에 두 주기의 파형이 나타나게 하고 진폭은 4눈금으로 조정한다.

3. 오실로스코우프상의 파형을 관찰하면서 함수발생기의 주파수를 증가시킨다. 파형의 진폭(V_R)이 증가하면 진폭이 감소할 때까지 주파수를 계속 증가시킨다. 진폭이 최대일 때의 주파수를 결정한다. 이 주파수가 f_R이며 f_R에서 위상차는 0°임을 확인한다. 주파수를 증가시켰을 때 진폭이 감소하면 주파수를 감소시킨다. 최대의 진폭이 나타날 때 주파수 f_R을 결정한다. f_R에서 출력전압 V를 측정하여 모든 실험동안 이 전압을 유지한다. 오실로스코우프를 회로에서 분리한다.

4. 함수발생기의 주파수가 f_R일 때 저항에 걸리는 전압 V_R, 캐패시터에 걸리는 전압 V_C, 인덕터에 걸리는 전압 V_L, 캐패시터와 인덕터에 걸리는 전압 V_{LC}를 측정하여 표 49-1의 'f_R'란에 기록한다.

5. 함수발생기의 주파수를 f_R + 500Hz로 조정한다. 이때 주파수를 표 49-1에 기록한다. 출력은 과정 3과 동일하게 조정한다. V_R, V_C, V_L, V_{LC}를 측정하여 표 49-1의 'f_R + 500'란에 기록한다.

6. f_R + 2.5kHz일 때까지 500Hz단위로 주파수를 증가시키면서 과정 5를 반복한다. 전압은 일정하게 유지한다.

7. 함수발생기의 주파수를 f_R - 500Hz로 조정한다. 이때 주파수를 표 49-1에 기록한다. 출력은 과정 3과 동일하게 조정한다. V_R, V_C, V_L, V_{LC}를 측정하여 표 49-1의 'f_R -500'란에 기록한다.

8. 주파수가 f_R - 2.5kHz일 때까지 500Hz씩 감소시키면서 실험을 반복한다. 주파수를 표 49-1에 기록하고 V_R, V_C, V_L, V_{LC}를 측정하여 표 49-1의 해당란에 기록한다. 전원을 차단한다.

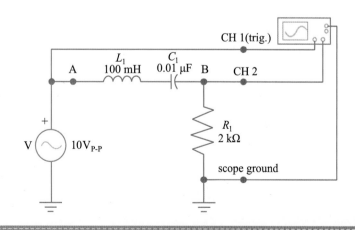

그림 49-3 과정 1의 회로

9. 각 주파수에 해당하는 $V_L - V_C$를 계산하여 양수로 표 49-1에 기록한다.

10. 각 주파수에 해당하는 V_R과 R을 이용하여 전류를 계산하고 표 49-1에 기록한다. 이때 오옴의 법칙을 적용하여 $Z = V / I$에서 임피던스를 계산하여 기록한다.

11. 표 49-1의 V_C와 V_L값을 이용하여 각 주파수에 해당하는 X_L과 X_C를 계산하고 표 49-2에 기록한다. 다음 공식과 계산한 X_C, X_L을 이용하여 임피던스를 계산한다. 결과를 표 49-2에 기록한다.

$$Z = \sqrt{R^2 + (X_L - X_C)^2}$$

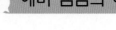

07 예비 점검의 해답

(1) 4.7k

(2) 저항

(3) 크며, 유도성

(4) 크며, 용량성

(5) 감소한다.

표 49-1 직렬 RLC 회로의 임피던스와 주파수 관계

Step	Frequency Hz	Voltage Across Res. V_R, V_{p-p}	Voltage Across Ind. V_L, V_{p-p}	Voltage Across Cap. V_C, V_{p-p}	Voltage Across AB V_{LC}, V_{p-p}	Voltage Difference $V_L - V_C$, V_{p-p}	Current (Calculated) I, mA	Impedance Z (Ohm's Law Cal.) Ω
$f_R + 2.5K$								
$f_R + 2K$								
$f_R + 1.5K$								
$f_R + 1K$								
$f_R + 500$								
f_R								
$f_R - 500$								
$f_R - 1k$								
$f_R - 1.5k$								
$f_R - 2k$								
$f_R - 2.5k$								

표 49-2 직렬 RLC 회로의 임피던스와 주파수 관계 비교

Step	Frequency, Hz	Inductive Reactance (Calculated) X_L, Ω	Capacitive Reactance (Calculated) X_C, Ω	Impedance (Calculated-Square-Root Formula) Z, Ω
$f_R + 2.5K$				
$f_R + 2K$				
$f_R + 1.5K$				
$f_R + 1K$				
$f_R + 500$				
f_R				
$f_R - 500$				
$f_R - 1k$				
$f_R - 1.5k$				
$f_R - 2k$				
$f_R - 2.5k$				

1. 직렬 RLC 회로에서 주파수에 따른 임피던스와 전류의 변화를 설명하시오.

2. 입력주파수가 f_R에서 증가(+), 감소(−)할 때 V_R의 위상차 변화를 설명하시오.

3. 표 49-1을 참고하여 각 주파수에 대한 V_L, V_C, V_L - V_C를 비교하시오.

4. 공진시 V_L과 V_C가 소거되지 않는 이유를 설명하시오.

5. 직렬 RLC 회로가 공진시 함수발생기에 부하를 거는 이유를 설명하시오.

병렬 RL 및 RC 회로의 임피던스

(1) 병렬 RL회로의 임피던스를 실험적으로 측정한다.
(2) 병렬 RC회로의 임피던스를 실험적으로 측정한다.

1. 병렬 RL회로의 임피던스

그림 50-1 회로는 R과 L이 병렬로 연결되어 있다. 그러므로 R과 L에 걸리는 전압은 일정하며 오옴의 법칙에 의하여 R과 L에 흐르는 전류는 다음과 같다.

R에 흐르는 전류 $\qquad I_R = \dfrac{V}{R}$

L에 흐르는 전류 $\qquad I_L = \dfrac{V}{X_L}$

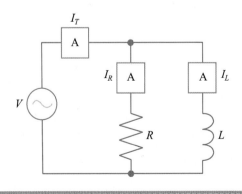

그림 50-1 병렬 RL회로

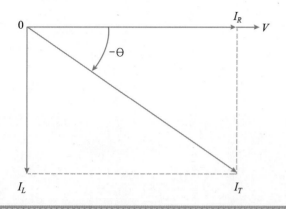

그림 50-2 병렬 RL회로에서 전류의 페이져 선도

키르히호프의 전류법칙에 의하여 총전류는 I_R과 I_L의 합이며 I_R과 I_L은 동위상이 아니다. 즉, I_R은 인가전압과 동위상이나 I_L은 인가전압과 $90°$의 위상차를 갖는다. 그러므로 전류는 페이져로 합산하여야 한다. 각 지류에 걸린 전압은 동일하므로 전압을 기준으로 사용할 것이다.

그림 50-1 회로에서 기준 페이져인 전압 V와 RL병렬 회로의 전류 페이져를 그림 50-2에 나타냈다. 이 그림에 피타고라스 정리를 적용하면

$$I_T = \sqrt{I_R^2 + I_L^2} \qquad (50\text{-}1)$$

이다.

전류 페이져 선도 (그림 50-2)에서 알 수 있듯이 전류는 위상각 θ만큼 전압에 뒤진다. 이때 위상각은

$$\theta = \tan^{-1}(\frac{-I_L}{I_R}) \qquad (50\text{-}2)$$

이며 계산기를 이용하여 쉽게 구할 수 있다.

병렬 RL회로의 총임피던스는 오옴의 법칙을 이용하여

$$Z = \frac{V}{I_T} \qquad (50\text{-}3)$$

와 같다.

문제 1. 그림 50-1의 회로에서 $R = 20\Omega$, $X_L = 45\Omega$, $V = 15V$ 이다. 총전류 I_T와 임피던스 Z 그리고 전압과 전류의 위상차 θ를 구하시오.

풀이 각 소자에 흐르는 전류는 오옴의 법칙을 적용하면

$$I_R = \frac{V}{R} = \frac{15\,V}{20\Omega} = 0.75A$$

$$I_L = \frac{V}{X_L} = \frac{15\,V}{45\Omega} = 0.333A$$

이며, 총 전류는 식 50-1에 의하여 구할 수 있다.

$$I_T = \sqrt{I_R^2 + I_L^2} = \sqrt{0.75^2 + 0.333^2}$$
$$= 0.821A$$

식 50-3에서 임피던스는

$$Z = \frac{V}{I_T} = \frac{15\,V}{0.821\,A}$$
$$= 18.270\Omega$$

이다. 위상각 θ는 식 50-2와 계산기를 이용하면

$$\theta = -23.94°$$

이다. 회로는 유도성이므로 전류가 $23.94°$만큼 뒤진다.

병렬회로의 역률은 그림 50-2의 페이져 선도를 사용하여 구할 수 있다. $PF = \cos\theta$이며 그림 50-2 에서

$$\cos\theta = \frac{I_R}{I_T}$$

이다. 문제 1에서 역률 PF는

$$PF = \frac{I_R}{I_T} = \frac{0.75}{0.821}$$
$$= 0.914 = 91.4\%$$

이다.

2. 병렬 RC회로의 임피던스

그림 50-3은 R과 C가 병렬로 연결된 회로이다. 인가전압 V는 R과 C에 동일하게 걸리며 각 소자에 흐르는 전류는 오옴의 법칙을 이용하면

$$R에\ 흐르는\ 전류 \qquad I_R = \frac{V}{R}$$
$$C에\ 흐르는\ 전류 \qquad I_C = \frac{V}{X_C}$$

이다.

키르히호프의 전류법칙에 의하여 전체 전류는 I_R과 I_C 의 합이며 I_R과 I_C는 동위상이 아니므로 산술적으로 합산할 수 없다. 즉, I_R은 인가전압과 동위상이나 I_C는 인가전압과 $90°$의 위상차를 갖는다. 그러므로 전류는 각 페이져

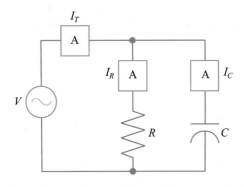

그림 50-3 병렬 RC회로

로 합산하여야 한다.

그림 50-4 회로에서 기준 페이져인 전압 V와 RC병렬회로의 전류 페이져를 그림 50-4에 나타냈다. 이 그림에 피타고라스 정리를 적용하면

$$I_T = \sqrt{I_R^2 + I_C^2} \qquad (50-4)$$

이다.

전류 페이져 선도 (그림 50-4)에서 알 수 있듯이 전류는 위상각 θ만큼 전압에 앞선다. 이때 위상각은

$$\theta = \tan^{-1}\left(\frac{I_C}{I_R}\right) \qquad (50-5)$$

이며, 계산기를 이용하여 쉽게 구할 수 있다.

병렬 RC회로의 총임피던스는 오옴의 법칙을 이용하여

$$Z = \frac{V}{I_T} \qquad (50-6)$$

와 같다.

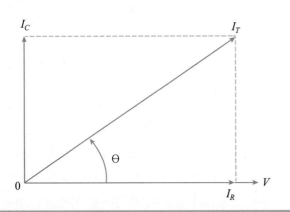

그림 50-4 병렬 RC회로에서 전류의 페이져 선도

---

2. 그림 50-3의 회로에서 $R = 470\Omega$, $X_C = 200\Omega$, $V = 20V$이다. 총전류 I_T와 임피던스 Z 그리고 전압과 전류의 위상차 θ를 구하시오.

풀이 각 소자에 흐르는 전류는 오옴의 법칙을 적용하면

$$I_R = \frac{V}{R} = \frac{20\,V}{470\Omega}$$
$$= 42.6mA$$
$$I_C = \frac{V}{X_C} = \frac{20\,V}{200\Omega}$$
$$= 100mA$$

이며 총전류는 식 50-4에 의하여 구할 수 있다.

$$I_T = \sqrt{I_R^2 + I_L^2} = \sqrt{42.6^2 + 100^2}$$
$$= 109mA$$

식 50-6에서 임피던스는

$$Z = \frac{V}{I_T} = \frac{20\,V}{109mA}$$
$$= 183\Omega$$

이다. 위상각 θ는 식 50-2와 계산기를 이용하면

$$\theta = 67^o$$

이다. 회로는 용량성이므로 전류가 67°만큼 앞선다.

한편, 역률 PF는

$$PF = \cos\theta = \frac{I_R}{I_T} = \frac{42.6mA}{109mA}$$
$$= 0.391 = 39.1\%$$

이다.

03 요약

(1) 병렬 RC 및 RL회로에서 각 소자에 걸린 전압은 동일하다.

(2) 병렬 RL회로에서 각 소자에 흐르는 전류 I_R과 I_L은 페이져이며 총전류 I_T는 I_R과 I_L의 페이져 합과 같다.

(3) 병렬 RC회로에서 각 소자에 흐르는 전류 I_R과 I_C는 페이져이며 총전류 I_T는 I_R과 I_C의 페이져 합과 같다.

(4) 병렬 RC 및 RL회로에서 인가전압은 기준 페이져이다.

(5) 병렬 RL회로에서 L에 흐르는 전류는 R에 흐르는 전류보다 90° 뒤진다. 총전류 I_T는 다음과 같다.

$$I_T = \sqrt{I_R^2 + I_L^2}$$

(6) 병렬 RL회로에서 총전류와 인가전압은 θ만큼 위상차가 생긴다.

$$\theta = \tan^{-1}\left(\frac{-I_L}{I_R}\right)$$

(7) 병렬 RC회로에서 C에 흐르는 전류는 R에 흐르는 전류보다 $90°$ 앞선다. 총전류 I_T는 다음과 같다.

$$I_T = \sqrt{I_R^2 + I_C^2}$$

(8) 병렬 RC회로에서 총전류와 인가전압은 θ만큼 위상차가 생긴다.

$$\theta = \tan^{-1}\left(\frac{I_C}{I_R}\right)$$

(9) 병렬 RL회로 및 병렬 RC회로에서 임피던스는 다음 식에서 계산할 수 있다.

$$Z = \frac{V}{I_T}$$

여기서 V는 인가전압이며 I_T는 총전류이다.

04 예비점검

다음 질문에 답하시오.

(1) 병렬 RL회로에서 인가전압이 10V일 때 $I_L = 0.2$A, $I_R = 0.5$A이다. 총전류 I_T는 _____ A이다.
(2) (1)에서 총전류 I_T의 위상은 인가전압 V 보다 (앞서며, 뒤지며) 위상차 θ는 _____ °이다.
(3) (1)에서 임피던스는 _____ Ω 이다.
(4) 병렬 RC회로에서 인가전압이 6V일 때 $I_C = 0.1$A, $I_R = 0.2$A이다. 총전류 I_T는 _____ A이다.
(5) (4)에서 총전류 I_T의 위상은 인가전압 V 보다 (앞서며, 뒤지며) 위상차 θ는 _____ °이다.
(6) (4)에서 임피던스는 _____ Ω 이다.

05 실험 준비물

기기
■ 함수발생기

저항
■ 2kΩ, 1/2W   1개
■ 10Ω, 1/2W   3개

캐패시터
■ 0.1μF   1개

인덕터
■ 100mH 코일

06 실험과정

A. 병렬 RL회로의 임피던스

A1. 그림 50-5(a)의 회로를 결선하고 함수발생기의 전원을 차단한다. 오실로스코우프를 이용하여 전류와 위상각을 측정할 수 있도록 10Ω R_{sense}를 첨가하였다. 트리거를 위하여 채널 1을 이용한다.

A2. 전원을 인가하고 함수발생기의 출력을 $10V_{p-p}$ - 2kHz까지 증가시킨다.

A3. 기준으로 채널 1을 사용하고 R_1 지로의 R_{sense}에 걸린 전압과 위상차를 측정한다. 오옴의 법칙을 적용하여 전류를 계산한다. 전류와 각도를 표 50-1에 기록한다.

A4. 오실로스코우프를 사용하여 L_1 지로의 R_{sense}에 흐르는 전류와 위상차를 측정한다. 표 50-1의 인덕터란에 결과를 기록한다. 전원을 차단한다.

A5. 그림 50-5(b)와 같이 10Ω의 R_{sense}를 추가하여 연결한다. 이 저항에서 양 지로에서 흐르는 전류를 측정할 수 있을 것이다. 전원을 인가하여 출력을 $10V_{p-p}$ - 2kHz로 조정한다. 오실로스코우프를 이용하여 새롭게 추가된 R_{sense}에 흐르는 전류와 위상차를 측정하여 표 50-1의 총전류란에 결과를 기록한다. 전원을

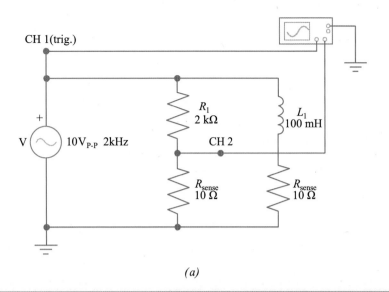

(a)

그림 50-5(a)　과정 A1의 회로

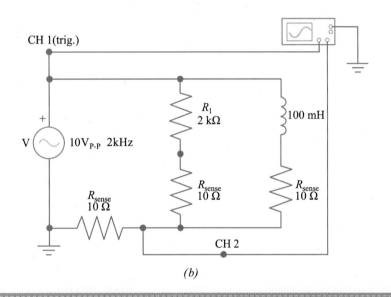

(b)

그림 50-5(b)　과정 A5의 회로

차단한다.

A6. 측정한 I_R과 I_L을 식 50-1에 대입하여 I_T를 계산하여 표 50-1에 기록한다. 전압 V와 전류 I_T를 오옴의 법칙을 적용하여 임피던스를 구하고 결과를 표 50-1에 기록한다.

B. 병렬 *RC*회로의 임피던스

B1. 전원을 차단하고 그림 50-6(a)의 회로를 결선한다. 오실로스코우프를 이용하여 전류와 위상각을 측정할 수 있도록 10Ω R_{sense}를 추가하였다. 트리거를 위하여 채

널 1을 이용한다.

B2. 전원을 인가하고 함수발생기의 출력을 $10\,V_{p-p}$ - 2kHz 가 되도록 한다.

B3. 기준으로 채널 1을 사용하고 R_1 지로의 R_{sense}에 걸린 전압과 위상차를 측정한다. 오옴의 법칙을 적용하여 전류를 계산한다. 전류와 각도를 표 50-2에 기록한다.

B4. 오실로스코우프를 사용하여 C 지로의 R_{sense}에 흐르는 전류과 위상차를 측정하여 표 50-2의 캐패시터란에 결과를 기록한다. 전원을 차단한다.

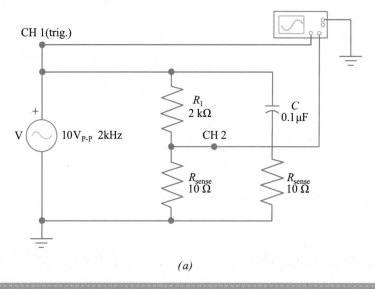

(a)

그림 50-6(a)   과정 B1의 회로

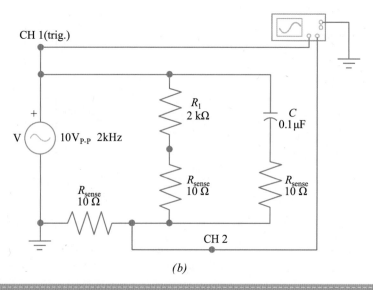

(b)

그림 50-6(b)   과정 B5의 회로

B5. 그림 50-6(b)와 같이 10Ω의 R_{sense}를 추가하여 연결한다. 이 저항에서 양 지로에서 흐르는 전류를 측정할 수 있을 것이다. 전원을 인가하여 출력을 $10V_{p-p}$ - 2kHz로 조정한다. 오실로스코우프를 이용하여 새로운 R_{sense}에 흐르는 전류와 위상차를 측정하고 표 50-2의 총전류란에 결과를 기록한다. 전원을 차단한다.

B6. 측정한 I_R과 I_C를 식 50-4에 대입하여 I_T를 계산하고 결과를 표 50-2에 기록한다. 전압 V와 전류 I_T를 오옴의 법칙에 대입하여 임피던스를 구하고 결과를 표 50-2에 기록한다.

  예비 점검의 해답

(1) 0.539

(2) 뒤지며, 21.8

(3) 18.6

(4) 0.224

(5) 앞서며, 26.6

(6) 26.8

표 50-1 병렬 RL회로의 임피던스

Applied Voltage V, V_{p-p}	Current and Angle in Resistor Branch I_R, mA$_{p-p}$	Current and Angle in Inductor Branch I_L, mA	Total Line Current and Angle (Measured) I_T, mA$_{p-p}$	Total Line Current (Calculated Using Square-Root Formula) I_T, mA$_{p-p}$	Circuit Impedance (Calculated Using Ohm's Law) Z, Ω
10 V					

표 50-2 병렬 RC회로의 임피던스

Applied Voltage V, V_{p-p}	Current and Angle in Resistor Branch I_R, mA$_{p-p}$	Current and Angle in Inductor Branch I_C, mA	Total Line Current and Angle (Measured) I_T, mA$_{p-p}$	Total Line Current (Calculated Using Square-Root Formula) I_T, mA$_{p-p}$	Circuit Impedance (Calculated Using Ohm's Law) Z, Ω
10 V					

실험 고찰

1. 표 50-1의 측정값을 이용하여 식 50-1의 타당성을 확인하시오.

_____

_____

_____

_____

_____

_____

2. 그림 50-5(a)의 인덕터값이 두배가 된다면 Z_T와 I_T는 어떻게 변화하는가.

_____

_____

_____

_____

_____

_____

3. 그림 50-5(a)에 명기된 소자값을 이용하여 위상차 θ를 계산하고 각 전류의 위상관계를 설명하시오. (10Ω은 무시)

_____

_____

_____

_____

_____

_____

_____

4. 그림 50-6(a)에 명기된 소자값을 이용하여 위상차 θ를 계산하고 각 전류의 위상관계를 설명하시오. (10Ω은 무시)

_____

_____

_____

_____

_____

_____

_____

_____

5. 표 50-1과 표 50-2의 자료를 이용하여 그래프 용지에 병렬 RC회로와 병렬 RL회로의 전류 페이져 선도를 그리시오.

EXPERIMENT
51

병렬 RLC 회로의 임피던스

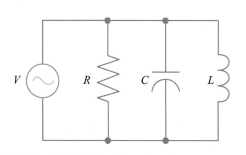

01 실험목적

(1) R, L, C가 병렬로 연결된 회로의 임피던스를 실험적
으로 확인한다.

02 이론적 배경

그림 51-1은 병렬 RLC 회로의 가장 간단한 형태이다.
전압 V는 각 소자에 공통으로 인가되며 저항 R의 전류
I_R은 오옴의 법칙을 이용하면

$$I_R = \frac{V}{R} \qquad (51\text{-}1)$$

이다. I_C와 I_L도 동일한 방법으로 구할 수 있다.

$$I_C = \frac{V}{X_C} \qquad (51\text{-}2)$$

그림 51-1 병렬 RLC 회로

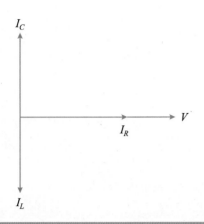

그림 51-2 병렬 RLC 회로에서 전류 페이져 선도

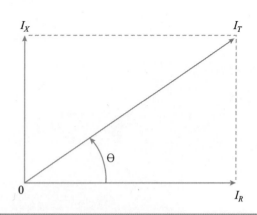

그림 51-3 I_X와 I_R의 페이져 선도

$$I_L = \frac{V}{X_L} \qquad (51-3)$$

R, L, C는 병렬이므로 각 소자에 걸린 전압은 인가전압이다.

총전류 I_T는 I_R, I_L, I_C의 페이져 합으로 구할 수 있다. 이는 실험 50의 RL 및 RC 병렬회로에서와 동일하다.

그림 51-2는 인가전압과 각 전류의 페이져 선도이다. I_R는 V와 동위상이며 I_C는 V를 90° 앞서며 I_L은 90° 뒤진다. I_L과 I_C의 위상차는 180°이므로 서로 산술적으로 감산하면 그림 51-3과 같은 리액턴스 전류 I_X를 구할 수 있다. I_L이 I_C보다 크다면 회로는 유도성이며 I_C가 I_L보다 크다면 회로는 용량성이다. $I_C = I_L$인 경우는 앞으로 진행할 실험에서 다시 언급할 것이다. 그러므로 총전류는 그림 51-3과 같이 I_R과 I_X의 페이져 합으로 구할 수 있다.

총전류는 또한 피타고라스 정리에 의하여

$$I_T = \sqrt{I_R^2 + I_X^2} \qquad (51-4)$$

와 같이 구할 수 있으며, 이 식은 그림 51-1 회로에서 L과 C에 직렬로 저항이 연결되어 있지 않으면 항상 성립한다.

총전류 I_T는 저항전류와 리액턴스전류의 페이져 합이며 두 전류는 동위상이 아니다. 저항전류 I_R은 인가전압과 θ 만큼 위상차가 생기며 이 위상차는

$$\theta = \tan^{-1}\left(\frac{I_X}{I_R}\right) \qquad (51-5)$$

에 의하여 구할 수 있다. 식 51-5에서 θ는 계산기를 이용하면 쉽게 구할 수 있다. 오옴의 법칙을 이용하면 임피던스는

$$Z = \frac{V}{I_T} \qquad (51-6)$$

와 같이 구할 수 있다.

1. 직류와 교류 병렬회로의 차이점

직류와 교류 병렬회로간에는 중요한 차이점이 있다. 직류 병렬회로에서 총전류 I_T는 병렬 연결소자가 증가하면 증가한다. 그러나 교류 병렬회로에서 총전류 I_T는 병렬 연결소자가 증가하면 항상 증가하지는 않는다. 예를 들어서 저항과 캐패시터가 병렬연결된 회로에 인덕터를 병렬로 연결하면 식 51-4와 같이 총전류가 감소할 수 있다. 그림 51-1 회로의 총전류는 I_L과 I_C의 차이가 I_C보다 작다면 RC병렬회로의 총전류보다 작다. 이와 같은 경우는 I_L이 2 I_C보다 작을 때 발생한다.

저항과 인덕터가 병렬연결된 RL회로에 C가 병렬로 첨가되는 경우도 동일한 상황이 발생한다. RLC 병렬회로에서 총전류 I_T는 I_C가 $2I_L$보다 작다면 RL회로에 흐르는 총전류보다 작다.

교류 병렬회로의 총임피던스는 병렬연결된 각 소자의 임피던스 중 가장 작은 값보다 항상 작지는 않으며, 때로는 큰 경우도 있다.

2. RL과 RC를 병렬 연결한 경우

병렬 RLC 회로는 그림 51-4와 같이 RL과 RC가 병렬 연결될 수도 있다. 즉, AB단자는 저항 R_1과 캐패시터 C

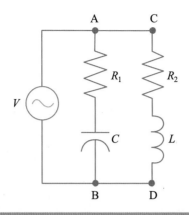

A   C

R_1 R_2

V

C L

B   D

그림 51-4 RL과 RC로 구성된 병렬 RLC 회로

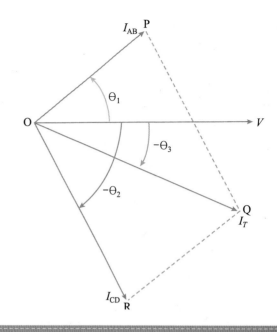

그림 51-5 RL과 RC로 구성된 병렬 RLC 회로의 전류 페이져 선도

를 직렬로 연결하였으며, CD단자는 저항 R_2와 인덕터 L을 직렬연결하였다. 각 단자간 RL과 RC의 임피던스는 이전 실험에서 구하였다.

AB간의 임피던스는

$$Z_{AB} = \sqrt{R_1^2 + X_C^2} \tag{51-7}$$

이며 전류 I_{AB}는

$$I_{AB} = \frac{V}{Z_{AB}} \tag{51-8}$$

이다.

AB간은 용량성이므로 전류의 위상이 전압보다 앞선다. 이때 위상차 θ는

$$\theta_1 = \tan^{-1}\left(\frac{X_C}{R_1}\right) \tag{51-9}$$

이다.

CD간의 임피던스는

$$Z_{CD} = \sqrt{R_2^2 + X_L^2} \tag{51-10}$$

이며 전류 I_{CD}는

$$I_{CD} = \frac{V}{Z_{CD}} \tag{51-11}$$

이다.

CD간은 유도성이므로 전압의 위상이 전류보다 앞선다. 이때 위상차 θ는

$$\theta_2 = \tan^{-1}\left(\frac{X_L}{R_2}\right) \tag{51-12}$$

이다.

총전류는 I_{AB}와 I_{CD}의 페이져 합이며, 그림 51-5는 기준전압 V를 $0°$로 한 페이져 선도를 보이고 있다. 전류 I_{AB}는 θ_1만큼 전압을 앞서며 전류 I_{CD}는 θ_2만큼 전압에 뒤진다.

I_T를 구하기 위하여 그림 51-5와 같이 OPQR의 평행사변형이 그려지며 이때 OQ가 총전류 I_T이며 θ_3는 전압과의 위상차이다. θ_3는 음수이므로 I_T는 인가전압보다 위상이 뒤져 회로는 유도성이 된다. θ_3가 양수일 때 회로는 용량성이 된다.

03   요약

다음과 같은 과정에 의하여 병렬 RLC 회로의 임피던스를 구할 수 있다.

(1) 이전 실험에서 이미 언급한 바와 같이 각 소자의 임피던스를 구한다. 오옴의 법칙에서 V와 I를 이용하여 Z를 구한다. $\tan^{-1}$함수를 이용하여 θ를 구한다.

(2) 각 소자에 흐르는 전류를 구하고 인가전압과 구한 전류의 위상차를 구한다. 각 소자의 전류는

$$I = \frac{V}{Z}$$

이다. 위상차는 캐패시턴스 회로와 인덕턴스 회로에서 부호가 반대이다.

(3) 모든 소자의 전류 페이져 합을 구한다. 이 전류가 총전류이며, 페이져 선도를 이용하면 전류와 위상차를 쉽게 구할 수 있다.

(4) 그림 51-1과 같이 병렬 RLC 회로의 캐패시턴스단과 인덕턴스단에 저항이 없을 때 리액턴스전류 I_X는 I_L과 I_C의 차이다.

(5) 다음 공식에 의하여 총전류와 위상차를 구할 수 있다.

$$I_T = \sqrt{I_R^2 + I_X^2}$$

$$\theta = \tan^{-1}\left(\frac{I_X}{I_R}\right)$$

(6) 병렬 RLC 회로의 임피던스는

$$Z = \frac{V}{I_T}$$

이다. 여기서 I_T는 총전류이며 V는 인가전압이다.

04 예비점검

다음 질문에 답하시오.

(1) 그림 51-1의 회로에서 $R = 12\Omega$, $X_L = 18\Omega$, $X_C = 15\Omega$ 이며 인가전압은 6V이다.
  (a) 전류 I_R은 _____ A 이다.
  (b) 인가전압과 I_R의 위상차는 _____ ° 이다.

(2) (1)에서
  (a) 캐패시터에 흐르는 전류 I_C는 _____ A 이다.
  (b) 인가전압과 I_C의 위상차는 _____ ° 이다.

(3) (1)에서
  (a) 인덕터에 흐르는 전류 I_L은 _____ A 이다.
  (b) 인가전압과 I_L의 위상차는 _____ ° 이다.

(4) (1)에서 리액턴스 전류는 _____ A이며 회로는 (용량성, 유도성)이다.

(5) (1)에서 총전류 I_T는 _____ A 이다.

(6) (1)에서 인가전압과 I_T의 위상차는 _____ °이며 부

호는 (+, −)이다.

(7) (1)에서 총임피던스는 _____ Ω 이다.

05 실험 준비물

기기
- 함수발생기
- 오실로스코우프

저항
- 2kΩ, 1/2W 5%   1개
- 10Ω, 1/2W 5%   1개

캐패시터
- 0.022μF   1개

인덕터
- 100mH 코일

기타
- SPST 스위치   3개

06 실험과정

1. 함수발생기의 전원을 차단하고 그림 51-6의 회로를 결선하며 스위치 S_1, S_2, S_3를 개방한다. 오실로스코우프의 채널 2를 R$_{sense}$에 연결하여 전압을 측정하고 오옴의 법칙을 이용하면 간접적으로 전류를 측정할 수 있다.

2. 전원을 인가하고 출력을 $10 V_{p-p}$ − 5kHz까지 증가시킨다. 실험 중에 이 전압을 유지한다. 실험 도중 필요하다면 전압을 점검하여 조정한다.

3. 스위치 S_1을 연결하고 $V = 10 V_{p-p}$임을 다시 확인한다. 회로에 흐르는 전류와 위상각을 측정하여 표 51-1에 기록한다. 이때 스위치 S_2와 S_3가 개방상태이므로 회로의 전류는 I_R이다. 스위치 S_1을 개방한다.

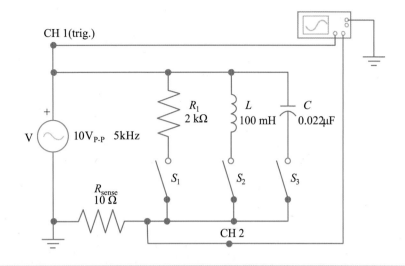

CH 1(trig.)

V ~ $10V_{P-P}$ 5kHz

R_1
2 kΩ

L
100 mH

C
0.022μF

S_1 S_2 S_3

R_{sense}
10 Ω

CH 2

그림 51-6   과정 1의 회로

4. 스위치 S_2를 연결한다. $V = 10V_{p-p}$임을 다시 확인한다. 전류와 위상각을 측정하여 표 51-1에 기록한다. 이때 스위치 S_1와 S_3가 개방상태이므로 전류는 I_L이다. 스위치 S_2를 개방한다.

5. 스위치 S_3를 연결한다. $V = 10V_{p-p}$임을 다시 확인한다. 전류를 측정하여 표 51-1에 기록한다. 이때 스위치 S_1와 S_2가 개방상태이므로 전류는 I_C이다.

6. 스위치 S_1을 연결한다.(스위치 S_3는 연결된 상태이다.) $V = 10V_{p-p}$임을 다시 확인한다. 전류를 측정하여 표 51-1에 기록한다. 이때 전류는 I_C와 I_R의 합으로 I_{RC}이다. 스위치 S_3를 개방한다.

7. 스위치 S_2를 연결한다.(스위치 S_1은 연결된 상태이다.) $V = 10V_{p-p}$임을 확인한다. 전류를 측정하여 표 51-1에 기록한다. 이때 전류는 I_L과 I_R의 합으로 I_{RL}이다.

8. 스위치 S_3를 연결하여 모든 스위치를 연결한다. $V = 10$ V_{p-p}임을 확인한다. 전류를 측정하여 표 51-1에 기록한다. 이때 전류는 총전류 I_T이다. 모든 스위치를 개방하고 전원을 차단한다.

9. 측정한 I_R, I_L, I_C값과 식 51-4를 이용하여 총전류 I_T를 계산하고 결과를 표 51-1에 기록한다.

10. I_T와 V를 이용하여 임피던스를 구한다. 이때 회로가 용량성, 유도성, 저항성인지 확인한다. 결과를 표 51-1에 기록한다.

11. 병렬 RLC 회로의 위상각과 역률 PF를 결정하여 표 51-1에 기록한다.

07   예비 점검의 해답

(1) (a) 0.5 (b) 0

(2) (a) 0.4 (b) 90

(3) (a) 0.333 (b) -90

(4) 0.0667, 용량성

(5) 0.504

(6) 7.6, +

(7) 11.9

표 51-1 병렬 *RLC* 회로의 임피던스 결정

Applied Voltage V, V_{p-p}	Resistor Current and Phase I_R, mA$_{p-p}$	Inductor Current and Phase I_L, mA$_{p-p}$	Capacitor Current and Phase I_C, mA$_{p-p}$	Resistor and Capacitor Current and Phase I_{RC}, mA$_{p-p}$	Resistor and Inductor Current and Phase I_{RL}, mA$_{p-p}$	Total Current in RLC Circuit and Phase (Measured) I_T, mA$_{p-p}$	Total Current (Calculated Using Square Root Formula) I_T, mA$_{p-p}$	Circuit Impedance Z (R, L or C), Ω
10 V								

Power factor _____%   Leading/lagging? _____%   Phase Angle (degrees) _____%

실험 고찰

1. 표 51-1의 측정 전류값은 식 51-4를 만족시키는가?

_____

_____

_____

_____

_____

_____

_____

_____

2. 표 51-1에서 I_{RC}와 I_T 중 어느 값이 더 큰가?

_____

_____

_____

_____

_____

_____

_____

_____

3. 표 51-1에서 RL의 임피던스와 RC의 임피던스를 계산하여 RLC의 총임피던스와 비교하시오.

_____

_____

_____

_____

_____

_____

_____

_____

_____

_____

_____

_____

_____

4. 그래프 용지에 병렬 RLC 회로의 전류 페이져 선도를 그린 후, 각 페이져 및 위상각을 표시하시오. 그래프의 공란에 RLC 회로와 등가인 직렬회로를 그리시오. 모든 계산과정을 명시하시오.

직렬 *RLC* 회로의 주파수응답과 공진주파수

01 실험목적

(1) 직렬 *RLC* 회로의 공진주파수 f_R을 실험적으로 결정한다.

(2) 직렬 *RLC* 회로의 공진주파수 f_R은

$$f_R = \frac{1}{2\pi\sqrt{LC}}$$

임을 실험적으로 확인한다.

(3) 직렬 *LC* 회로의 주파수 응답곡선을 실험적으로 결정한다.

02 이론적 배경

1. 직렬 *RLC* 회로의 공진주파수

그림 52-1 회로에서 전압 V는 주파수와 진폭이 조정 가능한 교류신호이다. 일정한 주파수 f와 출력 V에서 전류는 $I = V/Z$이며 Z는 회로의 임피던스이다. 각 소자 R, L, C의 전압강하는 IR, IX_L, IX_C이다. 출력을 일정하게 유지하고 신호발생기의 주파수를 변화시키면 전류와 R, L, C에서의 전압강하가 변화한다.

다음과 같은 조건의 주파수를 공진주파수 f_R이라 한다.

$$X_L = X_C \tag{52-1}$$

공진주파수는 다음과 같은 과정으로 구해질 수 있다.

$$X_L = 2\pi f L \tag{52-2}$$

이며

$$X_C = \frac{1}{2\pi f C}$$

이다.

주파수가 f_R일 때 $X_L = X_C$이므로,

$$2\pi f_R L = \frac{1}{2\pi f_R C} \qquad (52-3)$$

이다. 식 52-3을 f_R에 대하여 풀면

$$f_R^2 = \frac{1}{(2\pi)^2 LC} \qquad (52-4)$$

또는

$$f_R = \frac{1}{2\pi \sqrt{LC}} \qquad (52-5)$$

이다. 여기서 f_R의 단위는 Hz, L의 단위는 H이며 C의 단위는 F이다.

식 52-5를 이용하면 직렬 RLC 회로의 공진주파수를 구할 수 있다. 즉, L과 C를 알고 있다면 식 52-5에서 공진주파수를 구할 수 있다.

 문제 직렬 RLC 회로에서 $R = 47\Omega$, $C = 0.01\mu F$, $L = 8H$일 때 공진주파수를 구하시오.

풀이 식 52-5에 소자값을 대입하여 f_R을 구할 수 있다.

$$f_R = \frac{1}{2\pi \sqrt{LC}} = \frac{1}{2\pi \sqrt{8 \times 0.01 \times 10^{-6}}}$$
$$f_R = \frac{10^4}{2\pi \sqrt{8}}$$
$$f_R = 563 Hz$$

R이 공진주파수 계산에서 사용되지 않는다는 점에 유의하라.

2. 직렬 공진회로의 특성

전술한 실험에서 알 수 있듯이 직렬 RLC 회로의 특성은 다음과 같다.

(1) 리액턴스 성분에서 발생하는 전압강하는 리액턴스 성분 X와 전류 I의 곱이다.

(2) 회로의 총리액턴스는 X_C와 X_L의 차이다.

(3) 직렬 RLC 회로의 임피던스는

$$Z = \sqrt{R^2 + X_T^2}$$

이다.

(4) $X_C = X_L$일 때 회로의 임피던스가 최소이며, 이때 전류는 최대가 된다.

$X_C = X_L$일 때 회로는 공진상태라고 한다. 공진상태에서 직렬 RLC 회로의 임피던스는 최소이며, 전류는 최대이다. 전술한 실험에서 이미 언급한 바와 같이

$$Z = \sqrt{R^2 + X_T^2}$$

이며 f_R에서 $X_T = 0$이고

$$Z = \sqrt{R^2 + (0)^2} = R$$

이다. 그러므로 최소 임피던스 $Z = R$이며, 전류는 다음과 같이 최대이다.

$$I = \frac{V}{Z} = \frac{V}{R}$$

f_R에서 인가전압은 모두 R에 걸리며 공진전류는

$$I = \frac{V}{R} \qquad (52-6)$$

이다. 공진시 전류는 저항에 의해서만 영향을 받으므로 회로는 저항성이다. f_R보다 큰 주파수에서 X_L은 X_C보다 크며 회로는 유도성이 된다. f_R보다 작은 주파수에서 X_L은 X_C보다 작으며 회로는 용량성이 된다.

공진시 C에 걸리는 전압 V_C와 L에 걸리는 전압 V_L은 최대이며 같은 값이다. 이론적으로 공진시 $R = 0$이면 전류는 무한대로 증가하며 V_L과 V_C도 무한대로 커진다. 그러나 실제 L은 내부저항 R_L을 포함하므로 이와 같은 상황은 발생하지 않는다.

3. 직렬 공진회로의 주파수응답

직렬 RLC 회로의 주파수응답은 공진주파수 근처의 주파수와 진폭이 일정한 전압을 인가함으로써 실험적으로 구할 수 있다. L과 C에 걸린 전압을 측정하고 주파수와

V_L 그리고 V_C의 관계를 그래프로 그리면 주파수 응답곡선을 얻을 수 있다.

공진주파수 근처에서 전류를 측정하여 주파수 대 전류의 그래프를 그리면 다른 형태의 주파수 응답곡선을 얻을 수 있다.

03 요약

(1) 직렬 RLC 회로에서 공진주파수 f_R은 다음과 같다.

$$f_R = \frac{1}{2\pi\sqrt{LC}}$$

공진시 $X_L = X_C$이다.

(2) f_R에서 회로의 임피던스는 최소이며 $Z=R$이다.

(3) f_R에서 회로의 전류는 최대이며 $I = V/R$이다. 여기서 V는 인가전압이다.

(4) 공진시 V_L과 V_C는 최대이며 동일하다.

(5) 공진시 직렬 RLC 회로는 저항성이며 공진주파수보다 큰 주파수에서 유도성, 작은 주파수에서 용량성이다.

04 예비점검

다음 질문에 답하시오

(1) 직렬 공진회로에서 $X_L = 120\varOmega$이다. 공진시 $X_C = $ _____ $\varOmega$ 이다.

(2) 직렬 RLC 회로에 공진주파수보다 큰 주파수를 갖는 전원을 인가하였을 때 X_L은 X_C보다 (크며, 작으며, 동일하며) 회로는 _____ 성이다.

(3) 직렬 RLC 회로에서 $R = 1k\varOmega$, $L = 100\mu H$, $C = 0.001\mu F$이며 인가전압은 12V이다. 이 회로의 공진주파수는 _____ Hz이다.

(4) (3)에서 공진시 전류는 $I = $ _____ mA 이다.

(5) (3)에서 $V_L = $ _____ V이다.

(6) (3)에서 공진시 임피던스는 _____ $k\varOmega$ 이다.

05 실험 준비물

전원공급기
- AF 신호발생기

기기
- 함수발생기
- 오실로스코우프

저항
- 1k$\varOmega$, 1/2W 5%　　　1개

캐패시터
- 0.001μF　　　1개
- 0.01μF　　　1개
- 0.0033μF　　　1개

인덕터
- 10mH　　　1개

06 실험과정

A. 직렬 RLC 회로의 공진주파수 결정

A1. 10mH -0.01μF ; 10mH -0.033μF ; 10mH -0.001μF 에 대한 공진주파수를 계산하여 표 52-1에 기록한다.

A2. 그림 52-2의 회로를 결선하고 모든 기기의 전원은 차단한다.

A3. 함수발생기에 전원을 인가하고 주파수를 15kHz로 조정한다. 오실로스코우프에 전원을 인가하고 화면에 정현파가 나타나도록 신호발생기를 조정한다. 신호발생기의 출력을 $5V_{p-p}$로 조정한다. 이 전압은 전체 실험과정 중에 일정하게 유지한다.

A4. 함수발생기의 주파수가 15kHz를 전후하여 변화할 때 저항에 걸린 전압 V_R의 진폭을 측정한다. V_R이 최대일 때 주파수를 관찰한다. RLC 회로에서 V_R이 최대일 때 공진이 일어나며 주파수는 f_R이다. 공진시 위

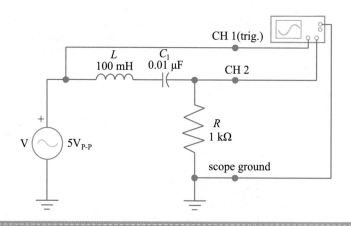

CH 1(trig.)

L
100 mH

C_1
0.01 µF

CH 2

V ⌇ 5V$_{P-P}$

R
1 kΩ

scope ground

그림 52-2 과정 A2의 회로

상차는 0°임을 관찰하라. 결과를 표 52-1의 0.01µF란
에 기록한다.

A5. 0.01µF을 0.033µF으로 교체한다. 함수발생기의 출력
이 5 V_{p-p}임을 확인한다.

A6. 함수발생기의 주파수를 27kHz로 조정한다. 27kHz를
전후한 주파수에서 저항에 걸린 전압 V_R을 관찰한다.
최대 V_R에서 $f = f_R$이다. 결과를 표 52-1의 0.033µF
란에 기록한다.

A7. 0.033µF을 0.001µF으로 교체한다. 함수발생기의 출
력이 5 V_{p-p}임을 확인한다.

A8. 함수발생기의 주파수를 50kHz로 조정한다. 50kHz를
전후한 주파수에서 캐패시터에 걸린 전압 V_R를 관찰
한다. 최대 V_R에서 $f = f_R$이다. 결과를 표 52-1의
0.001µF란에 기록한다.

B. 주파수 응답곡선 도시

B1. 과정 A8과 동일한 회로이므로 10mH −0.001µF의 공
진주파수 f_R을 계산하여 측정결과와 비교한다.

B2. 표 52-2에 표시된 주파수에서 1kΩ에 걸리는 전압을
측정하여 기록한다. 주파수 조정은 가능한 한 표기된
값에 근사하게 조정한다. 예를 들어서 $f_R = 9227$이면
$f_R + 3000$은 12,227이며, 함수발생기의 주파수를 이
값에 가장 근사한 값으로 조정한다. 함수발생기의 출
력이 5 V_{p-p}인지 계속 확인한다. 측정을 완료하면 함
수발생기와 오실로스코우프의 전원을 차단한다.

07 예비 점검의 해답

(1) 120

(2) 크며, 유도

(3) 503,292

(4) 12

(5) 3.79

(6) 1

표 52-1 직렬 RLC 회로의 공진주파수

Inductor LmH	Capacitor C, μF	Resonant Frequency f_R, H_Z	
		Calculated	Measured
10	0.01		
10	0.0033		
10	0.001		

표 52-2 직렬 RLC 회로의 주파수응답

Step	Frequency f, Hz	Voltage Across Resistor V_R, V_{p-p}
$f_R - 21$ kHz		
$f_R - 18$ kHz		
$f_R - 15$ kHz		
$f_R - 12$ kHz		
$f_R - \ 9$ kHz		
$f_R - \ 6$ kHz		
$f_R - \ 3$ kHz		
f_R		
$f_R + \ 3$ kHz		
$f_R + \ 6$ kHz		
$f_R + \ 9$ kHz		
$f_R + 12$ kHz		
$f_R + 15$ kHz		
$f_R + 18$ kHz		
$f_R + 21$ kHz		

실험 고찰

1. 직렬 RLC 회로의 공진주파수를 설명하시오.

_____

_____

_____

_____

_____

_____

_____

_____

_____

2. 공진시 저항에 걸린 전압이 $5 V_{p-p}$와 다른 이유를 설명하시오. 표 52-2를 이용하시오.

3. 실험에서 사용한 회로의 공진시 임피던스는 얼마인가?

4. 표 52-1에서 측정한 공진주파수와 공진주파수의 계산값을 비교하시오.

5. 직렬 RLC 회로에서 R과 L을 고정시키고 C를 변화시킬때 공진주파수의 변화를 설명하시오.

6. 그래프 용지에 주파수 대 V_C의 그래프를 그리시오. 수평축은 주파수, 수직축은 V_C를 표시하시오. 공진주파수에서 그래프까지 수직으로 점선을 긋고 공진주파수를 기재하시오.

7. 주파수응답 측정시 함수발생기의 출력을 일정하게 유지하는 이유를 설명하시오.

_____
_____
_____
_____
_____
_____
_____
_____
_____
_____

직렬 공진회로의 대역폭과 주파수응답에 Q가 미치는 영향

직렬 공진회로의 대역폭과 주파수응답에 Q가 미치는 영향

01 실험목적

(1) 양호도 Q가 주파수응답에 미치는 영향을 관찰한다.
(2) 양호도 Q가 1/2 전력점의 대역폭에 미치는 영향

02 이론적 배경

1. Q와 주파수응답

실험 52에서 직렬 RLC 회로의 주파수 응답곡선을 구하였다. 이론적으로 LC회로에서 공진중에 $X_C = X_L$이며 $Z = R_L$이다. R_L은 인덕터의 내부저항이다.

인덕터의 내부저항 R_L은 다른 저항이 없다면 공진시 전류를 구하기 위하여 사용된다. 인덕터의 R_L과 X_L은 회로의 특성 양호도(quality factor) Q를 결정한다. Q는

$$Q = \frac{X_L}{R_L} \tag{53-1}$$

와 같다.

주어진 회로의 Q는 공진주파수에서 L과 C에 걸린 전압의 상승분을 결정한다. L에 걸린 전압은

$$\begin{aligned} V_L &= IX_L \\ &= \frac{V}{R} \times X_L \end{aligned} \tag{53-2}$$

이며 회로의 저항이 인덕터의 내부저항 R_L이라면

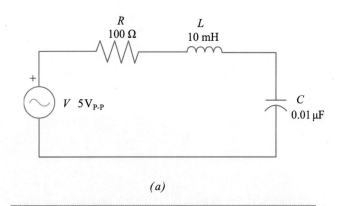

(a)

그림 53-1(a) *RLC* 회로

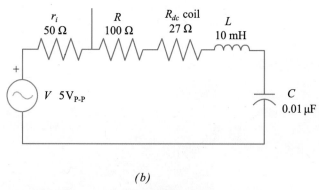

(b)

그림 53-1(b) 실제 *RLC* 회로

$$V_L = V \times \frac{X_L}{R_L} \qquad (53\text{-}3)$$
$$V_L = VQ$$

이다. 공진시 $X_L = X_C$이므로

$$IX_L = IX_C$$

이며

$$V_L = V_C$$

이다. 그러므로

$$V_C = VQ \qquad (53\text{-}4)$$

이다. 식 53-3과 식 53-4는 $Q > 1$이면 중요한 특성을 갖는다. 즉, $Q > 1$이면 V_L과 V_C는 인가전압보다 크며, Q가 증가하면 전압이득도 증가한다. 이것이 전압이득의 첫번째 예이다.

실제로 회로의 Q값을 계산할 때에는 다른 저항값이 고려되어야만 한다. 그림 53-1(a)는 *RLC* 공진회로이다. 이 회로에 대한 공진주파수와 Q는

$$f_R = \frac{1}{2\pi\sqrt{LC}} = \frac{1}{6.28\sqrt{(10mH)(0.01\mu F)}} = 15.9kHz$$

$$X_L = 2\pi f L = (6.28)(15.9kHz)(10mH) = 999\Omega$$

$$Q = \frac{X_L}{R} = \frac{999\Omega}{100\Omega} = 9.9$$

이다. 실제 회로는 그림 53-1(b)와 더욱 유사할 것이다. 함수발생기의 내부저항 r_i가 50Ω이고, 인덕터의 저항이 27Ω임을 주목하라. 그러므로 모든 저항을 고려할 때 실제 Q값은

$$Q = \frac{X_L}{(r_i + R_{dc} + R)}$$
$$= \frac{999\Omega}{(50\Omega + 27\Omega + 100\Omega)} = 5.64$$

임을 알 수 있다.

회로의 Q는 직렬 공진회로의 주파수 응답을 구할 때도 중요하다. 주파수 응답특성은 진폭이 일정하고 공진주파수와 공진주파수 좌우측의 주파수를 갖는 전압을 인가하여 결정한다. L과 C에 걸린 전압을 측정하고 주파수와 V_C 그리고 V_L의 관계를 도시하면 주파수 응답특성을 얻을 수 있다.

위와 같은 특성을 갖는 인가전압하에서 회로에 흐르는 전류를 구하여 주파수 대 전류의 그래프를 그리면 또 하나의 주파수 응답곡선을 구할 수 있다.

2. 회로의 Q와 대역폭

그림 53-2는 직렬 공진회로의 주파수 응답곡선이다. 곡선상에 3개의 중요한 점을 표시하였다. 이 점은 공진주파수 f_R과 f_1, f_2이다. 점 f_1과 f_2는 최대값의 70.7%에 해당하는 값의 주파수이다. (최대는 f_R에서 일어난다.) 이 점들을 1/2전력점(half-power points)이라 한다. 그리고 두 점의 차 $f_2 - f_1$을 대역폭(bandwidth: BW)이라 한다.

$$BW = f_2 - f_1 \qquad (53\text{-}5)$$

대역폭과 Q는 다음과 같은 관계에 있다.

$$BW = \frac{f_R}{Q} \qquad (53\text{-}6)$$

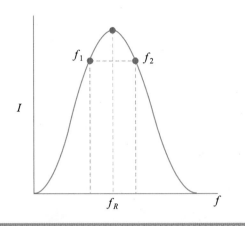

그림 53-2 직렬 공진회로의 주파수 응답곡선

이전 실험에서 공진주파수는

$$f_R = \frac{1}{2\pi\sqrt{LC}} \qquad (53\text{-}7)$$

으로 계산할 수 있었다. 여기서 f_R의 단위는 Hz, L의 단위는 H, C의 단위는 F이다.

식 53-7에서 알 수 있듯이 저항 R은 공진주파수와 무관하다. 그러나 R은 응답곡선의 진폭과 대역폭에 영향을 미친다. R이 커지면 식 53-1에서 Q는 작아진다. 그러므로 대역폭은 커지는 것을 식 53-6에서 알 수 있다. Q가 작아지면 회로에 흐르는 전류 I가 감소하며 V_L과 V_C도 감소한다.

직렬 공진회로는 주파수 대역선택이 필요한 통신기기, 비디오 및 산업용 기기에 사용되고 있다. 일반적으로 이와 같은 회로는 대역폭이 좁은 응답곡선을 필요로 하므로 Q가 커야만 한다. 그러므로 높은 Q값을 갖는 인덕터를 사용한다. 공진회로의 Q는 주로 인덕터의 Q에 의하여 결정된다.

대역폭이 큰 주파수 선택회로가 필요할 때는 인덕터와 외부저항을 연결하여 Q값을 작게 해야 한다.

03 요약

(1) 인덕터의 Q는 다음과 같이 정의된다.

$$Q = \frac{X_L}{R}$$

(2) 인덕터의 저항 R_L만이 존재하는 직렬 공진회로에서 회로의 Q는 인덕터의 Q에 의하여 결정된다.

(3) 직렬 공진회로에서 V_L과 V_C는 동일하며 Q에 영향을 받는다. 즉, 전압관계는 다음 식과 같다.

$$V_L = V_C = VQ$$

(4) Q가 1보다 크다면 V_L과 V_C는 인가전압보다 크다.

(5) 주파수 응답곡선의 대역폭 BW는 그림 53-2과 같이 1/2전력점인 f_1과 f_2의 차이로 정의되며, 1/2전력점은 최대값의 70.7%가 되는 점이다. 최대값은 f_R에서 일어난다.

(6) 대역폭 BW과 Q는 다음과 같은 관계가 있다.

$$BW = \frac{f_R}{Q}$$

(7) Q가 작아지면 대역폭이 넓어진다.

(8) Q가 작아지면 응답곡선의 최대값이 작아져 이득이 작아진다.

04 예비점검

다음 질문에 답하시오.

그림 53-3의 회로에서 $L = 50\text{mH}$, $C = 0.01\mu\text{F}$, $R = 20\Omega$이다. 인덕터의 내부저항 R_L은 0으로 가정한다. 인가전압이 50V이고 출력은 V_C이다.

(1) 공진주파수는 _____ Hz 이다.

(2) 공진시 X_L = _____ Ω 이다.

(3) 공진시 Q = _____ 이다.

(4) 공진시 V_L = _____ V 이다.

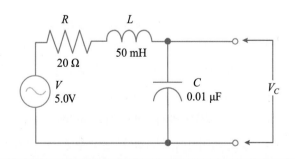

그림 53-3 예비점검의 회로

(5) 회로의 밴드폭은 _____ Hz 이다.

(6) 1/2전력점에서 V_C는 _____ V 이다.

기기

- 함수발생기
- 오실로스코우프

저항($\frac{1}{2}$-W, 5%)

- 1kΩ 1개
- 220Ω 1개
- 100Ω 1개

캐패시터

- 0.001μF   1개

인덕터

- 10mH 코일   1개

06 실험과정

A. 직렬 공진회로의 주파수응답과 Q

A1. 그림 53-4의 회로를 결선하고 모든 기기의 전원은 차단한다.

A2. 오실로스코우프와 함수발생기에 전원을 인가하고 화면에 정현파가 나타나도록 함수발생기를 조정한다. 함수발생기의 출력을 $2V_{p-p}$로 조정한다. 이 전압은 전체 실험과정 동안 일정하게 유지한다.

A3. 함수발생기의 주파수를 50kHz로 조정한다. 캐패시터에 최대의 전압이 걸리도록 함수발생기의 주파수를 50kHz 전후하여 변화시킨다. V_C가 최대일 때 주파수는 f_R이다. 결과인 V_C와 f_R을 표 53-1에 기록한다.

A4. 표 53-1에 표시한 주파수에서 캐패시터에 걸리는 전압 V_C를 측정하여 기록한다. 주파수조정은 가능한 한 표시된 값에 근사하게 조정한다. 실제 조정한 주

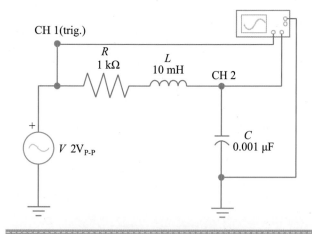

그림 53-4 과정 A1의 회로

파수를 표에 기록한다. 결과는 표 53-1의 '1kΩ'란에 기록한다. 측정을 완료하면 함수발생기의 전원을 차단하고 1kΩ을 제거한다.

A5. 1kΩ의 저항을 220Ω으로 대체한다. 함수발생기에 전원을 인가하고 출력을 $2V_{p-p}$로 조정한다. 이 전압은 전체 실험과정 동안 일정하게 유지한다.

A6. 표 53-1에 표시한 주파수에서 캐패시터에 걸리는 전압 V_C를 측정하여 표 53-1의 '220Ω'란에 기록한다. 측정이 완료되면 함수발생기의 전원을 차단하고 220Ω을 제거한다.

A7. 220Ω의 저항을 100Ω으로 대체한다. 함수발생기에 전원을 인가하고 출력을 $2V_{p-p}$로 조정한다. 이 전압은 전체 실험과정 동안 일정하게 유지한다.

A8. 표 53-1에 표시한 주파수에서 캐패시터에 걸리는 전압 V_C를 측정하여 표 53-1의 '100Ω'란에 기록한다. 측정을 완료하면 함수발생기의 전원을 차단하고 100Ω을 제거한다.

B. 저항이 공진주파수에 미치는 영향 ; 공진회로의 위상각 결정

B1. 1kΩ의 저항과 저항에 병렬로 오실로스코우프의 프로브를 그림 53-4 회로에 다시 연결한다.

B2. 오실로스코우프와 함수발생기에 전원을 인가하고 화면에 함수발생기의 정현파가 나타나도록 조정한다. 함수발생기의 출력을 $2V_{p-p}$로 조정한다. 이 전압은 전체 실험과정 동안 일정하게 유지한다.

B3. V_R이 최대가 될 때까지 주파수를 변화시킨다. 최대 V_R에서의 주파수가 공진주파수 f_R이다. 결과인 V_R과 f_R을 표 53-2의 '1kΩ'란에 기록한다. 캐패시터와 인덕터의 조합에 걸리는 전압 V_{LC}를 측정하여 표 53-2의 '1kΩ'란에 기록한다. 측정이 완료되면 함수발생기의 전원을 차단하고 1kΩ을 제거한다.

B4. 220Ω의 저항을 연결하여 과정 B3을 반복한다. 주파수와 V_{LC}를 측정하여 표 53-2의 '220Ω'란에 기록한다. 측정을 완료하면 함수발생기의 전원을 차단하고 220Ω을 제거한다.

B5. 100Ω의 저항을 연결하여 과정 B3을 반복한다. 주파수와 V_{LC}를 측정하여 표 53-2의 '100Ω'란에 기록한다. 측정을 완료하면 함수발생기와 오실로스코우프의 전원을 차단하고 회로를 분리한다.

B6. 인덕터의 저항을 측정하여 표 53-2에 기록한다.

B7. 각 저항에 대하여 측정한 V_R과 명시된 저항값을 사용하여 전류를 계산하고 표 53-2에 기록한다.

B8. 회로의 실제 저항값을 사용하여 각 회로의 Q값을 계산한다. 공진시 측정된 V_C를 사용하여 측정된 Q를 결정하고 표 53-2에 기록한다.

07 예비 점검의 해답

(1) 7.118

(2) 2.24k

(3) 111.8

(4) 559

(5) 63.7

(6) 395

표 53-1 직렬 공진회로의 주파수응답과 Q

Frequency Deviation	Frequency f, Hz	1 kΩ Resistor	220 Ω Resistor	100 Ω Resistor
		Voltage across Capacitor V_C, V_{p-p}	Voltage across Capacitor V_C, V_{p-p}	Voltage across Capacitor V_C, V_{p-p}
$f_R - 21$ kHz				
$f_R - 18$ kHz				
$f_R - 15$ kHz				
$f_R - 12$ kHz				
$f_R - 9$ kHz				
$f_R - 6$ kHz				
$f_R - 3$ kHz				
f_R				
$f_R + 3$ kHz				
$f_R + 6$ kHz				
$f_R + 9$ kHz				
$f_R + 12$ kHz				
$f_R + 15$ kHz				
$f_R + 18$ kHz				
$f_R + 21$ kHz				

표 53-2 직렬 공진회로와 저항의 관계

Resistor R, Ω	Resonant Frequency f_R, Hz	Voltage across Resistor V_R, V_{p-p}	Voltage across Inductor / Capacitor Combination V_{LC}, V_{p-p}	Circuit Current (Calculated) I, mA$_{p-p}$	Circuit Q	
					Cal.	Meas.
1 k						
220						
100						

R_{dc} (resistance of 10-mH inductor) = _____ Ω

1. 표 53-1의 결과를 이용하여 그래프 용지에 주파수 대 V_C의 그래프를 그리시오. 수평축은 주파수, 수직축은 전압을 표시하고 각 저항에 대하여 별도의 그래프를 그리시오. 수평축에 공진주파수와 1/2전력점을 표시하시오. 각 그래프의 대역폭과 Q를 표시하시오.

2. 회로의 Q와 주파수응답의 관계를 설명하시오.

_____

_____

_____

_____

_____

_____

3. 회로의 Q와 대역폭의 관계를 설명하시오.

_____

_____

_____

_____

_____

_____

4. 표 53-2에서 저항이 변하면 공진주파수도 변하는가? 설명하시오.

_____

_____

_____

_____

_____

_____

_____

병렬 공진회로의 특성

01 실험목적

(1) 병렬 RLC 회로의 공진주파수를 실험적으로 결정한다.
(2) 병렬 RLC 회로의 공진주파수에서 임피던스 및 전류
　를 측정한다.
(3) 병렬 RLC 회로의 임피던스와 주파수의 관계를 조사
　한다.

02 이론적 배경

1. 병렬 공진회로의 특성

1) 높은 Q 회로의 공진주파수

그림 54-1 회로는 C와 L을 병렬 연결한 회로이며,
R_L은 인덕터의 내부저항이다. 이 회로의 Q는 매우 크다
고 가정한다.(즉, R_L은 X_L과 비교하여 매우 작다.) 또한
캐패시터의 저항성분과 회로의 연결 도선의 저항은 무시
한다.

$X_L = X_C$일 때의 주파수에서 높은 Q값을 갖는 병렬회
로는 공진되며 이는 직렬회로의 조건과 유사하다. 병렬회
로에서는 또 다른 공진조건이 있다. 즉, 병렬회로의 임피
던스가 최대인 주파수에서 공진된다. 또한 병렬회로에서
는 임피던스의 역률 PF가 1일 때 공진된다. 위의 세 조건
이 다른 주파수에서 발생할 수 있으나 모두 공진주파수이

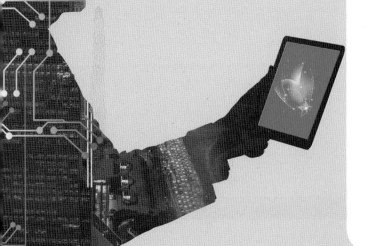

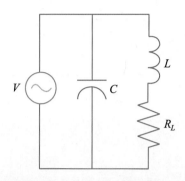

그림 54-1 병렬 공진회로

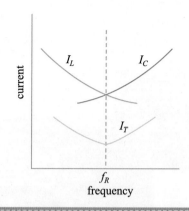

그림 54-2 주파수와 I_T, I_L, I_C의 관계

다. Q가 10보다 큰 회로에서 위의 세 조건은 동일한 주파수에서 발생한다.

높은 Q 회로에서 공진주파수 f_R은 직렬회로의 경우와 동일하게 주어진다.

$$f_R = \frac{1}{2\pi\sqrt{LC}} \tag{54-1}$$

2) 총전류

그림 54-1 회로에서 인덕터의 내부저항 R_L이 매우 작다면 공진시 캐패시터의 리액턴스 X_C는 인덕터의 리액턴스 X_L과 거의 유사하다. 그러므로 각 소자에 흐르는 전류는 거의 동일하며, 180°의 위상차가 생겨 전류의 페이져 합인 총 전류 I_T는 매우 작다. 병렬회로의 임피던스는 V/I_T이므로 임피던스는 매우 크다.(I_T가 작기 때문에) 총 전류는 작을지라도 병렬 LC회로에 흐르고 있는 전류는 공진시 매우 크다.

3) 주파수응답

공진주파수 전후에서 병렬 공진회로의 특성을 구해보자. f_R보다 큰 주파수 f_a에서 X_C는 X_L보다 작으므로, 캐패시터에 더 많은 전류가 흐르며 회로는 용량성이 된다. f_R보다 작은 주파수 f_b에서 회로는 유도성이 된다. 그림 54-2에 이와 같은 특성을 나타냈다. 공진 시 총전류는 최소이며 I_L과 I_C는 동일하다. 또한 I_T는 I_L과 I_C보다 작다.

4) 임피던스

그림 54-3은 병렬 공진회로의 임피던스 대 주파수의 그래프를 보이고 있다. 그래프의 모양이 직렬 공진회로의 경우와 유사함을 알 수 있다. 회로의 임피던스는 공진시 최대이다.

그림 54-4와 같은 병렬 LC 회로에서 공진주파수 f_R은 주파수를 변화시킬 수 있는 전원을 사용하면 실험적으로 결정할 수 있다. 저항에 걸린 전압 V_R을 측정하면 오옴의 법칙에 의하여 총전류를 구할 수 있다.

$$I_R = \frac{V_R}{R} = I_T \tag{54-2}$$

전원의 출력은 일정하게 유지하고 주파수만 변화시켜 최소 V_R을 결정하면 이때 전류 I_T도 최소이다. 이 점의 주파수가 공진주파수 f_R이다. 다시 f_R 전후로 주파수를 변화시키면서 V_R을 측정하고 식 54-2에서 I_R을 구하면 주파수 대 I_R의 그래프를 구할 수 있다.

병렬 LC 회로 양단에 걸린 전압 V_t를 측정하여 I_T와 식 54-3에 대입하면 임피던스 Z_t를 구할 수 있다.

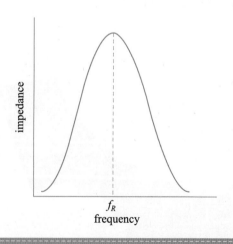

그림 54-3 병렬 공진회로에서 임피던스와 주파수의 관계

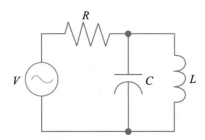

덕터에 흐르는 전류보다 크므로 회로는 용량성이다.

그림 54-4 f_R을 구하기 위하여 사용하는 병렬 LC회로

$$Z_t = \frac{V_t}{I_T} \qquad (54\text{-}3)$$

V_t는 회로의 Q에 직접 비례한다. LC 회로와 병렬로 저항을 연결시키면 V_t는 감소한다. 이와 같은 효과는 병렬로 연결되는 저항의 값이 작을수록 커진다.

03 요약

(1) 병렬 LC 회로에서 Q가 10보다 크다면 공진주파수는

$$f_R = \frac{1}{2\pi\sqrt{LC}}$$

이며, 공진주파수에서는 $X_L = X_C$이다.(병렬 LC 회로는 'tank'회로라고도 한다.)

(2) 높은 Q를 갖는 회로에서 인덕터의 임피던스와 캐패시터의 임피던스는 같다.

(3) 높은 Q를 갖는 회로에서 각 소자의 임피던스는 공진주파수에서 동일하므로 각 소자에 흐르는 전류도 동일하다.

(4) 각 소자에 흐르는 전류는 $180°$의 위상차가 발생하나 서로 소거되므로 총전류 I_T는 매우 작다. 그러므로 높은 Q를 갖는 회로의 공진주파수에서 총전류는 거의 0이다.

(5) 총전류가 매우 작으므로 다음 식에 의해 병렬 LC 회로의 임피던스는 매우 크다.

$$Z = \frac{V}{I_T}$$

여기서 V는 인가전압이며 I_T는 총전류이다.

(6) f_R보다 큰 주파수에서 캐패시터에 흐르는 전류는 인

덕터에 흐르는 전류보다 크므로 회로는 용량성이다.

(7) f_R보다 작은 주파수에서 캐패시터에 흐르는 전류는 인덕터에 흐르는 전류보다 작으므로 회로는 유도성이다.

(8) 높은 Q를 갖는 병렬 공진회로에서 주파수 대 임피던스의 주파수 응답곡선은 직렬 공진회로의 주파수 응답곡선과 유사하다.

04 예비점검

다음 질문에 답하시오.

(1) 그림 54-1회로의 Q는 100이다. 공진시 인덕터에 흐르는 전류는 50mA이며 'tank'회로에 걸린 전압은 100V이다. 이때 캐패시터에 흐르는 전류는 _____ mA 이다.

(2) 그림 54-4와 같은 병렬 공진회로에서 공진시 총전류는 0.05mA이다. 'tank' 회로에 걸린 전압은 2.5V이다. 이때 'tank'회로의 임피던스는 _____ Ω 이다.

(3) (2)의 공진주파수보다 높은 주파수에서 임피던스는 공진주파수에서의 임피던스보다 (크다., 작다.)

(4) 그림 54-4의 회로에서 인덕터의 내부저항 $R_L = 12\Omega$, $R = 10k\Omega$, $L = 30mH$, $C = 0.01\mu F$이다. 이때 회로의 공진주파수는 _____ Hz이다.

(5) (4)에서 인덕터의 Q는 _____ 이다.

(6) 그림 54-4의 R에 걸린 전압은 공진시 1.5V 이다. 회로에 흐르는 총전류는 _____ mA 이다.

05 실험 준비물

기기
- 함수발생기
- 오실로스코우프

저항($\frac{1}{2}$-W, 5%)
- 33Ω　　　　 2개
- 10kΩ　　　　 1개

06 실험과정

A. 병렬 공진회로의 임피던스와 공진주파수

A1. 그림 54-5의 회로를 결선하고 모든 기기의 전원은 차단한다.

A2. 오실로스코우프와 함수발생기에 전원을 인가하고 화면에 함수발생기의 정현파가 나타나도록 조정한다. 함수발생기의 출력을 $4V_{p-p}$로 조정한다. 이 전압은 전체 실험과정 동안 일정하게 유지한다. 함수발생기의 주파수를 10kHz로 조정한다. 오실로스코우프의 화면에는 2-3주기의 파형이 나타나도록 한다.

A3. 함수발생기의 주파수를 10kHz 전후하여 변화시키면서 저항에 걸리는 전압 V_R을 관찰한다. V_R이 최소일 때 주파수는 공진주파수 f_R이다. 함수발생기의 출력이 $4V_{p-p}$인지 확인한다. 결과인 V_R과 f_R을 표 54-1에 기록한다.

A4. 표 54-1에 표시한 주파수에서 저항에 걸리는 전압 V_R와 'tank'회로에 걸리는 전압 V_{LC}의 실효값을 측정하여 기록한다. 주파수 조정은 가능한 한 표시된 값에

근사하게 조정한다. 실제 조정한 주파수를 표에 기록한다. 함수발생기의 출력이 $4V_{p-p}$인지 계속 확인한다. 결과는 표 54-1에 기록한다. 측정을 완료하면 함수발생기와 오실로스코우프의 전원을 차단한다.

A5. 각 주파수에 대하여 측정한 V_R과 명시된 저항값을 사용하여 전류를 계산하고 표 54-1에 기록한다.

A6. 과정 A5에서 계산한 전류와 인가전압($4V_{p-p}$)의 실효값을 이용하여 'tank'회로의 임피던스를 계산하고 표 54-1에 기록한다.

B. 병렬 LC 회로의 리액턴스특성

B1. 그림 54-6의 회로를 결선하고 모든 기기의 전원은 차단한다. 이 회로의 공진주파수는 과정 A의 공진주파수 f_R과 동일하다고 가정한다. 표 54-1의 주파수값을 표 54-2에 옮겨 쓴다.

B2. 오실로스코우프와 함수발생기에 전원을 인가하고 화면에 함수발생기의 정현파가 나타나도록 조정한다. 함수발생기의 출력을 $4V_{p-p}$로 조정한다. 이 전압은 전체 실험과정 동안 일정하게 유지한다.

B3. 표 54-2의 주파수에 대하여 AB간의 저항에 걸린 전압 V_{R1}, CD간의 저항에 걸린 전압 V_{R2}를 측정하여 표 54-2에 기록한다. 측정을 완료하면 함수발생기와 오실로스코우프의 전원을 차단한다.

B4. 각 주파수에 대하여 측정한 V_{R1}과 V_{R2}값 그리고 R_1, R_2를 이용하여 캐패시터와 인덕터에 흐르는 전류 I_C, I_L을 계산한다. 결과를 표 54-2에 기록한다.

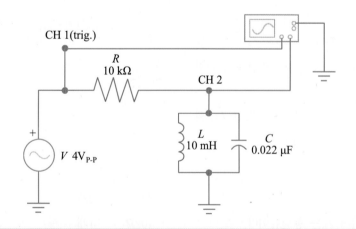

그림 54-5 과정 A1의 회로

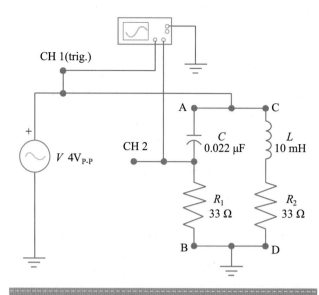

그림 54-6 과정 B1의 회로

(1) 50

(2) 50k

(3) 작다.

(4) 9.19k

(5) 144

(6) 0.15

표 54-1 병렬 공진회로의 주파수 응답

Frequency Deviation	Frequency f, Hz	Voltage across Resistor V_R, V_{p-p}	Voltage across Tank Circuit V_{LC}, V_{p-p}	Line Current (Calculated) I, μA	Tank Circuit Impedance (Calculated) Z, Ω
$f_R - 6$ k					
$f_R - 5$ k					
$f_R - 4$ k					
$f_R - 3$ k					
$f_R - 2$ k					
$f_R - 1$ k					
$f_R - 500$					
f_R					
$f_R + 500$					
$f_R + 1$ k					
$f_R + 2$ k					
$f_R + 3$ k					
$f_R + 4$ k					
$f_R + 5$ k					
$f_R + 6$ k					

표 54-2 병렬 공진회로의 리액턴스 특성

Frequency f, Hz	Voltage across Resistor R_1 V_{R1}, mV_{p-p}	Voltage across Resistor R_2 V_{R2}, mV_{p-p}	Current in Capacitive Branch (Calculated) I_C, mA_{p-p}	Current in Inductive Branch (Calculated) I_L, mA_{p-p}

1. 병렬 RLC 회로에서 임피던스와 주파수의 관계를 설명하시오.

2. 병렬 RLC 회로에서 총전류와 주파수의 관계를 설명하시오.

3. 병렬 RLC 회로에서 Q의 크기에 영향을 미치는 성분에 대하여 설명하시오.

4. 그래프 용지에 표 54-1의 결과를 이용하여 주파수 대 임피던스의 그래프를 그리시오. 수평축은 주파수, 수직축은 임피던스를 표시하시오. 공진주파수를 수직 점선으로 표시하시오.

5. 그래프 용지에 표 54-2의 결과를 이용하여 주파수 대 I_L의 그래프를 그리시오. 동일한 그래프 용지상에 주파수 대 I_C의 그래프를 그리시오. 수평축은 주파수, 수직축은 전류를 표시하시오. 공진주파수를 수직 점선으로 표시하시오.

6. 실험 과정 B의 회로가 용량성인지 유도성인지 또는 저항성인지 설명하시오.

_____

_____

_____

_____

_____

EXPERIMENT 55

저역통과 및 고역통과 필터

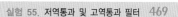

01 실험목적

(1) 저역통과 필터의 주파수응답을 실험한다.
(2) 고역통과 필터의 주파수응답을 실험한다.

02 이론적 배경

1. 주파수 필터

전자신호는 주로 여러 개의 주파수로 형성된다. 예를 들어서, AM 라디오 신호는 음성, 음악, 기타 소리 등 여러 개의 주파수로 구성되어 있으며 전송주파수는 각 방송국마다 정해진 단일주파수를 사용한다. 변조에 의하여 위에 언급한 신호들이 조합되고 이 변조파가 방송되는 것이다. 라디오의 수신단은 청취하기를 원하는 주파수만 선택할 수 있는 회로가 내장되어 있다. 변조파가 수신되면 전송주파수는 제거되고 오디오 신호만 스피커에 전달된다. 이와 같이 원하는 주파수만 선택하고 나머지 주파수는 제거하는 과정을 필터링이라 한다. 필터는 FM 수신기, TV 수신기, 안전시스템, 컴퓨터, 모니터 제어회로 등에 사용한다.

필터는 여러 가지 형태가 있다. 단지 단일 주파수 또는 좁은 주파수대만 통과시키는 협대역(narrowband) 필터와 넓은 주파수대를 통과시키는 광대역(wideband) 필터가 있다. 이외에도 저역통과(lowpass) 필터와 고역통과(highpass)

필터로 분류하며, 여기서는 이 필터에 대하여 실험할 것이다.

2. 고역통과 필터

필터회로는 캐패시터, 인덕터, 저항으로 구성하며 전 실험에서 취급한 LC 직렬회로는 공진주파수만 통과시킬 수 있는 필터의 한 예이다.

이론적으로 캐패시터는 직류전류 즉, 주파수가 0인 전류에서 무한대의 리액턴스값을 갖는다. 그러므로 캐패시터가 부하저항과 직렬로 연결되어 있을 때 직류성분은 차단하고 교류성분만 통과시킨다. 그림 55-1(a)는 직류 5V와 교류 $6V_{p-p}$을 조합한 신호이다. 결과적으로 +8V에서 +2V 사이를 변화한다. 그림 55-1(b)는 직류성분을 차단하고 교류성분을 통과시키기 위해 캐패시터와 저항의 연결상태를 나타낸 회로이다. 그림 55-1(c)는 R_L에서 측정한 교류성분의 정현파이다. 직류성분 +5V는 캐패시터에 의하여 제거되었다.

캐패시터의 리액턴스는 주파수에 반비례한다. 그림 55-2(a) 회로에서 캐패시터에 의하여 필터링된 후, 저항에 걸린 교류전압은

$$V_R = V\cos\theta = V \times \frac{R}{Z}$$

이며 위상각은

$$\theta = \tan^{-1}\left(\frac{X_C}{R}\right) \tag{55-1}$$

이다. 위상각 θ는 C와 R의 상대적인 크기 및 인가전압의 주파수에 따라 변한다. 조합된 신호에 159Hz, 1590Hz, 15900Hz의 세 종류의 신호가 존재한다면 캐패시터의 리액턴스는 각 주파수에 대하여 10,000Ω, 1,000Ω, 100Ω이다. 159Hz에서 R에 전달된 전압 V_R은 인가전압의 10% 정도이다. 1590Hz에서는 70%, 15900Hz에서는 99% 정도가 전달된다. 이상의 예를 고찰해 보면 고주파수의 신호는 거의 대부분 캐패시터를 통하여 저항에 전달되며 저주파의 경우는 거의 제거되고 저항에 전달되지 않는다는 것을 알 수 있다. 이와 같은 회로를 고역통과 필터라 한다.

그림 55-2(a)에 인덕터 L을 추가시키면 그림 55-2(b)와 같은 회로가 구성된다. 이는 다른 형태의 고역통과 필터를 형성한다. 인덕터는 저주파에서 리액턴스가 작으므로 X_L이 $R_L/10$보다 작은 주파수에서 R_L에 걸리는 전압을 감소시킨다. 고주파에서 X_L의 크기는 증가하며 X_L이 $10R_L$보다 큰 주파수에서 X_L과 R_L의 병렬임피던스는 R_L에 접근하여 전체 부하를 거의 R_L로 조정한다. 인덕터 L을 첨가함으로써 회로의 응답특성이 변화한다.

3. 저역통과 필터

인덕터의 리액턴스는 주파수에 따라 변화한다. 그림 55-3에서 이와 같은 인덕터의 특성을 이용하여 R에 저주파 신호를 전달한다. 입력신호가 저주파와 고주파의 조합신호로 구성되어 있다면 고주파 신호는 차단되어 저항에 전달되지 않는다. 그림 55-2의 RC회로에서와 마찬가지로 그림 55-3의 R_L회로도 전압분배회로이다. 인가전압 V가 R_L에 전달되는 비율은 인덕터 L, 저항 R_L, 주파수 등에 의존한다. 즉, 주파수가 증가할수록 X_L이 증가하며 R_L에 걸린 전압은 감소한다. 주파수가 감소하면 X_L도 감소하며 R_L에 걸린 전압은 증가한다. 이 회로를 저역통과 필터라 한다.

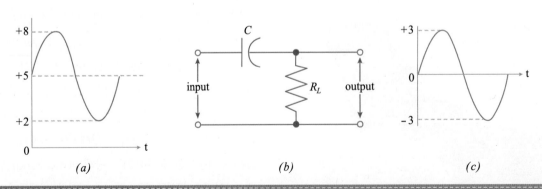

그림 55-1 (a) 교류신호 $6V_{p-p}$와 직류신호 5V의 조합   (b) 고역통과 필터의 입출력   (c) R_L에서 검출된 신호

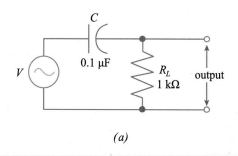

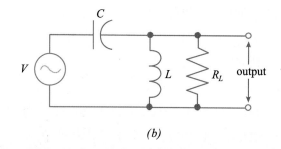

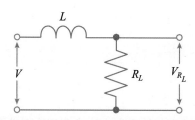

그림 55-3   저역통과 필터회로. 인덕터 L이 고주파 신호를 차단하여 R_L에는 저주파 신호만 검출된다.

그림 55-4(a)는 저역통과 필터의 예이다. 캐패시터 C를 추가시킴으로써 고주파 차단효과를 증가시킨다. 입력신호의 주파수가 증가할 때 X_L이 증가하여 V_{R_L}을 감소시킬뿐만이 아니라 X_C가 감소하여 고주파 신호의 대부분을 캐패시터로 흐르게 한다. 즉, 출력임피던스를 더욱 감소시켜 V_{R_L}을 감소시킨다.

그림 55-4(b)와 같이 인덕터 L을 R로 대체하여도 캐패시터의 고주파 신호통과에 의하여 저역통과 필터로 동작한다.

4. 차단주파수

필터에 의하여 정해진 주파수대를 차단하고 통과시키지

만 불필요한 신호를 0으로 만들 필요는 없다. 신호를 일정한 크기까지 감소시키는 임계주파수를 차단주파수라 한다. 차단주파수는 출력이 최대출력의 70.7%일 때의 주파수로 정의한다. 즉 차단주파수에서 29.3%만큼 출력이 감소된다. 간단한 RC 저대역 필터의 경우, $X_C = R$이 되는 입력주파수에서 출력신호는 입력신호에 비하여 70.7%가 감쇄될 것이다. 차단주파수는 식 (55-2)에 의하여 계산할 수 있다.

$$f_C = \frac{1}{2\pi RC} \tag{55-2}$$

일반적으로 차단주파수는 테스트 장비나 전자회로의 주파수응답을 나타내기 위하여 사용된다. 차단주파수는 1/2 전력점이라고도 말한다. 이는 출력전압이 70.7%일 때 출력전류도 거의 70.7% 정도이며 전력 $V \times I$는 50% 정도이기 때문이다.

03 요약

(1) 복합된 전자신호는 여러가지 주파수성분을 포함한다.

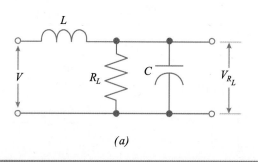

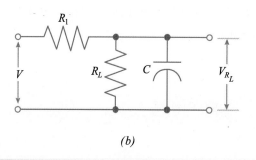

그림 55-4 저역통과 필터의 예

(2) 필터는 캐패시터, 인덕터, 저항으로 구성된다.

(3) 그림 55-2(a), (b) 회로는 고역통과 필터의 예이다. 이 회로는 전압분배회로이며 주파수가 증가할 때 X_C는 감소하여 R_L에 걸리는 출력이 증가한다.

(4) 그림 55-3과 그림 55-4 회로는 저역통과 필터이다. 이 회로는 전압분배회로이며 주파수가 증가할 때 X_L은 증가하여 R_L에 걸리는 출력이 감소한다. 주파수가 감소하면 R_L에 걸린 출력이 증가한다. 즉, 고주파는 감쇄시키며 저주파만 통과시킨다.

(5) 회로의 주파수 응답특성은 L, C, R의 크기와 회로구성에 의존한다. 모든 경우에 출력은 교류회로 관계식을 이용하여 구할 수 있다.

(6) 차단주파수는 출력을 최대출력의 70.7%로 만드는 주파수로 정의한다.

04 예비점검

다음 질문에 답하시오.

(1) 정해진 주파수 성분의 신호를 차단시키고, 나머지 성분을 통과시키는 회로를 _____ 라 한다.

(2) _____ 에 의해 교류신호에서 직류전압을 분리할 수 있다.

(3) 그림 55-2(a)의 고역통과 필터의 차단주파수에서 X_C = _____ Ω 이다.

(4) 그림 55-2(a)의 차단주파수는 _____ Hz 이다.

(5) 그림 55-3의 저역통과 필터에서 출력 V_{R_L}은 $V \times$ _____ = $V \times$ _____ 이다.

(6) 그림 55-3의 회로에서 R = 500Ω, L = 2H라면 _____ Hz보다 높은 주파수는 29.3%까지 감쇄될 것이다. 즉, 차단주파수는 _____ Hz 이다.

05 실험 준비물

기기

■ 함수발생기

■ 오실로스코우프

저항

■ 10kΩ, 1/2-W, 5%   1개
■ 22kΩ 1개

캐패시터

■ 0.001μF   1개

06 실험과정

A. 고역통과 필터

A1. 그림 55-5의 회로에 대하여 회로의 차단주파수 f_C를 계산한다. 표 55-1의 주파수란에 결과를 기록한다.

A2. 표 55-1에 표기된 각 주파수에 대하여 R_1에 걸린 V_{out}과 X_C을 계산하고 기록한다.

A3. 그림 55-5의 회로를 결선하고 모든 기기의 전원은 차단한다. 함수발생기의 출력을 10V_{p-p} – 1kHz로 조정한다. 함수발생기의 정상적인 동작을 확인하기 위하여 출력 주파수를 10Hz에서 100kHz까지 변화시키면서 R_1에 걸린 출력신호를 관찰한다.

A4. 함수발생기의 출력을 10V_{p-p}로 조정하고 표 55-1에 표기된 주파수들을 입력시킨 후, R_1의 출력신호를 측정하여 기록한다.

A5. 함수발생기의 전원을 차단하고 과정 A4의 출력전압에 대하여 R에 전달된 V의 %을 계산하여 표 55-1에 기록한다.

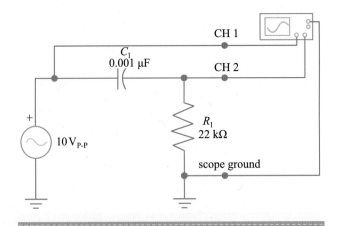

그림 55-5 과정 A1의 회로

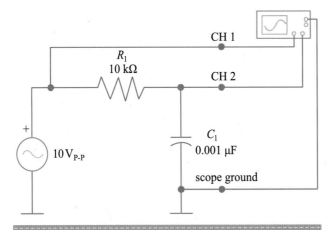

CH 1

R_1
10 kΩ

CH 2

C_1
0.001 μF

$10\,V_{\text{P-P}}$

scope ground

그림 55-6 과정 B1의 회로

B. 저역통과 필터

B1. 그림 55-6의 회로에 대하여 회로의 차단주파수 f_C를 계산한다. 표 55-2의 주파수란에 결과를 기록한다.

B2. 표 55-2에 표기된 각 주파수에 대하여 C_1에 걸린 V_{out}과 X_C을 계산하고 기록한다.

B3. 그림 55-6의 회로를 결선하고 모든 기기의 전원은 차단한다. 함수발생기의 출력을 $10\,V_{p-p}$ – 1kHz로 조정한다. 함수발생기의 정상적인 동작을 확인하기 위하여 출력 주파수를 10Hz에서 100kHz까지 변화시키면서 C_1에 걸린 출력신호를 관찰한다.

B4. 함수발생기의 출력을 $10\,V_{p-p}$로 조정하고 표 55-2에 표기된 주파수들을 입력시킨 후, C_1의 출력신호를 측정하여 기록한다.

B5. 함수발생기의 전원을 차단하고 과정 B4의 출력전압에 대하여 C에 전달된 V의 %을 계산하여 표 55-2에 기록한다.

07 예비 점검의 해답

(1) 필터
(2) 차폐캐패시터
(3) 1k
(4) 1.59k
(5) R_I/Z, $\cos\theta$
(6) 39.8, 39.8

표 55-1   고역통과 필터

Frequency f, Hz	X_C, Ω	V_{out} (Calculated) V_{p-p}	V_{out} (Measured) V_{p-p}	V_{out} Percent, % (Measured)
100				
500				
1 k				
2 k				
5 k				
$f_C =$				
10 k				
20 k				
50 k				
100 k				
200 k				

표 55-2   저역통과 필터

Frequency f, Hz	X_C, Ω	V_{out} (Calculated) V_{p-p}	V_{out} (Measured) V_{p-p}	V_{out} Percent, % (Measured)
100				
500				
1 k				
2 k				
5 k				
$f_C =$				
10 k				
20 k				
50 k				
100 k				
200 k				

1. 반 대수(semi-logarithmic) 그래프를 이용하여 RC 고역통과 필터에 대한 주파수 응답곡선을 그리시오. 표 55-1의 측정값을 이용하고 1/2전력점을 표시하라.

2. 70.7%점을 1/2전력점이라고 부르는 이유를 설명하시오.

_____

_____

_____

_____

_____

3. 고찰1에서 사용한 그래프 용지상에 RC 저역통과 필터에 대한 주파수 응답곡선을 그리시오. 표 55-2의 측정값을 이용하고 1/2전력점을 표시하라.

4. RC 고역통과 필터에서 캐패시터값이 감소할 때 회로의 대역폭에 발생하는 변화에 대하여 설명하시오.

_____

_____

_____

_____

5. 아래 공간에 저항과 인덕터를 이용한 고역통과 필터회로를 그리시오.

EXPERIMENT 56

대역통과 및 대역차단 필터

 01 실험목적

(1) 대역통과 필터의 응답특성을 실험한다.
(2) 대역차단 필터의 응답특성을 실험한다.

02 이론적 배경

1. 대역통과 필터

실험 55에서 RC 저역통과 및 고역통과 필터의 주파수 응답특성 곡선에 대하여 실험하였다. 각 회로에 대하여 $X_C = R$일 때 출력전압은 입력전압의 70.7%라고 결론지었다. 이때의 주파수를 차단주파수 f_C, 출력을 1/2전력점이라 하였다.

그림 56-1과 같이 저역통과 필터와 고역통과 필터를 조합한 회로를 대역통과 필터라 한다. C_1과 R_1은 고역통과 필터를 구성하며 C_2와 R_2는 저역통과 필터를 구성한다. 그림 56-2는 C_2에 걸린 전압이 입력주파수에 따라 어떻게 변화하는지를 보이는 그래프이다. 각 필터에 대한 효과를 이해하기 쉽게 주파수 응답이 함께 표시되었다. 저역통과 필터는 상측 차단주파수 f_{C2}를, 고역통과 필터는 하측 차단주파수 f_{C1}을 결정한다. f_{C1}과 f_{C2} 사이가 통과 가능한 주파수이며, 이때 대역폭 BW는

$$BW = f_{C2} - f_{C1} \qquad (56-1)$$

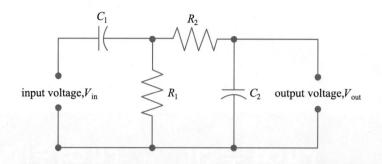

그림 56-1 대역통과 필터

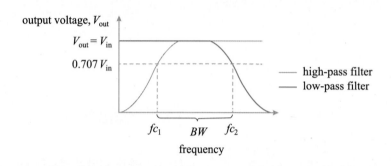

그림 56-2 RC 대역통과 필터의 V_{out}과 주파수의 관계

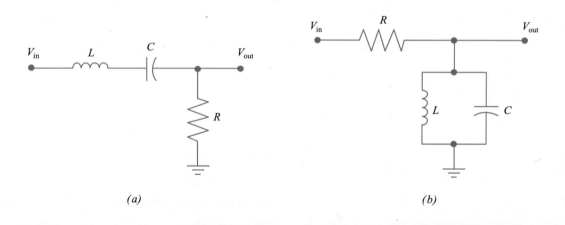

(a)
(b)

그림 56-3 (a) LC 직렬 대역통과 필터 (b) LC 병렬 대역통과 필터

이다. f_{C1}과 f_{C2}는 직렬 RC 고역통과 및 저역통과 필터에 대하여 55장에서 설명한 방법으로 계산할 수 있다. 그림 56-1에서 알 수 있듯이 저역통과 필터와 고역통과 필터는 병렬연결되어 있으므로 부하가 걸릴 수 있다. 이를 막기 위하여 R_2는 R_1 보다 10배 이상 커야만 한다. RC 대역통과 회로는 대역폭 이외의 영역에서 입력주파수를 감쇄시킬 수 있을 것이다.

대역통과 필터는 또한 직병렬 공진회로의 개념으로 구성될 수도 있다. 그림 56-3(a)와 (b)에 이와 같은 형태의 회로를 나타냈다. 이와 같은 회로를 분석할 때 대역폭의 중심은 인덕터와 캐패시터의 공진주파수에 해당할 것이며 대역폭 $f_{C2} - f_{C1}$는 회로의 Q에 의하여 결정된다.

2. 대역차단 필터

저항, 캐패시터, 인덕터를 적절히 조합하면 일정한 주파

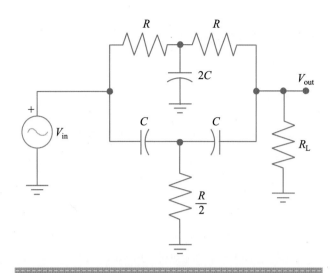

그림 56-4 *RC* 대역차단 필터

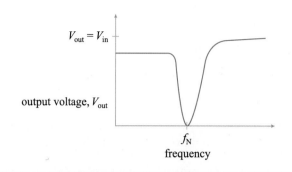

그림 56-5 대역차단 필터의 V_{out}과 주파수의 관계

수 범위를 차단하고 나머지 부분의 주파수 영역만 통과시키는 필터를 구성할 수 있다. 이와 같은 회로를 대역차단 필터 또는 노치필터(notch filter)라 하며, 그림 56-4는 한 예를 보이고 있다. 이 회로는 브릿지 형태인 쌍둥이 T자 형태이다. 주파수 f_N에서 적절히 소자값을 선택하면 브릿지가 균형을 이룰 것이다. 브릿지가 균형을 이룰 때 출력전압은 거의 0일 것이다.

이 필터의 소자값이 정확히 정합된다면 출력전압은 입력전압의 3% 이내로 감소할 것이다. 그림 56-5에 노치필터의 일반적인 주파수 응답곡선을 나타냈다. f_N은 식 (56-2)에 의하여 결정할 수 있다.

$$f_N = \frac{1}{4\pi RC} \qquad (56-2)$$

대역차단 필터는 또한 직병렬 공진회로로 구성될 수도 있다. 그림 56-6(a)와 (b)는 일반적인 *LC* 대역차단 필터이며 쌍둥이 T형, 브릿지형 등 다양한 구조로 구성할 수도 있다. 이 회로에 가변할 수 있는 소자를 추가하여 원하지 않는 주파수영역을 제거하는데 사용될 수도 있다.

03 요약

(1) 대역통과 필터는 일정한 폭을 갖는 주파수 영역만 통과시킨다.
(2) 대역차단 필터는 일정한 폭을 갖는 주파수 영역만 차단시킨다.
(3) 회로의 대역폭은 상측 차단주파수와 하측 차단주파수의 차를 구해서 결정할 수 있다.
(4) 대역통과 필터는 *RC* 또는 *LC* 회로를 이용하여 구성할 수 있다.

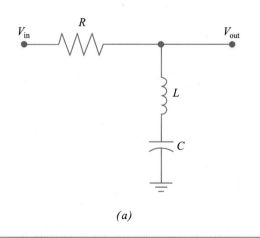

(a)

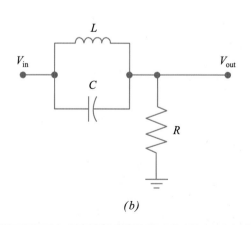

(b)

그림 56-6 *LC* 대역차단 필터 (a) 직렬 (b) 병렬

(5) 대역차단 필터는 노치필터라고도 한다.

(6) 대역차단 필터는 RC회로 뿐만이 아니라 LC 회로를 이용하여 구성할 수 있다.

04 예비점검

다음 질문에 답하시오.

(1) 회로가 10kHz의 대역폭을 갖는다. 상측 차단주파수가 30kHz라면 하측 차단주파수는 _____ Hz이다.

(2) RC 대역통과 필터회로에서 저대역 통과영역은 _____ 차단주파수를 결정하며 고대역 통과영역은 _____ 차단주파수를 결정한다.

(3) 그림 56-1의 회로에서 $C_1 = 0.1\mu F$, $R_1 = 1k\Omega$, $R_2 = 10$ kΩ, $C_2 = 0.1\mu F$이다. 이때 상측 차단주파수는 _____ Hz이고 하측 차단주파수는 _____ Hz이다.

(4) RC대역통과 필터회로의 부하를 방지하기 위하여 저대역 통과 저항은 고대역 통과 저항보다 최소한 _____ 배 이상되어야 한다.

(5) 그림 56-4의 대역차단 필터는 $R_1 = 10k\Omega$, $C_1 = 0.01\mu F$의 값을 갖는다. 이때 f_N은 _____ Hz이다.

05 실험 준비물

기기

■ 오실로스코우프

■ 함수발생기

저항($\frac{1}{2}$-W, 5%)

■ 3.3kΩ 1개

■ 10kΩ 5개

■ 100kΩ 1개

캐패시터

■ 0.001μF 4개

■ 0.1μF 1개

■ 500pF   1개

06 실험과정

A. 대역통과 필터

A1. 그림 56-7의 회로에 대하여 상측 차단주파수 및 하측 차단주파수를 계산하여 표 56-1에 기록한다.

A2. 함수발생기의 전원을 차단하고 그림 56-7의 RC대역통과 필터를 구성한다.

A3. 함수발생기에 전원을 인가하고 출력을 $10V_{p-p}$로 조정한다. 모든 주파수에 대하여 이 값이 유지되도록 계속 점검하면서 실험한다. 표 56-1에 표기된 각 입력주파수에 대하여 V_{out}을 측정하고 기록한다.

A4. 각 주파수에 대하여 필터에 의하여 감쇠된 양을 %로 환산하여 표 56-1에 기록한다.

B. 대역차단 필터

B1. 함수발생기의 전원을 차단하고 그림 56-8의 RC 대역차단 회로를 결선한다.

B2. 회로에 표기된 값을 이용하여 f_N을 계산하고 표 56-2에 기록한다.

B3. 함수발생기의 전원을 인가하고 출력을 $10V_{p-p}$로 조정한다. 모든 주파수에 대하여 이 값이 유지되도록 계속 점검하면서 실험한다.

B4. 표 56-2에 표기된 각 입력주파수에 대하여 V_{out}을 측정하고 기록한다.

B5. 각 주파수에 대하여 필터출력을 %로 환산하여 표 56-2에 기록한다.

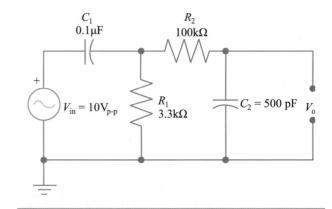

그림 56-7   과정 A1의 대역통과 필터

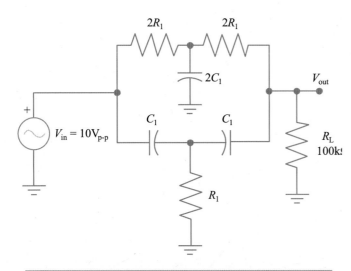

07 예비 점검의 해답

(1) 20kHz

(2) 상측, 하측

(3) 1.59k, 159

(4) 10

(5) 796

그림 56-8 과정 B1의 대역차단 필터

성 명 _____   일 시 _____

표 56-1 RC 대역통과 필터

f_{C_1} = _____

f_{C_2} = _____

Frequency	V_{out}	Percent Output, %
10 Hz		
50 Hz		
100 Hz		
200 Hz		
300 Hz		
400 Hz		
500 Hz		
600 Hz		
700 Hz		
800 Hz		
900 Hz		
1 kHz		
2 kHz		
3 kHz		
4 kHz		
5 kHz		
10 kHz		
20 kHz		
30 kHz		
40 kHz		
50 kHz		
60 kHz		
70 kHz		
80 kHz		
90 kHz		
100 kHz		
200 kHz		
1 MHz		

표 56-2 RC 대역차단 필터

f_N = _____

Frequency	$V_{out\ p-p}$	Percent Output, %
10 Hz		
100 Hz		
200 Hz		
500 Hz		
1 kHz		
2 kHz		
3 kHz		
4 kHz		
5 kHz		
6 kHz		
7 kHz		
8 kHz		
9 kHz		
10 kHz		
20 kHz		
30 kHz		
40 kHz		
50 kHz		
60 kHz		
70 kHz		
80 kHz		
90 kHz		
100 kHz		
200 kHz		
500 kHz		
1 MHz		

1. 그림 56-7의 RC 대역통과 필터의 주파수 응답곡선을 그리고 차단주파수와 대역폭을 표기하시오.

2. RC 대역통과 필터의 입력이 10kHz에서 100kHz까지 변화할 때 주파수 10배 변화에 대한 감쇠를 %로 구하시오. 측정된 자료를 이용하여 설명하시오.

3. RC 대역차단 필터의 측정된 주파수 응답곡선을 그리고 f_N 주파수를 표기하시오.

4. 고찰 2와 동일한 주파수 범위에서 대역통과 필터와 대역차단 필터의 주파수 응답특성 곡선의 모양을 비교하시오.

EXPERIMENT
57

비선형 저항 – 서미스터

01 실험목적

(1) 서미스터에서 전류의 자기가열 효과가 저항값에 미치는 영향을 관찰한다.

(2) 서미스터에서 전류의 흐름시간에 따른 저항값의 변화를 실험적으로 관찰한다.

02 이론적 배경

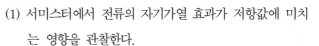

앞에서 수행한 모든 실험에서 회로를 구성하는 소자는 일정한 값을 갖는다고 가정하였다. 특히 저항값은 전압과 전류의 변화에 무관하게 일정하다고 가정하였다. 대부분의 회로에서 이와 같은 가정은 타당하다.

그러나, 동작온도의 변화에 따라 저항값이 변하는 서미스터(thermistors)라는 소자도 있다. 명칭에서도 알 수 있듯이 온도에 민감한 저항(thermally sensitive resisitor)으로서 반도체로 제작된다. 반도체는 도체와 부도체의 중간 정도 저항값을 갖는다.

서미스터는 교류 또는 직류회로에서 사용할 수 있는 2단자 소자이며 막대, 판, 워서 등 여러가지 형태로 제작된다. 서미스터는 온도제어, 흐름제어, 전압정류 등의 용도로 사용하는 센서의 일종이다.

1. 온도특성

서미스터의 기본 특성은 온도에 따른 저항의 변화이다. 온도에 대한 저항의 변화를 식으로 나타내기 위하여 여러 가지 근사가 행해졌으며 다음 식은 그 중 하나이다.

$$R = R_o \times e^k$$

$$k = B\left(\frac{1}{T} - \frac{1}{T_o}\right) \qquad (57\text{-}1)$$

R : T(K)에서의 저항

R_0 : 기준온도 T_0(K)에서의 저항

B : 서미스터를 구성하는 물질에 따른 상수

e : 2.7183

식 57-1에서 알 수 있듯이 저항의 변화는 비선형적이므로 서미스터를 비선형 저항이라고도 한다.

서미스터는 부(negative)의 온도계수(NTC)와 정(positive)의 온도계수(PTC)를 갖는다. NTC 서미스터의 저항은 온도가 증가할 때 감소하며, 온도가 감소하면 저항은 증가한다. PTC 서미스터의 저항은 온도에 비례하여 온도가 증가하면 저항도 증가하고 온도가 감소하면 저항도 감소한다. 회로에서 주로 사용되는 도전용 구리, 탄소합성물 저항, 권선저항 등은 작지만 정의 온도계수를 가지며, 서미스터에 비하여 상대적으로 일정한 저항을 유지한다.

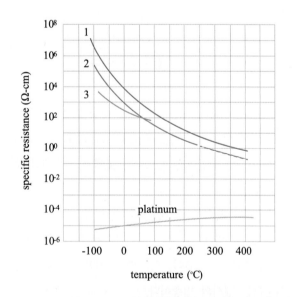

그림 57-1　서미스터와 플래티늄의 온도-비저항 관계

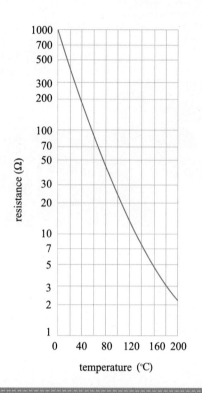

그림 57-2　서미스터의 온도-저항 관계

그림 57-1은 세 종류의 NTC 서미스터와 플래티늄(Pt)의 비(比)저항(고유저항) 변화이다. 서미스터 1에서 비저항은 500℃ 정도의 온도변화에 대하여 10,000,000 : 1 정도까지 변한다. 반면에 플래티늄(Pt)은 10 : 1 정도 변한다.

그림 57-2는 다른 NTC 서미스터의 저항변화이다. 약 200℃의 온도변화에 의하여 저항은 1000Ω에서 2Ω까지 변한다.

서미스터의 저항-온도 특성은 전기 및 전자분야에 응용할 수 있다. 특히 가열시간 동안 전자전구 필라민트를 보호하기 위한 소자로 사용하며 온도측정, 온도제어, 온도보상 등에 응용된다.

2. 정적 전압-전류 특성

서미스터의 저항-온도 특성에서 발생한 2차적 특성으로서 정적 전압-전류 관계가 있다. 이와 같은 2차적 특성은 전류가 서미스터를 통과할 때 자기가열 현상에 의한 것이다. 그림 57-3의 회로를 이용하면 정적 특성을 구할 수 있다. 가변저항 R를 사용하여 서미스터에 흐르는 전류를 조절한다. R의 저항이 감소하면 전류 I는 증가하며, R이 증가하면 전류 I는 감소한다. 전류변화에 대한 서미스터

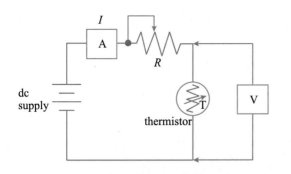

그림 57-3 서미스터의 전압-전류 특성을 구하기 위한 회로

의 전압을 측정하기 위하여 전압계를 사용한다. R이 변하면 전류가 변하고 일정한 시간이 흐르면 서미스터의 전압도 변하여 일정한 값을 갖는다. 이때 전류와 전압의 관계를 그래프로 그리면 정적 전압-전류 특성을 얻을 수 있다.

그림 57-2의 저항-온도 특성을 갖는 서미스터의 정적 전압-전류 특성을 그림 57-4에 나타냈다. 측정시작 온도는 25°C이며 그래프상의 숫자 ─ 즉, 53, 73, 102 등 ─ 는 전류가 안정된 후 측정한 서미스터의 온도이다. 즉, 0.05A에서 서미스터에 걸린 전압은 11V이며 온도는 53°C이다.

그림 57-4에서 알 수 있듯이 53°C의 온도까지는 선형적인 특성을 보인다. 즉, 오옴의 법칙은 저전류가 흐르는 이 구간에서만 성립한다. 이는 서미스터가 충분한 열을 받지 않았기 때문에 비선형특성을 보이지 않는 것이다. 그러나 전류가 증가하면 열의 발산이 증가하며 서미스터의 온도가 증가한다. 그러므로 저항이 비선형적으로 감소한다. 전

압은 V_M까지 자기가열에 의하여 증가하며 이 전압을 지나면 전류가 증가할 때 전압은 비선형적으로 감소한다.

서미스터의 전압-전류 특성은 전기적 파라미터, 주위온도, 열의 발산, 방사흡수 등의 변화를 감지하기 위해 사용된다. 즉, 온도경보장치, 고온계, 유동계, 가스감지기, 초고주파 정전력계 등에 사용된다.

3. 동적 특성

서미스터가 외부 회로의 변화에 반응하기 위해서는 일정한 시간을 필요로 한다. 서미스터에 흐르는 전류가 변화할 때 온도는 순간적으로 변화하지 않으며 일정한 시간 경과 후에 온도가 변화한다. 서미스터의 열적 질량이 반응시간을 결정한다. 크기가 작은 서미스터의 경우 온도변화는 신속히 일어난다.

서미스터의 동적 특성을 결정하기 위하여 그림 57-5 회로를 이용한다. 인가전압은 교류전원이며 R_L은 부하저항이다. 교류전압계를 이용하여 R_L에 걸린 전압을 측정한다. 스위치 S가 개방되면 전원은 차단상태이며 S가 연결되는 순간에 서미스터의 저항과 R_L은 전압분배회로를 구성한다. 전류가 흐르기 시작하면 NTC 서미스터의 온도는 증가하고 저항은 감소한다. 그러므로 전원의 대부분이 부하에 걸린다. 일정한 시간구간에서 회로는 안정화된다. 즉, 서미스터 저항이 안정화되며 부하에 걸린 전압이 일정

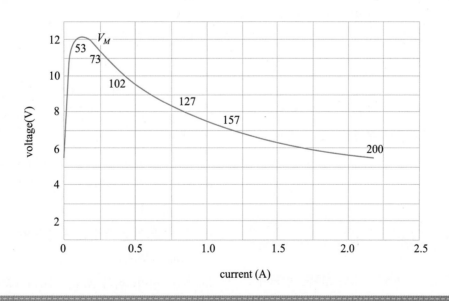

그림 57-4 서미스터의 정적 전압-전류 관계

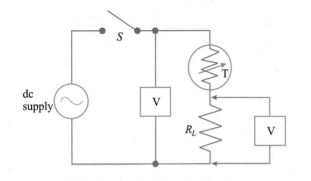

그림 57-5 서미스터의 동적 특성을 구하기 위한 회로

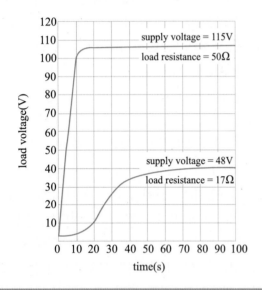

그림 57-6 서미스터의 동적 특성

하게 된다.

그림 57-6에 인가전압과 부하저항이 다를 경우 서미스터의 동적 특성을 도시하였다. 48V − 17Ω의 경우 약 75초 정도 후 안정화되며, 115V − 50Ω의 경우 약 15초 후에 안정화된다.

서미스터의 동적 특성은 오디오 소자, 스위칭 소자, 전압동요 방지용 소자, 저주파 부성저항 소자 등에 응용된다.

03 요약

(1) 서미스터는 동작온도에 따라 저항이 변하는 반도체 소자이다.

(2) 서미스터의 저항은 온도에 따라 비선형적으로 변한다.

(3) NTC 서미스터는 온도가 증가할 때 저항이 감소하며, 온도가 감소할 때 저항이 증가한다. PTC 서미스터의 저항은 온도가 감소할 때 감소하며, 온도가 증가할 때 증가한다.

(4) 일반적인 탄소저항은 서미스터에 비하여 온도에 무관하게 일정한 값을 갖는다.

(5) 서미스터는 일정한 온도 − 저항 특성을 가지며, 이 특성은 서미스터의 크기와 모양에 따라 변화한다.

(6) 서미스터에서 전류에 의한 자기가열 현상때문에 전류에 따라 저항이 변한다.

(7) 서미스터의 2차적 효과는 전자회로에서 전류의 변화이다. 그림 57-4는 서미스터의 정적 전압-전류 특성을 나타내며 비선형적이다.

(8) 온도가 변할 때 서미스터의 저항은 순간적으로 변하지 않으며 일정한 시간구간이 필요하다. 서미스터의 크기가 작을수록 더욱 신속히 변화한다.

(9) 서미스터의 동적 특성은 인가전압 및 전류의 함수로서 저항이 일정한 값을 유지하는데 필요한 시간의 그래프이다.

(10) 서미스터는 온도경보장치, 고온계, 유동계, 스위칭 소자 등에 이용한다.

04 예비점검

다음 질문에 답하시오.

(1) 서미스터는 (비선형, 선형) 저항이다.

(2) NTC 서미스터의 저항은 온도가 감소할 때 (증가한다., 감소한다.)

(3) NTC 서미스터는 (부, 정, 0)의 온도계수를 갖는다.

(4) 서미스터가 온도변화에 반응하기 위해선 일정한 ____이 필요하다.

(5) 서미스터의 크기가 크면 온도변화에 반응하는 시간이 (길다., 짧다.)

(6) NTC 서미스터의 경우, 전류가 (증가하면, 감소하면) 저항이 감소한다.

(7) 서미스터에 흐르는 전류는 서미스터에 걸린 전압과 선형적으로 변한다. (예, 아니오)

05 실험 준비물

전원공급기

- 0-15V 범위의 직류 전압공급기

기기

- DMM

저항

- 100Ω, 5W   1개
- 200Ω, 5W   1개

기타

- SPST 스위치
- SPDT 스위치
- 서미스터, 100Ω - 25℃, 저항비 $R_{25°} / R_{50°} \approx 3$
- 초시계

06 실험과정

이 실험은 두 학생이 한 조를 이루어 행한다. 한 학생은 초시계를 읽고 다른 학생은 전압계를 읽는다. 경보장치가 있는 전자시계를 사용하면 한 학생이 실험할 수도 있다.

A. 제어조건

A1. 200Ω(R_1)과 100Ω(R_2)의 정확한 저항을 측정하며 표 57-1에 기록한다.

A2. 그림 57-7의 회로를 결선하고 스위치 S_1은 개방한다.

A3. 전원을 인가하고 스위치 S_1을 연결한다. 스위치 S_2는 위치 1에 놓는다. 전원공급기는 과정 A중에 15V로 유지한다.

A4. R_1에 걸린 전압을 측정하여 표 57-1에 기록한다. 즉시 스위치 S_2를 위치 2로 이동하고 R_2에 걸린 전압

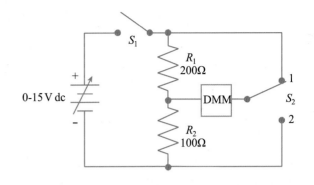

그림 57-7   제어장치 회로; 과정 A2

을 측정하여 표 57-1에 기록한다. (전압의 극성은 무시한다.)

A5. 전원을 5분 동안 인가한 후, R_2의 전압을 측정하여 표 57-1에 기록한다. (스위치 S_2는 위치 2에 있다.) 스위치 S_2를 위치 1으로 이동하고 R_1에 걸린 전압을 측정하여 표 57-1에 기록한다. 측정을 완료하면 스위치 S_1을 개방하고 전원을 차단한다. R_1을 제거한다.

B. 서미스터의 동적 특성

이 실험에서는 시간을 정확히 측정하는 것이 중요하다. 전압측정시 DMM을 사용하며 극성은 중요하지 않고 기록할 필요도 없다. 정확한 시간을 측정하기 위하여 경보장치가 있는 전자시계를 사용하면 실험을 보다 편리하게 행할 수 있다. 스위치 S_2을 이용하면 서미스터나 R_2에 걸린 전압을 측정하기 용이하나 스위치의 위치를 신속히 이동하여야하고 전압계를 신속히 읽어야만 한다.

B1. 실온에서 서미스터의 저항을 측정하고 표 57-2에 기록한다. 실온을 측정하여 기록한다.

B2. 그림 57-8과 같이 서미스터를 연결한다. 전원은 차단하고 스위치 S_1은 개방한다. 스위치 S_2는 위치 1에 놓는다.

B3. 전원을 인가하고 스위치 S_1을 연결한다. 전원공급기의 출력을 15V로 조정한다. 과정 B6까지 이 전압을 유지한다.

B4. 전압을 15V로 조정한 직후, 서미스터의 전압 V_T를 측정하여 표 57-2에 기록한다. 즉시 스위치 S_2을 위치 2로 이동하여 R_2에 걸린 전압을 측정하고 표 57-2에 기록한다. 이 전압이 $t = 0$일 때 전압이다.

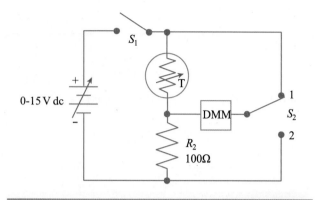

그림 57-8 과정 B2의 회로

B5. 과정 B4를 15초 후(즉, $t = 15s$)에 반복한다. 계속해서 $t = 30s$, $t = 45s$, $t = 1min$, $t = 2min$, $t = 3min$, $t = 4min$, $t = 5min$에 대하여 실험한다.

B6. $t = 5min$에서 전압을 측정한 후, DMM의 전원을 차단하고 스위치 S_2를 위치 1으로 이동시킨다. DMM을 저항계로 사용하도록 조정한다. 스위치 S_1을 개방하고 DMM을 사용하여 서미스터의 저항을 측정한다. 결과를 표 57-2에 기록한다. 측정을 완료한 후, DMM을 전압계로 다시 조정한다.

B7. 전원공급기의 출력을 9V로 조정한다. 나머지 실험동안 이 전압을 유지한다.

B8. 서미스터를 실온으로 식힌 후 (최소 5분 정도 식힌다.) 과정 B4에서 B6까지를 반복한다. $t = 5min$후, 과정 B6와 같이 서미스터의 저항을 측정한다. 측정한 저항과 전압을 표 57-2에 기록한다.

07 예비 점검의 해답

(1) 비선형
(2) 증가한다.
(3) 부
(4) 시간
(5) 길다.
(6) 증가하면
(7) 아니오.

성 명 _____   일 시 _____

표 57-1 제어회로 측정

	Resistance, Ω			Voltage, V	
	Rated Value	Measured Value		$t = 0$	$t = 5\ min$
R_1	200				
R2	100				

표 57-2 서미스터의 동적 특성

	Thermistor Resistance R_T, Ω
Cold (room temp. = °C)	
After 5 min at 15 V	
After 5 min at 9 V	

Power Supply, V		Time t								
		0	15 s	30 s	45 s	1 min	2 min	3 min	4 min	5 min
15	V_T									
	V_2									
9	V_T									
	V_2									

실험 고찰

1. 일정 시간동안 흐른 전류가 서미스터에 미치는 영향을 설명하시오.

_____
_____
_____
_____

2. 서미스터의 부(negative) 온도계수와 정(positive) 온도계수에 대하여 설명하시오.

_____
_____
_____
_____

3. 표 57-1의 결과를 고찰해 볼 때 이 실험에서 사용한 저항의 온도계수는 부인가 정인가 또는 0인가? 실험 결과를 이용하여 설명하시오.

_____

_____

_____

_____

_____

_____

4. 표 57-2의 결과를 고찰해 볼 때 이 실험에서 사용한 서미스터의 온도계수는 부인가 정인가 또는 0인가? 실험 결과를 이용하여 설명하시오.

_____

_____

_____

_____

_____

_____

5. 서미스터에 흐를 수 있는 최대전류는 서미스터의 어떠한 특성으로 규정하는가?

_____

_____

_____

_____

_____

6. 표 57-2의 결과를 이용하여 15V에서 서미스터에 흐를 수 있는 최대전류 및 최소전류를 계산하시오.

_____

_____

_____

_____

_____

EXPERIMENT
58

비선형 저항 – 바리스터

01 실험목적

(1) 바리스터의 전압 - 전류 특성을 실험적으로 결정한다.
(2) 바리스터의 전압과 저항의 관계를 실험적으로 측정
한다.

02 이론적 배경

이전 실험에서 저항이 온도에 따라 변하는 서미스터에
대하여 실험하였다. 이 실험에서는 저항이 전압에 따라 변
하는 바리스터(varistors 또는 VDRs)에 대하여 실험할 것
이다. 바리스터의 전류는 인가전압의 10의 누승배로 변하
며 특수한 바리스터의 경우는 전압이 두배로 상승할 때
10의 몇 승배로 변한다.

종래 대부분의 바리스터는 실리콘 카바이드와 세라믹
바인더의 혼합물로서 고온 가열하고 금속도금하여 제작된
다. 전기적 단자는 이 금속도금으로 제작되었으며 저전력
용 회로에서만 사용되는 단점이 있었다.

최근 바리스터는 금속산화물로 제작되며 MOV(Metal-
Oxide Varistor)라 한다. 가장 일반적으로 사용하는 산화
물은 아연산화물로서 ZNR 바리스터라 한다. 금속산화물
바리스터는 실리콘 카바이드 바리스터와 동일한 방법으로
제작되며, MOV의 두께를 조정하여 동작전압을 변화시킬
수 있다.

MOV의 중요한 장점은 고저항 특성이다. 즉, MOV는 주로 부하와 병렬연결하여 사용하므로 회로가 정상동작시 또는 준비단계에서 고저항으로 인하여 저전류가 흐르게 된다.

MOV는 불규칙한 전압(voltage surge 또는 spikes)으로부터 회로를 보호하기 위하여 사용한다. 불규칙한 전압은 순간적으로 예고 없이 발생되므로 MOV의 빠른 응답시간 (50nsec 미만) 특성을 이용하면 회로보호용으로 사용하기에 적합하다.

1. 전압-전류특성

MOV는 가장 광범위하게 사용하는 바리스터이므로 이 특성에 대하여 실험할 것이다. MOV의 전압-전류특성은 대칭이므로 양방성이다. 이는 MOV에 흐르는 전류의 방향에는 영향을 받지 않는다는 특성으로서 그림 58-1은 전압 - 전류 특성을 보이고 있다. MOV는 극성이 없으며 직류 및 교류회로에 동일하게 사용할 수 있다. 또한 MOV는 음의 스파이크 뿐만 아니라 양의 스파이크에 대해서도 회로를 보호할 수 있다.

바리스터는 부의 온도계수를 갖는다. 이는 온도가 증가할 때 저항이 감소하는 특성이다. 큰 전류가 흐를 때도 MOV는 정전압을 유지한다. MOV는 오옴의 법칙에 따르지 않지만 MOV의 정적 저항은 V/I로 정의한다. MOV의 동적 저항은 다음 식과 같이 전압의 변화를 전류의 변화로 나누어서 구할 수 있다.

$$동적 \ R = \frac{dv}{di}$$

2. 전기적 특성

MOV 소자의 전기적 특성은 다음과 같이 제작회사에 의하여 주어진다.

최대 인가전압(Rated Voltage) 바리스터에 인가할 수 있는 최대전압. 교류회로에서는 실효값으로 주어진다.

최대 펄스전류(Rated Peak Pulse Current) 최대 인가전압에서 8 x 20 μs 펄스에 적용할 수 있는 최대전류. 8 x 20 μs 펄스란 8 μs내에 최대값에 이르며 20 μs내에 최대값의 1/2로 감소할 수 있는 특성을 갖는 기준펄스이다.

클램핑 전압(Clamping Voltage) 명시된 파형(8x20 μs)과 인가된 최대 펄스전류에서 MOV에 걸린 최대전압

에너지(Energy) MOV에 수용가능한 최대 에너지(J)

전력(Power) 최대 소비전력(W)

동작온도(Operating ambient temperature) MOV가 명시된 조건하에서 동작할 수 있는 최대 및 최소온도

03 요약

(1) 바리스터는 전압에 따라 저항이 변하는 비선형 저항이다.(Voltage Dependent Resistors : VDRs)
(2) 최근 바리스터는 금속산화물을 이용하여 제작되며, 주로 아연산화물이 사용된다. 이를 MOV 또는 ZNR 바리스터라 한다.
(3) 바리스터는 일정 온도에서의 소비전력 및 최대 인가전압에 의하여 특징지어진다.
(4) 다른 특성은 다음과 같다.
   (a) 최대 펄스전류

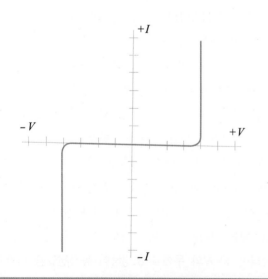

그림 58-1 MOV의 대칭적 전압-전류특성

(b) 클램핑 전압

(c) 에너지

(d) 동작온도

(5) 바리스터는 부의 온도계수를 갖는다.

(6) 바리스터는 정전압 특성을 갖는다.

(7) 바리스터는 압력이나 진동에 영향을 받지 않는 비극성 소자이다. 또한 대칭적이며 양방성인 전압-전류 특성을 갖는다.

(8) 바리스터는 불규칙한 전압(voltage surge 또는 spike)에 대한 보호용으로 사용할 수 있다.

04 예비점검

다음 질문에 답하시오.

(1) 바리스터의 저항은 전압이 증가할 때 (증가한다., 감소한다.)

(2) 최근 대부분의 바리스터는 실리콘 카바이드로 제작된다. (예, 아니오)

(3) 바리스터는 (극성, 비극성)소자이므로 전류방향에 무관하게 동작한다.

(4) 바리스터의 온도가 증가하면 저항은 _____.

(5) 기준 펄스파형은 8 × 20 μs이다. (예, 아니오)

(6) MOV에 명시된 클램핑전압은 명시된 파형(8 × 20 μs)과 인가된 최대 펄스전류에서 MOV에 걸린 _____ 전압이다.

05 실험 준비물

전원공급기

■ 0-15V 범위의 직류 전원공급기

기기

■ DMM

■ VOM

저항

■ 100Ω, 5W   1개

기타

■ SPST 스위치

■ 6V 금속산화물 바리스터(MOVs) (GEVI2ZAI 또는 등가)

06 실험과정

1. 그림 58-2(a)의 회로를 결선하고 스위치 S_1은 개방한다. 전원공급기의 출력은 0V로 조정한다.

2. 전원을 인가하고 스위치 S_1을 연결한다. 전압계가 2V를 나타낼 때까지 전원공급기의 출력을 증가시킨다. 전압을 증가시킬 때 전류계를 관찰하여 필요하면 범위를 증가시킨다.

3. MOV에 2V가 인가되었을 때 전류를 측정하여 표 58-1에 기록한다.

4. MOV에 인가된 전압을 2, 4, 6, 8, 10, 12V로 증가시키면서 전류를 측정하여 표 58-1에 기록한다. 스위치 S_1을 개방하고 전원을 차단한다.

5. 그림 58-2(b)와 같이 전원공급기의 극성을 교환한다. 필요하다면 전류계의 극성도 교환한다.

6. 과정 3과 4를 반복한다. 이때 전류를 측정하여 기록한다. 전류도 (−)일 것이다.

7. 각 전압에서 오옴의 법칙을 이용하여 MOV의 저항을 계산한다. 결과를 표 58-1에 기록한다.

07 예비 점검의 해답

(1) 감소한다.

(2) 아니오

(3) 비극성

(4) 감소한다.

(5) 예

(6) 최대

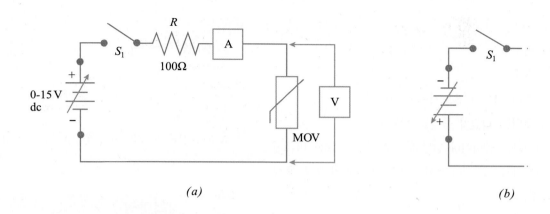

(a)

(b)

Note: alternate symbol
for MOV :

그림 58-2   (a) 과정 1의 회로   (b) 과정 5의 회로

표 58-1 바리스터의 전압-전류 특성

Voltage across MOV V_V, V	Current I_V, A	Calculated Static Resistance of MOV R_V, Ω
+2		
+4		
+6		
+8		
+10		
+12		
-2		
-4		
-6		
-8		
-10		
-12		

실험 고찰

1. 바리스터의 전압과 저항의 관계를 설명하시오.

_____

_____

_____

_____

_____

_____

_____

_____

_____

_____

_____

2. 그래프 용지에 표 58-1의 결과를 이용하여 전압-전류 특성을 그리시오. 그림 58-1과 같이 좌표축을 설정하시오.

3. 고찰 2에서 그린 그래프에 대하여 설명하시오.

_____

_____

_____

_____

_____

_____

_____

_____

4. 이 실험에서 사용한 바리스터는 정의 온도계수를 갖는가 아니면 부의 온도계수를 갖는가 또는 0의 온도계수를 갖는가? 설명하시오.

_____

_____

_____

_____

_____

_____

_____

_____

캐패시터/인덕터 표기법

Dipped Tantalum Capacitors

Color	Rated Voltage	Capacitance in Picofarads 1st Figure	Capacitance in Picofarads 2nd Figure	Multiplier
Black	4	0	0	–
Brown	6	1	1	–
Red	10	2	2	–
Orange	15	3	3	–
Yellow	20	4	4	10,000
Green	25	5	5	100,000
Blue	35	6	6	1,000,000
Violet	50	7	7	10,000,000
Gray	–	8	8	–
White	3	9	9	–

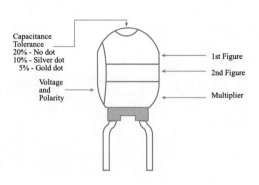

Capacitance Tolerance
20% - No dot
10% - Silver dot
5% - Gold dot

Voltage and Polarity

1st Figure
2nd Figure
Multiplier

Ceramic Disc Capacitors

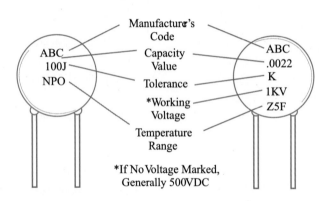

Manufacturer's Code
Capacity Value
Tolerance
*Working Voltage
Temperature Range

ABC
100J
NPO

ABC
.0022
K
1KV
Z5F

*If No Voltage Marked, Generally 500VDC

Typical Ceramic Disc Capacitor Markings

Z 5 F 1 0 0 J

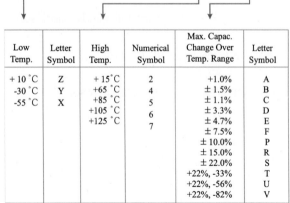

Low Temp.	Letter Symbol	High Temp.	Numerical Symbol	Max. Capac. Change Over Temp. Range	Letter Symbol
+ 10 °C	Z	+ 15 °C	2	+1.0%	A
-30 °C	Y	+65 °C	4	± 1.5%	B
-55 °C	X	+85 °C	5	± 1.1%	C
		+105 °C	6	± 3.3%	D
		+125 °C	7	± 4.7%	E
				± 7.5%	F
				± 10.0%	P
				± 15.0%	R
				± 22.0%	S
				+22%, -33%	T
				+22%, -56%	U
				+22%, -82%	V

Temperature Range Identification of
Ceramic Disc Capacitors

1st & 2nd Fig. of Capacitance	Multiplier	Numerical Symbol	Tolerance on Capacitance	Letter Symbol
	1	0		
	10	1		
	100	2	±5%	J
	1,000	3	±10%	K
	10,000	4	±20%	M
	100,000	5	+100%, -0%	P
		-	+80%, -20%	Z
	.01	8		
	.1	9		

Capacity Value and Tolerance of
Ceramic Disc Capacitors

Film Type Capacitors

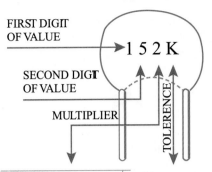

FIRST DIGIT OF VALUE

1 5 2 K

SECOND DIGIT OF VALUE

MULTIPLIER

TOLERENCE

MULTIPLIER		TOLERANCE OF CAPACITOR		
For the Number	Multiplier	Letter	10 pF or Less	Over 10pF
0	1	B	±0.1pF	
1	10	C	±.25pF	
2	100	D	±0.5pF	±1%
3	1,000	F	±1.0pF	
4	10,000	G	±2.0pF	±2%
5	100,000	H		±3%
8	0.01	J		±5%
		K		±10%
9	0.1	M		±20%

EXAMPLES:
152K = 15×100 = 1500pF or .0015uF, ±10%
759J = 75×0.1 = 7.5pF, , ±5%

NOTE: The letter "R" may be used at times to signify a decimal point; as in: 2R2 = 2.2(pF or uF).

Ceramic Feed Through Capacitors

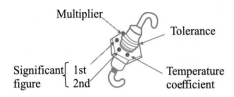

Multiplier

Tolerance

Significant figure { 1st 2nd

Temperature coefficient

Color	Signifi-cant Figure	Multiplier	Tolerance 10pF or Less	Over 10pF	Temperature Coefficient
Black	0	1	2pF	20%	0
Brown	1	10	0.1pF	1%	N30
Red	2	100	-	2%	N60
Orange	3	1,000	-	2.5%	N150
Yellow	4	10,000	-	-	N220
Green	5	-	5pF	5%	N330
Blue	6	-	-	-	N470
Violet	7	-	-	-	N750
Gray	8	0.001	0.025pF	-	P30
White	9	0.1	1pF	10%	+120 to -750 (RETMA) +500 to =330(JAN)
Gold	-	-	-	-	P100
Silver	-	-	-	-	Bypass or coupling

Postage Stamp Mica Capacitors

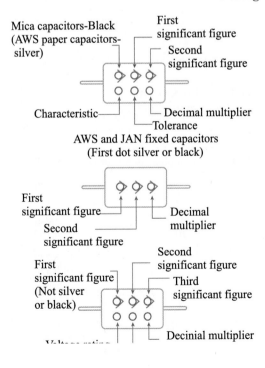

Mica capacitors-Black (AWS paper capacitors-silver)

First significant figure

Second significant figure

Characteristic

Decimal multiplier

Tolerance

AWS and JAN fixed capacitors (First dot silver or black)

First significant figure

Second significant figure

Decimal multiplier

First significant figure (Not silver or black)

Second significant figure

Third significant figure

Decinial multiplier

Voltage rating

Color	Significant Figure	Multiplier	Tolerance (%)	Voltage Rating
Black	0	1	-	-
Brown	1	10	1	100
Red	2	100	2	200
Orange	3	1,000	3	300
Yellow	4	10,000	4	400
Green	5	100,000	5	500
Blue	6	1,000,000	6	600
Violet	7	10,000,000	7	700
Gray	8	100,000,000	8	800
White	9	1,000,000,000	9	900
Gold	-	0.1	5	1000
Silver	-	0.01	10	2000
No color	-	-	20	500

Standard Button Mica

  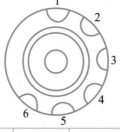

1st DOT	2nd and 3rd DOT		4th DOT	5th DOT		6th DOT
Identifier	Capacitance in pF		Multiplier	Capacitance Tolerance		Temp. Characteristic
	Color	1st & 2nd Sig. Figs		Percent	Letter Symbol	
Black	Black	0	1	± 20%	F	
	Brown	1	10	± 1%	F	
NOTE:	Red	2	100	± 2% or ± 1pF	G or B	
Identifier is	Orange	3	1000	± 3%	H	
omitted if	Yellow	4				+100
capacitance	Green	5				
must be	Blue	6				−20PPM/°C
specified to	Violet	7				above 50pF
three	Gray	8				
significant	White	9	0.1			−100PPM/°C
figures.	Gold			± 5%	J	below 50pF
	Silver			± 10%	K	

Radial or Axial Lead Ceramic Capacitors
(6 Dot or Band System)

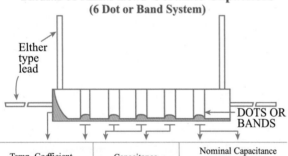

Elther type lead

DOTS OR BANDS

Temp. Coefficient			Capacitance			Nominal Capacitance Tolerance		
T. C.	1st Color	2nd Color	1st and 2nd Sig. Fig.	Multiplier	Color	10 pF or Less	Over 10 pF	Color
P100	Red	Violet	0	1	Black	± 2.0 pF	± 20%	Black
P030	Green	Blue	1	10	Brown	± 1.0 pF	± 1%	Brown
NP0	Black		2	100	Red		± 2%	Red
N030	Brown		3	1000	Orange		± 3%	Orange
N080	Red		4	10,000	Yellow		+100%−0%	Yellow
N150	Orange		5		Green	± 0.5 pF	± 5%	Green
N220	Yellow		6		Blue			Blue
N330	Green		7		Violet			Violet
N470	Blue		8	.01	Gray	± 0.25 pF	+80%−20%	Gray
N750	Violet		9	.1	White	± 1.0 pF	± 10%	White
N1500	Orange	Orange						
N2200	Yellow	Orange						
N3300	Green	Orange						
N4200	Green	Green						
N4700	Blue	Orange						
N5600	Green	Black						
N330 ± 500	White							
N750 ± 1000	Gray							
N3300 ± 2500	Gray	Black						

5 Dot or Band Ceramic Capacitors
(one wide System)

Temperature coefficient

A-First significant figure
B-Second significant figure
C-Decimal multiplier
D-Capacitance tolerance

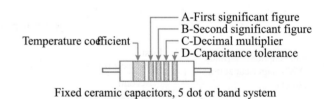

Fixed ceramic capacitors, 5 dot or band system

Color Code for Ceramic Capacitors

Color	1st & 2nd Significant Figure	Multiplier	Capacitance Tolerance		Temp. Coeff.
			Over 10 pF	10 pF or Less	
Black	0	1	± 20%	2.0 pF	0
Brown	1	10	± 1%		N30
Red	2	100	± 2%		N80
Orange	3	1000			N150
Yellow	4				N220
Green	5				N330
Blue	6		± 5%	0.5 pF	N470
Violet	7				N750
Gray	8	0.01		0.25 pF	P 30
White	9	0.1	± 10%	1.0 pF	P 500

5 Band Ceramic Capacitors
(all bands equal size)

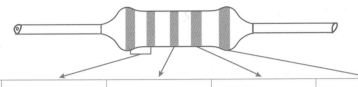

Color	1st, 2nd Band	Multiplier	Tolerance	Characteristic
Black	0	1	± 20%(M)	NPO
Brown	1	10		Y5S
Red	2	100		Y5T
Orange	3	1K		N150
Yellow	4	10K		N220
Green	5		N330	
Blue	6			N470
Violet	7			N750
Gray	8		± 30%(N)	Y5R
White	9		SL(GP)	
Gold	-	0.1	± 5%(J)	Y5F
Silver	-	0.01	± 10%(K)	Y5P

Tubular Encapsulated RF Chokes

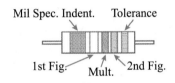

Color	Figure	Multiplier	Tolerance
Black	0	1	
Brown	1	10	
Red	2	100	
Orange	3	1,000	
Yellow	4		
Green	5		
Blue	6		
Violet	7		
Gray	8		
White	9		
None			20%
Silver			10%
Gold			5%

Multiplier is the factor by which the two color figures are multiplied to obtain the inductance value of the choke coil in uH.
Values will be in uH.

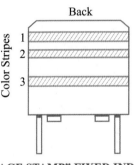

"POSTAGE STAMP" FIXED INDUCTORS

Color	1st Digit 1st Strip	2nd Digit 2nd Strip	Multiplier 3rd Strip
Black or (Blank)	0	0	1
Brown	1	1	10
Red	2	2	100
Orange	3	3	1,000
Yellow	4	4	10,000
Green	5	5	100,000
Blue	6	6	
Violet	7	7	
Gray	8	8	
White	9	9	
Gold			×.1
Silver			×.01

부록 B

땜납과 납땜과정

1. 간단작업에서 미세작업까지

납땜은 저온도 융점을 갖는 합금을 이용하여 두 금속을 연결하는 과정이다. 납땜은 가장 오래된 접합기술이며 고대 이집트에서 칼이나 창 등의 무기를 제작할 때부터 개발 사용되어 왔다. 그 이후로 전자소자의 조립 등에 주로 사용되고 있으며 더 이상 간단한 작업이 아닌 미세한 작업으로 분류되고 있어 주의와 경험 그리고 기본적인 지식 등이 요구되고 있다.

납땜에 의하여 두 부분을 연결시키는 납땜과정은 장비 오동작 등의 근본적인 원인이 되므로 매우 중요한 과정이다. 이 장에서는 학생들에게 오늘날 전자공학에서 접하게 될 납땜기술의 기본지식 및 고신뢰도를 갖는 납땜기술의 습득에 대하여 설명할 것이다. 즉, 납땜과정, 선택과정, 납땜대의 선택등 실제 기술의 습득에 역점을 둘 것이다.

이 장의 주요 요점은 고신뢰도를 갖는 납땜이다. 오늘날 대부분 장비의 신뢰도는 수없이 행해지고 있는 납땜에 의하여 좌우된다. 고신뢰성 납땜기술은 우주개발용 장비에서 실패를 거듭하면서 진보되었으며 군수용 장비 및 의료용 장비 등에까지 그 중요성이 확대되고 있으며 전자공학에서는 필수불가결한 기술로 인식되게 되었다.

2. 납땜의 장점

납땜은 전류의 흐름도를 형성하기 위하여 두 조각의 금속을 접합하는 과정이다. 먼저 왜 납땜하는가에 대하여 설명해 보자. 두 조각의 금속체는 너트와 볼트로 연결될 수도 있으며 또는 다른 형태의 조인트로도 연결될 수 있다. 그러나 이와 같은 형태의 조인트에 있어서 단점은 진동이나 충격에 의하여 신뢰도를 잃을 수 있으며 경계면의 산화 및 부패에 의하여 전도도가 급속히 감소할 수 있다는 것이다. 납땜은 이와 같은 단점을 모두 해결하고 있다. 즉, 연결부위에 진동도 없으며 산화될 경계면도 없다. 납땜자체의 특성에 의하여 연속적인 연결도가 형성될 수 있는 것이다.

3. 땜납의 성질

전자공학에서 사용하는 땜납은 다양한 금속의 조합에 의하여 저융점 합금으로 제작된다. 가장 일반적인 형태는 주석과 납에 의하여 제작되며 조합비율이 동일할 때 50/50 땜납-50%의 주석과 50%의 납-이라 명명한다. 마찬가지로 60/40 땜납은 60%의 주석과 40%의 납으로 구성된다. 비율은 항상 제품에 표시되며 때로는 주석의 비율만 표기할 때도 있다. 주석의 화학기호는 Sn이므로 Sn 63으로 표기된 제품은 63%의 주석을 포함한 제품임을 표시한다.

순수한 납은 융점이 327℃(621°F)이며 주석은 232℃(450°F)이다. 그러나 60/40의 비율로 합금되면 융점은 190℃(374°F)로 순수한 두 금속보다 낮아진다. 용융은 일반적으로 한번에 일어나진 않는다. 그림 B-1에서 알 수 있듯이 60/40 땜납은 183℃(361°F)에서 녹기 시작하며 190℃(374°F)에 도달해서야 비로소 완전히 녹게 된다. 이 두온도 사이에서 땜납은 프라스틱 상태(반액체)로 존재하며 땜납의 일부만이 녹아있게 되는 것이다.

그림 B-2에서 알 수 있듯이 땜납의 프라스틱 영역은 주

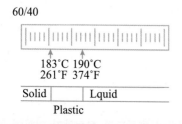

60/40

183℃ 190℃
261°F 374°F

Solid	Lquid
	Plastic

그림 B-1 60/40 땜납의 프라스틱영역 용융은 183℃(361°F)에서 시작되며 190℃(374°F)에서 완성된다.

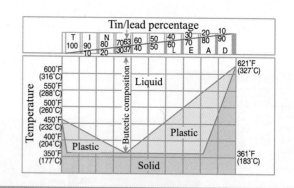

그림 B-2 주석/납으로 구성된 땜납의 특성

석과 납의 구성비에 따라 크게 변화한다. 다양한 비율을 그림의 상단에 도시하였다. 대부분의 비율에서 용융은 183℃(361°F)에서 시작하나 완전한 용융온도는 크게 변화한다. 그림에서 알 수 있듯이 프라스틱 상태를 거치지 않고 곧바로 용융상태로 접어드는 주석과 납의 비율이 있다. 이를 공융땜납(eutectic solder)이라 하며 63/37(Sn 63)의 비를 갖는다. 이는 183℃(361°F)에서 완전히 용융상태이며 고형화할 수 있다.

전자분야에서 가장 일반적으로 사용되고 있는 땜납은 60/40형이며 납땜 중 프라스틱 영역 때문에 고형화중에 연결을 위한 두 금속을 움직이지 말아야 한다. 움직이면 연결부위가 불확실하게 되어 보기에도 표면이 거칠고 울퉁불퉁하며 빛나거나 반짝이지 않게 된다. 고신뢰도를 요구하는 정밀한 전자제품에서는 이와 같은 납땜결과는 받아들여질 수 없을 것이다.

제조과정 중 납땜할 회로기판이 자동이송장치에 의하여 이동하고 있다면 안정한 고형과정을 유지할 수 없을 것이다. 또한 열에 의한 소자의 파괴를 방지하기 위하여 최소한의 열로서 납땜하여야만 하는 경우도 있을 것이다. 이와 같은 상황에서 공융납땜은 프라스틱 상태를 거치지 않으므로 매우 유용하게 사용될 수 있을 것이다.

4. Wetting 과정

납땜과정을 처음 지켜본 학생은 마치 아교에 의하여 금속을 부착하는 것과 같이 보일지도 모르지만 실제 상황은 매우 상이하다. 고온의 땜납이 구리표면과 접촉하면 화학반응이 발생한다. 땜납은 분해되어 표면을 투과하게 된다. 땜납과 구리분자는 새로운 금속합금을 구성하여 그림 B-3

과 같이 구리와 납땜합금 부분과 순수한 구리, 납땜부분으로 구성되어진다. 이와 같은 반응을 wetting과정이라 하며 두 금속(구리와 땜납)간의 상호결합을 형성한다.

적절한 wetting은 구리의 표면이 오염되어 있지 않고 산화층이 없을 때만 가능하다. 또한 구리와 땜납표면의 온도가 적당히 올라가야만 가능한 것이다. 납땜전에 표면을 깨끗이 처리하여도 매우 얇은 산화층이 존재할 수 있으며 이 산화층은 납땜과 구리가 결합하는 것을 방해하기 때문에 납땜할 때는 기름기 있는 표면에 물방울을 떨어뜨리는 것과 같이 행하여야만 한다. 아무런 반응이 일어나지 않아 땜납이 떨어져 나갈 수도 있으므로 양호한 납땜결합은 표면의 산화층을 완전히 제거해야만 가능하다.

5. 용제의 역할

신뢰성 있는 납땜은 완전한 표면처리 후에 가능하다. 표면세척과정은 완전한 납땜과정에서 필수적이나 대부분의 경우에 완전한 표면은 준비될 수 없다. 이는 가열된 금속표면의 급속한 산화층 형성때문이며 이와 같은 산화층 형성을 방지하기 위하여 용제(fluxes)를 사용한다. 이는 천연 또는 합성수지로 제작된다. 용제는 납땜과정 중 표면의 산화층을 제거하며 또한 추가로 형성되는 것을 방지하는 기능을 갖고 있다. 이와 같은 반응은 용제가 납땜의 용융온도근처에서 매우 부식성이 강하여 산화층을 제거할 수 있기 때문에 발생한다. 용제의 이러한 기능 때문에 두 금속표면에 산화층형성을 방지하고 완전한 결합을 이룰 수 있는 것이다.

용제는 납땜과정보다 먼저 반응하기 위하여 땜납보다 낮은 온도에서 활성화한다. 용제는 매우 휘발성이 강하여 납땜을 원하는 표면에 쉽게 스며든다. 용도에 따라 다양한 용제가 시판되고 있다. 평판금속을 납땜하기 위하여 산용제가 사용되며 은납땜(주석/납 합금보다 높은 용융점을 요

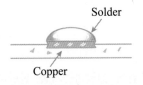

그림 B-3 Wetting과정

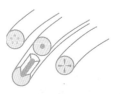

구하는 경우 사용함.)은 붕사왁스를 사용한다. 이와 같은 용제는 산화층을 제거할 뿐만 아니라 부가적인 기능도 지니고 있다.

전자분야에서 사용되는 용제는 수지의 유동성을 강화하기 위한 활성제 또는 수용성 용제등을 포함한 수지등으로 구성된 순수 수지이다. 산용제 또는 고활성용제는 전자분야에서 사용되고 있지 않다. 그림 B-4와 같이 용제가 중심에 들어있는 실납형태의 땜납이 주로 사용되며 두 금속을 결합하기 위하여 안전하게 사용될 수 있다.

6. 납땜인두

납땜과정에서 필요한 것은 땜납 뿐만이 아니라 열공급이다. 열은 다양한 방법으로 공급된다. 즉, 전도(납땜인두, 파, 기체등), 대류(뜨거운 공기), 방사(IR) 등에 의하여 공급된다. 이중 납땜인두와 같은 전도방법이 가장 중요하다. 납땜인두대는 다양한 크기와 형태가 있으며 주요 세부분으로 구성된다. 저항발열체, 열을 저항하는 히터블럭 그리고 표면에 열을 전달하는 팁(tip)으로 구성된다. 표준 생산 스테이션은 다양한 온도와 폐회로시스템이며 팁을 교환할 수도 있고 ESD-안전 프라스틱으로 제작된다.

7. 결합을 위한 열제어

단지 팁의 온도는 납땜과정에서 주요 고려사항은 아니다. 고려하여야할 주요사항은 열을 얼마나 빨리 얻어서 유지하고 전달하느냐 하는 열주기(heat cycle)에 관한 문제이다. 팁온도는 중요하지 않다는 것은 많은 요소에 의하여 제시될 수 있다. 첫 번째로 고려할 사항은 납땜할 영역의 상대적 열질량이다. 이 질량은 영역의 범위에 따라 변화한다. 단층구조의 회로기판에 단일영역을 고려해 보자. 이때 상대적으로 적은 질량을 가지므로 신속히 가열될 것이다.

그러나 양층기판의 경우, 질량은 두배 이상 소요될 것이며 이러한 현상은 다층기판에서 더욱 심화될 것이다. 이는 소자의 리드선을 고려하기 전 상황이며 리드선을 고려하면 소요 질량은 더욱 증가할 것이다.

더욱이 기관에 접속될 단자가 있을 수 있고 이러한 단자의 질량은 접속리드가 증가함에 따라 증가할 것이다. 각 연결선은 특유의 열질량을 가지며 이들의 조합질량이 인두의 질량(열질량)과 비교하여 납땜시간과 온도를 결정하여야 한다. 큰 작업질량과 작은 인두팁을 이용한 납땜에서 온도는 천천히 증가하여야 한다. 반대상황이라면 즉, 작은 작업질량과 큰 인두팁을 사용할 경우, 팁의 온도가 동일할지라도 온도는 급속히 증가되어야만 한다.

인두의 용량과 열을 유지하는 능력을 고려해 보자. 근본적으로 인두는 열을 발생하여 유지하는 기구로써 히터 블록과 팁에 의하여 열이 보관된다. 팁은 다양한 크기와 모양을 하고 있으며 작업동안 열을 전달하는 파이프라인과 같다. 소규모 작업에서는 점접촉을 위한 소용량의 팁이 사용되며 대규모 작업에서는 충분한 열전달을 위하여 대용량 팁이 사용된다. 열은 발열부분에 의하여 계속 공급되며 방대한 작업을 위하여 대용량 팁이 사용될 때 공급되는 열보다 급속히 열을 잃어버릴 수도 있다. 그러므로 열보관시스템의 크기는 매우 중요하며 큰 열저장시스템은 작은 시스템보다 대용량의 열을 방출할 수 있다.

인두의 용량은 큰 열기기를 사용하거나 고전력을 사용하면 증가될 수도 있다. 즉, 크기와 용량의 두 요소에 의하여 인두의 회복율이 결정되는 것이다. 특수한 납땜을 위하여 많은 열이 필요하다면 신속한 회복율과 충분한 용량을 가진 인두가 필요할 것이다. 이때는 상대적인 열질량이 작업의 열주기를 제어하는데 있어서 가장 중요한 요소가 된다.

두 번째 중요한 요소는 납땜할 표면의 조건이다. 리드선이나 납땜부위에 산화물이나 오염물질이 있다면 열전달에 방해될 것이며 올바른 팁과 온도를 공급하여도 납땜하기에 충분한 열을 공급하지는 못할 것이다. 납땜과정에서 중요한 규칙은 더러운 표면은 올바르게 납땜할 수 없다는 것이다. 그러므로 납땜하기 전에 표면을 적당한 용제로 깨끗이 세척해야만 한다. 어떤 경우에는 납땜능력을 향상시키기 위하여 산화층을 제거하고 주석을 얇게 입히는 공정

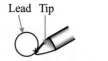

| Lead | Tip | Solder "bridge" |
| Small linkage area | Large linkage area |

그림 B-5 인두팁과 리드선의 단면도(좌측그림). X는 접촉점을 표시한다. 땜납브릿지는 열전달 면적 및 효율을 증가시킨다.

을 행하기도 한다.

세 번째 고려할 사항은 인두와 납땜부위의 접촉에 의한 열전달에 관한 것이다. 그림 B-5에 납땜인두와 리드선의 접촉부위를 단면도로 나타내었다. X표시한 부분만 접촉이 이루어지므로 열전달부위는 매우 작다. 약간의 땜납을 팁과 납땜할 부위의 접촉부위에 삽입시키면 접촉부위를 증가시킬 수 있다. 이와 같은 땜납브릿지에 의하여 작업부위에 신속히 열을 전달시킬 수 있다.

전술한 바와 같이 납땜부위에 신속하게 열을 전달시킬 수 있는 팁의 온도보다는 다른 요소들에 의하여 더욱 많은 영향을 받는 것을 알 수 있다. 즉, 납땜은 매우 복잡하고 요소별로 상호 밀접한 관계를 가지는 공정이다. 그중 가장 중요한 요소는 시간이다. 프린트기판에 납땜할 때 고신뢰성을 유지하는 방법은 땜납이 녹기 시작하여 2초 내에 열전달이 완료되는 것이다. 2초 이상 열이 소자나 기관에 전달된다면 소자파괴 등 손실을 입게 된다.

이와 같이 수많은 요소를 고려하면서 짧은 시간에 완벽한 납땜을 하기에는 불가능하나 WPI(Work-Piece Indicator)를 이용하면 매우 간단히 해결할 수 있다. 이는 인간의 오감을 통하여 인지될 수 있는 것과 같은 반응으로 정의된다. 간단히 말해서, WPI는 작업 중 영향을 미치는 요소와 그들의 제어를 어떻게 수행할 것인가를 지시하는 것이다. 어떤 작업에서 학생은 폐회로시스템의 일부가 될 것이며 학생이 작업장에서 작업을 할 때 WPI는 학생이 작업한 것에 대하여 반응하여 변화가 필요하다면 학생의 작업에 수정을 가할 것이다. WPI가 감지한 오감(시각, 소리, 냄새, 맛, 감촉)에 의하여 변화의 지시를 내리는 것이다.(그림 B-6)

납땜과정이나 땜납제거과정에서 WPI는 얼마나 신속하게 열을 접촉부위에 전달하는가를 판단하는 열전달율의 인식이다. 실제로 이것은 1초에서 2초 사이에 이루어지는

508

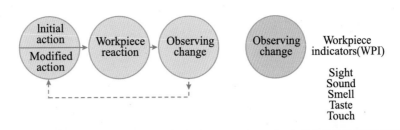

땜납용용과정을 관찰하는 것을 의미한다. 이 WPI는 최소의 열로 만족할 만한 납땜과정을 수행하기 위한 여러 변수, 즉, 인두의 용량, 온도, 표면조건, 열전달 등을 포함한다. 인두의 팁이 너무 크다면 열전달율이 제어할 수 없을 정도로 매우 신속하게 일어날 것이다. 또한 팁이 너무 작다면 열전달율이 너무 늦어 완전히 뭉게져서 납땜될 것이다. 과열을 방지하는 방법은 가능한한 신속하게 작업하는 것이다. 이를 위해선 1-2초내에 납땜을 완성하도록 작업하는 것이다.

8. 납땜인두와 팁의 선택

전자납땜시스템 중 가장 보편적으로 사용되고 있는 것은 그림 B-7과 같이 온도를 변화시킬 수 있으며 ESD안전 프라스틱으로 구성되었고 연필형태의 인두와 교환가능한 팁을 가진 스테이션이다. 납땜인두의 팁은 발열체에 완전

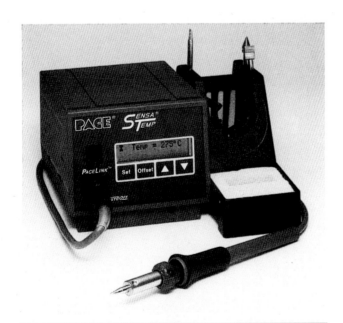

히 삽입되어 단단히 연결되어야만 한다. 이때 최대의 열전달을 보장할 것이다. 팁은 발열체와 팁사이의 산화에 의한 손상때문에 매일 교환되어야만 한다. 효과적인 열전달과 오염방지를 위하여 반짝이며 얇은 주석코팅된 팁의 표면을 항상 유지하여야만 한다.

팁은 땜납이 용용되는 최소의 온도에서 표면이 주석코팅되어 있도록 땜납조각을 항상 팁에 묻혀놓는다. 팁이 동작온도 이상이라면 급속한 산화작용 때문에 훌륭한 주석코팅을 할 수 없다. 그러므로 뜨거운 팁은 산화를 방지하기 위하여 축축한 스폰지상에 담가 놓는다. 인두를 사용하지 않을 때 팁은 땜납으로 코팅되어 있을 것이다.

9. 납땜연결

납땜인두의 팁은 연결부위의 최대 열질량면에 접촉되어야하며 이때 신속한 열전달이 이루어 질 것이다. 용용상태의 땜납은 열을 향해 흐를 것이다. 땜납연결부위가 가열되면 약간의 땜납이 가열부위에 열전달을 증가시키기 위하여 흘러들어 갈 것이다. 용제가 들어있는 땜납을 적당히 처리된 표면에 팁과 직접적인 접촉 없이 그림 B-8과 같이 녹여 흘려보낼 수 있다. 부적당한 땜납은 불규칙한 표면을 나타낼 것이다. 납땜할 부분은 땜납이 식혀져 고형화될 때까지 움직여서는 안된다. 땜납의 지름에 따라 연결부위에 녹혀질 땜납의 양이 결정될 것이므로 좁은 면적에는 얇은

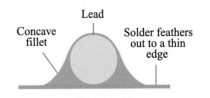

땜납선을, 넓은 면적에는 두꺼운 땜납선을 사용하여야 효
과적이다.

10. 용제의 제거

　납땜후 용제를 제거하여 청결을 유지하여야 한다. 청결
작업은 용제 찌거기를 제거하는 과정이며, 납땜후 1시간이
내에 수행되는 것이 좋다.

전자공학의 발전방향에 대한 참고사항

이 장에서는 전자공학의 발전방향에 관한 정보를 구할 수 있는 방법에 대하여 소개한다. 제품소개서 및 다른 정보도 해당 업체에 서신을 통하여 알아 볼 수도 있을 것이다. 또한 인터넷을 통한 정보교환도 가능할 것이다.

1. 부가적인 정보제공처

American Electronics Association
5201 Great America Parkway, Suite 520
Santa Clara, CA 95054

Consumer Electronics Manufacturers Association
2500 Wilson Boulevard
Arlington, VA 22201-3834
http://www.cemacity.org

Electronics Industries Alliance
2500 Wilson Boulevard
Arlington, VA 22201-3834
http://www.eia.org

Institute of Electrical and Electronics Engineering
171 State St.
Framingham, MA 01701
http://www.iee.org

International Society of Certified Electronics Technicians

2708 West Berry Street

Fort Worth, TX 76109

http://www.iscet.org

2. 표준직업출판

OOH(Occupational Outlook Handbook)와 DOT(Dictionary of Occupational Titles)는 다양한 직업에 관한 정보를 제공한다. 2005년까지 직장알선에 대한 제안서가 주어져 있으며 이 출판물은 미 노동성에서 주관하여 정부간행물로 출판된다.

현재 OOH는 http://stats.bls.gov/ocohome.htm에서 온라인으로 제공된다. 다음은 전자공학도에게 참고가 될 DOT의 직업종류와 분류번호이다. 이 자료에서 직업의 다양함을 알 수 있으며 공학자와 기술자간에는 상호 유기적인 관계가 있음을 명심하여야 한다.

002167014 Field-service technician

003061010 Electrical engineer

003061014 Electrical test engineer

003061018 Electrical design engineer

003061022 Electrical prospecting engineer

003061026 Electrical research engineer

003061030 Electronics engineer

003061034 Electronics design engineer

003061038 Electronics research engineer

003061042 Electronics test engineer

003061046 Illuminating engineer

003131010 Supervisor, drafting and printed circuit design

003161010 Electrical technician

003161014 Electronics technician

003161018 Technician, semiconductor development

003167018 Electrical engineer, power system

003167026 Engineer of system development

003167030 Engineer-in-charge, studio operations

003167034 Engineer-in-charge, transmitter

003167038 Induction-coordination power engineer

003167046 Power-distribution engineer

003167050 Power-transmission engineer

003167054 Protection engineer

003167066 Transmission-and-protection engineer

003167070 Engineering manager, electronics

003187010 Central-office equipment engineer

003187018 Customer-equipment engineer

003261010 Instrumentation technician

003261014 Controls designer

003261018 Integrated circuit layout designer

003261022 Printed circuit designer

003281010 Drafter, electrical

003281014 Drafter, electronic

003362010 Design technician, computer-aided